千禧年後兩岸
出版業發展報告

The Development Report of
Publishing Industry in Great China
after the New Millennium

 崧博

張志強、左健主編

內容提要

　　本報告是中國大陸"教育部哲學社會科學發展報告"系列"中國出版業發展報告"的首輯,由總報告、分報告組成,同時將港澳臺華人地區出版業報告、新千年來中國出版業大事記作為附錄。

　　總報告《成就、問題與展望:新千年來的中國出版業》,對 2000 年來的中國出版業作了全方面的描述和分析,提出了建議。

　　報告從七個方面列出了新千年來中國出版業取得的成就:第一,出版數量增加,進入世界出版大國行列。新千年來,中國的出版社在數量、出版品種、總印量的增長,出版物發行網點的上升,彰顯著中國出版業進入新千年來的進步。中國出版的新書品種數,除低於美國外,超越了英國、德國、日本等先進國家,成為世界出版大國。第二,兼並重組、改制與上市,探討出版發展的中國道路。新千年來,中國出版業在跨地域、跨所有制、跨行業等方面取得了突破,並透過上市解決了融資問題,提高了出版業的管理水準和國際化水準,從而更容易推動了出版業的發展。轉企改制的完成,為出版業的未來發展提供了制度基礎。第三,出版管理強度增大,公共服務意識增強。透過公佈的各類法律法規,加強了出版管理;實施的"農家書屋"工程,普及了農村的科學文化知識。出版質量監管的加強與優秀出版物獎勵措施的實施,推動了出版物質量的提高。第四,出版"走出去",幫助中國文化走向世界。透過實施"經典中國"國際出版工程、中外圖書互譯計劃、中國音像製品"走出去"工程、中國圖書對外推廣計劃等工程,推動了中國出版和中國文化的"走出去",開闢了國際市場。第五,版權保護不斷趨於完善,形成良好出版環境。透過頒佈法律法規、司法解釋等,強化了對著作權的保護。透過"掃黃打非"等工作,打擊了盜版。而民眾版權意識的覺醒,意味著出版業發展的良好環境逐漸形成。第六,數位出版蓬勃發展,引領未來出版轉型。近年來,數位出版呈井噴狀發展,數位出版越來越成為未來的出版方向。第七,民營出版得到發展,成為中國重要的文化力量。民營出版或文化工作室數量已大大超過了國有出版社,從事出版物銷售的民營網站數量和人員也遠遠超過了國有書店和國有發行網站,部分民營公司的經濟實力超過了國有單位。

總報告從四個方面分析了中國出版業存在的主要問題。第一,與先進國家差距較大,產業結構不夠合理。中國圖書出版在市場結構上所占比重偏高,而期刊所占比重偏低。第二,出版職業道德出現下滑現象。高定價、低折扣的"一折書"、"黃金書"等高檔禮品書、"偽書"、偽劣養生書等的出現,說明出版職業道德的喪失。第三,數位出版比例失調。中國數位出版產業中,電子書、數位期刊、數位報紙所占的比例微乎其微。第四,民營出版未得到充分發展。民營公司依然無法獲得出版許可證,發展受到制約,未能真正激發出實力。近年來,隨著房租的上漲、網路書店的發達,民營書店開始走下坡路,一批在當地乃至在中國有影響力的民營書店面臨倒閉。

總報告也從四個方面對中國出版業的未來走向進行了建議。第一,從出版大國向出版強國邁進。在這一過程中,不可偏離出版的本質。同時,要加強對從業人員的出版職業道德教育,制定嚴厲的懲罰措施,幫助中國出版業推出更多更好的優質出版物。第二,加強版權保護力度,推動出版產業發展。中國版權產業與國外相比,仍有較大的差距。只有強化版權保護才能促進和推動中國出版業的發展。第三,推動民營書業的發展。要充分解放思想,承認、鼓勵並積極發展民營出版業,促進各地區民營出版業的發展;建議主管部門先發佈相關政策,對實體民營書店採取減稅、免稅等政策,幫助實體民營書店的發展;將民營出版納入出版行政機構的日常管理範圍。第四,推動數位出版的進一步發展。要在電子書、數位期刊、數位報紙等出版內容上投入更多的精力,促進並推動數位出版產業的發展。出版業要積極與移動互聯網合作,及時推出各種適合移動設備閱讀的產品。

分報告《新千年來的中國出版政策與出版環境變化》對新千年來出版政策與出版環境的變化做了分析。進入新千年來,圍遶加入世界貿易組織、轉企改制、出版集團化、實施"走出去"戰略等"大事件",中國對出版政策進行了深入調整。在"入世"方面,一是修訂或制定行政法規和部門規章,二是清理、廢止部門規章和規範性法規,三是制定實施公平準入政策,四是組織開展開行政審批制度改革。透過開展上述一系列工作,讓出版業置於履行 "入世" 承諾的新政策環境,在塑造中國形象、加強法制建設、轉變行政職能等方面發揮了積極作用。在轉企改制方面,在試點階段、展開階段、攻堅階段、深化階段,發佈了大量政策,保證了轉企改制的順利進行。在出版集團建設方面,在試點探索階段、出版集團化建設階段、資本運作階段,透過出版一系列法規,使集團化的優勢擴大,讓主業挺拔壯大,市場競爭力和品牌影響力日益彰顯。在 "走出去" 方面,在啟動階段、發展階段、深化階段,透過出臺的一系列的政策,扭轉了版權貿易逆差,提升了出版業國際傳播力、競爭力和影響力。進入新千年,全球化、數位化和市場化使中國出版環境產生了深刻轉變。在全球化方面,中國出版對外開放步伐加快,透過引進資本、引進版權、引進品牌等,推動了中國出版業的發展。在 "走出去" 方面,藉由參加國際書展、版權輸出、產品輸出、資本輸出等,提高了中國出版業的世界影響力和國際競爭力。在數位化方面,經過政府扶持,產業規模不斷擴大,產品形態日益豐富,傳統出版與數位出版融合發展步調加快。在市場化方面,統一開放、競爭有序、健康繁榮的出版物大市場、大流通格局基本形成。報告同時對未來的政策發展提出了建議。一是在確保文化安全的前提下,進一步放鬆行政規制;二是在堅持政府主導的前提下,進一步擴大市場功能;三是在實踐服務理念的前提下,進一步強化社會監管。

分報告《新千年來的中國圖書出版》,透過對 2000—2011 年圖書出版的主要指標資料進行統計,對當前圖書出版中存在的問題進行了分析,對圖書出版的未來發展提出了建議及預測。報告認為,2000—2011 年間,中國出版的圖書品種、總印數、總印張、定價總金額逐年增長;但除去個別年份,每種書的印數和印張均呈遞減趨勢,反映出中國圖書出版業採取的是增加品種的策略,但市場規模並沒有隨之擴大,出版效益有待提高。2000—2011 年間,中國新華書店系統、出版社自辦發行單位的圖書銷售金額始終保持增長,但除去 2001 和 2009 年兩個年份外,庫存數量和庫存金額均為正增長。居高不下的出版物庫存量已經超出了庫存的合理範圍,嚴重制約出版業的發展。報告同時分析了新千年圖書出版中的代表性事件,同時就圖書出版中存在的問題及發展趨勢進行了探討。報告認為,圖書出版結構有待進一步優化,要提高圖書重版率,促進圖書出版真繁榮;要減少圖書庫存,拓寬圖書銷售管道;要降低教育類圖書比重,優化圖書出版結構;要處理好"兩個效益"的關係,維持正常的出版秩序;要平衡地區結構,促進中西部地區圖書出版事業的發展。未來的發展,機遇和挑戰並存。

分報告《新千年來的中國期刊出版》,對新千年來的中國期刊出版情況進行了分析。 總體上說,新千年以來,期刊種數總體上不斷增加,但期印數總體上呈下降趨勢,總印張、定價總金額和折合用紙量連年增長。月刊、雙月刊、季刊這三種出版週期總數最多、比例最大。自然科學、技術類的期刊最多,差不多是總種數的 50%;其次是哲學、社會科學類的期刊,約占 24%;然後是文化、教育類圖書,約占 12%。少兒讀物和畫刊類期刊所占比例非常小,只有 1%—2%。中央和地方出版的期刊大致呈三七分。中國各地都有期刊出版,資源分散。大型出版集團所在的地區,期刊出版數量較多,如長三角地區、珠三角地區、京津唐地區等。上海、江蘇、湖北、廣東都是出版大省,期刊出版數量也較多。報告對新千年來期刊出版中的代表性事件進行了分析,指出了中國期刊出版中存在的主要問題:總量龐大但發行量不高;期刊發展不均衡,對於普通大眾的通俗性刊物的種數比例較低;期刊產業經營集中度低,期刊產業整體呈現"小、散、弱"的局面;期刊產業在中國文化傳媒產業中的比重過低且市場營收能力明顯不足。當前制約中國期刊出版業發展的因素,一是體制因素,政策和管理體制方面呈現僵化和保守的特點,直接導致期刊刊號的緊張和多數期刊出版過程中市場機制的缺位,從而難以形成期刊市場優勝劣汰的良性機制。二是閱讀群體及媒介使用習慣等因素,中國真正意義上的中產階級還遠未形成,因此可以說,對中國期刊雜誌出版業而言,並沒有形成一個穩定而具規模的受眾群體。三是期刊產業自身因素,期刊內容同質化傾向嚴重;期刊優秀人才匱乏;營銷能力差,市場化程度低。中國期刊業的發展從宏觀方面看,呈現出四大趨勢:一是市場化趨勢,二是集約化趨勢,三是數位化趨勢,四是國際化趨勢。在這些制約因素與發展導向下,一要加快新聞出版立法進程,以法代規,同時適當放寬刊號發放和主管、主辦單位等限制期刊創刊和出版的政策性約束,更多地引入市場機制調控期刊出版行為;二要以更為獨到的辦刊方針和更為精準的受眾定位針對有限的"中產"閱讀群體,藉由提升刊物質量吸引更多的讀者受眾;三要考慮適度放寬國際優秀刊物進入中國的限制;四要加強和重視廣告經營,透過提升期刊產業的經營效益拉動辦刊質量的提高;五要繼續推進期刊刊群的建設與發展;六要加快與移動互聯網等新媒體之間的融合及銜接,並藉助新媒體的傳播優勢突破部分瓶頸的制約。

分報告《新千年來的中國音像與電子出版》,對 2000 年來的音像與電子產業進行了分析。2000 年來,中國音像與電子出版單位數量呈穩步增長的趨勢。自2000 年以來,錄音製品出版品種迅速增長,2005 年出版品種到達高點,此後出版品種又急速下降。2000 年以來,錄像製品出現了較大的增長的趨勢,至 2005 年發展至高峰,此後出版品種和數量都逐步下降。2002 年開始,電子出版物出現了較為強勁的發展勢頭,出版品種數和數量基本呈現大幅增長,僅 2003、2005、2007、2011 年在出版數量上出現小幅下降。報告分析了 2000 年來音像與電子出版代表性事件,對音像與電子出版存在的問題、未來發展趨勢進行了探討。音像與電子出版領域,產品製作和出版能力相對不足,市場化、商業化動力不足,盜版問題嚴重,音像電子出版與電子商務的結合尚不成熟,這些都影響了這一行業的發展。未來要推動數位出版、跨媒體出版,提高創新意識、能力以及內容質量,加強商業模式建設,積極打擊盜版,加快音像電子出版與電子商務的融合。

分報告《新千年來的中國數位出版》,首先對新千年來的數位出版情況作了總觀介紹。新千年來,數位媒介閱讀率逐年提升,數位出版用戶規模平穩增長,數位出版產品規模顯著壯大,數位出版收入規模持續上升。報告對數位出版代表性事件進行了分析,指出了數位出版中存在的問題,並指出了未來發展趨勢。數位出版中存在的問題主要是傳統出版單位數位化進程遲緩,優質內容缺乏,同質化現象嚴重,數位出版深閱讀有待進一步加強,中小市場需求尚未大規模啟動,數位出版領域標準相對滯後,數位出版運營模式有待進一步探索,數位出版產業鏈間利益分配不均衡,人才匱乏間接影響了數位出版的發展。未來的數位出版呈現下列發展趨勢:數位出版發行走向知識服務,教育數位化發展迅速,4G 將使手機出版躍昇新高度,數位出版引領媒介融合走向深入,數位出版將走向"雲出版"。

分報告《新千年來的中國版權貿易與出版"走出去"》,對 2000 年來的圖書版權貿易和中國圖書"走出去"做了研究。從數量上看,2000—2011 年的 12 年間,中國透過出版社進行的圖書版權貿易共計 162304 種,其中引進圖書版權 136091 種,輸出圖書版權 26213 種,引進大於輸出;12 年間,中國圖書版權貿易年均增長率12.8%。2000—2011 年的 12 年間,中國出版業透過商品貿易方式累計出口圖書品種 11271432 種,年均 939286 種(同期間累計進口圖書品種 7754308 種,年均進口646192.3 種);出口圖書數量累計 6607 萬冊,年均 550.6 萬冊(同期間累計進口圖書數量 4762 萬冊,年均進口 396.8 萬冊);圖書出口累計金額 29931 萬美元,年均 2494.3萬美元(同期間圖書進口累計金額 69371 萬美元,年均進口金額 5780.9 萬美元)。近12 年來中國圖書版權輸出的規模總體偏小,這與中國經濟的快速發展、與中國在國際上的大國形象、與中國博大深厚的文化底蘊以及與中國的圖書版權引進數量相比都極不相稱。中國版權輸出圖書的內容主要集中於傳統文化與語言藝術兩個方面,而以旅遊風光、古今建築、名勝古跡、古籍整理、工藝美術畫冊、歷史、文學和醫藥等為主。報告對版權貿易與出版"走出去"中的代表性事件進行了分析,對版權貿易與出版"走出去"中的問題、未來發展趨勢進行了探討。2000—2011 年的 12 年間,在中國圖書商品輸出數量上的繁榮背後,也存在著語言、管道和品種這三大不容忽視且亟需解決的現實問題,妨礙著中國圖書的走向世界。圖書版權貿易方面,版權引進和版權輸出的數量嚴重失衡。貿易省區失衡,圖書版權貿易交易量的大部分主要集中在少數省、區(市)。貿易區域失衡,中國圖書版權輸出的主要地區是以臺灣地區、香港地區、韓國和新加坡為代表的亞洲地區。版權引進方面,中國圖書版權引進的主要來源地是美國和英國。未來版權貿易與中國出版"走出去"的力度和規模將不斷擴大,圖書版權貿易的逆差比例將逐步降低,版權貿易與出版"走出去"的政策環境將更加寬鬆。

　　分報告《新千年來的中國出版物市場監管("掃黃打非")》,對 2000 年來中國的出版物市場監管("掃黃打非")工作進行了研究。2000 年以來,中國強化了"掃黃打非"的力度,推出了針對打擊和嚴懲淫穢色情資訊和非法出版的各種專項行動,各項工作穩步推進、成效顯著、亮點頻現,展示了中國政府打擊侵權盜版的決心和成果。每年收繳的各種侵權盜版品,2001—2005 年逐漸增加,以後整體呈現逐年下降的趨勢。2001 年以來執法機關受理的案件有逐年增加的趨勢。報告對 2000 年來的出版物市場監管("掃黃打非")中的代表性事件進行了分析,並指出了出版物市場監管中存在的主要問題:版權保護不力,懲罰力度小;集中行動多,成效不彰顯。報告對未來的出版物市場監管提出了建議:一,聯合執法,加強監管執法力道;二,發動民眾,獎勵表彰舉報人員;三,充分利用現代技術手段,加強市場監管。

　　分報告《新千年來的中國出版物印製》,對新千年來的出版物印製情況作了分析。進入新千年以來,中國出版物印刷繼續保持穩定的增長,產業規模不斷擴大,產業實力不斷增強。從 2000 年到 2011 年,中國出版物印刷總產值和增加值都有大幅的增加,2001 年和 2003 年增長最快,增長率超過了 20%。出版物印刷的總資產、總銷售收入和總利潤規模有較大的增加,但是增長速度有波動。新千年來的出版物印刷呈現下列特點:一是出版物印刷發展不平衡,出版物印刷主要集中在經濟發達地區和中部人口大省,西部和邊遠地區比較落後;二是改革不斷深入,資本多元化步伐加快,一批民營和"三資"企業逐漸成為出版物印刷領域的骨幹企業,帶動了中國出版物印刷業的整體水準提高;三是產品多元化經營成為企業主流;四是出版物印刷企業以中等規模的企業居多,有競爭力的大企業還不多;五是技術水準提高較快,但總體技術水準與國外相比還有一定差距;六是總量過剩,印刷能力供大於求,國內市場競爭日益激烈。報告對新千年來出版物印製中的代表性事件進行了分析,指出了出版物印製存在的問題:一是由於長期的計劃經濟和地區市場的相對分割狀態,中國出版物印刷業結構趨同的現象並沒有從根本上解決;二是中國印刷企業數量多,企業平均規模小,企業技術水準和管理水準差距較大,地區之間發展不平衡;三是隨著人工成本和原料成本的不斷攀升,加上印刷業整體上出現生產過剩的狀況,傳統印刷企業和印刷業務進入微利時代;四是符合能源節約型、環境友好型的綠色印刷的比重偏低;五是技術引進與消化吸收之間的差距以及生產能力的迅速擴大與市場需求的穩步增長之間缺少平衡;六是人才流失之間的矛盾比較突出;七是隨著數位化技術發展,出版物印刷未來的發展前景具有不確定性;八是國內印刷市場有待進一步開放,國際印刷市場有待進一步開拓。出版物印製的未來發展趨勢:一是出版物印製的技術升級和綠色環保將成為重點;二是印刷業結構佈局進一步優化,出版物印刷市場開放程度進一步擴大;三是出版物印刷技術進一步加快,整體技術水準進一步提高。四是出版印刷企業的轉型加快,出版印刷產業鏈的合作將加強,按需出版等新型個性化印刷業務將快速發展。五是出版物印刷業的國際化水準將進一步提高。

分報告《新千年來的中國民營出版》,對 2000 年來的民營出版做了分析。2000 年以來,民營資本參與出版活動的領域不斷拓寬,民營資本不僅可以進入出版物的零售,還可以進入批發和總批發,民營資本不僅可以從事出版物的選題策劃,還可以透過特定的方式參與出版,在出版產業發展中的作用越來越重要。在整個新聞出版企業法人中,民營企業的數量最多,所占比例最高,2011 年民營出版企業數量已經占新聞出版企業總數的 81%。同時,民營企業的發展很快,2011 年與 2009 年相比,民營企業在整個新聞出版企業中的比重增加了近 10 個百分點。報告對 2000 年來的民營出版中代表性事件進行了分析,認為民營出版存在下列主要問題:一是民營出版機構的身份模糊,從事出版活動而沒有獲得行政許可;二是民營出版機構參與出版的管道單一,目前中國只有北京出版創意產業園一個單一視窗;三是民營發行企業缺乏優惠政策。民營書業自身也存在的主要問題有:一是企業的現代化水準低,二是產品的質量不高、核心競爭力不足,三是部分企業的數位化程度弱。未來民營書業的發展,主要表現在:一是民營出版的政策環境會越來越好,二是國有與民營出版之間會進一步融合,三是民營出版業會進一步分化與轉型加劇。

分報告《新千年的中國出版教育》,對 2000 年來的中國出版教育情況進行了分析。目前,中國有 68 所高校開設了編輯出版學本科專業,分佈在 25 個省、自治區和直轄市,但主要集中於東部和中部地區。各校的課程設置各有側重。中國有四所高校獨立設置了編輯出版學博士研究生專業,有 41 所高校招收編輯出版學或類似專業的碩士研究生。2010 年,北京大學、南京大學等 14 所高校獲得了首批出版碩士專業學位授權,2011 年開始招生。報告分析了出版教育存在的主要問題:一是出版教育的學科歸屬不明朗,二是出版本科和研究生專業隸屬院係差異大,三是課程設置有待完善。報告對出版教育的發展提出了建議:一是進一步推動出版研究生教育的發展,二是促進出版專業歸屬院系統一,三是增加數位出版和實踐課程比重。

分報告《新千年來的中國出版學研究》,對 2000 年來的中國出版學研究情況進行了分析。2000—2011 年,在出版學基礎理論、出版史、編輯學、出版物印製、出版物營銷、出版經營管理、數位出版與新媒體方面都出版了大量論著。報告對 2000 年來出版學研究領域的代表性論著進行了評述。報告同時對 2000 年來出版學研究中存在的主要問題進行了分析:一是出版學研究存在"紮堆逐熱"的浮躁現象;第二,學科基礎理論和前沿問題有待深入開掘;第三,跨學科、跨區域、跨國別的合作研究亟待開展;第四,對出版領域的科研資助力度有待加強;第五,部分成果的規範性存在問題,研究方法和工具的使用存在嚴重缺陷。報告對未來出版學研究實現突破提出了對策建議:第一,多途徑、多方式合作;第二,開展數位化出版領域的研究工作;第三,共同努力建立專業案例庫和資料庫;第四,爭取政府部門和產業界的支持;第五,鼓勵青年學者與國際專家進行實質性的交流與合作;第六,組織專家科學規劃出版學學科總體佈局。

報告附論部分對港澳臺地區的出版業進行了研究。《新千年來的香港地區出版》,對 2000 年來香港地區出版業的情況作了介紹。從總體上看,近 10 年來香港地區的出版機構數和行業從業人數呈增長的趨勢。香港圖書市場每年大約在 5 億美元,即 40 億港元左右。近 10 年來期刊和報紙出版市場變化不大,但期刊出版數量有所減少。數位出版起步發展較早,ebook 的探索和努力在繼續。2000 年以來香港印刷業的機構數量呈逐年減少趨勢,就業人數也在減少。書刊流通網路進一步完善,構建了書店、報攤、網上銷售、郵購等多管道、多方位的立體流通模式。報告對香港地區出版產業發展趨勢作了預測:第一,產業進一步整合和融合;第二,數位出版轉型進一步加快;第三,出版產業的內容屬性進一步凸顯;第四,出版市場進一步開拓。《新千年來的澳門地區出版》,對澳門地區出版業發展作了介紹。2000—2011 年,澳門共出版圖書、期刊、特刊等出版品共 7172 種,多語種出版仍為特色,但以中文為主,社會科學及藝術類出版品穩居前列。目前,澳門本地有出版單位 896 個,有門市書店及代理公司 38 家。澳門政府提供財政支援出版書刊,大大鼓勵了本地創作;旅遊經濟帶動多語種出版,有利於打開國際市場;地理優勢提供優渥資源,共用合作出版之良機。但由於地理空間狹小,市場規模有限,再者人口素質亦不高,澳門出版業的發展受到制約。報告對未來澳門出版發展提出了建議:第一,促進相關出版法律及條文的完善,加強本澳圖書市場規範化管理;第二,把握社會及政府之發展意向,做好閱讀需求調查,為圖書內容提供必要依據;第三,進一步擴大港、珠、澳地區的交流與合作,加強同業界的聯繫和凝聚力,令同業經營者可享受規模經濟帶來的益處;第四,提升出版技術,提高從業人員的專業素質及薪酬待遇;第五,做好市場行銷,推動創意產業。《新千年來的臺灣地區出版》,對臺灣地區的出版情況作了研究。2011年,臺灣新聞出版業營業總收入 91.64 億新臺幣,圖書出版營業總收入 352.44 億新臺幣,雜誌營業總收入 203.41 億新臺幣,有聲讀物等其他出版業 110.57 億新臺幣,數位內容總產值達 6003 億新臺幣,圖書進口 1.1 億美元,出口 0.65 億美元,有學術期刊1400 多種。出版業者所雇用的員工以擁有大學教育程度者所占比例為最高,專科學歷員工比逐年下降。報告期待臺灣未來能有更詳實的文化出版政策和優良產業投資環境,經由完備的法令推動臺灣出版產業邁入新時代。

　　附錄部分的《新千年來中國出版業大事記(附港澳臺地區)》,採用編年方式,對2000 年來中國出版業中的重大事件作了簡要記錄。

成就、問題與展望:千禧年來的中國出版業

2000 年,千禧年的到來,曾激起中國出版人無限的憧憬。如今,中國出版已經走過了千禧年第一個世紀的前 10 年。集團化、數位化、上市、改制,中國出版在新世紀中不斷成長與進步。

一、千禧年來中國出版業的成就

進入千禧年以來,中國出版業得到了快速發展,成就明顯。

1. 出版數量增大,進入世界出版大國行列

新世紀的第一個 10 年,中國經濟繼續突飛猛進。2001—2010 年,中國國內生產總值平均增長 10%以上,經濟總量也從世界第七位上升到第二位。2001 年中國國內生產總值超過義大利,2005 年超過法國,2006 年超過英國,2007 年超過德國,居世界第三位。2010 年,中國國內生產總值超過日本,成為僅次於美國的世界第二大經濟體。一時間,"中國崛起"成為世界各大國家報刊的頭條新聞。與中國經濟發展相輝映的,是中國出版業的同步發展。中國出版業逐漸從單一重視出版的社會功能,轉向既重視出版的社會功能,又重視出版的經濟功能。作為中國文化產業中的核心產業之一,中國出版十多年來的規模在不斷擴大。

2000 年,中國共有圖書出版社 565 家,共出版新版圖書 84235 種,重版、重印圖書 59141 種,總印數 62.74 億冊,定價總金額 430.1 億元;2000 年,共出版期刊 8725 種,總印數 29.42 億冊;共出版報紙 2007 種,總印數 329.29 億份;2000 年,共有音像出版單位 290 家,出版錄音製品 8982 種,出版數量 1.22

億盒(張);出版錄像製品 8666 種,出版數量 8082.44 萬盒(張);共出版電子出版物 2254 種、3989.7 萬張;2000 年,共有圖書發行網點 76136 處;書刊印刷兩級定點企業 1152 家;2000 年,新聞出版系統企事業單位共實現利潤 52.71 億元。[1]

2011 年底,中國共有圖書出版社 580 家(包括副牌社 33 家),共出版圖書 369523 種,其中新版圖書 207506 種,重版、重印圖書 162017 種,總印數 77.05 億冊(張),定價總金額 1063.06 億元;共出版期刊 9849 種,總印數 32.85 億冊,定價總金額 238.43 億元;共出版報紙 1928 種,總印數 467.43 億份,定價總金額 400.44 億元;共有音像製品出版單位 369 家,電子出版物出版單位 268 家,共出版錄音製品 9931 種、錄像製品 9477 種、電子出版物 11154 種、21322.22 萬張;2011 年,中國共有出版物發行網點 168586 處,出版物印刷企業(含專項印刷)8309 家。[2] 2011 年,中國出版、印刷和發行服務業實現營業收入 14568.6 億元,利潤總額達 1128.0 億元。[3]

出版社數量、出版品種、總印數的增長和出版物發行網點數的攀升,這些資料,無不彰顯中國出版業進入千禧年來的進步。

2011 年,日本出版的新書品種是 75810 種,總印數 11.76 億(其中新書總印數 3.64 億);日本出版的刊物 3381 種(其中月刊 3279 種、週刊 102 種),總印數 30.17 億冊(月刊總印數 20.97 億冊、週刊總印刷數 9.2 億冊)。[4] 2011 年,我國的新書品種數是日本的 2.74 倍,總印數是日本的 6.55 倍;期刊種數是日本的

---

[1] 《2000 年全國新聞出版業基本情況》,新聞出版總署計劃財務司編《中國新聞出版統計資料匯編 2001》,中國勞動社會保障出版社 2001 年版,第 1—14 頁。

[2] 《2011 年全國新聞出版業基本情況》,新聞出版總署出版產業司編《中國新聞出版統計資料匯編 2012》,中國書籍出版社 2012 年版,第 1—14 頁。

[3] 新聞出版總署出版產業司:《2011 年新聞出版產業分析報告》。內部資料。

[4] Japan Book Publishers Association. An Introduction to Publishing in Japan 2012—2013. Tokyo: Japan Book Publishers Association, 2012, P.8.

2.91 倍,期刊總印數是日本的 1.09 倍。根據歐洲出版商聯盟(The Federation of European Publishers)的統計,2011 年,歐洲國家中,歐洲出版新書總數最多的國家依次是英國(149800 種)、德國(82048 種)、西班牙(約為 44000 種)、法國(41902 種)和義大利(39898 種)。[5] 2011 年,中國出版的新書品種總數分別是英國的 1.39 倍、德國的 2.53 倍、西班牙的 4.72 倍、法國的 4.95 倍、義大利的 5.2 倍。據鮑克公司(Bowker)的統計,2011 年,美國使用 ISBN 的傳統新書品種數量是 347178 種。[6]也就是,中國出版的新書品種數,除低於美國外,超過了英國、德國、日本等先進國家。

2. 兼並重組、改制與上市,探討出版發展的中國道路

進入 21 世紀後的頭等大事,便是中國於 2001 年 12 月 11 日正式加入世界貿易組織(WTO)。中國加入這一組織,標誌著中國從此在各方面將融入世界大潮。根據中國政府加入 WTO 後的承諾,中國將開放出版物零售和批發市場,允許外方藉由中外合資、中外合作的形式在大陸範圍內銷售和批發圖書、報刊、錄音帶、錄影帶。為了應對入世後面臨的挑戰,中國出版業很早就開始組建出版集團。從 1999 年我國第一家出版集團——上海世紀出版集團的成立,到 2002 年中國出版集團的成立,再到 2010 年 12 月中國教育出版傳媒集團有限公司的成立、2011 年 12 月中國出版傳媒股份有限公司的成立,中國已經成立了 120 多家新聞出版集團。

---

[5] The Federation of European Publishers. European Book Publishing Statistics.
http://www.sne.fr/img/pdf/Doc%20pour%20Flash%20et%20Lettre/European-book-publishing-stat2011.pdf. 2012-12-20.

[6] Bowker. New Book Titles and Editions, 2002—2011.
http://www.bowker.com/assets/downloads/products/isbn_output_2002—2011.pdf.
2012-12-30.

長期以來,中國出版業在跨地域、跨所有制、跨行業等方面鮮有建樹。21世紀的頭 10 年,多種形式的兼併、重組,為中國出版業未來的發展進行了可貴的探索。

2006 年 1 月,湖北的長江出版集團並購湖北海豚卡通有限公司,開國有出版機構收購民營出版機構的先河。與此同時,2006 年 4 月,浙江教育出版社下屬的浙江教育書店以 380 萬元的價格,向民營資本出讓 65%的股權。浙江出版界首次將國有資產以公開拍賣的方式出讓給民營資本。2009 年 4 月鳳凰出版集團以江蘇人民出版社為合作主體,斥資 1 億元與民營工作室共和聯動共同組建北京鳳凰聯動文化傳媒有限公司,成為國有出版社與非國有出版公司成功合作的又一個案。雙方優勢互補,為出版體制和機制開創了新路。

長期以來,中國出版業的資本規模一直偏小,融資管道單一。為瞭解決發展過程中的資金問題,中國出版業在上市融資方面不斷進行探索。2006 年 5 月,上海新華發行集團採取借殼上市的方式,收購華聯超市股份有限公司 45.06%股份,將華聯超市更名為上海新華傳媒股份有限公司,繼承新華傳媒的全部資產和業務,成功借殼上市,成為中國出版發行類傳媒第一個上市的股份公司。此後,中國各大出版集團爭相上市。2007 年 5 月,以四川省新華書店改組成的四川新華文軒連鎖股份有限公司在香港聯合交易所掛牌上市,成為大陸在香港上市的首家圖書發行企業。2007 年 12 月,遼寧出版傳媒股份有限公司在上海證券交易所上市,成為中國首家將編輯業務和經營業務整體上市的公司。2008 年 11 月,安徽的時代出版傳媒股份有限公司成立並上市。2010 年 1 月,安徽新華傳媒股份有限公司上市。2010 年 10 月,中南出版傳媒集團股份有限公司上市。2011 年 11 月,江蘇鳳凰出版傳媒集團有限公司正式上市。這家發行、銷售超百億的出版集團,發行市值高達 250 億元,成為資本市場文化傳媒板塊上最大的上市公司。

一些民營出版公司也積極爭取上市。2010 年 10 月,湖南天舟科教文化股份有限公司在深市創業板上市,成為中國"民營出版傳媒第一股",也實現了民營書業上市的零突破。而著名網路書店"當當網",2010 年 12 月則在紐約證券交易所掛牌上市。

中國出版業的上市,可以為出版業募集到大量資金,從而解決出版業發展過程中的資金障礙,也有助於透過規範化管理和科學化管理,提升中國出版業的國際化水準,從而更好地推動出版業的發展。但同時,上市後信息的公開,使社會對這些上市的出版公司有了更多的瞭解,出版能力的高低、投資決策的好壞,都成為社會公眾議論的話題。因此,上市後的中國出版業,也面臨更大的挑戰。

長期以來,中國出版業在事業單位、企業化管理的模式下運行。這種模式,並不能讓出版業在市場經濟的大海中遨遊。2003 年,中國啟動了文化體制改革試點工作,從此,出版改制進入了快車道。2004 年 3 月,中國出版集團轉制為中國出版集團公司。中國科學出版集團公司、中國電力出版社有限公司等一批部委單位出版社也完成了轉企改制,為中國的出版改制提供了經驗。2010 年底,中國的出版社基本完成了從事業到企業的轉化。轉企改制,看起來只是將事業單位的身份變成了企業,員工的身份也從國家幹部或事業幹部變成了企業管理人員或合同制員工。但更重要的是運行機制,從以社會效益為主轉向社會效益與經濟效益的有機結合與統一。雖然中國在出版單位設立上仍採用審批制,一定程度上削弱了出版社之間的競爭。但轉企改制後,所有出版社都將面臨市場的挑戰。既要生存,又要發展,成為中國出版社下一個 10 年將面臨的難題。

3. 出版管理力度加大,公共服務意識增強

2001 年 4 月,中共中央和中國國務院宣佈將新聞出版署升格為"新聞出版總署",成為正部級單位,以加大對出版業的管理力度,適應出版業的迅猛發展。升格後的新聞出版總署加大了對出版管理制度的建設。2001 年,國務院頒佈了新修訂的《出版管理條例》、《音像製品管理條例》和《印刷業管理條例》。2003 年,新聞出版總署頒佈了修訂的《出版物市場管理規定》。2005 年 12 月,新聞出版總署頒佈實施《報紙出版管理規定》和《期刊出版管理規定》。2008 年 4 月,新聞出版總署頒佈實施《電子出版物出版管理規定》和

《音像製品製作管理規定》。2008 年 5 月,《圖書出版管理規定》正式實施。這些規章制度的頒佈,進一步完善了出版管理體系。在出版從業人員的管理方面,2001 年,人事部與新聞出版總署頒佈了《出版專業技術人員職業資格考試暫行規定》和《出版專業技術人員職業資格考試實施辦法》,開始在我國推行出版專業職業考試,以提高出版人員的文化和業務素質。2008 年 6 月,《出版專業技術人員職業資格管理規定》頒佈實施,出版職業資格制度從此更加規範。2011 年,國務院又頒佈了《出版管理條例》新的修訂版,將原條例第一條、第十條、第四十八條中的"出版事業"修訂為"出版產業和出版事業",從而明確了我國出版業中公益性單位與經營性單位的差異。2011 年 3 月,新聞出版總署公佈了《出版物市場管理規定》,對透過互聯網等資訊網路從事出版物發行業務的單位或者個人提出了明確要求。

中國是一個農業大國,城鄉差距嚴重。針對農民存在"買書難、借書難、看書難"等問題,2004 年 6 月,中宣部、新聞出版總署發佈《關於進一步加強"三農"讀物出版發行工作的意見》,強調要多出版發行農民看得懂、用得上、買得起的讀物。2007 年 3 月,新聞出版總署、中央文明辦、國家發展改革委等八個部委下發了《農家書屋工程實施意見》,從 2007 年起在中國範圍內實施"農家書屋"工程。透過國家財政付款、社會捐贈等多種形式,在中國各省(區、市)均建立了農家書屋,尤其是北京、上海、天津、山東、江蘇、遼寧、吉林、寧夏 8 個省(區、市)實現了村村有農家書屋。農家書屋工程的提出及實施,豐富了農民的業餘生活,普及了農村的科學文化知識,對中國的國家建設具有重要的意義。

為服務於建設創新型國家,2006 年,國家新聞出版總署啟動了"三個一百"原創圖書工程,在人文社科類、自然科技類、文藝與少兒類中各選出 100 種原創圖書進行表彰,用以鼓勵多出原創性作品、提高出版業的競爭能力。"三個一百"原創工程的推出,有助於提升中國出版文化軟實力,從而推動中國出版業更快更好地發展。

為提高出版質量,國家新聞出版總署於 2003 年開展了"2003 年辭書質量專項檢查",查處了 19 種不合格辭書。2007 年,新聞出版總署把該年作為"出版物質量管理年",加大了對出版物質量的監督,組織有關專家,對圖書、期刊、光盤等質量進行了全面的檢查,為出版業的良性發展提供了保障。2011 年 8 月,新聞出版總署下發《關於進一步加強中小學教輔材料出版發行管理的通知》,首次規定將對不符合質量規定和標準的中小學教輔材料全部召回銷燬。

　　在加強質量監管的同時,國家新聞出版總署還透過對優秀出版物給予獎勵來促進出版物質量的提高。2006 年,在合併原有出版獎項的基礎上,中國設立了出版領域的最高獎——中國出版政府獎,並於 2007 年 8 月舉行了首屆中國出版政府獎評選。2008 年 1 月,第一屆中國出版政府獎揭曉:《毛澤東傳(1949—1976)》(上、下)等 60 種圖書榮獲圖書獎,《百年經典——紀念中國唱片一百週年》等 20 種音像、電子、網路出版物榮獲音像電子網路獎,深圳華新彩印製版有限公司等 10 家印刷復製單位榮獲印刷復製獎,《曹雪芹紮燕風箏圖譜考工志》等 10 種出版物榮獲裝幀設計獎,《十月》雜誌社等 50 家出版單位榮獲先進出版單位獎,毛鳳昆等 50 名出版工作者榮獲優秀出版人物獎。2011 年 3 月,第二屆中國出版政府獎揭曉:《馬克思恩格斯文集》等 60 種圖書獲圖書獎,《求是》等 20 種期刊獲期刊獎,《輝煌六十年》等 20 種音像、電子、網路出版物獲音像電子網路獎,《季羨林全集》(1—12 卷)等 10 件作品獲印刷復製獎,《北京跑酷》等 10 件作品獲裝幀設計獎,上海科學技術出版社等 50 家單位獲先進出版單位獎,王明亮等 70 人獲優秀出版人物獎(含優秀編輯 26 名)。中國出版政府獎的評選,從另一個角度推動了出版物質量的提高。

　　為了進一步推動出版業的良性發展,2008 年 7 月,國家新聞出版總署下發了對經營性圖書出版單位進行首次等級評估工作的通知,中國 500 多家經營性出版社參與了評估。2009 年 8 月,經過一年多時間的努力,中國經營性圖書出版單位首次等級評估工作終於完成,共評出一級出版單位 100 家,占 20%;二級出版單位 175 家,占 35%;三級出版單位 200 家,占 40%;四級出版單位 25 家,占 5%。商務印書館等 100 家在首次中國經營性圖書出版單位等級評估中獲得一級稱號的出版社,被命名為"全國百佳圖書出版單位",將受到總署的重點支援,在資源配置等相關政策上給予傾斜和支持,鼓勵其更加壯大,發揮好示範作用。而被評為四級的出版單位將給予警示,要求他們提出整改措施,限期整改。對那些經營不善,問題嚴重的出版單位,整改期過後還達不到辦社條件的,則採取關、停、並、轉等措施。連續兩個評估期被警示且不具備辦社條件的,將可能最終被取消出版資格。從此,中國出版業將告別"只生不死"的時代,不好好經營發展的出版社將無法存在下去。

4. 出版"走出去",幫助中國文化走向世界

在中國經濟快速發展的同時,文化的自覺,也使中國出版人對如何弘揚自己的文化有了更多的思考。

長期以來,中國的版權引進總是大於出口。從 1995 年至 2004 年這 10 年間,中國內地一共引進版權 68115 種,輸出版權 6692 種。其中,引進版權最多的年份是 2003 年,一共引進版權 12516 種;輸出版權最多的年份是 2004 年,一共輸出版權 1314 種。版權引進與版權輸出之間存在巨大逆差,近 10 年來總逆差比達到 10：1,其中逆差最大的是 1999 年和 2003 年,均達到 15：1。[7]為了幫助中國圖書"走出去",2005 年,中國政府開始實施"中國圖書對外推廣計劃",對購買或獲贈中國出版機構版權進行出版的國外機構提供翻譯費的資助。2006 年北京國際圖書博覽會期間,政府還專門設立了"中國圖書精品展區",舉辦了"中國圖書對外推廣計劃"說明會,向世界各國出版機構推出了 419 種反映中國當代政治、經濟、文化以及介紹中國文化、歷史的圖書。在政府與出版社自身的雙重努力下,2006 年 8 月,在第 13 屆北京國際圖書博覽會(BIBF)上,簽約的版權輸出合同為 1 096 項,版權引進合同 891 項,版權輸出與引進之比為 1.23：1,第一次實現了圖書版權貿易的順差,成為北京國際圖書博覽會 20 年歷史上的首

---

[7]　許建:《中國版權貿易逆差研究》,碩士學位論文,南京大學,2006。

次。2006 年 10 月,在德國第 58 屆法蘭克福書展上,中國展團共輸出版權 1364 項,是 2005 年的兩倍多。2000 年,中國共引進出版物版權 7343 種,輸出出版物版權 638 種,引進與輸出之比是 11.5：1;2005 年,共引進出版物版權 10894 種,輸出出版物版權 1517 種,引進與輸出之比是 7.18：1;2010 年,共引進出版物版權 16602 種,共輸出出版物版權 5691 種[8],引進與輸出之比為 2.92：1。10 年間,版權逆差在逐步縮小。

在扭轉版權逆差的同時,中國出版業還在以多種多樣的方式"請進來"與"走出去"。1995 年,世界傳媒巨頭貝塔斯曼進入中國,建立了上海貝塔斯曼文化實業有限公司,1997 年建立了中國第一個合資書友會。雖然貝塔斯曼在 2008 年關閉其在中國經營了 13 年的書友會,但它將圖書俱樂部這一經營理念帶到了中國。

為了幫助中國圖書更好地走向世界,2007 年,中國還設立"中國圖書對外推廣計劃",並建立了"中國圖書對外推廣網",幫助出版社搭建與世界交流的平臺。2007 年 4 月,新聞出版總署還出臺了對列入"中國圖書對外推廣計劃"或實施"走出去"戰略的出版專案所需要的書號不限量、支持重點出版企業申辦出口權、支持出版單位創辦外向型外語期刊等優惠政策。2009 年 3 月,"中國圖書對外推廣計劃"工作小組又開始實施"中國文化著作翻譯出版工程",在世界範圍內組織開展對中華核心文化典籍的翻譯工作。如今,已經形成了"經典中國"國際出版工程、中外圖書互譯計劃、中國音像製品"走出去"工程、中國圖書對外推廣計劃等四大工程,推動了中國出版和中國文化的"走出去"。

在政府助推出版"走出去"的同時,各出版社也積極促進中國圖書走向海外。2007 年 1 月,《大中華文庫》(漢英對照)啟動全球發行。《大中華文庫》第一批選目 10 種,包括《三國演義》、《紅樓夢》、《水滸傳》、《西遊記》、《論語》、《老子》、《周易》、《孟子》、《莊子》、《孫子兵

8　資料來源:原國家新聞出版總署(國家版權局)網站提供的相關資料。

法》,由外文出版社、中華書局、湖南人民出版社等十餘家出版社承擔出版任務。2007 年還啟動了聯合國通用的另外 4 種文字(法文、西班牙文、阿拉伯文、俄文)及德文、日文、韓文總計 7 種文字的多語種對照版的翻譯出版工作,成為中國歷史上首次系統全面地向世界推出的中國古籍整理和翻譯的重大文化工程。

在圖書產品"走出去"的同時,出版社也開始"走出去"。2007 年 4 月,中國青年出版社總社登陸英國出版市場,在英國建立了倫敦分社。2007 年 9 月,中國出版集團公司與下屬的中國出版對外貿易總公司,分別與法國博杜安出版公司和澳大利亞多元文化出版社簽訂協議,在巴黎和悉尼註冊成立了"中國出版(巴黎)有限公司"(CPG International-Paris)和"中國出版(悉尼)有限公司"(CPG International-Sydney)。2008 年 6 月,人民衛生出版社在美國康涅狄格州成立了美國編輯部。2009 年 4 月,中國國際出版集團在英國倫敦設立了華語教學出版社倫敦分社(Sinolingua London Limited)。

出版業還積極走出去開闢國際市場。2008 年 8 月,中國出版集團和美國百盛公司合作,在美國紐約法拉盛開設了第一家新華書店海外分店,主銷中國大陸出版的各類出版物,營業總面積達 500 平方米,成為當時在美銷售中國大陸出版物面積最大、品種最齊全的書店之一。此後,中國出版集團又陸續在美國聖地亞哥、新澤西、紐約和英國倫敦等處開設了多家新華書店。2009 年 6 月,中國圖書進出口(集團)總公司與美國時代國際文化發展公司合資成立了新華書店(北美)網上書店,拓寬了在北美銷售華文圖書的管道。2010 年 7 月,中國出版集團公司、中國圖書進出口(集團)總公司與日本大型出版經銷商東販株式會社、中國媒體株式會社共同出資在日本東京成立了中國出版東販株式會社公司。2010 年 8 月,鳳凰出版傳媒集團和法國阿歇特圖書出版集團共同投資成立的鳳凰阿歇特文化發展(北京)有限公司掛牌開業。阿歇特圖書出版集團的母公司拉加代爾是歐洲第一、世界第二的大眾及教育圖書出版集團,在全球 25 個國家和地區擁有出版機構。2010 年 9 月,安徽時代出版傳媒集團收購了拉脫維亞的S&G 印刷公司,成為中拉兩國在拉脫維亞成立的首家合資企業。

"走出去"戰略的實施,既推廣了中國文化,又推動了中國出版的國際化,使中國出版學到了國外的先進經驗。2011 年,新聞出版總署出臺了《新聞出版業"十二五"時期"走出去"發展規劃》和《關於加快我國新聞出版"走出去"的若干意見》,"走出去"的成果將更為豐碩。

5. 版權保護不斷趨於完善,形成良好出版環境

　　版權是出版業賴以生存的基石。進入千禧年後,中國在著作權保護方面出臺了許多新的法律規定,並對網路上的著作權也給予了保護,為出版業的健康發展奠定了基礎。

　　2001 年 10 月,中國第九屆全國人大常委會第 24 次會議通過了《關於修改中華人民共和國著作權法的決定》,對 1990 年 9 月頒佈、1991 年 6 月實施的《中華人民共和國著作權法》進行了修改。修訂後的著作權法,既與加入世貿組織後的國際要求相符合,又考慮到了網路環境下的著作權保護,同時加人了打擊盜版的力度。2004 年 12 月,最高人民法院、最高人民檢察院聯合出臺公佈了《關於辦理侵犯知識產權刑事案件具體應用法律若干問題的解釋》,統一了定刑量罪的標準,大幅降低了制裁侵權盜版的門檻。2007 年 4 月,最高人民法院、最高人民檢察院又聯合發佈了新的辦理侵犯知識產權刑事案件的司法解釋,再次降低了打擊侵犯著作權罪的數量門檻:以營利為目的,未經著作權人許可,復製發行其文字作品、音樂、電影、電視、錄像作品、計算機軟件及其他作品,復製品數量合計在 500 張(份)以上的,屬於刑法第 217 條規定的"有其他嚴重情節";復製品數量在 2500 張(份)以上的,屬於刑法第 217 條規定的"有其他特別嚴重情節"。新司法解釋規定的以上兩個侵犯著作權罪的數量,較之 2004 年發佈的司法解釋規定的數量標準"1000 張(份)以上"和"5000 張(份)以上",降低了一半。這一新的司法解釋,標誌著中國對侵犯著作權犯罪進行更嚴厲的打擊。2006 年 7 月,《資訊網路傳播權保護條例》開始施行,加大了對網路版權的保護。2006 年 12 月,國際版權局與美國電影協會、商業軟件聯盟、美國出版商協會、英國出版商協會在京簽署了《關於建立網路版權保護協作機制的

備忘錄》,在打擊跨國互聯網侵權盜版行為及其他相關問題等方面進行了合作。2007 年 6 月,《世界知識產權組織版權條約》和《世界知識產權組織表演和錄音製品條約》在中國正式生效,對資訊技術和通訊技術領域,特別是互聯網領域的表演者和錄音製品製作者等版權人的利益更好地進行了保護。

　　這一時期,政府部門積極致力於打擊盜版工作。2000 年 1 月,中國"掃黃"辦、財政部、公安部、新聞出版署、國家版權局聯合發出《對舉報"制黃"、"販黃"、侵權盜版和其他非法出版活動有功人員獎勵辦法》,發動社會力量打擊盜版。同時,對一些典型性的盜版案例進行了大力宣傳。2003 年 3 月,上海市第二中級法院對《辭海》盜印案進行宣判,被告陝西省漢中印刷廠與李渭渭、哈翎停止侵害原告辭海編輯委員會與上海辭書出版社分別享有的《辭海》(1999 年版)普及本著作權和專有出版權,共同賠償兩原告人民幣 50 萬元,同時還作出了對漢中印刷廠罰款人民幣 6 萬元的民事制裁決定。2007 年 7 月,中國"掃黃打非"工作小組辦公室、公安部、新聞出版總署、國家版權局在湖南省長沙市召開"1·28"貯存盜版圖書案總結表彰會暨"掃黃打非"辦案工作座談會。該案破獲了以犯罪嫌疑人樑雲為首的特大盜版圖書制售團夥,共查獲盜版圖書 268 種、62.7 萬冊(套),碼洋 2032 萬餘元,抓獲主要犯罪嫌疑人 4 人。

　　行業部門也積極投入到反盜版中。2002 年 1 月初,北大方正電子有限公司聯合中國國內 150 餘家出版社、圖書館、掌上電子設備公司、網站以及 IT 技術企業發起組織了"中國 ebook 及數位版權保護聯盟"。2006 年 9 月 1 日,江西、江蘇、浙江、山東、安徽、福建六省的六家少兒出版社發起成立了華東六省少兒出版社反盜版聯盟,在打擊盜版的調查、取證、舉報、訴訟等方面進行全面合作。2006 年 12 月,盛大、網易、新浪、微軟中國、北京金山、三辰卡通等六大企業聯合發起了"中國企業版權聯盟",加大對版權的保護,打擊各類盜版尤其是網路盜版行為。2006 年 12 月,中國工商聯書業商會期刊專業委員會在北京召開了"名刊反盜版聯盟"成立會。《讀者》、《家庭》、《青年文摘》、《家庭醫生》、《格言》、《小說月報》6 家雜誌社成為"盟友",將共同打擊期刊盜版行為。2011 年 11 月,中國"掃黃打非"辦公室與中國科學院簽署了《關於開展互聯網"掃黃打非"技術保障戰略合作協議》,雙方將就新技術背景下"掃黃打非"手段、網路出版物傳播監測管理、網路出版物發現與識別判定技術、網路非法傳播取證技術等進行研究,標誌著將對網路盜版等行為進行更嚴厲的打擊。

這一時期,一些代表性的版權官司,標誌著民眾版權意識的增強。2006 年 3 月,博客寫手秦濤在北京市海澱區人民法院起訴搜狐公司侵犯了他的博客著作權,成為中國國內首起博客著作權案。而 2009 年中國作家協會與穀歌的交涉,使網路上的版權問題受到了社會更多的關注。2009 年 11 月,鑒於穀歌公司未經中國作家許可而擅自數位化了中國作家的作品,中國作家協會正式向穀歌公司發出維權通告,要求穀歌公司在一個月內向中國作家協會提供已經掃描收錄使用的中國作家作品清單,並提交處理方案及賠償事宜。2011 年 3 月,百度文庫也因為收錄了大量有版權的作品,而遭到社會各界人士的抗議。版權意識的覺醒,標誌著出版發展的良好環境開始形成。

6. 數位出版蓬勃發展,引領未來出版轉型

千禧年以後中國出版業的最大變化,或許便是出版業的數位化。

2000 年,第八屆北京國際圖書博覽會上,方正集團曾有這樣的預言:2001 年國內將有更多出版社涉足 ebook 的出版;2002 年電子書包、課本被接受;2005 年少數出版社的 ebook 的銷售超過 5%;2006 年,手持閱讀器成為時尚;2008 年隨處可買 ebook;2015 年圖書館新增圖書的 50% 是 ebook;2020 年 ebook 佔據市場 50% 以上的分額;2030 年雖然紙質圖書與 ebook 同時存在,但 ebook 超過紙質圖書……[9]雖然方正的預言並不準確,但毫無疑問,數位出版在 21 世紀頭 10 年發展最為迅速。2006 年底,中國數位出版產業的整體收入不到 200 萬元

---

[9]　張志強:《中國出版,離世界水準還有多遠》,《中國出版》2000 年第 10 期,第 24—26 頁。

[10]。2010 年 7 月,新聞出版總署出版產業發展司發佈的《2009 年新聞出版產業分析報告》[11]顯示,2009 年中國的數位出版總產出達到了 799.4 億元。2011 年 7 月,新聞出版總署發佈的《2010 年新聞出版產業分析報告》中,2010 年數位出版實現總產出 1051.8 億元[12]。2011 年,數位出版總產值達到了 1377.9 億元[13]。數位出版呈井噴狀發展,數位出版越來越成為未來的出版方向。

2010 年 9 月,國家新聞出版總署出臺了《關於加快我國數位出版產業發展的若干意見》,對數位出版產業發展的總體目標、主要任務和保障措施進行了規定。2010 年 10 月,《新聞出版總署關於發展電子書產業的意見》,對電子書產業發展的重要意義、指導思想和基本原則、重點任務和保障措施等進行了闡釋,對電子書標準的制定、電子書產業發展規劃等工作進行了部署。2011 年 4 月,上海市政府簽發了《關於促進本市數位出版產業發展的若干意見》,成為首個全方位支持數位出版產業發展的省級政府檔。此外,中國各地還建立了大量數位出版基地,促進和推動數位出版業的發展。

2010 年 3 月,上海世紀出版集團推出了"辭海悅讀器",內置品牌工具書《辭海》,這是全球首款由出版機構出品的電子書閱讀器。2010 年 4 月,中國出版集團推出了電子書閱讀器"大佳",內裝 108 部暢銷書。2010 年 5 月,讀者集團推出專屬閱讀器,可閱讀新一期的《讀者》雜誌和創刊近 30 年來的精選文章。2011 年 5 月,上海世紀出版集團又推出了辭海彩色電紙閱讀器。該閱讀器採用膽固醇電子紙,不僅適合閱讀以文字為主的一般大眾讀物,也適合閱讀以彩圖為

---

[10]　郝振省主編:《2005—2006 中國數位出版產業年度報告》,中國書籍出版社 2007 年版,第 4 頁。

[11]　新聞出版總署出版產業司.2009 年新聞出版產業分析報告.
http://www.gapp.gov.cn/news/1656/90696.shtml.2012-12-20.

[12]　新聞出版總署出版產業司.2010 年新聞出版產業分析報告.
http://www.gapp.gov.cn/news/1656/91957.shtml.2012-12-20.

[13]　馮文禮:《解讀<2011 年新聞出版產業分析報告>》,《中國新聞出版報》2012 年 7 月 10 日。

主的少兒讀物,以及以圖表、數位為主的科技類專業圖書,還適合閱讀彩色期刊和報紙。這些閱讀器的推出,無疑進一步推動了電子書產業的發展。但在蘋果 iPad 等平板電腦的衝擊下,國內電子書閱讀器的銷量受到很大影響。未來的國內電子書閱讀器市場如何發展,仍有待繼續觀察。

7. 民營出版得到發展,成為重要文化力量

改革開放以後,隨著出版體制改革的推進,一些集體單位與個人開始從事圖書零售業務,並逐步延伸到圖書批發領域,進而介入圖書出版領域。民營出版逐漸發展壯大,成為我國一支重要的文化力量。

目前,中國從事編輯策劃的民營出版或文化工作室尚沒有被列入國家的有關統計之中,只能根據他們的市場活動進行大致的評估。據保守統計,有大大小小的出版工作室 8000 多家:其中北京最多,業務相對穩定的工作室約有 2000 家,業務不穩定的小型工作室約有 3000 家;上海約有 300 家;江蘇 100 多家;湖南、廣東、山東等省平均數量在 30—50 家。而 2011 年國有圖書出版社總數是 580 家。在數量上,民營出版或文化工作室數量已大大超過了國有出版社。

從事出版物銷售的民營網點數量和人員也遠遠超過國有書店和國有發行網點。2000 年,中國共有出版物發行網點 76136 處、從業人員 24.90 萬人,其中國有書店 2711 處、國有售書點 10922 處、出版社自辦售書點 672 處,合計為 14305 處,占中國出版物發行網點的 18.79%;新華書店系統共有職工 14.53 萬人,占中國從業人員總數的 58.4%;集、個體書店(攤)37374 處,占中國出版物發行網點的 49.1%,其他網點 24457 處,占中國出版物發行網點總數的 32.1%。該年度統計資料中沒有統計集、個體書店的從業人員,但除新華書店系統之外的從業人員,占中國從業人員總數的 41.6%。[14]2011 年,中國共有出版

14　《2000 年全國新聞出版業基本情況》,新聞出版總署計劃財務司編《中國新聞出版統計資料匯編 2001》,中國勞動社會保障出版社 2001 年版,第 9 頁。

物發行網點 168586 個、從業人員 72.54 萬人,其中國有書店和國有發行網店 9513 處,出版社自辦發行網點 447 處,兩者合計 9960 處,占中國網點數的 5.9%; 國有書店和國有發行網點從業人員 13.95 萬人,占中國從業人員總數的 19.2%; 集、個體零售網點 113932 個,占中國出版物發行網點的 67.6%,集、個體零售 網點從業人員 34.74 萬人,占中國從業人員數的 47.9%。2011 年的調查中,新 華書店系統外批發點 7141 處、其他網點 37553 處,兩者合計 44694 處,占中國 網點總數的 26.5%;新華書店系統外批發點從業人員 15.22 萬人,其他網點從業 人員 8.63 萬人,兩者合計 23.85 萬人,占中國從業人員總數的 32.9%。因無法 確定新華書店系統外的批發網站是否有民營成分,因而均不計入民營內。[15]可 見,從事出版物發行的民營企業數量遠遠超過了國有書店和國有發行網店,在中 國佔有三分之二的份額,從業人員的數量也占中國一半左右。

民營出版公司經過十多年的發展,積累了大量資本,部分民營公司的經濟實 力超過了國有單位。

在出版策劃領域,一些民營出版公司的年出版碼洋達到了十多億元。2005 年起,山東的志鴻教育集團銷售碼洋就連續超過了 10 億元,而同時,國有出版社 只有 4 家出版社的銷售碼洋超過 10 億元。[16]江蘇省內的可一、經綸、春雨這 3 家民營出版公司,2010 年的出版碼洋在 6 億元左右,除低於省內出版碼洋排名 第一的江蘇教育出版社(約 12.5 億)外,遠遠超過了譯林出版社(約 3.5 億)、南 京師範大學出版社(約 2.1 億)等國有出版社。近年來,民營公司策劃的各類暢銷 書,如文學領域的《小團圓》、《杜拉拉昇職記》、《盜墓筆記》、《藏地密 碼》,歷史領域的《明朝那些事兒》、《歷史是個什麼玩意兒》等,均受到了社 會的廣泛歡迎。據估計,在暢銷書領域,民營公司策劃的出版物佔據了暢銷書市

---

[15]　《2011 年全國新聞出版業基本情況》,新聞出版總署出版產業發展司編《中國新聞出版統計 資料匯編 2012》,中國書籍出版社 2012 年版,第 10 頁。

[16]　一莊:《民營文化公司發展研究報告》,郝振省主編《2007 中國民營書業發展研究報告》,中 國書籍出版社 2008 年版,第 20 頁。

場的 90%。[17]一些民營公司策劃的暢銷書,銷售量達到了百萬冊以上。如《富爸爸窮爸爸》自 2000 年 9 月出版至 2008 年,銷量超過了 500 萬冊;《誰動了我的乳酪》自 2001 年 9 月出版至 2008 年,也達到了 200 萬冊。[18]這些暢銷書,都壯大了民營出版公司的經濟實力。一些民營公司也介入到數位出版領域。2008 年成立的盛大文學有限公司,擁有起點中文網、紅袖添香網、言情小說吧、晉江文學城、榕樹下、小說閱讀網、瀟湘書院等七大原創文學網站以及天方聽書網和悅讀網,成為中國最大的原創文學網站之一。

在出版物銷售上,根據中國加入 WTO 後的承諾,中國開放了出版物分銷市場,民營出版公司也可以獲得出版物總批發權。2004 年,上海英特頌圖書有限公司、時代經緯文化發展有限公司、山東世紀天鴻書業有限公司等 3 家民營出版公司獲得了"出版物國內總發行權"和"全國性連鎖經營權許可"。目前,中國有總發行權的企業約百家,其中民營企業有 30 多家,占三分之一左右。在網路銷售方面,目前有影響的網上書店,如當當網、亞馬遜中國,均是民營企業或外資企業。

二、千禧年來中國出版業的主要問題

雖然千禧年來中國出版業取得了不菲的成績,但問題也很明顯,主要表現在下列方面。

---

[17]　魏玉山:《依然前進中的民營書業》,郝振省主編《2009 中國民營書業發展研究報告》,中國書籍出版社 2010 年版,第 3 頁。

[18]　一苒:《民營文化公司發展研究報告》,郝振省主編《2007 中國民營書業發展研究報告》,中國書籍出版社 2008 年版,第 22 頁。

1. 與先進國家差距較大,產業結構不夠合理

千禧年來,中國出版業雖然得到了大規模的發展,但從出版經濟實力上與先進國家相比,仍有著較大的差距。

2011 年,中國圖書定價總金額為 1063.06 億元、期刊定價總金額為 238.43 億元、報紙定價總金額 400.44 億元,按當年底的匯率 1 美元折合 6.3 元人民幣計算,分別為 168.74 億美元、37.85 億美元、63.56 億美元。

2011 年,美國圖書、期刊、報紙三者的市場總產值是 440.45 億美元[19];英國的圖書、期刊、報紙三者的市場總產值是 137.45 億美元[20];日本的圖書、期刊、報紙三者的市場總產值是 395.08 億美元[21]。

2011 年,全球出版市場總值是 2444.32 億美元[22]。中國占其中的 11.1%,美國占 18.0%,英國占 5.6%,日本占 16.2%。

表1   2011 年中美英日四國圖書、期刊、報紙市場總值比較(億美元)

	中國		美國		英國		日本	
圖書	168.74	62.5%	223.76	50.8%	36.20	26.3%	90.37	22.9%
期刊	37.85	14.0%	125.29	28.4%	29.91	21.8%	119.05	30.1%
報紙	63.56	23.5%	91.40	20.8%	71.34	51.9%	185.66	47.0%
總計	270.15	100%	440.45	100%	137.45	100%	395.08	100%
當年人口數(億)	13.4		3.12		0.6		1.3	
占全球份額	11.1%		18.0%		5.6%		16.2%	

從表 1 可以看出,中國的圖書出版、期刊出版、報紙出版只占世界出版市場總額的 11.1%,低於美國和日本,但中國的總人口是美國的 4.3 倍和 10.3

---

[19]　資料來源:Publishing in the United States 2012. London, Marketline, 2012.

[20]　資料來源:Publishing in the United Kingdom 2012. London, Marketline, 2012.

[21]　資料來源:Publishing in the Japan 2012. London, Marketline, 2012.

[22]　資料來源:Publishing in the United States 2012. London, Marketline, 2012.

倍。從結構上看,中國的圖書出版占出版市場總額的 62.5%,遠遠高於美、英、日等國;而期刊出版只占出版市場總額的 14.0%,低於美、英、日等國。因此,中國圖書出版在市場結構上所占份額偏高,而期刊所占份額偏低。

2. 出版職業道德出現滑坡現象

在國有和民營出版業發展的同時,出版職業道德也出現滑坡現象。

2002 年,圖書市場上出現了大量高定價、低折扣的"一折書"。一套定價為 1680 元的《資治通鑒》,書店進貨為 60 元,即使書店按 100 元的零售價賣,毛利仍可達 40%。一部定價高達 9800 元的《二十四史》,進貨價只有 400 元,即便只賣一折,也能賺到一倍的錢。一時間,中國的大街小巷到處可見"一折書"的影子。尤其是一些書商採取特價書市的形式銷售這些"一折書",更使"一折書"成為社會公眾關注的對象。"一折書"的出現,極大地擾亂了圖書市場的價格秩序,也使社會公眾對出版業造成了誤解,中國的出版業也因此被列入"十大暴利行業"之一。2003 年 6 月,新聞出版總署為此專門召開了以狠剎高定價、低折扣歪風,徹底治理圖書市場"一折書"現象為主題的現場會。2004 年 5 月,新聞出版總署通報批評 21 家"高定價、低折扣"圖書出版單位。至此,"一折書"才開始退出市場。但"一折書"退潮後,市場上不久又出現了"黃金書"等高檔禮品書。這些高檔禮品書,以黃金、白銀等貴重材質作為載體印製,有的還加上金銀珠寶或名貴天然木材等進行豪華包裝和裝幀,以書籍之名,行奢華和腐敗之實。2006 年 5 月,新聞出版總署發佈了《關於禁止出版發行"黃金書"等包裝奢華、定價昂貴圖書的通知》,禁止圖書出版單位出版或與他人合作出版以黃金、白銀、珠寶、名貴木材等高檔材質為載體或進行豪華包裝的奢華類圖書;禁止出版物發行單位發行銷售此類圖書;禁止報紙、期刊等出版物為此類圖書做廣告,才使"黃金書"逐漸銷聲匿跡。

出版職業道德滑坡的典型是"偽書"的出版。2004 年,機械工業出版社出版的、曾連續好幾個月位居圖書銷售排名前列,並且創造了上市 8 個月售出 200 多萬冊"驚人"業績的《沒有任何藉口》,被揭發出是一部偽造作者、偽造宣傳信息的"假書"。雖然偽書古已有之,但 2004 年出現的偽書,純粹是為了多賺錢而作假,並且是由正規出版社出版的圖書。這些偽書,或偽造子虛烏有的國外作者和虛假評論,或盜用國外暢銷書書名及相關資訊,或冒名國內知名作家,造成市場極大的混亂。2005 年 5 月,新聞出版總署公佈了首批含有虛假資訊的圖書,機械工業出版社出版的《沒有任何藉口》、《麥肯錫卓越工作方法》,國際文化出版公司出版的《強者怎樣誕生》、《執行力 II (完全行動手冊)》、《執行力 III (人員流程)》、《執行力 III (戰略流程)》、《執行力 III (運營流程)》、《成長力》等 19 種圖書被列入名單。2005 年 7 月,新聞出版總署公佈第二批偽書名單,哈爾濱出版社出版的《超級分析力訓練》、《超級思考力訓練》、《超級想像力訓練》、《世界最傑出的十位 CEO》等,企業管理出版社出版的《管理聖經》、《規劃:發現戰略的力量》等 12 家出版社的 49 種圖書再次被列為偽書。

　　"偽書"之後,偽劣養生書又出籠。2009 年 11 月人民日報出版社出版的《把吃出來的病吃回去》成為其中的代表。這本書在短短半年的時間內銷售達 300 餘萬冊。而作者張悟本在北京的"養生基地"——"悟本堂"也因此名聲大振,一個掛號費一路飆昇到 2000 元左右。然而,隨著媒體不斷對其養生理念及身份的質疑,張悟本那一套養生理念完全被擊破。他本人既不是什麼"四代中醫"出身,也不是什麼"國家衛生部首批國家高級營養師",只不過是北京某針織廠的下崗工人。人們這才知道,"吃出來的病"根本不可能再"吃回去"。2011 年 7 月,新聞出版總署公佈了《別讓不懂營養學的醫生害了你》、《特效穴位使用手冊》等 24 種編校質量不合格的養生保健類圖書,要求出版單位元元將其全部收回並銷燬。

　　從"一折書"到"偽書"、偽劣養生書,它們的出現,說明出版職業道德的喪失。以弘揚文明為己任的出版業,正做著踐踏文明的事情。

3. 數位出版比例失調

出版的本質是傳遞知識。書,這個依賴簡牘、縑帛、紙張而存在了千年的知識形態,在電子書閱讀器、平板電腦、手機等閱讀設備不斷發展的情況下,開始出現新的發展。2009—2011 年,我國的數位出版產值得到了很大的發展(見表 2),但電子書、數位期刊、數位報紙所占的份額微乎其微。

表 2 2009—2011 年中國數位出版總量規模單位:億元

	2009 年	2010 年	2011 年
手機出版	314.00	349.8	367.34
手機音樂	/	286.42	282.0
手機閱讀	/	32.90	45.74
手機遊戲	/	30.48	39.6
網路遊戲	256.20	323.7	428.5
數位期刊	6.00	7.49	9.34
電子書	14.00	24.8	16.5
電子書內容	4.0	5.0	7.0
電子書閱讀器	10.0	19.8	9.5
數位報紙(網路版)	3.10	6.00	12
網路廣告	206.10	321.2	512.9
網路動漫	/	6.00	3.5
在線音樂	/	2.80	3.8
博客	/	10.00	24
合 計	799.40	1051.79	1377.88

2009 年,中國電子書產值 14 億元(電子書 4 億元、電子書閱讀器 10 億元),2010 年為 24.8 億(電子書 5 億元、電子書閱讀器 19.8 億元),2011 年為 16.5 億元(電子書 7 億元、電子書閱讀器 9.5 億元);數位期刊 2009 年產值是 6.0 億,2010 年是 7.49 億,2011 年是 9.34 億元;數位報紙(網路版)2009 年產值是 3.1 億,2010 年是 6.0 億,2011 年是 12 億元。與此同時,2009 年的紙質圖書的定價總額是 848.04 億元,期刊是 202.35 億元,報紙是 351.72 億元;2010 年,紙質圖書出版的定價總額是 936.01 億元,期刊總定價是 217.69 億元,報紙是

367.67 億元;2011 年,紙質圖書出版的定價總額是 1063.06 億元,期刊是 238.43 億元,報紙出版是 400.44 億元。從規模上看,目前的電子書、電子期刊、電子報紙仍處於起步期,網路遊戲、網路廣告是數位出版的龍頭。某些媒體宣稱中國"數位出版"產值已經超越"傳統出版"產值,不但會誤導社會大眾,也不利於數位出版的未來發展。

4. 民營出版未得到充分發展

近年來,中國民營出版業雖然得到了很大的發展,為社會提供了大量有影響的出版物,但民營出版業的發展仍受到很大的限制。

中華人民共和國成立後,中國對私營出版業進行了調整和改造。1956 年社會主義改造完成後,民營出版業退出了舞臺。十一屆三中全會後,隨著改革開放政策的落實,民營資本相繼進入了圖書發行業和圖書印刷業。但在編輯出版領域一直不允許民營資本進入。

20 世紀 80 年代開始,民營出版或文化公司就透過書號合作等方式從事出版,但政府管理部門一直未予承認,並對其中一些違規行為以"非法出版"進行打擊。2009 年 4 月,新聞出版總署印發了《關於進一步推進新聞出版體制改革的指導意見》,將各種形式的"非公有出版工作室"定位為"新聞出版產業的重要組成部分",是"新興出版生產力",提出要"在特定的出版資源配置平臺上,為非公有出版工作室在圖書策劃、組稿、編輯等方面提供服務",標誌著中國新聞出版管理部門對民營公司從事出版業務開始予以承認。但同時,民營公司依然無法獲得出版許可證,他們從事出版業務,依然要與國有出版單位進行合作。這些出版公司仍處於合法與非法之間的"灰色地帶",發展受到一定制約,未能真正激發出活力。

在出版物銷售上,隨著改革開放後社會對出版物的強烈需求,中國的民營書店數量很快超過了國有書店,並在各地出現了許多有影響力的民營書店。但近年來,隨著房租的上漲、網路書店的發達,民營書店開始走下坡路。一批在當地乃至在中國有影響的民營書店開始倒閉。2006 年,曾開辦中國第一家民營連鎖書店的席殊書屋,因為資金問題而黯然收場。2010 年,北京第三極書局倒閉。2011 年,北京風入鬆書店、光合作用連鎖書店等關門。另有一些民營書店雖沒有倒閉,但處於慘淡經營之中。

三、中國出版業的未來走向

隨著中國社會和經濟的進一步發展,未來中國出版業面臨較好的機遇。中國出版業將繼續在改革與發展的道路上前行。

1. 從出版大國向出版強國邁進

與世界先進國家的出版業相比,中國出版業仍有較大的差距。雖然中國的新書品種數量超過了英、日等國,成為出版大國,但市場規模仍有待擴大,尤其不論新書品種數,還是市場規模,都低於美國。

2010 年 1 月的中國新聞出版局長會議上,新聞出版總署署長柳斌傑提出了"要把做大主體、做強主業作為出版企業的發展方向"、"從出版大國向出版強國邁進"。2011 年 10 月 15 日至 18 日,中國共產黨召開了第十七屆六中全會,審議通過了《中共中央關於深化文化體制改革、推動社會主義文化大發展大繁榮若干重大問題的決定》。《決定》提出要加快發展文化產業,推動文化產業成為國民經濟支柱性產業;要發展壯大出版發行、影視製作、印刷、廣告、演藝、娛樂、會展等傳統文化產業,加快發展文化創意、數位出版、移動多媒體、動漫遊戲等新興文化產業。作為文化產業中的核心部分之一,出版業在未來獲得了更好的發展機遇。

建設出版強國毫無疑問將成為中國下一個 10 年的奮鬥目標。然而,目前整個全球出版業的產值還抵不上一個蘋果公司。整個中國的出版產值,也不如一家大型鋼鐵或石油公司。出版的價值在於傳播知識,在於這些知識所引導的社會進步。建設出版強國的目的,是在提升出版物品質、出版更多傳世的優秀作品的同時,提升出版業的經濟能力。如果出版強國僅僅看經濟規模,出版業也就失去了存在的理由和意義。近年來,各地出版集團為擴大經濟規模而導致的"主業"和"副業"之爭,正從另一個側面説明瞭出版業對建設出版強國的誤讀。因此,建設出版強國,不可偏離出版的本質。同時,要加強對從業人員的出版職業道德教育,制訂嚴厲的懲罰措施,幫助中國出版業推出更多更好的優質出版物。

2. 加大版權保護力度,推動出版產業發展

隨著知識經濟的來臨,以出版業為核心的知識產業在經濟中的作用越來越大。美國國際知識產權聯盟(The International Intellectual Property Alliance,簡稱 IIPA)自 1990 年起,每年或隔年發佈的《美國經濟中的版權產業》(Copyright Industries in the U.S. Economy),説明瞭版權產業在美國經濟中的重要性。[23]美國的版權產業包括核心版權產業、部分版權產業、邊緣版權產業、交叉版權產業四大類。2011 年 11 月 2 日,IIPA 發佈的《美國經濟中的版權產業:2011 年報告》(Copyright Industries in the U.S. Economy: The 2011 Report)[24]顯示:2007—2010 年,美國核心版權產業創造的產值在 9000 億美元左右,占美國整個 GDP 的 6.4%左右;而 2007—2010 年,美國整個版權產業的產值在 16000 億美元左右,占整個 GDP 的 11%左右(見表 3)。

表3　2007–2010 年美國版權產業產值(億美元)及占 GDP 比例

	2007 年	2008 年	2009 年	2010 年
核心版權產業	9043	9139	9010	9318
全部版權產業	15836	15930	15627	16269
美國 GDP 總額	140618	143691	141190	146604
核心版權產業占 GDP 的份額	6.43%	6.36%	6.38%	6.36%
全部版權產業占 GDP 的份額	11.26%	11.09%	11.07%	11.10%

---

[23] 李明德:《"特別 301 條款"與中美知識產權爭端》,社會科學文獻出版社 2000 年版,第 99 頁。

[24] Stephen E. Siwek. Copyright Industries in the U.S. Economy: The 2011 Report. http://www.iipa.com/pdf/2011CopyrightIndustriesReport.PDF. 2011-11-02.

在就業上,2007—2010 年,美國核心版權產業雇用了 500 萬人左右,占整個美國就業總人數的 4%;全部版權產業雇用了 1100 萬人左右,占美國就業總人數的 8.2%—8.4%(見表 4)。

表4　2007–2010 年美國版權產業的就業人數(萬人)及占比例

	2007 年	2008 年	2009 年	2010 年
核心版權產業從業人員	549.61	547.48	517.61	509.76
全部版權產業從業人員	1155.72	1147.38	1081.48	1063.22
整個美國從業人員	13759.8	13679.0	13080.7	12981.8
核心版權產業從業人員的比例	3.99%	4.00%	3.96%	3.93%
全部版權產業從業人員的比例	8.40%	8.39%	8.27%	8.19%

根據這一報告,2007—2008 年,美國核心版權產業和全部版權產業的年實際增長率分別是 3.05%、2.39%,而同期美國的 GDP 增長率為 0;2009—2010 年,美國核心版權產業和全部版權產業的年增長率分別是 3.44%、4.2%,而同期美國的 GDP 增長率為 2.85%。在版權產業的出口上,估計 2007 年為 1280 億美元,2010 年為 1340 億美元,超過化工、食品、汽車、飛機等產業的出口[25]。這些資料都說明,版權產業已成為美國經濟中的重要組成部分。

其他一些發達國家的情況也說明瞭版權產業的重要性。如英國的創意產業 2000 年的產值占 GDP 的 7.9%,1997 年至 2000 年的年均增長率為 9%,高於同期 GDP 增長率 6.2 個百分點;出口 87 億英鎊,占所有服務和貿易出口額的 3.3%。日本 2000 年的文化產業市場規模為 85 億日元,占 GDP 的 17%。[26]

---

[25] Stephen E. Siwek. Copyright Industries in the U.S. Economy: The 2011 Report. http://www.iipa.com/pdf/2011CopyrightIndustriesReport. PDF. 2011-11-02.

[26] 祁述裕主編:《中國文化產業國際競爭力報告》,社會科學文獻出版社 2004 年版,第 10—11 頁。

中國版權產業與國外相比,仍有較大的差距。2004 年度,中國版權行業增加值為 7884 億元人民幣,占中國 GDP 的 4.9%;就業人數 616 萬人,占中國就業人數的 5.6%;2006 年度,中國版權行業增加值為 13489 億元人民幣,占中國 GDP 的 6.4%;就業人數 763 萬人,占中國就業人數的 6.5%。[27]2004 年,美國的版權相關產業的行業增加值為 13008 億美元,占美國 GDP 的 11.09%;尤其是美國的版權相關產業的年增長率高於美國 GDP 的年增長率。[28]未來的中國版權相關產業還有待繼續發展。而良好的版權保護,將為中國版權相關產業的發展打下良好的基礎。

　　隨著數位技術的發展,盜版等侵犯版權的行為變得更為容易。因此,版權的保護也就更加重要。由於中國國民的法律素養較為欠缺、長期以來版權保護彰顯不佳,我國民眾對盜版出版物等抵制不夠。從早期的印刷書籍盜版到現在的網路盜版,盜版行為極大地危害了中國出版業及其未來發展。因此,只有加大版權保護才能促進和推動中國出版業的發展。政府部門要加大打擊侵權盜版的力度,營造出良好的出版環境。出版單位要增強維權意識,發現盜版等侵權行為要及時處理。社會各界要大力宣傳《著作權法》等,引導社會尊重版權。廣大讀者要養成正版意識,自覺抵制盜版。透過社會各界的綜合努力,共同促進和推動出版業的蓬勃發展。

3. 推動民營書業的發展

　　改革開放後,中國民眾對出版物產生了極大的需求。而國有出版單位市場意識薄弱,導致出版市場供求失衡。一些民營出版公司敏銳地捕捉到了這一機會,利用改革開放後國家出臺的政策,從圖書零售、批發領域起步,逐步滲透到編輯出版領域,逐漸成長壯大為中國出版業中不可忽視的一股力量。毋庸置疑,一

---

[27]　柳斌傑主編:《中國版權相關產業的經濟貢獻》,中國書籍出版社 2010 年版,第 2 頁。

[28]　柳斌傑主編:《中國版權相關產業的經濟貢獻》,中國書籍出版社 2010 年版,第 89 頁。

些民營出版公司唯利是圖,偷稅漏稅,出版物品質不高,編校質量差錯嚴重等,有的甚至參與盜版或出版"偽書"。但總體體看來,民營出版公司在開發優秀圖書、活躍出版市場、滿足民眾生活、傳播積累文化等方面做出了不菲的成績。

從歷史上看,民營出版業曾為中國文化的傳播做出了極大的貢獻。古代的家刻、坊刻,在保存先賢著述、普及日常知識、滿足民眾需求等方面曾做出過巨大的貢獻。尤其是民國時期的商務印書館、中華書局等民營機構,出版了《大學叢書》、《中國文化史叢書》、《辭源》、《辭海》等至今仍有影響的學術著作與工具書,影印了《百衲本二十四》、《古今圖書集成》等有價值的古籍,其功績早已得到海內外的一致公認,至今仍嘉惠學林。

因此,充分解放思想,承認、鼓勵和發展民營出版業,是現階段中國特色社會主義建設的必然要求,也是文化產業大發展、大繁榮的必然要求,是出版產業改革、發展和繁榮的必然趨勢。

如何解決民營出版公司的出版許可權問題,目前國家還在探索之中。2010年,北京市率先在中關村科技園區建立了中國北京出版創意產業園。原京華出版社轉企改制為北京聯合出版有限責任公司,承擔該產業園區出版服務平臺運行的任務。入駐企業與該公司採取專案合作、利潤共用等合作模式。入駐園區後的民營出版公司,均取得了較好的收益。如著名的民營出版公司磨鐵公司2010年入駐園區,當年圖書發行總碼洋就達到 6.6 億元,比上年增長 32%;同年實現納稅 3395 萬元。整個園區 2010 年銷售總碼洋達 70 億元,利稅總額達 15億元。目前中國近萬家民營出版公司,要全部進駐北京出版創意產業園是個現實的。而這些公司同樣面臨書號的需求。因此建議出版發達省份仿照北京出版創意產業園的思路,在各地建立出版創意產業園,吸引該地區省內外有影響的民營出版公司入駐,促進各地區民營出版業的發展。或根據中國的地理區劃,在東北、西北、華北、華東、華中、華南、西南等每一地區建立出版創意產業園,由該地區出版發達省份牽頭。出版發達地區,可以設立 2—3 個出版創意產業園,以滿足該地區民營出版的需要,推動該地區民營書業的發展。

國有出版社和書店享受著國家給予的各種優惠政策。如出版社可以申請國家的各項出版基金或補助,可以免費獲得書號;縣及縣以下的新華書店和農村供銷社在本地銷售的出版物可以免征增值稅;部分新華書店在轉企改制後可以免征企業所得稅、出口退稅等。而這些是民營出版業不可能獲得的。在編輯領域,因民營出版公司暫不可能獲得出版許可證,建議可由與之合作的出版社代為申請各項國家優惠政策。在銷售領域,對國有書店和民營書店要一視同仁,讓民營書店也享受國有書店的各項優惠政策。鑒於近年來實體民營書店的生存狀況變差,而實體民營書店在文化建設中具有不可取代的獨特作用,建議國家發佈相關政策,對實體民營書店採取減稅或免稅的政策,並對有特色的實體民營書店給予資助、貼息、經濟獎勵等措施,幫助實體民營書店的發展。2012 年,上海市和杭州市率先出臺相關政策,扶持民營書店的發展。上海市從新聞出版專項資金劃撥 1500 萬元支援出版物發行網點建設,其中 500 萬元用於定向支持各類實體書店,尤其是支持形成專業定位和品牌影響的民營實體書店的發展。杭州市每年財政撥款 300 萬元專項資金,以資助、貼息和獎勵等方式扶持杭州民營書店發展。希望國家和其他各省市能有更多的優惠措施用於扶持實體民營書店的發展。

目前,民營出版公司還沒有納入到國家和地方的出版行政管理機關的日常管理之中。尤其是民營出版公司的出版策劃、銷售等資料,不向國家和地方出版行政管理機關上報,導致國家對民營出版的監管力度不夠。

建議國家出版行政管理部門盡早出臺《民營出版公司管理條例》,將民營出版納入出版行政機構的日常管理範圍,在民營出版公司的人員培訓、出版資格認定、職稱評定、責任編輯註冊、出版物質量的檢查和監管、出版資料的規劃及統計等方面提供服務,為民營出版公司的健康成長創造有吸引力的政策環境,為民營出版公司的順利發展保駕護航。

中國出版協會作為中國最高級別的行業性群眾組織,雖然《章程》中允許民營出版公司入會,但在組織機構中尚未設立民營出版工作委員會,也沒有有影響的民營出版公司代表當選為副理事長以上的負責人。建議中國出版協會等群眾性行業組織,要加大吸收民營出版公司加入該組織的力度,並推選出有影響的民營出版公司負責人擔任副理事長以上的職務,以推動和扶持民營出版的發展,並將民營出版公司納入出版行業自律和職業道德規範的約束範圍,更好地規範和引導民營出版業的健康發展。

4. 推動數位出版的進一步發展

毫無疑問,數位出版將是下一個階段中國出版業發展的重點。2011 年,我國數位出版的產值雖然達到了 1377.88 億元,但手機出版 367.34 億元,占 26.66%;網路遊戲 428.5 億元,占 31.10%;數位期刊 9.34 億元,占 0.68%;電子書 16.5 億元,占 1.2%(電了書內容 7 億元,占 0.51%);數位報紙 12.0 億元,占 0.87%;網路廣告 512.9 億元,占 37.22%;網路動漫 3.5 億元,占 0.25%;在線音樂 3.8 億元,占 0.28%;博客 24.0 億元,占 1.74%。電子書、數位期刊、數位報紙三者的總和僅占當年數位出版總值的 2.75%。在手機出版中,手機閱讀為 45.74 億元,占整個數位出版產值的 3.32%,高於電子書、數位期刊與數位報紙的總和。

針對目前中國數位出版的現狀,中國要在電子書、數位期刊、數位報紙等出版內容上投入更多的精力,促進和推動數位出版產業的發展。尤其是目前中國仍以紙質出版為主,將來會逐步被電子書、數位期刊等取代。美國出版業的發展已經證明瞭這一點。2010 年 7 月,亞馬遜宣佈電子書銷量超過精裝硬皮書;2011 年 1 月,亞馬遜的電子書銷量超過平裝書;2011 年 5 月 19 日,亞馬遜電子書銷量超過紙質書總銷量,每賣出 100 本紙質書的同時,可以賣出 105 本電子書。中國出版社要針對這一趨勢,在做好傳統印刷出版的同時,推出有影響力的數位出版產品。同時,隨著智能手機的普及,手機閱讀將得到更大的普及。出版單位要積極與中國移動、中國電信等運營商合作,推動手機閱讀的進一步發展。尤其是隨著平板電腦等的普及,移動互聯網將成為未來的發展導向。中國出版業要積極與移動互聯網合作,及時推出各種適合移動設備閱讀的產品。

　　千禧年來的十多年,中國出版收穫了成就與榮譽,也留下了許多有待探索的問題。隨著國家經濟的進一步發展,全民閱讀政策的推進,相信中國出版會有更廣闊的一片藍天。

千禧年來的中國出版政策與出版環境變化

千禧年以來的出版工作是在社會主義市場經濟體制不斷完善、文化體制改革逐步推進、經濟全球化進程日益加深、現代科學技術快速發展的大背景下進行的。進入 21 世紀後,中國的出版政策進行了深刻調整,出版環境產生了深刻變化。

一、千禧年以來的出版政策調整

進入千禧年,圍遶加入世界貿易組織、轉企改制、出版集團化、實施"走出去"戰略等"大事件",中國出版政策進行了深刻調整。

(一) "入世"

2001 年 12 月 11 日,中國正式成為世界貿易組織成員。根據世界貿易組織規則和中國政府承諾以及"入世"後的新形勢、新要求,在相關部門支持下,新聞出版總署抓緊調整完善現行法律、法規、規章和規範性檔,抓緊起草並出臺新的法規、規章、規範性檔和相關政策,抓緊組織並實施行政審批制度改革,牢牢把握"入世"後工作的主動權。

1. 修訂或制定行政法規和部門規章

通過修訂或制定行政法規和部門規章,以適應"入世"後的出版管理。修訂《印刷業管理條例》,規定允許設立中外合資經營印刷企業、中外合作經營印刷企業,允許設立從事包裝裝潢印刷品印刷經營活動的外資企業。修訂《出版管理條例》,規定實行出版物進口管理、對外開放書報刊分銷領域、完善法律責任制度。根據世界貿易組織規則,對《中華人民共和國著作權法實施條例》

關於涉外行政案件受理、關於不得影響作品正常使用等條款進行修訂。獨立或聯合其他部門制定《設立外商投資印刷企業暫行規定》、《外商投資圖書、報紙、期刊分銷企業管理辦法》、《出版物市場管理規定》等部門規章。聯合對外貿易經濟合作部制定的《外商投資圖書、報紙、期刊分銷企業管理辦法》系中國新聞出版業履行"入世"承諾的主要行政規章。它將"分銷"界定為"批發和零售";規定外商投資圖書、報紙、期刊分銷企業的三種形式,即合資企業、合作企業、獨資企業。值得注意的有兩點:一是規定外國投資者參股或並購內資圖書、報紙、期刊分銷企業,是設立外商投資圖書、報紙、期刊分銷企業的一種方式;二是規定設立外商投資圖書、報紙、期刊批發企業自 2004 年 12 月 1 日實施,體現了中國分階段開放書報刊分銷市場的原則,與中國"入世"承諾相一致。中國加入世界貿易組織使出版物發行市場出現許多新情況,對管理工作提出許多新課題。原《出版物市場管理暫行規定》部分條款無法適應新形勢的需要,亟須進行修訂。《出版物市場管理規定》對市場準入平等、各種所有制經濟主體平等競爭等進行明確界定,有利於發行單位依法經營和出版物市場繁榮發展,標誌著中國出版物發行業進入全面開放時代。

2. 清理、廢止部門規章和規範性文件

多年來,新聞出版總署制定了大量部門規章或規範性檔。隨著時間推移,有許多已被新的規定取代或因情勢變遷不再適用。"入世"後,根據世界貿易組織法規透明度要求以及《中華人民共和國行政許可法》規定,新聞出版總署及時開展部門規章和規範性檔的清理、廢止工作。2003 年至 2011 年,組織開展了5 次新聞出版部門規章和規範性檔的集中清理、廢止工作。2003 年 8 月,廢止《出版物印刷管理規定》等部門規章和規範性文件 70 件;2004 年 6 月,廢止《關於書籍、雜誌使用字體的原則規定》等部門規章和規範性文件 103 件;2008 年 11 月,廢止《關於開展連續性內部資料性出版物專項治理工作的通知》等規範性文件 31 件;2009 年 5 月,廢止《關於開展報刊社記者站清理整頓工作的通知》等規範性文件 59 件;2011 年 3 月,廢止《關於期刊登記問題的通

知》等規範性文件 161 件。8 年間,共廢止部門規章和規範性文件 424 件。2011 年 3 月,新聞出版總署發佈 2011 年第一號公告,將 251 件現行有效規範性檔目錄予以公佈,接受社會監督。

3. 制定實施公平準入政策

2005 年 4 月,國務院出臺《關於非公有資本進入文化產業的若干規定》,鼓勵和支持非公有資本進入動漫、網路遊戲、書報刊分銷、音像製品分銷、包裝裝潢和印刷品印刷等領域,鼓勵和支持非公有資本從事文化產品和文化服務出口業務,允許非公有資本進入出版物印刷、可錄類光盤生產、只讀類光盤復製等領域。2005 年 8 月,文化部、國家廣電總局、新聞出版總署、國家發改委、商務部等部門聯合制定的《關於文化領域引進外資的若干意見》經國務院同意印發。這些政策有利於出版業適應加入世界貿易組織後的新形勢,也有利於促進出版業健康有序發展,給出版業帶來發展契機。

4. 組織開展行政審批制度改革

2002 年至 2010 年,新聞出版總署分 6 批取消行政審批專案 45 項,下放行政審批專案 7 項。對保留下來的審批事項,逐步建立起嚴格的審批程式和監督制約措施。2004 年 7 月,新聞出版總署發佈第一號公告,公佈 36 項行政許可事項的依據、條件、數量、程式等內容。這是新聞出版總署首次發佈公告,體現了依法行政、政務公開的要求。2004 年 8 月,新聞出版總署會同商務部、海關總署發佈第二號公告,公佈出版物復製行政審批事項調整後加強管理的措施,進一步彰顯轉變職能、改進作風的成效。2006 年,新聞出版總署全面梳理行政執法依據和行政執法職權,共梳理出與新聞出版管理及著作權管理有關的現行有效法律、行政法規、部門規章等行政執法依據 51 件,涉及行政許可、行政處罰、行政監督檢查等行政執法職權 155 項。2006 年 12 月,新聞出版總署、國家版權局聯合發佈 2006 年第一號公告,將上述內容予以公佈,加強社會監督。

在此基礎上分解執法職權,對濫用職權、失職瀆職、決策失誤、行政違法等問題制定嚴格的責任追究制。

通過開展上述一系列工作,將新聞出版業置於履行"入世"承諾的新政策環境,在塑造國家形象、加強法制建設、轉變行政職能等方面發揮了積極作用。

(二) 轉企改制

新聞出版改革從 20 世紀 80 年代就開始探索。從 20 世紀 80 年代到 21 世紀初,新聞出版改革都是適應性的改革(如"事業性質企業化管理"等),並沒有觸動計劃經濟體制。黨的十六大提出文化體制改革(以前一直叫"新聞出版廣播影視業改革")的目標任務和方針原則,並提出公益性文化、經營性文化、文化產業等概念,這才啟動了以體制機制創新為重點的真正的文化體制改革[29]。文化體制改革的根本目的是解放和發展生產力。"轉企改制"是新聞出版體制改革的重要內容。從政策層面看,轉企改制工作啟動至今經歷了四個階段。

1. 轉企改制的試點階段

試點階段從 2003 年 6 月持續到 2005 年 11 月。2003 年 6 月,中國文化體制改革試點工作會議召開。2003 年 7 月,中國中央辦公廳、國務院辦公廳轉發中共宣傳部、文化部、國家廣電總局、新聞出版總署《關於文化體制改革試點工作的意見》。中國確定 9 個省市和 35 家直屬單位進行文化體制改革試點。在 35 家試點單位中,新聞出版系統有 21 家,其中報業集團 4 家、出版集團 7 家、發行集團 6 家、報社 4 家。新聞出版總署專門成立試點工作領導小組及辦公室,印發《新聞出版體制改革試點工作實施方案》,加強對新聞出版系統體制改革試點工作的領導和指導。

---

[29]　柳斌傑:《解放和發展文化生產力——兼談深化新聞出版改革的幾個問題》,見《中國出版年鑒 2007》,中國出版年鑒社 2007 年版。

根據《實施方案》,試點工作基本要求有五點。第一,堅持解放思想、實事求是、與時俱進、開拓創新,改變計劃經濟體制下形成的傳統文化發展觀,樹立與社會主義市場經濟相適應的新的文化發展觀。第二,堅持和鞏固馬克思主義在意識形態領域的指導地位,加強和完善黨對新聞出版工作的領導,強化政府依法監管的職能。第三,堅持以發展為主題,以體制創新和機制創新為重點。第四,堅持因地制宜、分類指導、先點後面、統籌兼顧的工作方針。第五,堅持積極穩妥、有序推進。在轉制方面,試點工作有三項主要任務。第一,以黨報為龍頭的試點報業集團及非科技、專業類試點報社,在國有事業體制下深化改革。對於剝離出來的廣告、印刷、發行、傳輸等經營性產業,可改造成為社辦企業。試點報業集團下屬的子報、子刊經批準,可有選擇地進行轉制為企業的試點。科技、專業類試點報業單位直接轉制為企業,在保證國家控股的前提下,經批準可成立有限責任公司或股份有限公司。第二,試點出版集團要解決國有資產授權經營問題,建立法人治理結構,實行企業化管理。科技、專業類的試點出版集團可按照建立現代企業制度的要求轉制為企業,建立集團公司。實行事業體制的試點出版集團,集團內屬於經營性的部分可剝離出來轉制為企業。第三,試點發行集團要在明確產權關系的基礎上建立並完善法人治理結構,選擇條件好的試點發行集團進行股份制、公司制改造。

2003 年年底,國務院辦公廳印發《文化體制改革試點工作中支持文化產業發展的規定》、《經營性文化事業單位轉制為企業的規定》;2005 年 3 月,財政部、海關總署、國家稅務總局印發《關於文化體制改革中經營性文化事業單位轉制後企業的若干稅收政策問題的通知》、《關於文化體制改革試點中支持文化產業發展若干稅收政策問題的通知》,為改革試點地區和試點單位提供政策支持。各地制定並出臺一系列鼓勵轉制和促進文化產業發展的政策措施,為文化體制改革提供有力的政策保障。試點工作啟動後,21 家試點單位根據自身特點分三種類型進行改革嘗試。其中,4 家報業集團以機制創新、增強活力為主,進行事業、企業分開試點,將主業與經營業務分離;7 家出版集團和 4 家報社以體制改革、機制創新為主,進行從事業體制向企業體制轉變的試點;6 家發行集團作為轉制企業,以建立現代企業制度、培育新型市場競爭主體為目標,進行股份制改造和現代物流、連鎖經營試點。2004 年 12 月,"北青股份"在香港聯合交易所掛牌上市,成為內地傳媒企業海外公開上市第一股,標誌著中國報業融資管道進一步拓寬。2005 年 11 月,上海世紀出版集團轉制發起成立中國出版領域第一家股份制企業,初步完成其全國文化體制改革試點工作。到 2005年年底,試點工作取得了突破性進展。據統計,轉制試點單位國有資產增長 40%以上,利潤增加 20%以上,收入增加 15%以上。

2. 轉企改制的展開階段

從 2005 年 12 月到 2009 年 2 月,是轉企改制的展開階段。在總結十六大以來文化體制改革試點工作經驗的基礎上,2005 年 12 月,中共中央、國務院出臺《關於深化文化體制改革的若干意見》。《若干意見》肯定了新聞出版體制改革試點工作的具體思路和做法,並在轉制方面提出新要求。第一,轉制要在清產核資基礎上合理界定產權歸屬,做好資產評估和產權登記工作。第二,確認出資人身份,明確出資人權利,建立資產經營責任制,確保國有資產保值增值。第三,有條件的可實行資產授權經營,給予企業更大的資產經營權。第四,實行工商登記,自登記之日起實行企業財政、稅收、勞動人事、社會保障制度。第五,建立現代企業制度,加快推進新聞出版企業公司制改造,完善法人治理結構,落實自主經營權。第六,加快產權制度改革,推動股份制改造,實現投資主體多元化,符合條件的可申請上市。第七,做好勞動人事、社會保障政策銜接工作,按照新人新辦法、老人老辦法原則制定相關政策,妥善安排競爭落聘或無崗位人員。第八,轉制為企業的出版社、報刊社、進出口公司等要堅持國有股份制、國有獨資或國有絕對控股,省以上大型新華書店、書報刊印刷企業要堅持國有控股。第九,完善國有資本有進有退、合理流動機制,推動出版資本向市場前景好、綜合實力強、社會效益高的出版企業集中,發揮國有資本的控制力和帶動力。

2006 年 3 月,全國文化體制改革工作會議召開。根據中共中央、國務院《關於深化文化體制改革的若干意見》和全國文化體制改革工作會議要求,2006 年 7 月,新聞出版總署印發《關於深化出版發行體制改革工作實施方案》,明確出版發行體制改革的整體思路和具體任務。《實施方案》要求各地認真制定本地區出版發行體制改革方案,精心組織實施,積極推進落實。《實施方案》對中央各部門各單位出版社轉製作出時間安排:2006 年,會同有關主管部門研究制定中國電力出版社等中央和國家機關所屬在京出版社轉制改革試點工作方案,會同教育部研究制訂清華大學出版社等高校出版社轉制改革試點工作方案;2007 年,重點在國家機關有關部委、行業協會、群眾團體、科研機構所屬出版社進行轉制試點;2008 年,重點研究推進中央直屬機關和有關部門以及民主黨派所屬出版社轉制改革試點工作。作為《關於深化出版發行體制改革工作實施方案》的配套政策,2006 年,新聞出版總署制訂發佈《圖書出版體制改革實施方案》、《報刊業改革實施方案》和《音像、電子出版單位體制改革工作實施方案》,會同教育部制訂印發《大學出版單位出版改革實施方案》和《關於高校出版社體制改革試點工作的若干意見》,並新確定了一批圖書、報刊、音像、電子出版單位作為轉制試點單位,以中央在京出版社和大學出版社為重點的新一輪轉制工作順利啟動並積極推進。與此同時,各地新聞出版行政部門在黨委宣傳部門統一領導下,認真制訂本地區出版發行體制改革試點方案,確定了一批試點單位,並對試點工作加以指導和推動。2008 年 10 月,國務院辦公廳《關於印發文化體制改革中經營性文化事業單位轉制為企業和支持文化企業發展兩個規定的通知》出臺,為文化體制改革工作積極穩妥推進提供保障。通過深化改革,試點單位創新體制機制,激發動力活力,出版水準和經濟效益明顯提高,產生了較強的示範引導作用。

3. 轉企改制的攻堅階段

該階段從 2009 年 3 月持續到 2011 年 5 月。2009 年 3 月,新聞出版總署印發《關於進一步推進新聞出版體制改革的指導意見》。《指導意見》要求:"推動經營性新聞出版單位轉制,重塑市場主體。除明確為公益性的圖書、音像製品和電子出版物出版單位外,所有地方和高等院校經營性圖書、音像製品和電子出版物出版單位 2009 年底前完成轉制,所有中央各部門各單位經營性圖書、音像製品和電子出版物出版單位 2010 年底前完成轉制。制訂經營性報刊轉制方案,推動經營性報刊出版單位逐步實行轉制。按照中央有關要求,黨政機關所屬新聞出版單位轉制為企業後原則上逐步與原主辦主管的黨政機關脫鈎。已經完成轉制的新聞出版單位要按照《公司法》的要求,加快產權制度改革,完善法人治理結構,建立現代企業制度,盡快成為真正的市場主體。"

　　2009 年 4 月,中央辦公廳、國務院辦公廳出臺《關於深化中央各部門各單位出版社體制改革的意見》,要求中央各部門各單位經營性出版社 2010 年年底前完成轉制任務。5 月,新聞出版總署印發《中央各部門各單位出版社轉制工作基本規程》,明確中央各部門各單位出版社轉制工作基本工作程式與方案審批程式。6 月,新聞出版總署會同有關部門聯合印發《關於中央各部門各單位出版社轉制後參加北京市養老保險有關問題的通知》,創造性地解決了職工養老保險接續問題。10 月,新聞出版總署、中央機構編制委員會辦公室、國家工商總局聯合出臺《關於中央各部門各單位轉制出版社辦理法人登記有關問題的通知》,妥善解決了轉制出版社法人登記問題。在劉雲山、劉延東擔任正、副組長的中央各部門各單位出版社體制改革工作領導小組的統一領導下,2009 年,中央各部門各單位出版社體制改革工作正式拉開帷幕。與此同時,高校與地方出版社轉制工作加快推進。截至 2009 年年底,101 家高校出版社轉制任務大部分完成。地方出版社轉制工作在各地黨委宣傳部門和新聞出版行政部門推動下,總體進展順利。268 家地方圖書出版社中,除少數擬保留事業性質的外,所有經營性出版社已基本完成轉制任務。所有高校與地方圖書出版社所屬音像和電子出版社也已隨圖書出版社完成轉制。2010 年年底,中央各部門各單位經營性出版社完成轉制任務。2009 年,新聞出版總署在充分調研基礎上起草完成《中央和中央各部門各單位報刊出版單位分類改革實施方案》,報刊出版單位分類改革基本完成前期準備工作。部分單位元先行試水,截至 2009 年年底,已有 1069 種非時政類報刊出版單位完成轉制或登記為企業法人。

4. 轉企改制的深化階段

2011 年 6 月至今,是轉企改制的深化階段。2011 年 6 月 18 日,李長春同志在視察青島出版集團時提出,在轉企改制基礎上要進一步抓好"三改一加強"。"三改",就是改革、改組、改造;"一加強",就是加強管理。這個要求把中國出版發行體制改革進一步引向深入。出版發行體制改革工作進入了繼續推進新聞出版企業建立現代企業制度、繼續打造新聞出版骨幹傳媒企業、繼續促進新聞出版企業加速與科技融合、繼續推動新聞出版單位強化內部管理的新階段。2011 年,中央三大國有大型出版傳媒集團組建工作完成,南北兩大出版物發行集團建設積極推進。同年,非時政類報刊出版單位體制改革工作繼續推進。中央辦公廳、國務院辦公廳《關於深化非時政類報刊出版單位體制改革的意見》要求中央和地方同步推進,分批次進行;2012 年 9 月底前,全面完成非時政類報刊出版單位轉制任務。

(三) 出版集團

中國出版業是在計劃經濟體制下形成的,按照主辦部門和地區行政級次配置出版單位元,小而全,多而散;資源平均,競爭乏力。為調整產業結構、優化資源配置並形成規模優勢,"九五"以來,集團化建設一直是中國新聞出版業改革發展的一個努力方向。從政策演進與建設實踐相結合的角度考量,出版集團化建設分為三個階段。

1. 第一個階段是試點探索階段,時間從 1996 年 1 月到 2003 年 5 月

"九五"期間,新聞出版業開始實施不均衡發展戰略,積極推動報業、出版和發行集團試點工作。"十五"期間,新聞出版業發展目標包括:根據不均衡發展戰略,推進國有資產合理流動和重組,形成以試點集團為骨幹,既有競爭又能互補,既能立足國內又能走向世界的產業格局;到"十五"期末,形成 5 至 10 個年銷售收入數十億元乃至近百億元的出版集團,一到兩個年銷售收入 3 至 5 億元的期刊集團,若干家書、報刊、音像和電子出版物、網路出版以及廣播影視綜合經營

的大型傳媒集團。2001 年,中央辦公廳、國務院辦公廳轉發中宣部、國家廣電總局、新聞出版總署《關於深化新聞出版廣播影視業改革的若干意見》。《若干意見》要求:"積極推進集團化建設,把集團做大做強。"2002 年 5 月,新聞出版總署印發《關於貫徹落實<關於深化新聞出版廣播影視業改革的若干意見>的實施細則》。《實施細則》要求全國試點集團努力提高核心競爭力,利用好各種有利條件做大做強,為深化改革提供有益經驗,帶動全行業整體推進。2002 年 6 月,新聞出版總署印發《關於新聞出版業集團化建設的若干意見》,進一步明確推進集團化建設的有關政策、集團的領導體制、組建集團的報批程式以及集團化建設的發展規劃。2002 年 8 月,新聞出版總署印發《報業集團組建基本條件和審批程式》、《出版集團組建基本條件和審批程式》、《發行集團組建基本條件和審批程式》等 3 個有關集團組建和審批的規範性文件。2002 年,人民出版社、商務印書館、中國大百科全書出版社等 13 家著名出版社聯合組建中國出版集團。到 2002 年年底,中國已組建試點報業集團 39 家、出版集團 7 家、期刊集團 1 家、發行集團 6 家。經過集團化改造,新聞出版業產業結構得到合理調整,新聞出版業集約化程度和市場經營能力大幅提升。

2. 第二個階段是轉企改制階段,時間從 2003 年 6 月至 2006 年 6 月

2003 年 6 月,全國文化體制改革試點工作會議召開;2003 年 7 月,《關於文化體制改革試點工作的意見》印發。出版集團化建設進入以轉企改制為主要內容的新階段。中央確定 4 家報業集團、7 家出版集團、6 家發行集團為文化體制改革試點單位。這 17 家試點集團根據自身特點,分別以轉企改制或建立現代企業制度為重點進行積極探索,為轉企改制在出版集團領域全面推開積累了寶貴經驗。一些未納入試點範圍的報業集團、出版集團、發行集團也緊緊抓住重塑市場主體這個關鍵環節,積極穩妥地推進轉企改制工作。江蘇新華發行

集團公司、四川新華發行集團公司、浙江新華書店集團公司等單位轉企改制到位,資產規模和銷售額大幅增加。[30]

3. 第三個階段是資本運作階段,時間從 2006 年 7 月至今

2006 年 7 月,新聞出版總署印發《關於深化出版發行體制改革工作實施方案》。《實施方案》規定:"要著力提高出版產業規模化、集約化、專業化水準,培育一批有實力、有競爭力和影響力的報業集團公司、出版集團公司、期刊集團公司、音像集團公司和發行集團公司,使之成為出版物市場的主導力量和出版產業的戰略投資者。鼓勵先行試點的出版集團公司和發行集團公司相互持股,進行跨地區、跨部門、跨行業並購、重組或建立必要的經營性的分支機構,確有必要的可適當配置新的出版資源。積極推動有條件的出版、發行集團公司上市融資,做大做強做優。"出版集團化建設步入以資本運作為鮮明特點的又一個新階段。之後,在相繼發佈的一系列檔中,新聞出版總署一如既往地鼓勵和支持新聞出版企業集團上市融資。2009 年,《關於進一步推進新聞出版體制改革的指導意見》提出:"積極支持條件成熟的出版傳媒企業,特別是跨地區的出版傳媒企業上市融資。"2010 年,《關於進一步推動新聞出版產業發展的指導意見》提出:"鼓勵條件成熟的新聞出版企業上市融資。"2011 年,《新聞出版業"十二五"時期發展規劃》要求:"進一步利用多種管道融資,推動有條件的企業上市,吸收社會資本有序參與新聞出版活動。"2006 年 10 月,上海新華發行集團有限公司重組核心業務後組建的上海新華傳媒股份有限公司正式揭牌並實現借殼上市,成為首家在中國國內資本市場上市的出版發行企業。2007 年 5 月,四川新華發行集團公司投資控股的混合所有制企業四川新華文軒連鎖股份有限公司在香港聯合交易所主板上市,成為首家通過 IPO 方式在香港上市的國有大型出版發行企業。2007 年 12 月,遼寧出版集團有限公司投資控股的遼寧出

---

[30] 範衛平:《2008 年全國新聞出版產業發展工作》,中國出版年鑒社編《中國出版年鑒 2009》,中國出版年鑒社 2009 年版,第 45 頁。

版傳媒股份有限公司在上海證券交易所上市,成為中國國內首家將編輯業務與
經營業務捆綁整體上市的出版傳媒企業。2008 年 11 月,安徽出版集團以出
版、印刷等文化傳媒類資產認購科大創新股份公司定向發行的股份,更名為時
代出版傳媒股份有限公司,實現出版產業在資本市場的新突破。到 2011 年年
底,全國共有 48 家涉及新聞出版業務的企業集團上市。

　　截至 2010 年,中國已組建報業、出版、發行、印刷等各類新聞出版企業
集團 120 餘家,形成了一支多門類的集團軍方陣。據統計,2010 年,這 120 餘家
集團擁有資產總額 3234.2 億元,實現主營業務收入 1785.8 億元。其中,資產、
銷售"雙百億"集團 1 家,市值過百億元集團 3 家。出版集團、報刊集團、發行
集團擁有的資產總額和實現的營業收入在出版、發行領域所占比重分別為
73.5%和 53.8%。尤其值得一提的是,集團化優勢讓主業挺拔壯大,市場競爭力
和品牌影響力日益彰顯。目前,各類新聞出版企業集團發展規模不斷擴大,發展
質量不斷提高,在新聞出版產業中的地位和作用日益凸顯,已成為新聞出版產業
發展的一支主力軍。[31]

(四) "走出去"

　　著眼於提升中國文化軟實力、增強中華文化國際競爭力和影響力以及發
展國家公共外交,21 世紀初葉,新聞出版總署提出組織實施"走出去"戰略。"走
出去"戰略提出並實施至今,經歷了三個循序漸進的發展階段。

---

[31] 馮文禮:《集團化讓新聞出版改革發展駛上快車道》,《中國新聞出版報》2012 年 2 月 20
日。

1. 從 2002 年 5 月到 2005 年 12 月,是"走出去"的啟動階段

這個階段可以概括為"走出去階段"。該階段的主要政策導向是出版產品
"走出去"。2002 年 5 月,新聞出版總署印發《關於貫徹落實<關於深化新聞出
版廣播影視業改革的若干意見>的實施細則》。《實施細則》第九條"關於實施
'走出去'戰略"主要包括以下內容:一是加大外向型重點出版物出版力度,特別是
要針對海外讀者需求有目的地安排一批外文或中外文對照出版物;二是與國外
出版發行機構開展合作出版、區域代理或版權貿易,使中國優秀出版物更多更
快走向世界;三是有重點地組織重要國際書展的參展工作,精心組織優秀出版物
參展;四是組織境外出版專家到我國講學或專題研討,定期或不定期舉辦國際出
版業務研討會。2003 年 7 月,中央辦公廳、國務院辦公廳轉發中央宣傳部、文
化部、國家廣電總局、新聞出版總署《關於文化體制改革試點工作的意
見》。《意見》要求:大力開拓文化產品國際市場;做大做強一批對外交流文化
品牌,積極參與國際文化市場競爭,努力擴大文化產品出口份額;擴大與管理規
範、技術先進、對我友好的國外知名文化集團的合作。這個階段,中國新聞出
版業在出版產品"走出去"方面逐步探索、不斷前進。以 2003 年為例,通過參加
各種國際書展,達成版權專案 2000 餘項,貿易額 1500 多萬美元。

2. 從 2006 年 1 月到 2010 年 12 月,是"走出去"的發展階段

這是"十一五"時期的 5 年。這個階段可以概括為"走進去階段"。該階段新
聞出版總署出臺了《新聞出版業"十一五"發展規劃》、《關於深化出版發行體
制改革工作實施方案》、《關於進一步推進新聞出版體制改革的指導意
見》、《關於進一步推動新聞出版產業發展的指導意見》等一系列檔,在承續
前一階段出版產品"走出去"工作要求的基礎上,著重在真正提升中國出版的國
際競爭力和中華文化的國際影響力上提出新要求。歸納起來有以下幾點:一是
支持各種所有制新聞出版企業到境外興辦報紙、期刊、出版社、印刷廠等實
體,實現本土化戰略;二是鼓勵新聞出版企業與國際著名文化製作、經紀、營銷
機構建立聯繫,積極開展國際資本運營和戰略合作;三是充分利用國際國內兩種

資源、兩個市場,努力推動新聞出版產品通過各種管道進入國際主流市場、漢文化圈和港澳臺地區;四是著力培養一支懂出版、懂市場、懂外語的專業營銷隊伍,大力推進國際營銷網路建設;五是積極打造具有國際競爭力的外向型出版傳媒企業,打造能夠影響國際主流市場的交易平臺和傳播基地。經過不斷探索,中國出版企業發揮自身優勢,海外投資興辦實體的運作模式日益成熟。時代出版傳媒股份有限公司採取"紮根"辦法在海外設立兩個點,一個是設在波蘭的出版社,另一個是設在俄羅斯的印刷廠。公司年輕人輪流到設在波蘭的出版社鍛煉,造就了一支優秀的外貿隊伍。設在俄羅斯的印刷廠逐步從單純印刷發展到出版圖書,2011 年進入俄羅斯印刷企業"前十"行列。2010 年,上海新聞出版發展公司與法國拉加代爾集團簽署國際銷售服務協議。根據協議,拉加代爾集團遍佈全球重要機場、車站的 3100 家零售書店將為銷售外文版中國圖書、雜誌等文化產品提供服務。

3. 從 2011 年 1 月至今,是"走出去"的深化階段

這個階段可以概括為"走上去階段"。2011 年 4 月,新聞出版總署發佈《新聞出版業"十二五"時期發展規劃》和《新聞出版業"十二五"時期"走出去"發展規劃》。它們明確提出,新聞出版業要通過大力實施"走出去"戰略,提升在國家政治、經濟、文化、外交大局中的地位和作用。這標誌著對"走出去"戰略的認識和要求上升到了一個新高度。作為新聞出版系統第一個"走出去"五年規劃,《新聞出版業"十二五"時期"走出去"發展規劃》要求:到"十二五"末,新聞出版業要向全世界推出一批有影響力的知名品牌和六到七家實力雄厚、有國際競爭力的龍頭企業;要在 30 個左右重點國家和地區完成市場佈局;要使新聞出版業"走出去"的政策體系更加完備,版權貿易逆差進一步扭轉,新聞出版企業實力大大增強,新聞出版業國際傳播力、競爭力和影響力顯著提升;要基本形成覆蓋廣泛、重點突出、層次分明的新聞出版業"走出去"新格局。同年,"走出去"政策方面的另一個大動作是制訂《關於加快我國新聞出版業"走出去"的若干意見》。2011 年,新聞出版總署成立專題小組,用半年時間對目前國家層面和部委層面

發佈的所有與新聞出版"走出去"相關的政策檔進行全面梳理、重點歸納,同時對中國各省局和 150 多家重點企業進行問卷調查和實地走訪,最終制定了十大門類 50 條扶持政策。這一標誌著形成完整扶持體系的檔對實施"走出去"戰略起到了極大的推動作用。2011 年伊始,新華社北美總分社搬入美國紐約時報廣場辦公,在國際傳媒界引起轟動。此次搬遷的背後是新華社海外分社近年來的跨越式發展。

二、千禧年以來的出版環境變化

進入千禧年,全球化、數位化和市場化使中國出版環境產生了深刻變化。

(一) 全球化

出版全球化是經濟全球化進程中的一種重要文化現象。其原因主要有四點:一是國內市場容量局限;二是當代信息技術的發展;三是當前世界上寬鬆的文化交流和融合環境;四是各國政府對版權的積極保護。進入 21 世紀,在加入世界貿易組織等多種因素的積極作用下,中國出版全球化進程不斷加深。中國的出版全球化主要體現在"引進來"和"走出去"兩方面。

加入世界貿易組織後,中國出版對外開放步伐加快,主要從三個方面積極開展"引進來"工作。第一,引進資本。"入世"後,中國政府兌現承諾,整個出版產品市場逐步向全世界開放,與國外同行交流合作的廣度、深度日益提高。2002 年 8 月,人民日報社所轄大地發行中心與香港上市公司泛華科技成立合資公司,投資 2.5 億元組建大華媒體服務有限責任公司,人民日報社控股 51%,經營書報刊分銷,合作期 20 年。這是首家外資進軍國內出版物發行市場的公司。截至 2008 年年初,中外合資、合作的印刷、發行、出版企業達 2500 多家,形成了共謀發展的新格局。第二,引進版權。藉助法蘭克福書展、莫斯科書展以及北京國際圖書博覽會、海峽兩岸圖書交易會等國際、國內展會平臺,積極引進國外版權,版權引進數量逐年增加。目前,全球所有暢銷書中國都能與世界同步分享。第三,引進品牌。在新聞出版總署的支持下,越來越多的中國期刊與世界名牌期刊建立起合作出版關系。例如,《健美女性》與法國樺榭菲力柏契集團《美麗佳人》合作出版,《中國旅遊》與美國國家地理學會《旅行者》合作出版,《秀》與日本講談社《WITH》合作出版,等等。今天,幾乎所有國際大型出版傳媒集團都以不同方式在中國設立了相關機構。

　　相對"引進來","走出去"戰略是中國出版全球化的重點方向,主要抓住以下四點推動"走出去"戰略組織實施。第一,以國際書展為載體。中國每年組團參加法蘭克福、東京、開羅等 40 多個國際書展,宣傳、展示和推介中國出版產品,以產品"走出去"帶動文化"走出去",強化中國文化的國際影響力。截至 2011 年,中國已經擔任法國、德國、俄羅斯、埃及、希臘、韓國等國家書展的主賓國。2009 年,成功舉辦法蘭克福國際書展中國主賓國活動,成為新中國成立 60 年來在國際上舉辦的規模最大、影響最廣的文化交流活動,極大地提升了中華文化影響力和中國文化軟實力。黨和國家領導人高度重視,時任國家副主席習近平親自參加書展開幕式和主賓國活動開幕式並發表重要講話。第二,以版權輸出為標杆。經過多年努力,中國版權貿易逆差情況大為改觀。從 2002 年到 2010 年,中國版權輸出數量逐年增長。特別是 2009 年和 2010 年,兩年間實現了快速增長。2010 年中國共輸出版權 5691 項,引進版權 16602 項,版權貿易逆差從"十五"末的 7.2:1 縮小到"十一五"末的 2.9:1。第三,以品牌工程為抓手。新聞出版總署不斷完善政策扶持體系,強力實施"'經典中國'國際出版工程"、"中外圖書互譯計劃"、"中國音像製品'走出去'工程"、"中國圖書對外推廣計劃"等四大工程,以品牌工程帶動版權輸出。2010 年,參與"中國圖書對外推廣計劃"的出版機構共向海外輸出版權 2450 項,同比增長 17%,創下歷史新高。參與"中國圖書對外推廣計劃"的出版機構增加到 30 多家。第四,以資本輸出為方向。資本國際輸出、境外興辦實體是新聞出版業"走出去"的高級模式,要求企業不僅有國際化發展眼光,有境外本土化運作經驗,還要有境外投資實力。據不完全統計,截至 2011 年年底,中國新聞出版業已在境外投資或設立分支機構459 個。其中,圖書出版分支機構 28 個,期刊出版分支機構 14 個,報刊及新聞採編分支機構 275 個,數位出版子公司 15 個,出版物發行網點 65 個(包括網路書店 4 個),印刷或光盤復製工廠 45 個,出版教育、培訓、版權、資訊服務機構 7 個。另外,通過收購或參股建立的海外網點有 10 個。"走出去"的企業國際競爭力不斷提升,跨國發展經驗日益豐富。

出版全球化促使商品、資本、管理、技術、服務等生產要素跨國流動,有利於推動中國出版業改革發展,有利於提高中國出版業的世界影響力和國際競爭力。但是,西方文化處於主流地位的"西強我弱"格局沒有根本改變,因此,中國的出版全球化進程任重道遠。

(二) 數位化

進入 21 世紀,數位技術與傳統出版業結合日益緊密,帶來出版業生產方式、運營模式、管理方式的革命性變化,為出版業發展開拓了前所未有的新空間。數位出版在加速傳統出版業轉型升級方面發揮著關鍵作用,已成為出版產業中新的重要增長點。中國出版業的數位化進程具有下述幾個顯著特徵。[32]

1. 政府扶持力度不斷加大,產業政策日趨完善

"十一五"時期,國家制定下發《國家"十一五"時期文化發展規劃綱要》、《文化產業振興規劃》等一系列有利於數位出版產業發展的政策措施。2008年,國務院印發的新聞出版總署新"三定"方案中增設數位出版專職工作部門,為推動數位出版產業發展提供重要組織保障。新聞出版總署積極倡導並推動數位出版產業發展,明確把發展數位出版等非紙介質戰略性新興出版業作為推動新聞出版產業發展的五大重點任務之一,並將其納入《新聞出版業"十二五"時期發展規劃》。另外,先後印發《關於加快我國數位出版產業發展的若干意

---

[32]　柳斌傑:《在六中全會精神指引下推動數位出版跨越式發展——在全國數位出版工作會議上的講話》,合肥,全國數位出版工作會議,2011 年 11 月 10 日。

見》、《關於發展電子書產業的意見》等一系列推動數位出版產業發展的政策檔,指導數位出版產業健康快速可持續發展。

2. 產業規模不斷擴大,發展模式日漸清晰

"十一五"時期,中國數位出版產業營銷收入增長迅速,從 2006 年的 213 億元增長到 2010 年的 1051 億元,5 年間平均增幅接近 50%。其中,手機出版、網路遊戲出版和互聯網廣告三項產值均超過 300 億元,占數位出版總產值的 90%以上,成為數位出版產業營銷收入的重要支柱。2010 年,數位出版總產出占新聞出版業總產出的比例接近 10%,成為新聞出版業重要的經濟增長點。數位出版產業規模的日益壯大得益於新型生產方式的探索和經營模式的建立。一大批出版傳媒集團轉型升級,主動採用新技術,發展新業態,進入數位出版領域。一大批技術、管道、運營者進入數位出版行業,逐漸形成了以盛大文學等為代表的原創網路文學出版模式,以方正集團等為代表的數位圖書館模式,以同方等為代表的學術期刊資料庫營銷模式,以三大電信運營商為代表的手機閱讀模式,以漢王等為代表的手持閱讀終端移動閱讀模式,以中文在線等為代表的全媒體出版模式和以網易等為代表的網路遊戲出版模式,還有目前正在開發的電子書包以及雲出版模式等,數位出版產業的生產經營得到實質性拓展。從內容提供、平臺建設到終端服務,數位出版產業已逐步形成較為完整的產業鏈條和運營模式。

3. 高新技術應用水準不斷提高,產品形態日益豐富

數位出版產業是建立在計算機技術、通訊技術、網路技術、流媒體技術、存儲技術、顯示技術等高新科技基礎上,融合併超越傳統出版形式而發展起來的新興出版產業,技術進步對數位出版產業發展具有決定性意義。近年來,伴隨新聞出版業對新興技術應用水準的不斷提高,催生了大量新型數位出版產品形態,形成了包括電子圖書、數位報紙、數位期刊、原創網路文學、網路教育出版物、網路地圖、數位音樂、網路動漫、網路遊戲、手機出版物以及基

於各種移動終端的數位出版物等在內的較為完備的數位出版體系。進入 3G 時代後,手機出版成為發展最快的數位出版形態。

4. 出版企業轉型步伐不斷加快,傳統出版與數位出版融合發展步伐加快

隨著新聞出版業數位化進程的推進,許多具有戰略眼光的傳統新聞出版企業開始轉型探索,或為實現轉型奠定基礎、創造條件。"十一五"期間,傳統出版企業基本完成了出版流程的數位化改造,電子音像出版單位基本完成了生產流程的技術升級,部分印刷企業引進先進的數位印刷設備開展按需印刷業務,新華書店系統基本實現資訊化。與此同時,傳統出版企業加大與技術開發商和管道商的合作力度,發揮各自優勢共同開展數位出版業務,極大地拓展了數位出版的市場空間。傳統出版業務與數位出版業務形成了相互促進、相互帶動的融合發展局面。

5. 產業集聚效應持續增強,區域整體發展初現端倪

"十一五"時期,新聞出版總署開始設立國家數位出版基地,目的是通過基地建設帶動數位出版產業發展。截至 2011 年 7 月,已批復建設的國家級數位出版基地達到 9 家。這些基地在引進重點企業、實施重大專案、研發重大技術、開發重點產品等方面開展了大量開拓性工作,初步形成政策引導、重點扶持、專案帶動、孵化輻射的數位出版產業發展新格局。產業聚集和帶動效應日趨顯現,區域整體發展呈現良好態勢。北京、上海、廣東三地數位出版總產值均超百億,天津、浙江、江蘇、重慶、湖北、湖南等地處於高速發展期,陝西數位出版產業在西北地區異軍突起。

6. 數位閱讀普及提速,消費需求日益旺盛

近年來,伴隨互聯網普及率、寬帶用戶和手機網民的逐年增加,在線閱讀、手持終端閱讀、手機閱讀漸次普及,數位出版產品的市場需求越來越旺盛,數位閱讀逐漸成為人們獲取文化知識和精神食糧的重要方式,一個龐大的新興數位

出版消費市場正在形成。2010 年,中國國民各類數位媒介閱讀率突破 30%。截至 2011 年 9 月底,中國互聯網用戶超過 5 億,普及率接近 40%。與此同時,各類功能強大的移動智慧終端層出不窮,為數位出版產品的傳播和消費提供了優越的市場條件。據預測,伴隨產業鏈的進一步成熟,以手持閱讀器、平板電腦、智能手機為代表的數位閱讀終端銷量將出現大幅增長。這無疑將進一步加速數位化閱讀的普及,給數位出版產業發展帶來更大的動力和市場。

當前,數位出版產業發展中還存在著一些突出問題。例如,一些傳統出版企業推進內容資源數位化的動力明顯不足;多數數位出版企業贏利模式還有待完善;傳統業態向新業態轉型很不平衡,等等[33]。相信這些問題會在數位出版產業的進一步發展中得到積極解決。

(三) 市場化

長期以來,我們的出版活動常常與市場脫節,有些出版物生產出來後不是進入市場而是進入庫房,造成嚴重浪費。問題的根子在於新聞出版業一直忌諱"市場取向"。十六大後,新聞出版業逐步樹立起與社會主義市場經濟體制相適應的新的新聞出版觀,市場取向得以確立並不斷強化。在新的新聞出版觀引領下,中國新聞出版業的市場化進程不斷深化。新聞出版業的市場化建設主要在以下幾方面展開。

1. 大市場構建

政企不分造成的行政壁壘和市場分割嚴重阻礙形成統一開放、競爭有序的出版物市場。2002 年以來,新聞出版總署印發《關於推進和規範出版物發行連鎖經營的若干意見》、《關於新華書店(發行集團)股份制改造的若干意見》、《關於抓緊制定出版物發行網點設置規劃的意見》等文件,積極推動以

---

[33] 孫壽山:《在第三屆中國數位出版博覽會上的主旨報告》,北京:第三屆中國數位出版博覽會,2009 年 7 月 7 日。

連鎖經營、物流配送、股份制改造、網點規劃等為主要內容的出版流通領域改革。2006 年,23 個省的新華書店實現省內或跨省連鎖;中國出版物發行業共建立 5000 平方米以上的物流中心 47 家,遍佈 28 個省(自治區、直轄市)。2008 年 10 月,天津市新華書店、天津古籍書店、天津外文書店共同出資組建的天津新華發行有限責任公司揭牌。至此,中國新華書店系統除西藏外,各省級新華書店全部完成轉企改制任務。截至 2011 年,新聞出版總署共審批設立總發行企業 94 家、全國性出版物連鎖經營企業 22 家、外商投資出版物分銷企業 59 家。與此同時,中小型專業書店、特色書店、社區書店以及網上書店也在蓬勃發展。經過多年不懈努力,統一開放、競爭有序、健康繁榮的出版物大市場、大流通格局基本形成。

2. 跨地區經營

2002 年 6 月,新聞出版總署發佈《關於新聞出版業跨地區經營的若干意見》。之後,一系列政策相繼出爐,大力支持新聞出版單位跨地區經營,實現優勢互補,推動全國統一市場體系構建。各新聞出版單位紛紛響應,跨地區經營的"大手筆"頻頻出現。報業方面:2003 年,光明日報報業集團與南方日報報業集團合作主辦《新京報》;2004 年,上海文廣集團與廣州日報報業集團、北京青年報社在上海聯合主辦《第一財經日報》。出版方面:2009 年,吉林出版集團有限責任公司與中華工商聯合出版社進行資本聯合重組;同年,江西出版集團公司與中國和平出版社重組成立中國和平出版社有限公司。發行方面:2007 年,江蘇新華發行集團公司與海南省新華書店簽署戰略合作意向書,組建海南新華發行有限責任公司,實現中國國有圖書發行業首次跨地區合作;2008 年,四川新華文軒連鎖股份有限公司與貴州省新華書店簽署合作協議,貴州省新華書店提供貴州全省零售資源,四川新華文軒連鎖股份有限公司注入資金,雙方共同成立公司,建設發展貴州省零售網路。跨界方面:2009 年,北方聯合出版傳媒(集團)股份有限公司與天津出版總社、內蒙古新華發行集團股份有限公司簽署戰略合作框架協議,掀起跨地區重組巨瀾。依靠巿場機制進行跨地區重組,造就了一批主業

突出、多元發展的大型新聞出版企業集團,它們的努力旨在爭取實現中國出版
業對國際大型出版傳媒集團的真正突圍。

3. 新經濟發展

即非公有制經濟在出版業取得跨越式發展。十六大報告提出:"必須毫不動
搖地鼓勵、支持和引導非公有制經濟發展。"《關於完善社會主義市場經濟體
制若干問題的決定》進一步要求:"清理和修訂限制非公有制經濟發展的法律法
規和政策,消除體制性障礙。放寬市場準入,允許非公有資本進入法律法規未禁
入的基礎設施、公用事業及其他行業和領域。"柳斌傑同志在"2003 中國書業
高峰論壇"上明確表示,今後要取消所謂"二管道"稱謂,對個體書商、民間資本應
該一視同仁,外資享有的政策條件,國內民間資本也應同樣享有,不存在限制哪一
種資本。2003 年 9 月 1 日施行的《出版物市場管理規定》取消了設立發行單
位的所有制限制。2009 年 3 月印發的《關於進一步推進新聞出版體制改革的
指導意見》要求:"引導非公有出版工作室健康發展,發展新興出版生產力。"
《指導意見》發佈後,國有出版單位與非公有文化機構合作上升到戰略高度。
2009 年 4 月,鳳凰出版傳媒集團旗下的江蘇人民出版社與北京共和聯動圖書有
限公司開展戰略合作,共同注資 1 億元資金成立合資公司北京鳳凰聯動文化傳
媒有限公司。同月,時代出版傳媒股份有限公司旗下的安徽科學技術出版社與
國內著名教育機構星火國際傳媒集團就合作出版、聯合發行、人員交流等簽
署戰略合作協議。一批有實力、有影響的非公有文化機構通過與國有出版單
位進行戰略合作深度介入出版,為出版領域注入無限活力。截至 2009 年年底,
中國發行企業 13.4 萬家,其中非國有發行企業 11 萬家,占 82.1%;發行網點 16
萬個,其中民營或民營控股的發行網點 11.3 萬個,占 71.1%。民營書業已逐步
形成相對完整的產業鏈,進入到出版行業的整個流程。

在市場化進程中,國有、民營、外資等不同所有制形式實現地位平等,共同推
動中國新聞出版業大發展大繁榮。但是,必須清醒地看到,完全意義上的統一市場

格局尚未形成,中國新聞出版企業的總體實力還不夠強大,非公有制資本進入出版領域的管道建設仍有待強化。這些問題,需要通過進一步改革加以解決。

三、有關未來政策的設想

(一)背景分析

美國出版家約翰·德索爾指出:"圖書出版既是一項文化活動,又是一種經濟活動。書籍是思想的載體、教育的工具、文學的容器。但是,書籍的生產和銷售又是一種需要投入各種物資、需要富有經驗的管理者及企業家參與的經濟工作。"[34]出版業作為兼具文化特性與經濟特性的特殊行業,其政策走向實際上是對文化與經濟博弈的一種制度安排。這種博弈,可以概括為"安全"與"效率"的角力。

新時期以來特別是千禧年以來,對於出版安全以及出版效率的認識存在著一個嬗變過程,這種嬗變又不斷反映到政策規制的調整中。

首先來看出版安全。在這個時期,對出版安全的認識經歷了一個從"靜態安全"到"動態安全"的變遷。傳統出版安全觀僅僅局限於確保意識形態安全。隨著"文化軟實力"概念的出現及被接受,出版安全觀被拓展到積極輸出價值理念和意識形態、不斷增強文化傳播力和影響力的層面和高度。這種變化實際上是一種從"消極安全"向"積極安全"的躍遷,它直接導致行政規制放鬆、體制外資金進入、"走出去"等政策調整,為出版經濟發展創造了良好條件。

再來看效率。伴隨出版體制改革啟動和深化,伴隨"事轉企"、集團化、上市融資等舉措的實施和推進,"效率"越來越成為出版業的熱詞。這一時期,對出版效率的認識經歷了一個從"一般化效率"到"個性化效率"的演變過程。起初,人

---

[34] [美]J.P.德索爾著:《出版學概說》,姜樂英、楊傑譯,中國書籍出版社1988年版,第1頁。

們關注的出版企業的"一般化效率",即傳統意義上的成本收益率。追求"一般化效率"實踐中暴露出的問題引起有識之士的反思和憂慮。有的出版企業或企業集團去搞房地產、外貿、旅遊來做大做強,通過非文化手段去發展壯大,甚至逐漸變成非文化企業。出版效率須融入文化元素,成為一種"個性化效率"。這種認識正在引領以內容生產能力為核心的出版企業評價指標體系的構建。出版"個性化效率"內含經濟元素和文化元素。出版"個性化效率"的提高必然帶來文化影響力的增強。

計劃經濟時代,"以防為主"的出版安全觀在一定程度上制約了出版業的發展壯大,安全與效率的關係並不和諧。進入市場經濟時代,部分出版單位元過分追求經濟指標的價值訴求帶來導向意識滑坡、品種結構失衡、主業收益弱化等問題,效率與安全的關係也欠和諧。新出版安全觀具有動態特徵,既包含文化元素又包含經濟元素,它旨在實現"高效率的安全"。新出版效率觀的"個性化效率"是一種"有文化的效率"。新出版安全觀與新出版效率觀可以實現有機融合。它們的融合點就是文化影響力。

(二) 制定未來出版政策的建議

1. 關於政策制定的指導思想

出版的本質是文化影響力。制定未來出版政策的指導思想應該是:有效平衡安全與效率關係,持續增強出版的文化影響力。

出版安全就內部而言是確保社會主義核心價值觀在出版領域的絕對領導地位,並憑藉體現社會主義核心價值觀的出版物引領社會思潮、推動社會發展;就外部而言是促成體現社會主義核心價值觀的出版物以"出版流"的形式"走出去",反制西方有害文化入侵,增強中華文化傳播力和影響力。出版安全不是靜止停滯狀態而是動態發展過程,故離不開出版產業發展的堅定支撐。由於內含經濟元素和文化元素,出版產業效率與出版安全系數呈正相關關係。安全與效率的良性互動是實現出版影響力的可靠保證。

2. 關於政策制定的基本原則

(1) 在確保文化安全的前提下,進一步放鬆行政規制

當前,中國正處於深化改革開放、加快發展方式轉變的關鍵時期,各種社會矛盾集中凸顯,與此同時,外部勢力對中國西化、分化不斷加劇,思想文化領域交流交融交鋒態勢日益強化,出版業在確保文化安全方面責任重大、工作艱巨。必須進一步強化導向管理、內容管理和陣地管理,常抓不懈,一著不讓,把出版安全的主動權、主導權牢牢掌握在出版者手中。在此前提下,要繼承和發揚以往處理安全與效率關系的經驗和做法,在進一步放鬆政策規制上下功夫、想辦法、出實招,為發展出版生產力提供制度保證。從世界範圍考量,放鬆傳媒規制是國際傳媒發展的新態勢。歐洲在與美國傳媒大戰中失利的一個重要原因,就是歐洲大多數國家對傳媒業限制過死。

當前放鬆出版規制的著力點應該放在以卜方面。

第一,放鬆民營資本準入規制。截至 2012 年 12 月,中國共有 566 家單位獲得網路出版許可資質。其中,國有出版單位 340 家,國有資本占主導地位的出版單位 2 家,民營等網路出版單位 224 家(主要集中在網路遊戲出版、傳播等領域)。民營資本準入在網路出版領域已取得較大突破。但是,民營資本尚未取得紙質出版物的出版權。今後,應積極嘗試在該領域取得突破。比如,可以為面向境外市場生產銷售外語類圖書的民營企業配置外語類圖書出版權,也可以為在合作出版中表現優秀的民營企業配置科技類報刊出版權。

第二,放鬆出版範圍準入規制。從計劃經濟時代延續卜來的出書按專業分工範圍的限定,導致專業領域市場競爭不足,產品低水準過剩。應抓緊逐步放開分工範圍的規定,促進優質產業資源在出版業內合理流動,提高出版業資源配置效率。

第三,放鬆出版職業準入規制。受泛意識形態化的影響,出版業設置有諸多職業準入規定,抬高了進入門檻,弱化了行業競爭程度。應依據《國務院機構改

革和職能轉變方案》中"除依照行政許可法要求具備特殊信譽、特殊條件或特殊技能的職業、行業需要設立的資質資格許可外,其他資質資格許可一律予以取消"的要求,對現行職業準入資質資格許可進行排查梳理,可考慮對"圖書發行員職業資格證"等予以取消。

(2) 在堅持政府主導的前提下,進一步擴大市場功能

處於工業化與社會主義憲法制度雙重約束下的中國市場經濟模式是政府主導下的計劃與市場相結合的二元經濟體制模式。[35]這種模式把計劃調節與市場調節、直接調節與間接調節、供給管理與需求管理、短期目標與長期目標、總量平衡與結構優化有機統一起來,既充分發揮市場機制的調節作用,又充分發揮政府在經濟社會發展中的主導地位。隨著改革不斷深入,這種政府主導型市場經濟模式也在不斷發生變化。其演化方向是強化市場調節,促進市場競爭,不斷減少政府對微觀經濟活動的行政幹預,使市場機制在經濟生活中發揮越來越大的作用。這種演化方向與公共選擇理論的理論內涵內在一致。公共選擇理論主張必須重新調整政府與市場之間的關系,重新發現和利用市場機制,優先選擇經濟規則解決公共問題。該理論主張最大限度地限定政府職能,政府只承擔那些市場經濟、非政府組織難以承擔的核心職能,即使那些必須由政府提供的公共服務也要盡量引入市場機制。受該理論影響,市場化成為 20 世紀 80 年代以來幾乎所有國家政府改革的主流。

當前,在繼續堅持政府主導出版業的前提下,必須抓緊推出一系列有力措施,在更大程度和更廣範圍發揮市場在資源配置中的基礎性作用。

第一,打破行政壁壘。中國出版體制形成於計劃經濟時代,是按照地區劃分或行業劃分建立起來的,強制性政治色彩很濃。經過多年不懈努力,統一開放、競爭有序、健康繁榮的出版物大市場、大流通格局基本形成。但是,其現狀與

---

[35] 衛興華:《市場功能與政府功能組合論》,經濟科學出版社 1999 年版,第 298—299 頁。

發展市場經濟的要求相比尚存在不小差距。要切實破除地區分割、行業壟斷、行政壁壘等弊端,大力發展以跨地區連鎖經營、集中配送、電子商務為特徵的現代物流,有序發展出版產權、技術、人才、資訊、版權等要素市場,促進出版產品和要素在全國範圍合理流動。

第二,發展社會組織。社會組織是市場經濟中政府、企業之間的"第三部門",包括行業協會、商會、基金會、促進會等社會團體,民辦非企業單位以及會計師事務所、律師事務所等仲介機構。它們是文化市場的重要組成部分,是推動出版產業發展的重要力量,是政府與出版企業之間溝通交流的橋樑紐帶。根據美國、日本、韓國、德國等發達國家的經驗,社會組織在文化產業發展中功不可沒。例如,美國、韓國的行業協會在產業政策制定與文化市場管理方面發揮了重要作用,日本"內容產品海外流通促進機構"在海外文化貿易與維權方面成就顯著,德國各類基金會更是政府對外文化政策的好助手。要大力發展和利用社會組織,使其承接部分政府管理職能,充分發揮好它們在維護市場經濟秩序、促進行業自律管理、推動出版產業發展方面的積極作用。

第三,引入競爭機制。公共選擇理論認為:"選擇'官僚主義'解決的做法永遠只應該是第二等的最好做法,只有在其他一切辦法都證明確實不能發揮作用的情況下,才有必要採取這種解決辦法。"[36]在配置出版公共產品資源時,應逐步減少使用行政手段,要更多地選擇經濟手段來解決問題。例如,可以把報刊刊號這樣的稀缺資源投向市場,具備出版資質的單位或機構都可以參加競標購買。最後,由相關評委會決定中標者並報出版管理部門審批。較之以往,這樣做能夠更加合理地配置出版資源。

(3) 在踐行服務理念的前提下,進一步強化社會監管

---

[36] [法]亨利·勒帕日:《美國新自由主義經濟學》,北京大學出版社 1985 年版,第 146 頁。

從管制政府轉向服務政府是行政管理體制改革的必然要求。現代政府的首要職責是提供服務,營造環境,立足於通過向市場主體提供公共服務的方式實現互動式管理。但是,踐行服務理念並不意味著弱化甚至放棄監管職責。加強社會監管是為整個行業、整個社會健康發展提供秩序保證,這是一種更廣義、更深層的服務。在這個問題上,我們必須保持清醒認識。

首先,要提升監管能力。面對形勢環境發生的深刻變化,行政管理者都有知識再更新、本領再提高的需要。要按照把握科學理論、具有世界眼光、善於總結規律、富有創新精神的要求,廣泛學習經濟、政治、文化、科技、社會和國際等各方面知識,努力掌握和運用一切科學的新思想、新知識和新經驗。要深入研究意識形態和出版工作新情況和新特點,深入研究出版改革、發展和管理中的重大問題,不斷深化對出版規律的認識。當前,以資訊技術為代表的新科技、新知識對出版發展的影響越來越大。要跟蹤瞭解科技發展趨勢,增強新媒體管理能力。其次,要創新監管方式。"當您的粉絲超過一百個,您就是一本內刊;當您的粉絲超過一千個,您就是一個佈告欄;當您的粉絲超過一萬個,您就是一本雜誌;當您的粉絲超過十萬個,您就是一份都市報;當您的粉絲超過一億個,您就是中央電視臺。"[37]這則廣告語形象地道明瞭新媒體的巨大影響力,無形中也透露出加強新媒體內容監管的迫切性和艱巨性。"批判的武器當然不能代替武器的批判,物質力量只能用物質力量來摧毀。"[38]加強新媒體監管,必須運用科技手段創新監管方式,具體來說就是進一步推動國家網路出版監管平臺建設並付諸監管實踐。

再次,要考核監管績效。政策規制有了,關鍵看能不能有效落實。與市場存在失靈的可能性一樣,政府也存在失靈的可能性。政府失靈產生規制外部性,導

---

[37] 《"蘋果加美食"撬動微博江湖——李開復春節逆襲勇當微博"一哥"》,《金陵晚報》2013 年 2 月 17 日。

[38] 馬克思:《<黑格爾法哲學批判>導言》,中共中央馬克思恩格斯列寧史達林著作編譯局編《馬克思恩格斯選集(第一卷)》,人民出版社 1976 年版,第 9 頁。

致監管缺位、越位、錯位等非常狀態。矯正政府失靈,必須強化績效考核力度。要貫徹落實激勵機制和問責機制,為政策規制的貫徹執行提供堅強保證。

3. 關於政策制定中須處理好的幾個關係

第一,處理好"大"與"小"的關係。出版集團作為新聞出版體制改革的排頭兵、新聞出版產業發展的主力軍,在引領社會主義文化前進方向、建設社會主義核心價值體系、傳播知識和傳承文明、維護國家文化安全等方面發揮著重要作用。但是,在做大做強出版產業,增強出版的文化影響力方面,集團化並不是唯一選擇。從事網路出版的盛大網路和從事雜誌出版的現代傳播就是以"點"取勝的典型案例。盛大網路發現人的天性愛玩遊戲而互聯網為玩家提供了全新時空,開創了一個網遊產業;現代傳播發現畫報轉向週刊使構築一個城市生活諮詢和時尚新平臺成為可能,一舉創辦《週末畫報》並取得成功。這種"發現"就是創意。2001 年 9 月,盛大正式進軍在線遊戲市場。2004 年 5 月,不到 3 年時間盛大在美國納斯達克成功上市。隨後打造成功盛大文學品牌,繼而又推動實體出版、影視、動漫等文化產業的發展。如今,盛大年營業額達到六七十億元。作為民營準出版機構,現代傳播在《週末畫報》後又出版《新視線》、《汽車生活》、《東方企業家》、《優家畫報》、《商業週刊》等一系列雜誌,發展成為跨媒體、跨地域的期刊群,並於 2009 年在香港主板上市。目前,現代傳播擁有 1000 多名員工,發行網路覆蓋全國 25000 個銷售點,年經營額達六七億元。[39]出版作為文化產業,創意是其靈魂。由於互聯網和全球化的發展,文化產業做大做強越來越依靠創意、技術和品牌擴張。在文化業界,人生不再苦短。一個品牌、一項發明可以改變世界,可以使一個公司一躍成為世界第一,而不必通過兼並重組,不必走上百年成功的道路。微軟、穀歌如此,百度、淘寶如此,盛大、現代也是如此。在出版產業發展中,"點"或許更具有爆發性和發展潛力。因此,在做大"面"(出版集團)的同時,也要做好"點"(非集團出版企業),努力形

---

[39] 祝君波:《盛大、嘉德、現代啟示錄》,《編輯學刊》2013 年第 1 期。

成大型出版集團與"專、精、特、新"各類出版企業優勢互補、合作競爭的發展格局。

第二,處理好"事"與"企"的關系。出版體制改革已經取得階段性成果,但須繼續加力推進。必須貫徹落實科學發展觀,繼續推動經營性出版企業單位、公益性出版事業單位加快改革,充分釋放文化生產力。出版企業單位與出版事業單位其改革既有區別也有聯繫。其區別在於:經營性出版單位具有"私人產品"特性,公益性出版單位具有"公共產品"特性,性質差異導致改革分類推進的制度安排。經營性出版單位須徹底轉企改制,成為合格市場主體,並按照上市公司標準進行建設和管理,一旦條件具備便走向資本市場。公益性出版單位須進一步深化內部人事制度、勞動制度、分配制度改革,健全激勵和約束機制,整合內部資源,增強單位活力。其聯繫在於:公益性出版單位廣告、發行等經營性資產須剝離出出版業務,進行市場化運作。以黨報發行體制改革為例,應支持其組建獨立發行公司,與郵政部門、大型出版物發行企業或物流企業開展戰略合作。由此可見,不論是經營性出版企業單位抑或是公益性出版事業單位,追求效率的"市場化"是其共同目標選擇。

第三,處理好"新"與"老"的關系。"新"指的是新型數位媒體,"老"指的是傳統紙質媒體。數位媒體深刻改變著人們獲取知識、傳遞資訊、鑑賞文化的理念、管道和方式,給出版業帶來前所未有的挑戰,同時也帶來前所未有的機遇。有個出版企業負責人在接受調研時說過:傳統出版業已經進入"冬天",但冬天來了,春天也就不遠了;現在最重要的問題是,必須想方設法不在冬天裏被凍死。[40]這句話告訴我們,必須主動接受數位化轉型挑戰,只有化挑戰為機遇,未來纔可能擁有立足之地。但是,由於數位出版贏利模式尚不明晰,投入大回收少甚至沒有回報,出版業內或多或少存在著"不搞數位出版是等死,搞數位出版是找死"的悲

---

[40]　孫壽山:《突出重點 真抓實幹 推進科技與數位出版工作再上新臺階》,2013 年科技與數位出版管理工作會暨網路出版監管工作現場會講話材料,內部文件。

觀認識。在推動傳統出版企業數位化轉型的進程中,政府部門必有作為,也大有可為。一是重塑信心。傳統出版企業的核心優勢首先是豐富的內容資源、作者資源和廣泛的社會認知度、讀者認知度,這是其轉型數位出版的競爭優勢,也是其與技術型數位出版公司的最大區別。傳統出版企業另外一個核心優勢是擁有素質過硬的編輯力量,能夠保證出版產品從選題到審稿到編輯加工的高效率與高品質,這是大多數數位出版公司所不具備的。國內某知名文學網站就曾被批評:"發表的文學作品連錯別字都不改。"二是提供樣板。榜樣的力量是無窮的。要把數位出版領域的成功做法和寶貴經驗及時傳遞給傳統出版企業,讓他們看到希望並不遙遠,前途並不渺茫。例如,中國移動閱讀基地就成功打造了兼顧運營商、出版商等各方利益的數位出版贏利模式。三是搭建平臺。數位出版產業鏈的核心是數位內容生產發行平臺。目前,全球化超級出版服務平臺紛紛湧現。許多大型電子圖書銷售商都打造了自己的超級網路服務平臺,提供更加安全優質的服務。中國政府出版行政部門有必要抓緊組織開發並推出若干大型數位內容推送平臺,打通從數位出版、數位發行到終端讀者閱讀的服務管道,切實推進數位出版發展進程。

千禧年來的中國圖書出版

圖書出版是出版業的重頭戲。進入千禧年以來,中國的圖書出版行業在蓬勃發展的同時仍然面臨著來自數位出版和轉企改制等新情況的挑戰和衝擊。本章對 2000—2011 年圖書出版的主要指標資料進行統計(不含港澳臺地區),對當前圖書出版中存在的問題進行簡單分析並對今後圖書發展的對策和趨勢作出建議及預測。

一、千禧年來的圖書出版:資料分析

千禧年的頭 10 年,中國出版業總體呈現欣欣向榮的景象。圖書出版品種數不斷上升,成為世界上出版總數最多的國家之一。

(一) 圖書出版產業整體發展情況

1. 圖書出版單位整體情況

(1) 圖書出版單位數量變化情況

一直以來,中國對圖書出版單位的成立實行的是審批制。受到這一制度的影響,新世紀以來,中國圖書出版單位的數量並未發生很大變化。包括副牌社在內,筆者對千禧年以年來圖書出版單位的數量進行了統計。

表 1　圖書出版單位元數量變化情況

年份	2000	2001	2002	2003	2004	2005	2006	2007	2008	2009	2010	2011
圖書出版單位數量(家)	565	562	568	570	573	573	573	579	579	580	581	580

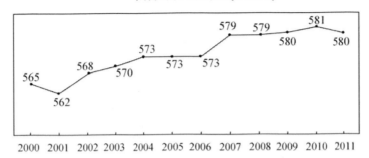

—— 圖書出版單位數量(單位:家)

圖1 2000-2011 年圖書出版單位數量變化

通過上述圖表我們可以發現,中國的圖書出版單位數量的增長幅度比較平緩,12 年間僅增加了 15 家圖書出版單位。這與中國對出版單位的成立實施嚴格的審批制有著密不可分的關系。同時,出版社合併或因違規經營被註銷等也是圖書出版單位數量增長緩慢的原因。

(2) 圖書出版單位的地域分佈

以 2011 年的資料為例,580 家出版社的地域分佈如表 2 所示。

表 2 2011 年圖書出版單位元地域分佈情況

地區	中央	東部	中部	西部
圖書出版單位數量(家)	220	176	93	91

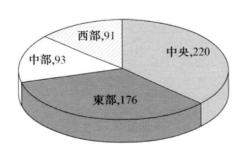

圖 2 2011 年出版社地域分佈圖

　　圖書出版作為文化事業的重要組成部分,它的發展受到經濟發展的影響,圖書出版單位數量的多寡與經濟發展水準呈現高度相關的關系。因此,經濟較為發達的東部地區,其圖書出版單位數量多於經濟欠發達的中西部地區。

2. 圖書出版的總體情況

　　圖書出版的品種數量、總印數、總印張以及定價金額等資料是瞭解每年圖書出版總體情況的關鍵資訊。依據歷年的《中國新聞出版統計資料匯編》所公佈的資料,筆者對 2000—2011 年的相關資料進行了整理,並分別對每組資料作簡要分析。

　　2000—2011 年,中國出版的圖書品種、總印數、總印張、定價總金額逐年增長(見表 3)。

表 3　2000–2011 年中國圖書出版總體情況概覽

年份	品種(萬種)	總印數(億冊)	總印張(億)	定價總金額(億元)
2000	14.3	62.74	376.21	430.10
2001	15.4	63.1	406.08	466.82
2002	17.1	68.7	456.45	535.12
2003	19.0	66.7	462.22	561.82
2004	20.8	64.13	465.59	592.89
2005	22.2	64.66	493.29	632.28
2006	23.4	64.08	511.96	649.13
2007	24.8	62.93	486.51	676.72
2008[41]	27.4	70.62	561.13	802.45
2009	30.2	70.37	565.50	848.04
2010	32.8	71.71	606.33	936.01
2011	36.9	77.05	634.51	1063.06

---

[41]　本報告中 2008 年資料均以新聞出版總署計劃財務司編《中國新聞出版統計資料匯編 2009》(中國統計出版社 2009 年版)為準。

表 4　2000–2011 年單種圖書印數與印張情況

年份	每種書平均印數(萬冊)	每種書平均印張(萬)	每冊書平均定價(元)
2000	4.39	26.31	6.86
2001	4.10	26.37	7.40
2002	4.02	26.69	7.79
2003	3.51	24.33	8.42
2004	3.08	22.38	9.25
2005	2.91	22.22	9.75
2006	2.74	21.88	10.13
2007	2.54	19.61	10.75
2008	2.58	20.48	11.36
2009	2.33	18.73	12.05
2010	2.19	18.49	13.05
2011	2.09	17.20	13.80

　　根據表 3 中的資料我們計算得出在 2000—2011 年間每種圖書的印數及印張的資料。不難看出,在圖書品種每年大幅度增加的前提下,除去個別年份,每種書的印數和印張均呈遞減趨勢,但單本圖書平均定價卻呈逐年上升趨勢(見表 4)。這反映出中國的圖書出版業採取的是增加品種的策略,但市場規模並沒有隨之擴大,出版效益仍有待提高。

　　根據表 3 中的各組資料,2000—2011 年間,中國新版圖書、重版與重印圖書、總印數、總印張、定價總金額等出版主要指標,與上一年度相比,均發生了變化(見表 5)。

表 5　2000—2011 年中國圖書出版主要指標增長率 (單位:%)

年份	新版圖書	重版、重印圖書	總印數	總印張	定價總金額
2000	1.4	0.7	-14.2	-3.9	-1.4
2001	8.5	6.7	0.6	7.9	8.5
2002	10.1	11.3	8.9	12.4	14.6
2003	10	13.2	-2.9	1.3	5
2004	9.7	8.9	-3.8	0.7	5.5
2005	5.7	8.3	0.8	6.0	6.6
2006	1.31	10.45	-0.9	3.78	2.67
2007	4.58	8.05	-1.79	-4.97	4.25
2008	10.1	12.16	10.21	15.26	16.95
2009	12.97	6.61	-0.36	0.78	5.68

(續表)

年份	新版圖書	重版、重印圖書	總印數	總印張	定價總金額
2010	12.48	4.25	1.9	7.22	10.37
2011	9.62	16.48	7.46	4.65	13.57

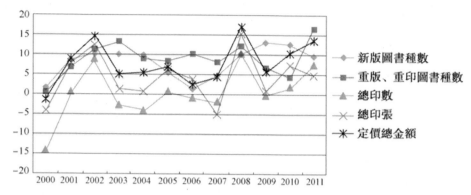

圖3　2000—2011年圖書出版主要指標歷年增長率(單位:%)

　　從圖 3 的曲線走勢中我們可以清楚地看到,新版圖書和重版圖書在 2000—2011 年保持增長。總印數和總印張在進入新世紀以來出現較大波動,總印數在 2000 年的增長率僅為-14.2%,為歷年來最低值。總印張則在 2007 年跌入穀底,增長率為-4.97%;但在 2008 年又大幅度反彈,較 2007 年增長了 15.26%,為歷年來的最高值。

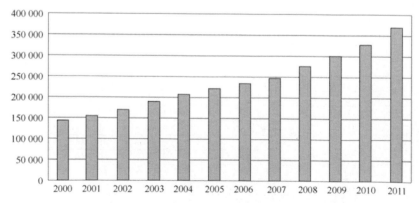

圖4　2000—2011年圖書出版種類趨勢變化(單位:種)

從圖 4 中我們可以看出,從 2000 年至 2011 年,圖書出版種數穩步上升,並在 2009 年突破了 30 萬的大關。

在社會經濟文化快速發展的大環境下,圖書出版種類的增加可以說是必然趨勢。一方面,讀者對於精神文化產品需求的不斷增加使得圖書出版單位不斷開發新的領域來滿足不同層次讀者的多方面需求;另一方面,隨著出版改革不斷走向深化,出版社越來越需要面向市場。為了應對激烈的競爭,出版社在選題上下足工夫,試圖以增加品種的方法來提高出版社的經濟效益。

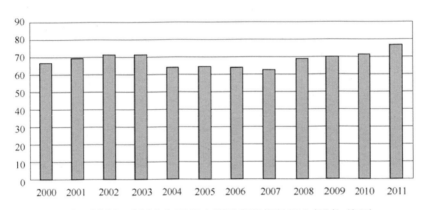

圖5 2000—2011 年圖書出版總印數趨勢變化(單位:億冊)

與圖書出版種類的逐年上升不同,圖書出版總印數在 2000 年至 2011 年間呈現波動的狀態,2007 年的總印數幾乎與 2000 年持平。這說明,我國圖書的市場規模並沒有擴大。

探其背後的原因,筆者認為最主要是因為目前中國出版業走的是投入增長型的道路,雖品種規模大幅度增長,但受到消費不足、庫存成本、網路閱讀、移動閱讀等因素的影響,單本圖書的印數卻沒有同步增長,甚至在一段時期內呈現減少的趨勢,從而帶來千禧年以來圖書總印數的波動。

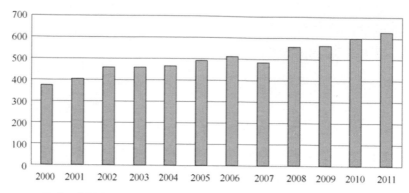

圖6　2000—2011年圖書出版總印張變化趨勢(單位:億印張)

　　從圖 6 中我們不難看出,圖書出版總印張在 2007 年出現短暫下降,其餘年份均保持小額增長。我們知道,印數和印張之間存在著直接聯繫。某本書的印數×單冊書的印張=該書的總印張,然後一年所有書的總印張再累加就得到全年圖書的總印張。受到單本書印數的影響,圖書出版的總印張增長有限。

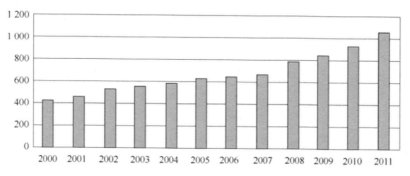

圖7　2000—2011年圖書定價總金額趨勢變化(單位:億元)

　　受到物價上漲,特別是紙張成本上漲、人力成本上漲等因素的影響,在2000—2011 年間,圖書出版定價總金額逐年上升。當然,除去成本上漲的因素之外,圖書出版品種的大幅度增加也是定價總金額上升的重要原因。

(二) 圖書產品分類出版情況

1. 書籍、課本、圖片出版情況

從出版的內容和形式上,我們可以將圖書產品分為書籍、課本和圖片三類。

表6 2000—2011年書籍、課本、圖片出版情況(單位元:種,億冊,億元)

年份	書籍			課本			圖片		
	種數	總印數	定價總金額	種數	總印數	定價總金額	種數	總印數	定價總金額
2000	117597	26.7	244.71	23694	35.6	180.81	2085	0.45	4.58
2001	128051	29.36	286.86	24236	33.36	174.55	2239	0.37	5.41
2002	142952	32.76	335.05	25817	35.52	195.74	2193	0.41	4.34
2003	159716	33.75	361.55	28789	32.54	196.06	1886	0.42	4.2
2004	170485	31.13	367.84	36087	32.71	221.47	1722	0.29	3.58
2005	171461	29.17	360.49	50028	35.29	266.77	984	0.19	1.60
2006	180979	28.81	389.39	51925	35.07	258.22	1067	0.19	1.52
2007	192912	29.41	420.18	53997	33.24	254.15	1374	0.28	2.39
2008	219420	36.24	520.71	54013	34.21	280.36	690	0.17	1.38
2009	238868	37.88	567.27	62024	32.35	279.40	827	0.13	1.37
2010	259477	37.72	612.78	68145	33.55	316.86	765	0.10	1.23
2011[42]	290359	42.19	726.41	78281	34.40	330.17	883	0.10	1.19

從2000年至2011年,書籍和課本的種數和定價總金額呈現持續增長的趨勢,與此形成鮮明對比的是,圖片的定價總金額除2001、2007年較之前一年有所上升外,其餘年份均在減少。而三種出版物的總印數在這期間都出現波動。

我們以2011年的資料為例,分析書籍、課本和圖片在圖書出版的部分主要指標中所占的比重。

---

[42] 2011年書籍出版總量中不包括附錄。

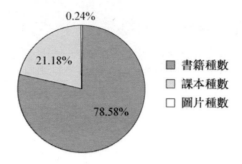

圖 8 2011 年三類出版物占圖書出版種類的比例

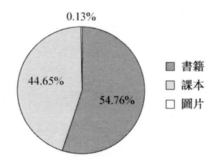

圖 9 2011 年三類出版物占圖書總印數的比例

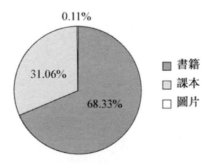

圖 10 2011 年三類出版物占圖書定價總金額的比例

2. 22 類圖書出版總體情況

根據中圖法的圖書分類,我們對每一類圖書 2000—2011 年的部分出版主要指標進行統計。

(1) 2000—2011 年 22 類圖書出版種類情況

表 7　2000—2011 年間各類圖書出版種類情況(單位元:種)

	2000	2001	2002	2003	2004	2005	2006	2007	2008	2009	2010	2011
馬克思主義、毛澤東思想	236	259	324	496	664	454	389	488	402	495	477	604
哲學	1461	1590	2053	2523	3312	3921	4478	4813	5520	6429	7418	8600
社會科學總論	1731	1812	1986	2097	2366	2842	2923	3423	3645	4112	4841	5344
政治、法律	5509	6589	7102	8665	9412	10104	10989	11968	13306	13730	13903	15669
軍事	425	446	493	597	607	701	637	757	667	917	946	1178
經濟	9107	10460	12599	14397	16442	18389	19783	21420	23496	25273	27486	30253
文體科教	58513	61174	69488	77185	83751	85668	86352	90419	95954	102597	111380	133054
語言文字	6301	7103	8253	8600	10435	11659	12402	13425	15528	16721	18610	19550
文學	10756	11235	11199	11771	12633	13429	14812	15393	19585	24993	29958	32317
藝術	7577	9765	10087	10655	10067	10622	11905	11982	13331	15067	16787	19825
歷史地理	4402	4878	5245	6046	7204	8525	9013	9359	10063	11401	12411	14511
自然科學總論	926	893	853	921	957	982	982	942	823	901	1193	827
數理化科學	2530	2673	3077	3703	4187	4669	4752	4813	5556	5505	6294	6997
天文、地球科學	630	558	597	678	924	999	1155	1227	1429	1659	1790	2014
生物科學	514	560	685	800	981	1190	1220	1332	1507	1618	1973	2259
醫藥衛生	6329	6440	7105	8472	8382	9565	10324	11543	12961	14584	15792	15711
農業科學	3384	3281	2936	3219	2697	3045	3476	4086	5316	6978	6621	6305
工業技術	16267	17694	19571	22508	26924	29512	32198	34186	39285	40938	41904	44539
交通運輸	1161	1414	1647	1615	1755	2107	2210	2470	2915	3313	3862	4189
航空航太	90	111	122	179	108	124	177	185	241	312	279	338
環境科學	400	502	640	747	1016	1014	1009	976	1323	1447	1589	1706
綜合類	3042	2850	2761	2631	1748	1968	1718	1702	1667	1902	2108	2850

根據表格所示,在 2000 年至 2011 年間,文體科教類圖書出版種數始終位於 22 類圖書之首,並且大幅度領先於位於第二的工業技術類圖書。航空航太類

圖書是 22 類圖書中出版種數最少的。除去綜合類圖書,其餘 21 類圖書在 2000 年至 2011 年間的出版種類雖有波動,但總體上均呈現增長趨勢。

(2) 2005—2011 年 22 類圖書出版總印數情況

表 8　2005—2011 年 22 類圖書出版總印數情況(單位元:萬冊)

	2005	2006	2007	2008	2009	2010	2011
馬克思主義、毛澤東思想	738	558	1335	1801	808	1561	1468
哲學	3242	3116	3746	4036	4962	5273	6301
社會科學總論	1966	1990	2033	2150	2609	4871	4414
政治、法律	11934	12403	14007	15037	19423	12832	14017
軍事	574	447	513	458	681	813	933
經濟	14299	13418	14847	15673	15468	15956	16523
文體科教	489649	498318	478766	523708	530481	535339	578433
語言文字	11659	17169	16864	20422	20220	20209	21919
文學	13975	15880	16536	23708	26989	33548	39762
藝術	17976	17564	16621	16792	14020	13984	17468
歷史地理	29402	15806	19504	15402	15406	14306	11130
自然科學總論	3389	2791	1592	1804	1216	1922	791
數理化科學	4281	3791	3299	4161	3672	4419	4313
天文、地球科學	361	549	618	835	1290	1403	980
生物科學	745	680	784	1050	1028	1417	1375
醫藥衛生	6515	7217	7359	9811	10730	11642	11401
農業科學	2185	2221	2439	3781	5357	5397	6246
工業技術	19698	19620	20216	21676	21501	20834	21547
交通運輸	1702	1747	1814	1929	2336	2463	2452
航空航太	43	103	131	133	122	130	148
環境科學	3248	1242	1803	1614	2065	1943	992
綜合類	1767	2250	1704	2543	1954	2405	3326

在總印數這一指標中,文體科教歷年均居各類圖書榜首,並逐年遞增。航空航太雖然印數最少,但總體上呈增長趨勢。在 22 類圖書中,除去文體科教類圖書的總印數每一年均保持增長趨勢外,文學類、農業科學類兩類圖書同樣保持了這一趨勢。

3. 三大類圖書出版情況

　　圖書基本上可以分為社會科學類和自然科學類兩大類,但由於中國的教材教輔占了相當大的比重,所以將 G 類文體科教類圖書單獨歸為一類進行分析。其中,社會科學類圖書包括 A 類馬克思主義、毛澤東思想,B 類哲學類圖書,C 類社會科學總論,D 類政治法律,E 類軍事,F 類經濟,H 類語言文字,I 類文學,J 類藝術,K 類歷史地理和 Z 類綜合類圖書;自然科學類圖書包括 N 類自然科學總論,O 類數理化科學,P 類天文、地球科學,Q 類生物科學,R 類醫藥衛生,S 類農業科學,T 類工業技術,U 類交通運輸,V 類航空航太,X 類環境科學。

表 9　三大類圖書品種數變化情況(單位元:種)

	2000	2001	2002	2003	2004	2005	2006	2007	2008	2009	2010	2011
社會科學類	50547	56987	62102	68478	74890	82614	89049	94730	107210	121040	134945	150701
自然科學類	32231	34126	37233	42842	47931	53207	57503	61760	71356	77255	81297	84885
文體科教類	58513	61174	69488	77185	83751	85668	86352	90419	95954	102597	111380	133054

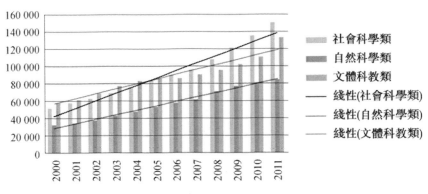

圖11　2000—2011 年三大類圖書品種變化情況

　　從表 9 和圖 11 的資料中我們可以看出三大類圖書出版種類在這 12 年間的變化:三大類圖書的出版種類在 2000—2011 年間均呈遞增趨勢;自 2006 年起,社會科學類圖書的出版種類超過了义體科教類圖書。這一變化的產生很大程度上得力於新世紀以來社會科學的發展,以及行業對於圖書出版結構的有意識調整,加大對於一般圖書的投入。自然科學類圖書受到專業度較高這一因素的影響,出版種類雖有增長,但幅度較小且一直落後於其他兩大類圖書。

(三) 2000—2011 年中國圖書銷售情況

1. 2000—2011 年中國新華書店系統、出版社自辦發行單位圖書總銷售情況

表 10　2000–2011 年中國新華書店系統、
出版社自辦發行單位圖書總銷售情況(單位元:億冊,億元)

	2000	2001	2002	2003	2004	2005	2006	2007	2008	2009	2010	2011
銷售數量	123.53	122.27	123.19	119.34	151.4	151.62	149.94	153.92	158.78	153.80	168.12	176.90
銷售金額	589.13	631.01	652.51	695.95	1090.75	1176.72	1236.10	1305.33	1392.31	1496.99	1724.78	1929.91

從表 10 我們可以看到,雖然在 2004 年至 2011 年間,中國新華書店系統、出版社自辦發行單位的圖書總銷售數量在 2006—2009 年變化不大,2010、2011 年有小幅增長,但圖書銷售金額始終保持增長。

2. 2005–2011 年各類圖書銷售(零售)情況

表 11　2005—2011 年各類圖書銷售(零售)情況(單位元:億元)

	哲學、社會科學類	文化教育類	文學藝術類	自然科學技術類	少年兒童讀物	大中專教材、業餘教育及教參	中小學課本及教材	其他類圖書
2005	77.38	340.92	59.96	80.13	32.94	101.81	462.46	21.11
2006	88.28	343.81	64.44	92.58	34.1	102.72	481.91	28.25
2007	102.86	366.85	69.52	101.17	40.20	119.21	466.19	39.34
2008	102.55	390.58	76.33	110.07	47.91	125.80	488.12	49.96
2009	128.82	428.01	85.38	116.84	57.79	129.81	497.03	53.25
2010	35.27	181.75	29.02	37.10	20.70	15.46	175.10	10.96
2011	36.86	215.38	28.78	28.34	17.86	17.11	199.27	15.21

(注:表中 2005—2009 年的資料為圖書銷售資料,2010—2011 年的資料為圖書零售資料)

從表 11 中 2005—2011 年各類圖書的銷售資料來看,文教類和教材教輔類書籍毫無懸念是圖書銷售的重頭戲,銷售金額遠遠領先於其他類型的圖書。而

各類教材、課本大多通過批發的管道實現銷售,所以從近兩年的零售資料中我們可以發現,部分教材類書籍的零售金額十分有限。

同時,在上表中我們可以看到,文學藝術類、自然科學技術類以及少兒讀物類圖書 2011 年的零售金額都呈負增長。

3. 出版物庫存情況

在圖書銷售常年保持增長的同時,我們不能忽略圖書庫存所面臨的嚴峻形勢。由於相關部門未對各類出版物的庫存情況進行分類的統計,所以我們在此處通過出版物總體庫存情況的資料來對此問題進行簡單分析。

表 12　2000—2011 年出版物庫存情況(單位元:億冊,億元)

	庫存數量	與上一年相比的增長率	庫存金額	與上一年相比的增長率
2000	36.47	5.34%	272.68	12.85%
2001	35.54	-2.55%	297.58	9.13%
2002	36.89	3.8%	343.48	15.43%
2003	38.54	4.45%	401.38	16.86%
2004	41.64	8.04%	449.13	11.9%
2005	42.48	2.02%	482.92	7.52%
2006	44.59	4.98%	524.97	8.71%
2007	44.78	0.43%	565.9	7.8%
2008	51.08	14.05%	672.45	18.83%
2009	50.62	-0.94%	658.21	-2.16%
2010	53.00	4.70%	737.80	12.09%
2011	55.86	5.39%	804.05	8.98%

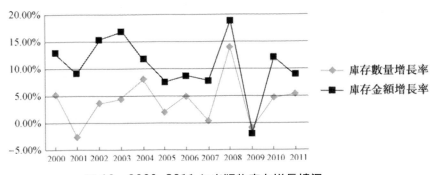

圖12　2000–2011 年出版物庫存增長情況

通過上述資料可以發現,除去 2001 年和 2009 年兩個年份外,庫存數量和庫存金額均為正增長。庫存金額更是在 2000、2002、2003、2004、2008 和 2010 年這 6 年出現了 10%以上的增長率。圖書作為出版物中的重頭戲,我們有理由認為圖書庫存佔據了出版物庫存的絕大部分。居高不下的出版物庫存量已經超出了庫存的合理範圍,嚴重影響出版業的健康發展。

二、千禧年來圖書出版中的代表性事件

在 2000 年至 2011 年這 12 年時間裏,不管是在宏觀政策層面上還是具體到一本書的出版,圖書出版發生了很多具有代表性意義的事件,值得出版人總結和思考。

(一) 緊跟主旋律,圖書出版服務國家建設

代表性事件一:圓滿完成"十五"規劃和"十一五"規劃的任務,進入"十二五"規劃新階段

2000—2011 年,圖書出版圓滿完成了在"十五"規劃和"十一五"規劃中承擔的任務,並在 2011 年進入"十二五"規劃的新階段。

"十五"和"十一五"階段是中國社會經濟發展極不平凡的 10 年。全球金融危機,經濟發展放緩,而面對國內外環境的復雜變化和巨大挑戰,新聞出版業卻逆勢上揚,取得了令世人矚目的成績。其中,圖書出版深入貫徹科學發展觀,推出了一大批經典圖書,展示了文化建設和文化產業的豐碩成果,對經濟、文化、科技建設起到了重要的推動作用。主要表現在:

首先,弘揚主旋律,馬列主義、毛澤東思想、鄧小平理論、"三個代表"以及科學發展觀等重要思想著作的重新出版,如人民出版社出版的《馬克思恩格斯全集》(第二版)、《新中國馬克思主義哲學五十年》、《走進馬克思》、《鄧

小平理論與當代中國哲學社會科學發展叢書》等等。這些圖書的出版唱響了主旋律,服務於黨和國家的大局,對經濟文化建設具有指導性意義。

其次,圍遶社會的經濟建設,出版了一批高質量的研究經濟發展和現代化建設中重大理論與實踐問題的圖書,如中國人民大學出版社的《中國經濟問題叢書》、經濟科學出版社出版的《中國改革與發展問題應急研究叢書》、北京出版社出版的《國有企業改革新論》等。這些叢書系統地對我國經濟建設中面臨的問題進行了分析和探討,為國家政策的制定和調整獻計獻策。

第三,與科研活動緊密聯繫,集中出版了一批高水準的學術力作,如中國人口出版社的《國家人口發展戰略研究報告》是國家人口發展戰略研究總課題成果,該書從科學發展觀、人口發展態勢和人口與經濟社會資源環境重大關系三大方面,科學分析了中國人口發展的趨勢,系統研究了人口與經濟社會發展的關系,為中國人口發展戰略提供了重要參考。在科技方面,中國科技大學出版社出版的《北京譜儀 II 正負電子物理》是國家 863 計劃重大科研成果,獲國家科技進步特等獎。該書總結了中國自主研發的大型粒子物理實驗裝置——北京譜儀近十年取得的最新研究成果,該成果處於國際領先地位,得到國際學術界的密切關注和高度評價。[43]

再有,出版了一批具有填補空白價值的圖書,如人民教育出版社出版的《基礎心理學書系》。著重探討人的心理的實質、心理的種系發展和個體發展、心理的神經生物學基礎、人的心理的基本過程、意識與無意識的關系、智力與人格的結構、需要和動機對人類行為的調節和控制等。湖南教育出版社出版的《中國物理學史大系》,共 9 卷本,是第一套完整、全面反映中國物理學史

---

[43]　孫小寧:《國家新聞出版總署公佈"十五"重點圖書實施情況》,《北京晚報》2006 年 2 月 23 日。

的巨著, 而且有力地駁斥了中國沒有物理學史的謬論,填補了學術研究的空白。[44]該書榮獲第六屆國家圖書獎。

在進入"十二五"規劃的新階段後,圖書出版將繼續通過出版精品圖書,肩負文化建設和發展的重任,傳承民族文明和弘揚民族文化。

代表性事件二:積極應對突發事件,為服務大局作出突出貢獻

進入千禧年以來,中國經歷了太多的考驗,也收穫了豐碩的成果。圖書出版一直扮演著一個合格的歷史記錄者和回顧者的角色。

2002、2003 年,中國全國範圍內爆發了嚴重的"非典"疫情。自中國一些地區發生"非典"疫情以來, 新聞出版總署積極組織出版單位相繼推出了一大批預防"非典"的圖書。

截至 2003 年 5 月 9 日, 據對各省、自治區、直轄市和在京有關出版單位的調查統計, 共出版預防"非典"的各類圖書 95 種, 總發行量超過 1200 萬冊。其中不僅有文字圖書,還有各種掛圖和宣傳畫。這些圖書記錄了我黨和政府抗擊"非典" 疫情的戰略部署和重大舉措, 謳歌了白衣戰士無私奉獻的偉大精神,對中國人民增強民族凝聚力,鼓舞士氣,堅定信心, 共同抗擊疫情, 爭取最後勝利,起到了積極的作用。在 2003 年國家圖書獎的評選中,為"非典圖書"增設了特別獎。

2008 年本是全民企盼的奧運年,但在這一年我國先後遭受了年初的特大冰雪災害、"3.14"事件、汶川大地震等極為嚴重的突發事件。

2008 年年初南方發生特大雨雪災害後,在黨中央、國務院的領導和指揮下,總署全力投入抗災救災攻堅戰,立足自身行業特點,積極組織全國近 30 家出版單位,及時出版了一批"抗冰救災"圖書。內容涵蓋中央部署的重點工作、感人

---

[44]　中國出版年鑒社:《中國出版年鑒》(2011),中國出版年鑒社 2011 年版,第 162 頁。

事蹟以及防災救災的科普知識等方方面面。這些圖書的出版,為奪取抗擊雨雪冰凍災害鬥爭的勝利營造了良好的輿論氛圍。

在"3.14"事件發生後,為了讓國內外盡快瞭解事件真相,中國出版界迅速行動起來,出版了一批反映西藏問題的圖書。這些圖書闡述了中國政府在西藏問題上的嚴正立場,運用大量有說服力的資料和圖片,以確鑿的證據駁斥了西方媒體的歪曲報導,為廣大讀者特別是海外讀者打開了一扇瞭解西藏的視窗。[45]

而汶川地震發生後,總署立即組織全國出版界投入抗震救災工作中,並結合自身優勢,做好本職工作,組織推出優秀出版物,以實際行動支援抗震救災工作。據不完全統計,共有 150 餘家出版單位安排 250 餘種與抗震救災相關的圖書,共計 5000 餘萬冊。出版的圖書包括指導救災和災民自救的實用圖書,記錄抗災英雄事蹟的紀實性報導,災區中小學教材等。在抗震救災過程中,出版界反應迅速,行動有力,完成了自己的任務,作出了應有的貢獻。

(二) 加大資助力度,設立各類資助專案,推動圖書出版

代表性事件一:設立國家出版基金,力推精品

國家出版基金設立於 2007 年,是繼國家自然科學基金、國家社會科學基金之後的第三大國家設立的基金。國家出版基金管理委員會是負責管理國家出版基金的領導機構,由新聞出版總署、中央宣傳部、財政部、教育部、科技部相關負責同志組成。委員會設主任委員一人,副主任委員及委員若干人。國家出版基金管理委員會根據國家發展出版業的方針、政策和規劃,建立和完善國家出版基金管理體制和機制,充分發揮財政資金的使用效益和導向作用,促進出版資源的有效配置,營造有利於出版業繁榮發展和中華文化"走出去"的良好環境,遴選資助真正能夠代表國家水準、傳承民族文化、引領出版方向的出版

---

[45] 中國出版年鑒社:《中國出版年鑒》(2009),中國出版年鑒社 2009 年版,第 49 頁。

專案。2010 年度國家出版基金資助專案共計有《中國古代歷史理論(上、中、下三卷)》、《中國現代文學編年史——以文學廣告為中心》等 95 項。

代表性事件二:國家古籍整理出版資助專案

為加強文化典籍整理和出版工作,保證國家古籍整理出版重點規劃的順利實施,國家新聞出版總署設立國家古籍整理出版資助專案,每年從各出版社申報的古籍整理專案中遴選專案進行資助。重點資助公益性古籍整理出版專案;重點資助具有重要文化傳承和積累價值、弘揚民族文化的古籍整理出版專案;重點資助具有很高史料價值、集大成的古籍整理出版專案;對推動中國文化"走出去"具有重要意義和作用的古籍整理出版專案;重點資助古籍整理專案,適當兼顧高質量的古籍研究著述等。2010 年度,新聞出版總署(全國古籍整理出版規劃領導小組)依據《古籍整理出版資助評審辦法》,經過出版單位申報、材料審核、評審委員會評審等程式,確定了 2010 年度古籍整理出版資助專案 93 個。

代表性事件三:經典中國國際出版工程

"經典中國國際出版工程"是國家新聞出版總署為鼓勵和支援適合國外市場需求的外向型優秀圖書選題的出版,有效推動中國圖書"走出去"而直接抓的一項重點骨幹工程。2009 年 10 月,工程啟動。

"經典中國國際出版工程"採用專案管理方式資助外向型優秀圖書選題的翻譯和出版,重點資助《中國學術名著系列》和《名家名譯系列》圖書。整個評審工作分為專家組評審和評審委員會終評兩個階段。 評審委員會在對候選專案終審後,根據每年資助的總金額和申請專案的實際情況,決定資助專案名單和資助金額。評審結果將在相關行業媒體上公示一周。獲得資助的專案及金額經新聞出版總署批準後實施。

代表性事件四:新聞出版改革發展專案庫

新聞出版改革發展專案庫由新聞出版總署於 2010 年啟動建設,並得到了國家發改委和財政部的大力支持,被財政部文化產業發展專項資金列為重點支持專案。入庫專案將優先獲得國家文化專項資金的支持和資助。

目前,專案庫已經建設成為集網路申報、專家評審、後臺檢索、資料分析、實時更新為一體的綜合性數位化平臺,在全面、及時、準確瞭解和掌握全國新聞出版專案建設情況的基礎上,實現了對重大專案的動態跟蹤,為總署瞭解行業發展實際,整合專案資源,指導產業科學發展,制定和落實產業政策,提供了決策依據和資訊支撐。

按照"一入口、多出口"的思路,積極爭取各項政策和資金的支持,已列入財政部、國家發改委、科技部、商務部等有關部門和各地方文化產業發展政策的支持重點。2010—2011 年度僅國家文化產業發展專項資金對新聞出版專案支持就達 17 億元,有力地帶動了新聞出版產業的發展,進一步提高了新聞出版產業在國家文化產業發展中的綜合影響力。

代表性事件五: "原動力"原創動漫出版扶持專案

國家新聞出版總署為鼓勵和扶持原創動漫而設立,獎勵優秀原創動漫出版物、優秀原創動漫作者(團隊)以及優秀動漫編輯人員(含少數民族語言譯制人員)。2009 年進行第一次評審。共收到申報原創動漫出版作品近 500 種,其中原創漫畫圖書近 200 種,漫畫期刊 20 餘種,動漫抓幀類圖書近 70 種,共涉及圖書、期刊 6000 餘冊,實際收到圖書、期刊 3000 餘冊。動畫出版物近百種,時長 80000 多分鐘。原創網路動漫出版物近百種,原創手機類動漫作品 50 餘種,作品總幅數 80000 餘幅,時長 15000 多分鐘;網路遊戲 8 種。申報人才類原創作者和團隊 140 餘個,申報人才類動漫編輯 60 多名。

經過嚴格的初評、復評及終評,有 50 種作品、10 個作者和創作團隊及 10 位動漫出版編輯入選公示。這些作品、作者團隊及編輯將獲得 15 萬元到 7 萬元不等的資金扶持。

代表性事件六:文化產業專項資金支持專案

由財政部設立,支持方向為推進文化體制改革、培育骨幹文化企業、構建現代文化產業體系、促進金融資本和文化資源對接、推進文化科技創新和文化傳播體系建設、推動文化企業"走出去"等六大方向。

(三) 公共服務意識顯著增強,推動全民閱讀,提升閱讀質量

代表性事件一:農家書屋建設穩步推進

農家書屋工程作為一項務實的惠民工程得到了中央領導以及各級黨委、政府的高度重視和廣大農民群眾的熱情支持,2006 年被列入了《國家"十一五"時期文化發展規劃綱要》,2007 年又被寫進了《政府工作報告》,中央辦公廳、國務院辦公廳印發《關於加強公共文化服務體系建設的若干意見》,被列為國家進行公共文化服務體系建設的五項重大文化工程之一。8 月份,農家書屋工程由試點階段轉為全面實施階段。在各地有關部門的積極支持和幫助下,2007 年, 中國累計投入資金及各類實物價值近 4 億元,建成各類農家書屋 20000 多個,超額完成年初制訂的工作任務,受益農民數千萬人,得到了廣大農民群眾的熱情支持和歡迎。為了確保農家書屋的圖書更加符合農民的需求,總署編制和印發《農家書屋推薦書目》,書目數量每年都會進行更新。

農家書屋的推行將極大地豐富農民的生活,提高農民的文化水準,為新農村建設提供動力支援。

代表性事件二:向青少年推薦優秀讀物

2007 年 3 月 21 日,新聞出版總署下發《關於向青少年推薦百種優秀圖書、百種優秀音像製品、百種優秀電子出版物》的通知。

《通知》要求 2005 年以來正式出版的發行量在 1 萬冊以上的青少年題材圖書和 2006 年以來正式出版的國產青少年題材音像製品、電子出版物均可申報。每家出版單位可申報優秀圖書限 5 種以內(含 5 種)。申報時限為 2007 年 4 月 10 日。《通知》對申報優秀出版物的題材提出了具體要求:應適合青少年閱讀、認知特點和接受能力,凸現時代性、民族性、科學性、原創性等特色,要有正確的思想導向,培育以愛國主義為核心的民族精神,注重形式多樣,真正是青少年喜聞樂見的優秀出版物。新聞出版總署將組織對申報的優秀出版物的論證工作,並於 5 月在全國範圍內開展向青少年推薦百種優秀圖書、百種優秀音像製品、百種優秀電子出版物的活動。[46]經過專家認真閱讀、充分論證和評選,最終產生了青少年喜聞樂見的優秀作品。

這樣的舉措將大大提高青少年的閱讀質量,淨化青少年的閱讀環境,使青少年的閱讀更具有針對性,對青少年的成長具有深遠的意義。

(四) 行政管理水準不斷提高,規範圖書出版市場

代表性事件一:推行書號實名制申領,規範圖書出版市場

2009 年,中國書號實名申領制全面推開。書號實名申領是指出版者在完成書稿的編輯加工和版式設計並經終審後,通過書號實名申領資訊系統向行業管理部門提交該出版物的元資料,即每一本書的描述性資訊,包括選題策劃、書稿組織、作者情況、書名、價格、字數等,經審核後,獲得該出版物的中國標準書號和所配套的中國標準書號條碼[47]。這是對傳統出版管理體制的一次重大改革和創新,它標誌著中國沿用了多年的書號定額分配製退出了歷史舞臺,對圖書出版業的發展具有深遠而重要的影響,意義重大。

46　中國出版年鑒社:《中國出版年鑒》(2008),中國出版年鑒社 2008 年版,第 82 頁。

47　孫利軍:《書號實名申領制實踐價值探析》,《國際新聞界》2009 年第 6 期,第 96—99 頁。

最明顯的一點,書號實名申領有利於整頓市場,為出版市場主體的良性競爭與發展壯大鋪平了道路。全面實施書號實名申領工作,對書稿內容、運行過程、基本資訊等進行透明、規範、快捷的管理,客觀上將起到更為嚴格地規範出版流程的作用,同時從技術手段層面防止買賣書號現象,杜絕一號多書,有效打擊侵權盜版活動。

從長遠來看,書號實名申領系統的順利推行也預示著出版行業管理方法更深層、更多元的變革。書號網上申領是中國出版業資訊化建設的一個重要方面,短期內可能整合書號發放、條碼製作、CIP 登記三個系統,從長遠看,不排除隨著出版體制改革進一步深化,進而與選題申報系統、國家版本圖書館、出版物發行系統等實現對接的可能性。[48]

代表性事件二:以完善行業規章為基礎,加強對圖書質量的管理和檢查力度

千禧年以來,新聞出版總署新出臺或修訂了大批的行業法規規章,如 2005年修訂後的《圖書質量管理規定》正式實施。此次修訂突出了政府必須監管、圖書出版者必須履行的職責,可操作性明顯加強,文字表述更加嚴謹、清晰,對附件《圖書編校質量差錯率的計算方法》中過去多有爭議的計錯標準等規定也都做了統一。

在總署的要求下,圖書司要求出版行政部門建立健全和執行 6 項制度,即年度選題計劃審批和備案制度,重大選題備案制度,實名申報書號分配制度,持證上崗和出版方針、政策、法規、規章培訓制度,出版通氣會制度,責任追究制度。出版單位要建立健全和執行 6 項工作制度:選題把關制度,稿件三審責任制度,責任編輯制度,責任校對制度和"三校一讀"制度,圖書裝訂前的樣書檢查制度,圖書重版前審讀制度。

---

[48] 孫利軍:《書號實名申領制實踐價值探析》,《國際新聞界》2009 年第 6 期,第 96—99 頁。

同時,總署對已出版的圖書質量進行了嚴格的檢查。2004 年,總署發佈了《關於開展 2004 年教材教輔類圖書質量專項檢查的通知》,開展對於中小學同步教輔、標準教科書的質量檢查工作;2005 年開展少兒圖書質量專項檢查工作,檢查的範圍是 2004 年出版的新書圖畫類的少兒圖書;同年,新聞出版總署圖書司按照基金資助程式要求,對 2002 年以來已資助出版的專案進行了質量檢查。組織專家對其中的 78 種基金資助圖書進行編校質量檢查, 結果有 23 種不合格, 不合格率為 29.5%。依據《圖書質量管理規定》, 對 23 種不合格專案的檢查結果書面通知出版單位, 同時發送《圖書質量檢查結果核實通知》和《出版單位編校質量檢查核實意見回復表》, 請出版單位核實並反饋意見。此舉引起了出版單位對資助專案圖書質量的重視。

(五) 新增多個重量級出版獎項,提高圖書品質

代表性事件一:"三個一百"原創出版工程

2006 年,新聞出版總署啟動了"三個一百"原創出版工程,在人文社科類、自然科技類、文藝與少兒類中各選出 100 種原創圖書進行表彰,用以鼓勵多出原創性作品,提高出版業的競爭能力。

新聞出版總署高度重視"三個一百"原創出版工程,聘請中宣部、中國科學院、中國社會科學院、中共黨史研究室、中國作家協會、清華大學、北京大學、中國人民大學、北京師範大學等有關部門和單位的不同學科領域的 30 多位專家學者組成評審委員會。委員會下設辦公室,具體負責"三個一百"原創出版工程的日常工作。

自 2006 年 8 月組織評選以來,"三個一百"原創出版工程每兩年評選一次。入選圖書呈現"凝聚重大基礎型科研成果"、"展示重大工程技術創新專案"、"詳盡記錄學術界對熱點問題的探討結果"、"作者學術地位高、專業造詣深","貼近生活、反映歷史和現實、弘揚主旋律"等特點,同時也有一批深受讀者歡迎的大眾類圖書入選。

通過"三個一百"原創出版工程的評選,出版界吸取了來自各領域專家、學者的寶貴意見和建議,同時也激發了出版單位的積極性,鼓勵更多的出版單位參與原創出版工程,全面提升我國原創出版水準。

代表性事件二:中國出版政府獎·圖書獎

2006 年,在合併原有出版獎項的基礎上,中國設立了出版領域的最高獎——中國出版政府獎,並於 2007 年 8 月舉行了首屆中國出版政府獎評選,每三年評選一次。其中,中國出版政府獎·圖書獎代表了圖書出版領域的最高榮譽。中國出版政府獎·圖書獎評委會由新聞出版行政管理機構、行業協會、業內專家和新聞出版院校學者中的權威人士組成,每次評選出圖書獎數額 60 個,評選結果極具權威性和指導性。

在 2011 年評選出的第二屆中國出版政府獎·圖書獎的獲獎名單中,《苦難輝煌》、《古希臘悲劇喜劇全集》等 60 種圖書獲得圖書獎。

代表性事件三:中華優秀出版物獎

2005 年,按照中共中央辦公廳、國務院辦公廳《全國性文藝新聞出版評獎管理辦法》和中宣部《關於中華優秀出版物獎、韜奮新人出版獎的批復》的精神設立"中華優秀出版物獎"。該獎由中國出版工作者協會主辦,每兩年評選一次。"中華優秀出版物獎"的評選堅持以鄧小平理論和"三個代表"重要思想、科學發展觀為指導,堅持"為人民服務,為社會主義服務"的方向和"百花齊放、百家爭鳴"的方針,弘揚主旋律,提倡多樣化,傳播和積累有益於提高民族素質、有益於經濟發展和社會進步的先進文化,滿足人民群眾日益增長的精神文化需求,為全黨全國工作大局服務。通過評獎,發揮正確的導向和示範作用,促進多出精品,多出人才,繁榮和發展中國的出版業。

(六) 扶持民族語文出版工程

代表性事件一:新聞出版東風工程

進入千禧年,國家新聞出版總署從維護國家安全的戰略高度,通過深入調研,率先啟動了旨在支持新疆、西藏等地區的新聞出版業發展的"新聞出版東風工程",在新疆、西藏等地建設民文出版基地。為一批民族語言文字出版單位元、民族地區黨報黨刊、重點民文期刊和主要承擔民文印刷任務的單位元配置必要的業務用房和編輯印刷生產設備。在民族地區新建和改擴建一批縣級新華書店營業網點,配備一批流動售(送)書車。實施出版物免費贈閱、民文新媒體建設、民文出版物"走出去"、民族地區新聞出版人才隊伍建設和出版物市場監管等方面的專案。

代表性事件二:重點民文出版譯制工程

國家把少數民族語文的出版作為公益性文化事業,給予了財政補貼和資金的保障。至 2009 年,民族語文的出版社由改革開放之初全國的 17 家,發展到 38 家,增長一倍多。安排專項資金,資助民族宗教政策法規解讀、科技致富、民族職業教育、青少年教育、優秀傳統民族文化、醫療衛生保健、文學藝術等出版物的出版。

(七) 如何平衡"兩個效益"是圖書出版的長久難題

長期以來,經濟效益和社會效益的博弈都是圖書出版需要面對的一個難題。我們欣喜地看到,這十年來誕生了一批又一批既具備社會效益又為出版社帶來經濟效益的好書。但不和諧的現象時有發生,部分出版者的急功近利給圖書出版也帶來了極其惡劣的影響。

代表性事件一:"張悟本現象"

繼 2004—2005 年的"偽書"事件之後,2009 年 11 月《把吃出來的病吃回去》一書在問世後迅速佔據了當當和卓越這兩大圖書銷售網站的推薦榜的顯眼位置,上市不到半年時間銷售量就突破了 300 萬冊。然而,隨著作者張悟本世代行醫、健康講師、營養專家等一系列令人眼花繚亂的頭銜最終被普通紡織工人的身份所取代,由其創造的神話極速破滅。在很短的時間裏,張悟本所引發的養生書之熱也迅速在書店和讀者群中退卻。

"張悟本事件"並非養生圖書市場上的個案。2011 年 7 月,新聞出版總署公佈了一批編校質量不合格的圖書名單,養生圖書共 24 本,其中不乏暢銷書。[49]

代表性事件二:"一折書"擾亂圖書市場秩序

2002 年圖書市場上出現了大量高定價、低折扣的"一折書"。時至今日,"一折書"仍然沒有能從圖書市場上絕跡。

"一折書"的出現和盛行給圖書出版行業造成了很大的困擾。它一方面嚴重擾亂了正常的出版秩序,給國家的稅收造成嚴重的損失;另一方面也使讀者對圖書出版行業產生了很大的誤解,讓他們過高地估計了圖書產業的利潤空間,出版業也因此被列入"中國十大暴利行業"之一,同房地產業齊肩。這些後果都影響了圖書出版業的健康、有序、正常發展。

---

[49] 何瑤琴,張志強:《從偽書現象探討出版企業的規範化發展》,《淮陰師範學院學報》2012 年第 34 期,第 253—257 頁。

三、圖書出版中存在的主要問題及發展趨勢

回顧過去是為了更好地迎接未來。通過對過去十年圖書出版總體情況的整理分析我們不難發現當中存在的問題,而解決好這些問題正是我們迎接未來圖書出版挑戰與機遇的關鍵所在。

(一) 圖書出版結構有待進一步優化

1. 提高圖書重版率,促進圖書出版真繁榮

據相關統計顯示,出版發達國家的初版圖書和重版圖書一般穩定在五五開,但目前中國每年的再版圖書數量都是少於新版圖書的,而隨著圖書出版由量的增長轉向質的全面提高後,提高圖書的重版率已成為圖書出版的必然趨勢和要求,是圖書出版進入繁榮的重要標誌。

目前中國圖書重版率持續偏低主要是因為人們對於圖書出版的繁榮並沒有一個全面而正確的認識。雖然圖書出版品種數量的穩步增長是圖書出版繁榮的一個重要表現,但更重要的一個方面則是質量的提高和社會效益的增強。在出版週期不斷加快的大環境下,部分出版社為了追求經濟效益,跟風出書,圖書出版數量的急劇增長卻沒有帶來質量的同步提高,使得圖書重版率持續偏低。

2. 減少圖書庫存,拓寬圖書銷售管道

庫存是圖書市場競爭中的正常現象,並且對於一些老字號的出版社如商務、三聯等,適度的庫存是經營中的常態現象。但過量的呆滯庫存、報廢庫存則是阻礙圖書出版發展的瓶頸。根據新聞出版統計網公佈的資料顯示,中國的圖書庫存金額在 2000 年至 2010 年期間呈遞增趨勢,並且增長幅度不斷加大。有關部門分析統計,其中的呆滯庫存、報廢庫存占到了庫存總量的三分之二。

大量不合理庫存的出現是由出版商、經銷商和相關政策三方面共同導致的。從出版商的角度來說,對於熱門選題缺之調研,一哄而上進行重復出版,使得

大量的初版圖書呈現"賣不動"的狀態;同時,出版社在內部管理上仍然存在諸多需要改進的地方,不能嚴格執行對於庫存指標的考評,編輯市場判斷失誤、發行營銷不力也是導致不合理庫存的重要原因。在銷售方面,經銷包退的政策也使得大量圖書退到出版社,成為積壓庫存。銷售商方面也沒有建立起有序的圖書市場,流通領域管道不暢,供需脫節。目前,稅法對於圖書報廢金額也存在一定的控制,且超額報廢審批難度較大,還要另外支付一定的成本,加大企業的負擔。

降低圖書庫存的壓力,說到底就是要提高圖書產品的適銷對路性,拓寬圖書的銷路,強化營銷意識,提高經營管理水準, 共同培育圖書市場, 從而多銷書, 少退貨。

3. 降低教育類圖書比重,優化圖書出版結構

各個國家的圖書分佈種類是和該國的政治、經濟、文化情況密切相關的,受到中國教育體制、高考制度的影響,G 類"文體科教"圖書一直是中國圖書出版的重頭戲。雖然這兩年中國圖書出版業在選題和出版上正在尋求多樣化發展,但 G 類圖書的出版種數在全部 22 類圖書出版種數中佔有很大比重,近三年基本穩定在 35%左右。與其他出版強國相比,這樣的比例無疑是過重的,美國的教育類圖書占總品種的 3%左右,法國占 6%左右。

教材教輔類的"霸主"局面,一方面,是由中國的教育環境導致的;另一方面,更是由於這類圖書生產週期短,利潤高。很多出版社更是依靠這類圖書來補貼其他類型的圖書。在教材教輔圖書的出版中也存在著產品結構雷同、重復出版等嚴重的問題。

想要改變教育類圖書獨大的局面需要多方努力:出版者應該多出社會科學類和自然科學類的精品圖書,平衡出版結構,實現多輛馬車同時帶動圖書出版發展;而讀者也應該培養和強化自己多方面的閱讀興趣,拓展閱讀空間,創造良好的出版環境和閱讀氛圍。

4. 處理好“兩個效益”的關系,維持正常的出版秩序

作為出版者,要始終將圖書出版的社會效益放在首位,在此前提下追求經濟效益。針對目前時有發生的諸如前文提及的“偽書”、“一折書”等不良現象,筆者認為主要可從內外兩個方面作出改進。

從內部來說,出版社自身加強把關,重樹出版誠信。健康養生類圖書旨在滿足讀者健康保健的需求,因而與人的生命安全息息相關。出版社在出版此類書籍時更應該將出版任務交付給具有相關專業知識的編輯,嚴格審查作者的背景資訊以及書中內容的真偽。然而我們看到,大量“偽書”的產生正是由於出版社缺乏嚴肅的出版態度,對養生書的特殊性缺少正確的評估,受到利益的誘惑而忽視了出版誠信和出版者的職責。

從外部來說,管理部門應加強監管,完善相關法規政策。對於養生類這一具有特殊性的圖書類別,出版管理部門應該對出版者的資質進行嚴格的規定和審查。而現實情況中我們卻看到,並不具備資質的民營工作室通過各種管道獲得正規書號後,並沒有受到嚴格的審查,而是順利地將自己策劃的圖書推向市場。同樣,“一折書”也存在著大量違規使用書號的行為。可以說,政策和管理上的缺失為部分出版者的短期逐利行為提供了生存空間。

5. 平衡地區結構,促進中西部地區圖書出版事業的發展

受到歷史、地理、經濟等因素的影響,中西部地區的出版事業相對落後於東部發達地區。就圖書出版單位的數量來說,截至 2010 年,中部地區和西部地區圖書出版單位的數量分別僅占到中國圖書出版單位數量的 16%和 15.7%。中西部地區,特別是西部地區,人口少、市場小,地處偏遠,發行管道不暢,再加上人才缺乏,使得這些地區的選題、組稿能力較之發達地區而言有較大差距。

在縮小中西部地區與東部地區在圖書出版能力上的差距時,國家、地方和出版社自身可以共同著手。國家可對中西部地區出版工作實行傾斜政策,鼓勵出版人才走進中西部;地方財政可給予圖書出版單位一定的補貼和稅收優惠;而

圖書出版單位也可以充分利用中西部地區在地理、文化上獨特的資源優勢,開拓選題思路,多出有特色的精品圖書。

(二) 機遇和挑戰並存

回顧千禧年的開端,圖書出版業大到格局和體制,小到開本和用紙都發生了翻天覆地的變化。談及未來,中國的圖書出版產業無疑是機遇和挑戰並存。

加入世貿組織後,圖書出版同世界接軌的呼聲日益高漲,政府放寬對出版業的限制將是必然趨勢。這一趨勢在給出版社提供了較為寬鬆的環境時,也對出版社的自身能力提出了更高的要求。在國有資本、民營資本以及外資同時進入圖書出版領域後,將會對有限的出版資源和讀者資源展開更為激烈的爭奪,圖書出版單位整體狀況的參差不齊將使得某些出版社在殘酷的競爭中黯然退場,而以讀者需求為導向的圖書出版商業運行機制的逐步完善更會為這種競爭推波助瀾。

出版企業的改革與整合在為圖書出版注入新活力的同時也為整個圖書出版行業帶來些許不確定因素。轉企改制、多元化經營、產業並購可以並稱為近年來出版社的"開門三件事"。出版社通過並購提高產業集中度,加大產業發展一體化力度,追求規模經濟效益的同時,也在進入其他業務領域,實現主要業務的轉型升級。雖然很多出版集團存在名不副實的情況,主要精力並沒有投入到圖書出版中,但多元化的經營方式對於出版產業基礎較為薄弱的中國來說還是存在較大合理性,有助於鞏固圖書出版的基礎。各出版集團在實現多元化經營和資本積累後必然會回身,加大對優質出版資源的爭奪,推動競爭,促進圖書出版的繁榮。

在放眼未來時,我們不能忽視的一個重要因素是數位化和數位出版。面對湧動全球的數位出版大潮,圖書出版行業內外都在尋求自己的容身之處,但是數位出版在中國圖書出版產業的總產值中所占份額還極其有限。在傳統圖書出版產業內, 中國各地出版集團和出版大社紛紛將數位化視作一項重要的工作,同時將數位出版列入自身業務發展的重要板塊，並成立專門的公司來開展這方面的業務。從全球來看，數位化和數位出版的發展已使傳統出版產業鏈和價值鏈迅速邊緣化,初步形成了全新的全球出版供應鏈網路和新的出版價值鏈。可以預期，隨著數位化與數位出版的快速發展，出版產業原有的競爭結構將徹底改變。這把雙刃劍在給傳統出版施加壓力的同時,也必將為圖書出版注入新的活力。

千禧年來的中國期刊出版

　　一般認為,現代意義上的中文期刊出現的標誌,是 1815 年英國傳教士馬禮遜在馬六甲創辦《察世俗每月統計傳》。歷經近兩個世紀,中國期刊業有了長足的發展。尤其是改革開放以後,作為出版事業組成部分的期刊業歷經恢復、繁榮和發展,進入了新的歷史時期。

一、千禧年來的期刊出版:資料分析

　　1978 年,中國有期刊 930 種,經過 20 多年的發展,2000 年,中國期刊種數達到 8725 種,是 1978 年的 9 倍多。2010 年,這個數位變為 9884 種,與 2000 年相比增長了 13.28%。千禧年以來,中國期刊業的迅速發展,不僅表現在數量上躍居世界期刊大國行列,而且期刊質量也在不斷提高,期刊效益方面也取得了不俗的成績。

表1　期刊的歷史增長軌跡(單位:種)

年份	1815	1919	1935	1950	2000	2010
出版期刊的總數	中文期刊面世	400+	1518	247	8725	9884

(資料來源:中國人民大學輿論研究所收集整理)

(一) 全國期刊出版概況

表2　2000—2011 年中國期刊出版概況(單位:種,萬冊,億冊,億,億元,萬噸)

年份	種數	平均期印數	總印數	總印張	定價總金額	折合用紙量
2000	8725	21544	29.42	100.04	/	23.51
2001	8889	20697	28.95	100.92	/	23.71

年份	種數	平均期印數	總印數	總印張	定價總金額	折合用紙量
2002	9029	20406	29.51	106.38	/	25.01
2003	9074	19909	29.47	109.12	/	23.71
2004	9490	17208	28.35	110.51	129.91	25.97
2005	9468	16286	27.59	125.26	135.50	29.44
2006	9468	16435	28.52	136.94	152.23	32.18
2007	9468	16697	30.41	157.93	170.93	37.11
2008	9549	16767	31.05	157.98	187.42	37.12
2009	9851	16457	31.53	166.24	202.35	39.06
2010	9884	16349	32.15	181.06	217.69	42.54
2011	9849	16880	32.85	192.73	238.43	45.28

(資料來源:《中國新聞出版統計資料匯編》)

總體上說,千禧年以來,期刊種數總體上不斷增加,從 8725 種增長到 9849 種,2005 年略有下降,2006、2007 年持平,2011 年又略有下降。平均期印數總體上呈下降趨勢,從 2000 年的 21544 萬冊,下降到 2011 年的 16880 萬冊,期間 2006 年至 2008 年略有回昇。總印數在 2005 年之前上下浮動,2005 年之後呈增長趨勢。總印張、定價總金額和折合用紙量連年增長。

表3　2000—2011 年中國期刊出版主要指標歷年增長率(單位:%)

年份	種數	平均期印數	總印數	總印張	定價總金額
2000	6.57	-1.38	3.35	3.37	/
2001	1.88	-3.93	-1.60	0.88	/
2002	1.57	-1.41	1.93	5.41	/
2003	0.50	-2.44	-0.14	2.58	/
2004	4.58	-13.58	-3.82	1.27	1.81
2005	-0.23	-5.36	-2.68	13.35	4.30
2006	0	0.91	3.38	9.32	12.35
2007	0	1.59	6.62	15.33	12.28
2008	0.86	0.42	2.10	0.03	9.65
2009	3.16	-1.85	1.53	5.23	7.96
2010	0.33	-0.66	1.99	8.91	7.58
2011	-0.35	3.25	2.17	6.44	9.53

(資料來源:《中國新聞出版統計資料匯編》)

2000 年,期刊種數有大幅增長,達到 6.57%,此後增長指數均未超過這一資料,在 2005 年呈現負增長。總印張在 2007 年增長幅度最大,達 15.33%。定價總金額在 2006、2007 年增長率超過 12%。2011 年,期刊種數再次呈現負增長的狀態。

根據以上兩張表格所提供的資料,可以進行如下分析。

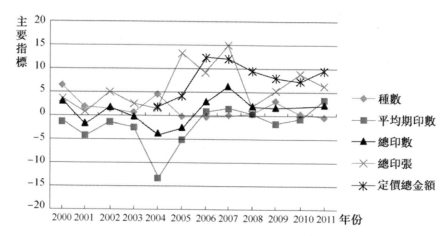

圖1　中國期刊出版主要指標歷年增長率

從圖 1,我們可以看到,千禧年以來,中國期刊的種數、總印張基本呈連年增長趨勢;種數的增長幅度較小,2005—2007 年期刊種數固定不變,總印張的增長幅度相對較大;總印張增幅的波動較大。而總印數和平均期印數的變化趨勢較為統一,基本上同為上升或下降曲線。平均期印數總體上呈現負增長趨勢。總印數除了 2001、2003 至 2005 年呈現負增長外,其餘年份都呈正增長。

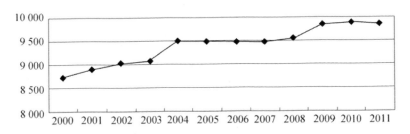

圖2　期刊種數變化曲線圖(單位:種)

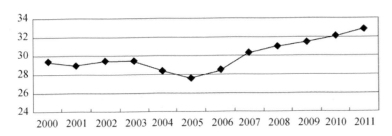

圖3　期刊總印數變化曲線圖(單位:億冊)

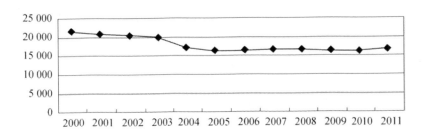

圖4　期刊平均期印數變化曲線圖(單位:萬冊)

　　從圖 2、圖 3、圖 4,我們可以看到,期刊數量總體上呈遞增趨勢,與種數的增加相對應的是總印數的增加。2005—2007 年,期刊種數沒有變化;2004 年,總印數回落,2005 年觸底,2006 年恢復增長趨勢。但是平均期印數卻呈遞減態勢。

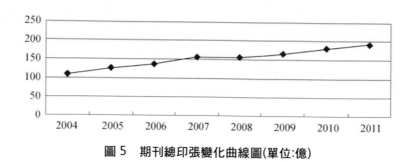

圖 5　期刊總印張變化曲線圖(單位:億)

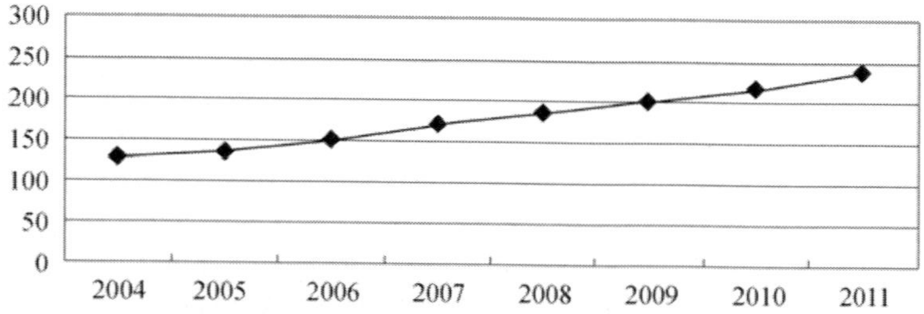

圖 6　期刊定價總金額變化曲線圖(單位:億元)

　　從圖 5 和圖 6,我們可以看到,期刊總印張和定價總金額呈遞增態勢,但兩者的增幅相互錯落,並不完全一致。這個資料顯示,期刊的定價與印張數有關,但印張數不是期刊價格的唯一決定性因素。期刊的定價還要考慮人力成本、管理成本、發行成本等諸多因素。

(二) 出版結構

　　宏觀上,可以從出版週期和期刊種類來分析期刊的出版結構;微觀上,可以從中央和地方的資料來分析期刊的地區出版結構。

1. 出版週期

表 4　2000—2011 年期刊按出版週期的分類統計(單位:種,%)

年份	月刊		雙月刊		季刊		其他	
	總數	比例	總數	比例	總數	比例	總數	比例
2000	2767	31.71	2773	31.78	2584	29.62	601	6.89
2001	3006	33.82	2725	30.66	2494	28.06	664	7.46
2002	3094	34.27	2790	30.90	2378	26.34	767	8.49
2003	3151	34.73	2857	31.49	2234	24.62	832	9.16
2004	3038	32.01	2975	31.35	1992	20.99	1485	15.65
2005	3419	36.11	2988	31.56	2643	27.92	418	4.41
2006	3392	35.83	3104	32.78	1657	17.50	1315	13.89
2007	3377	35.67	3132	33.08	1562	16.50	1397	14.75
2008	3313	34.69	3096	32.42	1437	15.05	1703	17.83
2009	3327	33.77	3310	33.60	1361	13.82	1853	18.81
2010	3137	31.74	3093	31.29	1306	13.21	2348	23.76
2011	3317	33.68	3182	32.31	1277	12.97	2073	21.05

(資料來源:《中國新聞出版統計資料匯編》)

　　月刊、雙月刊、季刊這三種出版週期總數多、比例大。2009 年,有月刊 3327 種、雙月刊 3310 種、季刊 1361 種。但是,其他出版週期的期刊數量總體上在不斷攀升,2009 年有 1853 種。月刊和雙月刊的總數和比例相當,月刊稍占優勢。

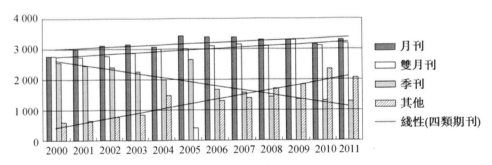

圖 7　2000—2011 年期刊按出版週期的分類統計

　　結合以上圖表,我們可以看到,千禧年來,月刊、雙月刊、季刊這三種類型的期刊是最多的,占總數的 80%以上。可見,在新增期刊中,定位為月刊和雙月刊的數量較多,而定位為季刊的在不斷減少。同時,其他出版週期的期刊在不斷增加。

2. 期刊種類

以新聞出版總署統計的資料來看,期刊共有七大類:綜合類,哲學、社會科學類,自然科學、技術類,文化、教育類,文學、藝術類,少兒讀物類,畫刊類。各類期刊的統計結果如下:

表5　2000—2011年綜合類期刊的出版數量、
所占比重及與上年相比增減百分比(單位:種,萬冊,萬冊,萬冊,千,%)

年份	種數	平均期印數	平均一種期印數	總印數	總印張	種數增長率	平均期印數增長率	總印數增長率	總印張增長率
2000	556	3405	6.12	55761	2092766	15.83	0.95	22.18	25.48
2001	520	3048	5.86	50234	1981071	-6.47	-10.48	-9.91	-5.34
2002	547	2908	5.23	49644	2053298	5.19	-4.59	-1.17	3.65
2003	571	3110	5.45	52310	2214652	4.39	6.95	5.37	7.86
2004	353	1118	3.17	18818	878955	-38.18	-64.05	-64.03	-60.31
2005	479	1771	3.70	36511	1546842	35.69	58.41	94.02	75.99
2006	479	1791	3.70	39769	1703021	0	1.13	8.92	10.10
2007	479	1984	4.14	44410	2140205	0	10.78	11.67	25.67
2008	479	2011	4.20	44719	2059737	0	1.36	0.70	-3.76
2009	485	1967	4.06	45240	1942992	1.25	-2.19	1.17	-5.67
2010	495	1766	3.57	40565	1915235	2.06	-10.22	-10.33	-1.43
2011	435	1206	2.77	25358	1266075	-12.12	-31.71	-37.49	-33.89

(資料來源:《中國新聞出版統計資料匯編》)

綜合類期刊2004年種數銳減,從上一年的571種到353種。此後四年種數保持在479種,2010年達到495種。平均期印數也由2000年的3405萬冊銳減至2010年的1766萬冊。平均一種期印數銳減。總體來看,2004年是綜合類期刊低迷年。進入千禧年的第二個十年2011年,綜合類期刊再次進入低潮,平均期印數、總印數、總印張都大幅度減少。

表6　2000—2011年哲學、社會科學類期刊的出版數量、
所占比重及與上年相比增減百分比(單位:種,萬冊,萬冊,萬冊,千,%)

年份	種數	平均期印數	平均一種期印數	總印數	總印張	種數增長率	平均期印數增長率	總印數增長率	總印張增長率
2000	2089	6628	3.17	85944	2846164	12.49	3.48	-0.71	0.47
2001	2252	6776	3.01	92380	3136625	7.80	2.23	7.49	10.21
2002	2318	6917	2.98	95666	3359267	2.93	2.08	3.56	7.10

年份	種數	平均期印數	平均一種期印數	總印數	總印張	種數增長率	平均期印數增長率	總印數增長率	總印張增長率
2003	2286	6590	2.88	93273	3296184	-1.38	-4.73	-2.50	-1.88
2004	2369	6326	2.67	104311	4114776	3.63	-4.0	11.83	24.83
2005	2339	5455	2.34	85280	3679724	-1.27	-13.80	-18.24	-10.57
2006	2339	5650	2.42	91844	4230947	0	3.57	7.70	14.98
2007	2339	5822	2.49	99313	4912431	0	3.04	8.13	16.11
2008	2339	5890	2.52	103464	5144947	0	1.17	4.18	4.73
2009	2456	6019	2.45	109569	5821954	5	2.19	5.90	13.16
2010	2466	6459	2.62	119565	7036138	0.41	7.30	9.12	20.86
2011	2516	7175	2.85	138842	7181138	2.03	11.08	16.12	2.06

（資料來源:《中國新聞出版統計資料匯編》）

哲學、社會科學類期刊種類明顯比綜合類期刊多,但是 2005 年前數量有波動,此後四年種數保持在 2339 種,2011 年達到 2516 種。平均期印數經歷了先昇後降再昇的折線發展。

表7　2000—2011 年自然科學、技術類期刊的出版數量、
所占比重及與上年相比增減百分比(單位:種,萬冊,萬冊,萬冊,千,%)

年份	種數	平均期印數	平均一種期印數	總印數	總印張	種數增長率	平均期印數增長率	總印數增長率	總印張增長率
2000	4449	3584	0.81	43106	1827265	1.85	-10.60	2.65	8.08
2001	4420	3394	0.77	40138	1758099	-0.65	-5.30	-6.89	-3.79
2002	4457	3363	0.75	40283	1814904	0.84	-0.91	0.36	3.23
2003	4497	3329	0.74	40478	1917856	0.90	-1.01	0.48	5.67
2004	4748	3501	0.74	44167	2264182	5.59	5.17	9.11	18.06
2005	4713	3211	0.68	41793	2481258	-0.74	-8.28	-5.38	9.59
2006	4713	3260	0.69	44024	2740893	0	1.53	5.34	10.46
2007	4713	3314	0.7	47143	3066290	0	1.66	7.08	11.87
2008	4794	3319	0.69	48171	3151453	1.72	0.15	2.18	2.78
2009	4926	3131	0.64	46228	3139032	2.75	-5.66	-4.03	-0.39
2010	4936	3020	0.61	47068	3315592	0.20	-3.53	1.82	5.62
2011	4920	3282	0.67	48717	3797212	-0.32	8.66	3.50	14.53

（資料來源:《中國新聞出版統計資料匯編》）

自然科學、技術類期刊種類歷年最多,2010 年達到 4936 種,2011 年小幅度下降至 4920 種。但是,平均一種期印數不到 1 萬冊。

表 8　2000—2011 年文化、教育類期刊的出版數量、
所占比重及與上年相比增減百分比(單位:種,萬冊,萬冊,萬冊,千,%)

年份	種數	平均期印數	平均一種期印數	總印數	總印張	種數增長率	平均期印數增長率	總印數增長率	總印張增長率
2000	913	4057	4.44	57492	1748289	17.65	-5.21	-5.37	7.87
2001	947	3118	3.29	47504	1578011	3.72	-23.15	-17.37	-9.74
2002	957	3057	3.19	49900	1700223	1.06	-1.96	5.04	7.74
2003	975	2892	2.97	49374	1682826	1.88	-5.40	-1.05	-1.02
2004	1234	2652	2.15	45788	1697054	26.56	-8.30	-7.26	0.85
2005	1175	2941	2.5	56630	2473454	-4.78	10.90	23.68	45.75
2006	1175	2916	2.48	54987	2597813	0	-0.85	-2.90	5.03
2007	1175	2756	2.35	54357	2845163	0	-5.49	-1.15	9.52
2008	1175	2824	2.4	55418	2777788	0	2.47	1.95	-2.37
2009	1204	2774	2.3	57738	3186813	2.47	-1.77	4.19	14.72
2010	1207	2725	2.26	61027	3353761	0.25	-1.78	5.70	5.24
2011	1349	3664	2.72	78539	4934170	11.76	34.48	28.69	47.12

(資料來源:《中國新聞出版統計資料匯編》)

　　文化、教育類期刊的種數在 2000 年達到制高點 1234 種,此後 4 年維持在 1175 種,後又有所增長,到 2011 年達到新的高峰 1349 種。但平均期印數從 2000 年的 4057 萬冊減至 2011 年 3664 萬冊。

表 9　2000—2011 年文學藝術類期刊的出版數量、所占比重
及與上年相比增減百分比(單位:種,萬冊,萬冊,萬冊,千,%)

年份	種數	平均期印數	平均一種期印數	總印數	總印張	種數增長率	平均期印數增長率	總印數增長率	總印張增長率
2000	529	1581	2.99	21141	902686	-0.56	-3.6	0.14	-33.19
2001	545	1602	2.94	21929	930078	3.02	1.33	3.73	3.03
2002	539	1582	2.93	22581	982405	-1.10	-1.25	2.97	5.63
2003	535	1670	3.12	23747	1072174	-0.74	5.56	5.16	9.14
2004	572	1466	2.56	26537	1186757	6.92	-12.22	11.75	10.69
2005	613	1132	1.85	22290	1421564	6.92	-22.78	-16	19.79
2006	613	1552	2.53	29564	1429158	0	-4.67	-3.68	0.05
2007	613	1588	2.59	33521	1771729	0	2.32	13.38	23.97
2008	613	1539	2.51	33203	1771733	0	-3.09	-0.95	0
2009	631	1400	2.22	29864	1570497	2.94	-9.03	-10.06	-11.36
2010	631	1269	2.01	26965	1429332	0	-9.36	-9.71	-8.99
2011	629	1553	2.47	37066	2094282	-0.32	22.43	37.46	46.52

(資料來源:《中國新聞出版統計資料匯編》)

文學、藝術類期刊的種數在 2003 年出現拐點,減至 535 種,2005 年回昇至 613 種,此後三年維持在 613 種,2009 年為 631 種。平均期印數 2003 年達到高點,此後呈下滑態勢。

表 10　2000—2011 年少兒讀物類期刊的出版數量、所占比重
及與上年相比增減百分比(單位:種,萬冊,萬冊,萬冊,千,%)

年份	種數	平均期印數	平均一種期印數	總印數	總印張	種數增長率	平均期印數增長率	總印數增長率	總印張增長率
2000	121	2167	17.91	29232	527090	17.48	7.07	7.27	13.38
2001	141	2656	18.84	36048	652776	16.53	22.57	23.32	23.85
2002	149	2491	16.72	36013	673960	5.67	-6.21	-0.10	3.25
2003	149	2222	14.91	34451	672568	0	-10.80	-4.34	-0.21
2004	152	2057	13.53	42730	844815	2.01	-7.43	24.03	25.61
2005	98	1132	11.55	22290	557875	-35.52	-44.97	-47.84	-52.99
2006	98	1116	11.39	22108	605644	0	-1.41	-0.82	8.56
2007	98	1088	11.1	22502	669547	0	-2.51	1.78	10.55
2008	98	1052	10.73	23083	667370	0	-3.31	2.58	-0.33
2009	98	1034	10.55	24127	697293	0	-1.71	4.52	4.48
2010	98	976	9.96	23683	731012	0	-5.56	-1.84	4.84
2011	118	1387	11.75	36454	944731	20.41	42.07	53.93	29.24

(資料來源:《中國新聞出版統計資料匯編》)

少兒讀物類期刊的種數在 2005 年前出現良好的增長趨勢,2005 年由原來的 152 種下降至 98 種,其後直至 2010 年種數維持不變。2011 年前平均期印數也呈現下降趨勢。尤其是 2005 年後,在種數不變的情況下,這種趨勢非常明顯。但在 2011 年,少兒類讀物出現了反彈的趨勢,品種數、總印數、總印張等資料出現大比例增長。

表 11　2000—2011 年畫刊類期刊的出版數量、
所占比重及與上年相比增減百分比(單位:種,萬冊,萬冊,萬冊,千,%)

年份	種數	平均期印數	平均一種期印數	總印數	總印張	種數增長率	平均期印數增長率	總印數增長率	總印張增長率
2000	68	122	1.79	1506	59644	-4.23	7.02	12.89	20.40
2001	64	103	1.61	1236	55292	-5.88	-15.57	-17.93	-7.30
2002	62	88	1.42	1057	53859	-3.13	-14.56	-14.48	-2.59
2003	61	96	1.57	1097	55663	-1.61	9.09	3.78	3.35

（續表）

年份	種數	平均期印數	平均一種期印數	總印數	總印張	種數增長率	平均期印數增長率	總印數增長率	總印張增長率
2004	62	86	1.39	1131	63968	1.64	-10.42	3.10	14.92
2005	51	147	2.88	2692	358366	-17.74	7.09	138	460.23
2006	51	150	2.94	2920	386089	0	2.04	8.47	7.74
2007	51	145	2.84	2860	387692	0	-3.33	-2.05	0.42
2008	51	132	2.59	2432	225269	0	-8.97	-14.97	-41.89
2009	51	132	2.59	2484	265508	0	0	2.14	17.86
2010	51	134	2.62	2662	324922	0	1.19	7.16	22.38
2011	58	113	1.95	2070	176258	13.73	-15.67	-22.24	-45.75

（資料來源：《中國新聞出版統計資料匯編》）

畫刊類期刊的種數是最少的,2005 年由原來的 62 種下降至 51 種,此後至 2010 年種數維持不變。2005 年雖然種數下降了 17.74%,但是平均期印數卻增加了 7.09%,這種增長在 2007 年止步,此後保持在 130 萬冊左右。而在 2011 年,雖然種數增長至 58 種,但平均期印數卻下降了 15.67%。

通過分析各類期刊的種數、總印數、總印張等占全部期刊總數、總印數、總印張的比例,我們可以更直觀地説明各類期刊的出版結構。

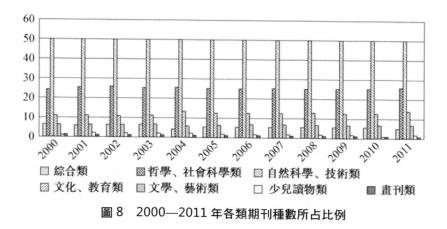

圖 8　2000—2011 年各類期刊種數所占比例

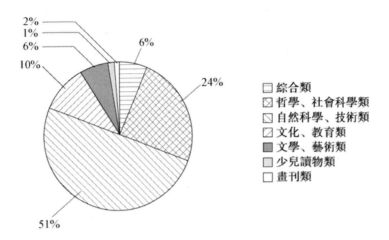

圖9 2000年各類期刊種數所占比例

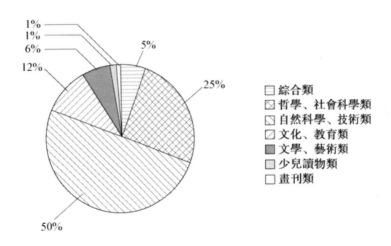

圖10 2010年各類期刊種數所占比例

通過圖 8、9、10,可以看出,千禧年以來出版的期刊種類比例相對較固定。自然科學、技術類的期刊是最多的,差不多是總種數的 50%,其次是哲學、社會科學類的期刊,約占 24%,然後是文化、教育類圖書,約占 12%。少兒讀物和畫刊類期刊所占比例非常小,只有 1%到 2%。

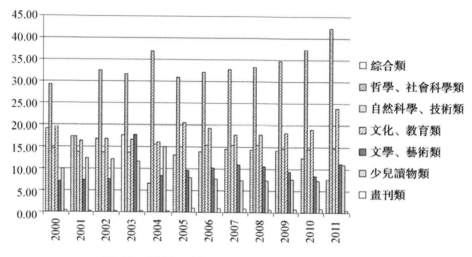

圖 11　2000—2010 年各類期刊總印數所占比例

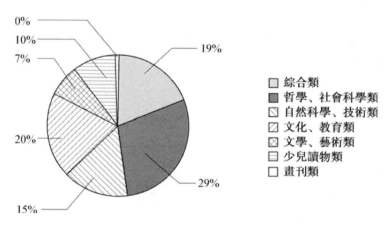

圖 12　2000 年各類期刊總印數所占比例

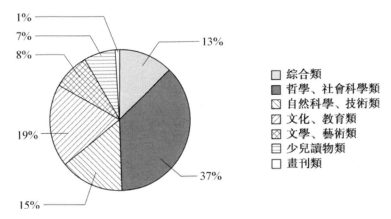

圖13　2010年各類期刊總印數所占比例

綜合類
哲學、社會科學類
自然科學、技術類
文化、教育類
文學、藝術類
少兒讀物類
畫刊類

　　通過圖 11、12、13 顯示,總印數和總印張數是哲學、社會科學類的期刊所占的比重較大。總印張與學科性質相關,哲學、社會科學類期刊內容文字較多,所以耗費的紙張較多。而對於總印數,可以對比一下兩者的平均期印數、平均一種期印數,會發現,雖然自然科學、技術類期刊種類最多,但是每種期刊的印數較小,發行量有限。

3. 地區資料

表12　2000、2009年中國各地期刊出版種數統計(單位:種,%)

	2000			2009		
	地區	期刊品種數	各地區占全國的比例	地區	期刊品種數	各地區占全國的比例
	地方	6531	74.85	地方	6994	71.00
	中央	2194	25.15	中央	2857	29.00
1	上海	613	7.03	上海	633	6.43
2	江蘇	423	4.85	江蘇	464	4.71
3	湖北	393	4.50	湖北	423	4.29
4	廣東	337	3.86	廣東	387	3.93
5	黑龍江	319	3.66	四川	349	3.54
6	遼寧	301	3.45	遼寧	326	3.31
7	四川	273	3.13	黑龍江	314	3.19
8	山東	270	3.09	陝西	286	2.90
9	陝西	260	2.98	山東	271	2.75

(續表)

	2000			2009		
	地區	期刊品種數	各地區占全國的比例	地區	期刊品種數	各地區占全國的比例
10	河南	250	2.87	天津	257	2.61
11	湖南	245	2.81	湖南	252	2.56
12	天津	234	2.68	河南	250	2.54
13	吉林	225	2.58	吉林	236	2.40
14	河北	214	2.45	河北	230	2.33
15	浙江	201	2.30	浙江	221	2.24
16	廣西	191	2.19	新疆	209	2.12
17	福建	187	2.14	山西	201	2.04
18	江西	181	2.07	廣西	185	1.88
19	新疆	174	1.99	安徽	184	1.87
20	山西	165	1.89	福建	179	1.82
21	北京	158	1.81	北京	173	1.76
22	內蒙古	154	1.77	江西	160	1.62
23	安徽	151	1.73	內蒙古	149	1.51
24	甘肅	127	1.46	重慶	139	1.41
25	雲南	125	1.43	甘肅	138	1.40
26	重慶	123	1.41	雲南	127	1.29
27	貴州	98	1.12	貴州	89	0.90
28	青海	43	0.49	青海	48	0.49
29	海南	41	0.47	海南	42	0.43
30	寧夏	30	0.34	西藏	36	0.37
31	西藏	25	0.29	寧夏	36	0.37
	全國	8725		全國	9851	

(資料來源:《中國新聞出版統計資料匯編》)

從上表中,我們可以看出,中央和地方出版的期刊大致呈三七開。全國各地都有期刊出版,資源分散。大型出版集團所在的地區期刊出版數量較多,如長三角地區、珠三角地區、京津唐地區等。上海、江蘇、湖北、廣東都是出版大省,期刊出版數量也較多。

(三) 期刊發行

千禧年以來,期刊市場化水準不斷提高。雖然還存在不少非商業化運作的黨政部門指導類期刊和教育學術類期刊,但是市場對期刊的影響越來越大,競爭也日益激烈。期刊的發行量對期刊的經營狀態有著直接的影響,而期刊的進出口情況可以展現期刊在國際市場上的競爭力。

1. 國內發行

表13　2000—2011年中國期刊發行情況統計(中國新華書店系統、
出版社自辦發行單位出版物總銷售)(單位:億冊,億元,%)

年份	數量	銷售額	占出版物總銷售數量的百分比	占出版物總銷售金額的百分比	與上年相比冊數的變化	與上年相比金額的變化
2000	/	/	/	/	/	/
2001	/	/	/	/	/	/
2002	/	/	/	/	/	/
2003	/	/	/	/	/	/
2004	1.75	14.25	1.10	1.30	/	/
2005	3.23	21.67	2.00	1.80	85.15	52.13
2006	2.69	21.19	1.72	1.64	-16.86	-2.23
2007	3.05	22.93	1.89	1.68	13.34	8.19
2008	3.05	25.89	1.83	1.78	0.15	-12.94
2009	1.84	21.73	1.16	1.40	-39.47	-16.05
2010	0.19	10.37	0.33	1.95	-89.67	-52.28
2011	0.17	4.44	0.28	0.76	-10.53	-57.18

(資料來源:《中國新聞出版統計資料匯編》)

2004年,中國新華書店系統、出版社自辦發行單位期刊總銷售數量為1.75億冊,2005年的增長率達到85.15%,但這僅為曇花一現,此後,這一數位不斷下跌,2010年負增長率達

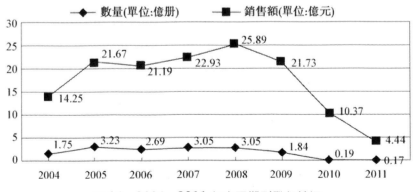

圖14　2004—2011年中國期刊發行情況

到 89.67%。同樣的,銷售額也在 2010 年銳減。就整個出版物銷售來説,期刊所占比例並不高,不管是數量還是銷售金額,都在 2%以下。

從中國新華書店系統、出版社自辦發行單位出版物總銷售的情況來看,期刊的發行銷售規模不是很大,只占出版物總銷售數量的 1%到 2%,且銷售額還是負增長。尤其是 2009、2010、2011 年這三年,期刊發行情況不佳,甚至出現較大幅度的倒退。

2. 進出口

表14　2000—2011 年中國期刊進出口情況(單位元:種,萬冊、份,萬美元)

年份	出口			進口		
	種數	數量	金額	種數	數量	金額
2000	33238	218.87	339.84	28820	646.05	2734.2
2001	40115	183	285.69	33182	713.59	3211.88
2002	34502	205.93	303.22	36032	512.18	6120.12
2003	47347	221.42	365.22	41326	471.56	9700.35
2004	52521	229.25	386.46	48922	319.82	11021.51
2005	45309	155.73	228.87	45178	171.49	10736.73
2006	49777	216.46	305.58	50784	378.49	11660.67
2007	50149	235.57	354.68	42630	424.71	11188.1
2008	46098	92.05	218.13	53759	448.86	13290.74
2009	43741	211.65	351.13	54163	448.09	13661.47
2010	41065	194.79	423.97	72056	420.66	13828.96
2011	36018	252.89	573.44	76337	439.93	13906.17

(資料來源:《中國新聞出版統計資料匯編》)

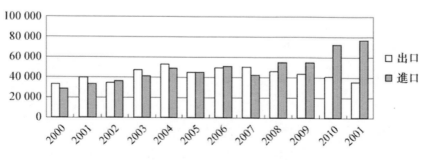

圖15　2000—2011 年進出口期刊種數(單位:種)

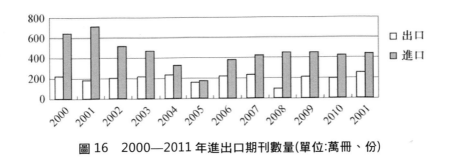

圖16 2000—2011年進出口期刊數量(單位:萬冊、份)

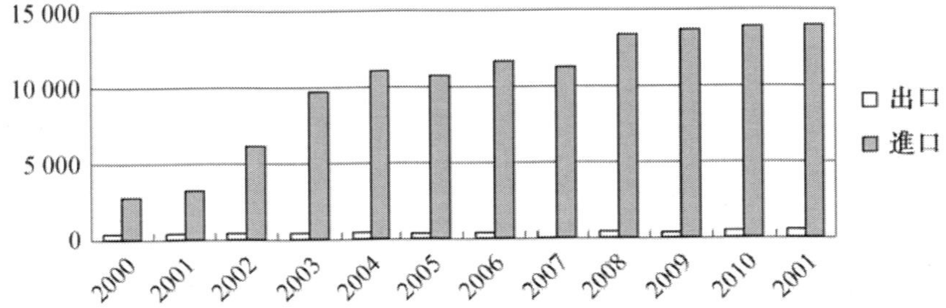

圖17 2000—2011年進出口期刊金額(單位:萬美元)

　　由上圖對比,我們可以清晰地看到,雖然中國出口期刊種數曾經超越過進口期刊數,但是出口的期刊數量和金額遠不如進口的數位,中國在期刊進出口方面,處於嚴重的入超(貿易逆差)地位。

二、千禧年來期刊出版中的代表性事件

(一) 以《求是》、《黨的生活》為代表的各級黨刊多管齊下,力求更貼近普通群眾

　　據《中國新聞出版統計資料匯編》統計,到 2011 年,中國有 9849 種期刊。在近萬種期刊中,有一部分是擔任黨的政治理論宣傳、黨的建設和政治宣傳任務的期刊。例如《求是》、《遼寧青年》、《黨建》、《半月談》等。

由於自身的特殊性,這些期刊向來是以嚴謹端正的形象示人,受眾群體主要是黨政幹部階層,與普通老百姓之間有一定距離。進入新世紀,市場經濟飛速發展,期刊產業化、市場化程度加深,讀者的品味趣向不斷發生變化,目標群體也正處在一種不斷的分化和重組之中。這類政治期刊固然有著特定的主題,鮮明的政治色彩,服務於黨的政治路線,但是,即使做"命題作文",這類期刊也在尋求突破,以更貼近普通讀者。

1. 黨中央機關刊《求是》

《求是》是黨中央機關刊。黨中央機關刊是黨和人民的喉舌,是黨中央指導全黨全國工作的重要思想理論陣地。如今,《求是》已發展成為在國內外有重大影響的政治理論刊物。除了一以貫之地堅守黨性,宣傳黨的政治理論外,為了更加適應時代潮流,《求是》通過發行子刊、改版、發行英文版、開闢網路版等途徑擴大影響力。

《求是》的子刊《紅旗文稿》於 2008 年改版。《紅旗文稿》原先被稱做"小《求是》",缺少自身特色和辨識度。通過改版,提倡平實、活潑、流暢的文風,發表言之有物、深入淺出、鞭辟入裏的文章。《求是》雜誌社社長李寶善對它的評價是:"直面理論熱點,文風尖銳潑辣,大量文章被其他媒體迅速廣泛轉載,廣大讀者和網民跟進討論、好評如潮,在思想理論界的知名度、影響力有很大提升,發行量連續兩年大幅增長。"[50]另外,《求是》的子刊《紅旗文摘》於 2011 年 2 月正式向國內外公開發行。《紅旗文摘》通過對報紙、雜誌、廣播、電視、網路等媒體資訊的篩選與整合,為讀者提供最有價值的資訊,為讀者節省時間和精力。

---

[50] 盧劍鋒:《以實事求是的精神辦好<求是>——訪求是雜誌社社長李寶善》,《傳媒》2009 年第 7 期,第 24—27 頁。

《求是》英文版於 2009 年 10 月 1 日創刊並向海內外公開發行,目前為季刊。李寶善介紹道:"《求是》英文版通過選編和翻譯《求是》中文版的重要文章,服務於黨和國家的對外交流,力求成為中國共產黨和中國政府執政理念、治國方略的權威解讀平臺,成為中國發展道路、發展經驗的高端傳播管道,成為國外政界、學界和民間瞭解研究中國事務的重要視窗。"[51]

如今,網路遍及千家萬戶,讀者選擇通過網路獲得資訊的比例越來越高。《求是》早在本世紀初就敏銳地嗅到了時代的潮流,開設了網路版。《求是》網路版於 2000 年 1 月正式啟動。起初,網路版同步刊發當期《求是》雜誌和本刊的重要活動。隨後,《求是》理論網(www.qstheory.cn)投入建設,《求是》網路版並入《求是》理論網。除提供《求是》雜誌的文章導讀、在線讀刊外,《求是》理論網還發佈時事要聞,編輯專題報導,開設網路論壇,增加編讀往來等,更好地為廣大讀者服務。

2. 地方省級黨刊《黨的生活》

由黑龍江日報報業集團主辦、主管的《黨的生活》,"1988 年至 2003 年,刊物連續 16 年保持百萬份發行量"[52]。根據《中國新聞出版統計資料匯編》,在地方期刊中,除了 2008 年,2000—2009 年黑龍江《黨的生活》平均期印數都在 25 萬冊以上。

黑龍江《黨的生活》雜誌社常務副總編楊貴方用"新·深·精·活·美"形容《黨的生活》的辦刊追求,即"求新——讓刊物具有指導性,求深——讓刊物具有長效性,求精——讓刊物具有可讀性,求活——讓刊物生動活潑,求美——讓刊物具有藝術性"[53]。在這一指導思想下,《黨的生活》不同於一般黨建類黨刊、政

---

[51]　同上。

[52]　本刊簡介.http://www.hljddsh.com/main/benkanjianjie.asp.2012-04-11.

[53]　楊貴方:《新·深·精·活·美——我與<黨的生活>的追求》,《中國出版》1997 年第 7 期,第27—28 頁。

治理論性黨刊的嚴肅呆板,它從封面設計到編輯風格,都更加活潑靈動,刊載的文章從標題到內容都更加生活化、更具時代感。

2005 年,《黨的生活》將內文改為雙色印刷。每期的封面圖片,都與當期主題相匹配,色彩豐富,設計感強。標題命名通俗易懂,甚至會使用流行的網路語言。例如 2012 年第 3 期的《黨的生活》,本期主題是"破格提拔的'圍觀'現象",封面圖片是熱氣球,與破格提拔寓意相關,而標題本身就使用了"圍觀"這一流行的網路用語,十分吸引人眼球。而其選題緊跟熱點話題,並對事件進行深入分析,給出獨特的視角。

雖然黑龍江版《黨的生活》也開闢了網站(http://www.hljddsh.com/index.asp),並介紹最新一期的期刊內容,設置讀者調查反饋,然而網站上並沒有創建所有過刊的資料庫,只是分享了 2007 年第 8 期的《黨的生活》。在網站設計、內容板塊和運營維護方面,在專業性和及時性等方面,還有待於進一步提高。

(二) 以《三聯生活週刊》、《新週刊》為代表的時事綜合類週刊的崛起

1994 年之前,中國國內少有綜合類的週刊,新華社有一本《瞭望》週刊,自 1994 年 12 月份《三聯生活週刊》試刊開始,各地開始有較多的週刊類雜誌,例如《新週刊》、《東方文化週刊》、《深圳(風采)週刊》、《新民週刊》、《北京青年週刊》、《鳳凰週刊》等,進入了短週期期刊的閱讀時代。時政期刊因其注重報導國家大事和時政、財經方面的突發事件,在深度報導方面已經遠遠超過了報紙、網路,因此能夠受到讀者的歡迎,發行量和廣告都在增加,已經進入了良性循環的軌道。時政類期刊不但具有內容豐富、觀點鮮明、圖文並茂的特色,而且週刊大大縮短了出版週期,新聞性方面得到加強,這樣的特點使得時政類週刊具備了強大的市場競爭力,它的崛起其實也並沒有什麼懸念,仿佛成為了一種必然。

1. 《三聯生活週刊》

由三聯書店主辦的《三聯生活週刊》於 1993 年正式創刊。然而接下來的兩年多時間裏,頻繁更換主編,休刊、復刊,波折不斷。直到 1995 年,朱偉出任《三聯生活週刊》主編,帶領刊物不斷地探索與嘗試,逐漸形成了自己的風格。《三聯生活週刊》的發展史,可以看作整個時事綜合類週刊發展的縮影。

龐春燕對《三聯生活週刊》進行瞭如下的概括:"從刊期上,由最初的月刊到 1996 年的半月刊再到 2001 年的週刊;從編輯方針上,從報導重大事件到製造新聞再到給新聞注入文化血液;從內容風格上,從小資到煽情再到強調厚重的文化含量。最終,《三聯生活週刊》確立了文化新聞的路子,這種風格從此成為它內容上的立足之本。"[54] 2001 年,《三聯生活週刊》由半月刊變成週刊。這一決策對《三聯生活週刊》有著至關重要的影響。"實際上《三聯生活週刊》真正走出困境正是從 2001 年變成週刊以後開始的。"[55] 變成週刊以後,《三聯生活週刊》的廣告和發行量開始迅速上升,2003 年的廣告收入一下躍昇到 1800 萬元[56];2005 年,《三聯生活週刊》的廣告收入達到 3000 萬元[57];2010 年,《三聯生活週刊》的經濟效益又有大幅提升,廣告年度總收入達到 5690 萬元,利潤增長 10%以上,保持了連續六年利潤增長[58]。

當然,《三聯生活週刊》的成功不僅是因為它的刊期、廣告與發行數量的增加,而且與其對應內容的市場化運作是分不開的。比如,封面主題由編輯部和經銷商共同協商決定。毛慧對這種運作手段的形容是:"編輯部和經銷商充分溝通,經銷商選出他認為最有價值、最好賣的一個主題,編輯部在尊重經銷商意見

54　龐春燕:《<三聯生活週刊>的前世今生》,《傳媒》2006 年第 5 期,第 13—15 頁。

55　同上。

56　同上。

57　同上。

58　百度百科·三聯生活週刊.http://baike.baidu.com/view/310389.htm.2012-04-11.

的基礎上最終決定每期的封面故事,然後派出記者或尋找專家,給這個新聞更加深入、全面的報導,數文圍遶一個主題展開,各有側重點,並形成最後的包裝——封面故事。"[59]像《三聯生活週刊》做的張藝謀、張國榮等人的題材,影響較大,特別是 2004 年"直擊張藝謀"的精彩報導,成為《三聯生活週刊》的一個經典案例。

2. 《中國新聞週刊》

由中新社主辦的《中國新聞週刊》創刊於 1999 年 9 月,2000 年 1 月正式出版。《中國新聞週刊》從孕育到發展的過程也並不順利,2001 年 11 月還因資金問題而宣佈停刊。從利用中新社第一報號而創辦的《中國新聞》的週末版到具有正式刊號的《新聞週刊》,再到《中國新聞週刊》,作為國內唯一一本國字號的時政週刊,它以強大的新聞性和時效性,在市場中站穩了腳跟。

不同於《三聯生活週刊》的文化新聞性定位,《中國新聞週刊》利用中新社獨特的資源背景,突出新聞性和時效性,並以此作為據點區別於其他時事綜合類週刊。"中新社 1000 餘名採編人員都可以作為《中國新聞週刊》的記者為其提供稿件,而且,中新社在國內外各地都設立了分社和記者站,為《中國新聞週刊》提供了充足的資訊資源。"[60]

除此之外,《中國新聞週刊》的報導編輯方式也很有特點,陳建軍將其總結為:"複合式的深度報導充實了新聞旨趣,提升了新聞價值;優雅、唯美的文字讓新聞故事化,頗具可讀性;不失新聞客觀性真實的情感元素的運用,盡顯新聞報導的人性化;追求新聞報導的延展性,奉獻給讀者的不僅是事實與資訊,更是一種積極的思考和探尋。"[61]然而,市場上成功的刊物都比較注重期刊的裝幀設計和文

---

[59] 毛慧:《<三聯生活週刊>封面故事選題分析》,《青年記者》2008 年第 6 期(中),第 23 頁。

[60] 楊春蘭:《<中國新聞週刊>的風雨兼程》,《傳媒》2006 年第 5 期,第 10—12 頁。

[61] 陳建軍:《<中國新聞週刊>的報導策略》,《中國出版》2011 年第 2 期(下),第 58—59 頁。

字的簡潔流暢,同質的時事綜合週刊如《瞭望》等也都在關注熱點事件、做詳細深度報導方面下足工夫。如何整合利用強大的新聞資源,策劃選題,對事件給出獨特的觀點,在眾多週刊中發出不同的聲音,以鍛造自身的品牌價值,《中國新聞週刊》還有努力和提升的空間。

(三) 以《讀者》、《特別關注》等為代表的文摘文萃類期刊長盛不衰、各具特色

千禧年以來,期刊市場上復雜多變,然而文摘文萃類期刊卻能保持良好的發展形勢。《讀者》、《青年文摘》、《意林》、《格言》、《特別關注》等文摘類期刊長盛不衰,並緊跟市場潮流,細分市場,創新品種。

1. 老牌文摘期刊《讀者》

《讀者》雜誌創刊於 1981 年 1 月,經過 30 多年的發展,《讀者》系列雜誌已經發展成為一個龐大的家族:《讀者》(大字版)、《讀者》(校園專供)、《讀者》(繁體字版)、《讀者》(原創版)、《讀者》(鄉土人文版)、《讀者欣賞》、《讀者》(海外版)、《讀者》(半月刊)、《讀者》(盲文版)、《讀者》(維文版)(與新疆人民出版社合作)、《讀者》(精華本)、《讀者》(合訂本)、《讀者叢書》等。

《讀者》的發行量不斷刷新記錄:2002 年 10 月份月發行量突破 600 萬冊大關,創歷史新高;2003 年 10 月突破 800 萬冊大關,11 月達到創紀錄的 806 萬冊,同比增長近 200 萬冊,創造了中國期刊發展史上的奇跡;2005 年 4 月份月發行量已達 910 萬冊,居中國第一,列世界綜合類期刊第四位;2006 年 4 月,《讀者》月發行量突破 1000 萬冊。[62] 2006 年 1 月 18 日,讀者出版集團掛牌成立,

---

62 百度百科·讀者.http://baike.baidu.com/view/2638.htm.2012-04-11.

形成一個集圖書、期刊的內容製作、編輯、出版、發行、印刷於一體的現代出版集團。

與發行量同時攀升的,是外界對《讀者》品牌價值的認可。從 2004 年至 2011 年,《讀者》品牌連續 8 年被世界品牌實驗室評為"中國 500 最具價值品牌",2011 年品牌價值達到 76.45 億元,名列"中國 500 最具價值品牌"總排行榜 175 位。[63]

從《讀者》的發展脈絡,我們可以看出,《讀者》的定位隨著市場、讀者群、讀者閱讀口味的變化而不斷調整,不斷細分市場,開闢子刊,最終形成一艘超級航母。千禧年以來,數位化技術對整個出版行業產生了深刻的影響,而《讀者》也適時而動,推出《讀者》手機報,研發"《讀者》電紙書"。

2. 新文摘《意林》、《特別關注》等出奇制勝

《讀者》之後,衍生出許多文摘類期刊。面對市場的激烈競爭,細分讀者對象,打造特色和品牌,走差異化發展道路,成為各種文摘類期刊不約而同的選擇。

例如,《青年文摘》於 2000 年 4 月改月刊為半月刊,並推出了新穎獨特的紅綠版(上下半月刊)創意,以明快醒目的紅綠兩色作為上下半月刊的視覺標識。2000 年 9 月一打入市場即引起了業界的關注,並獲得讀者的喜愛。2000 年 12 月,《青年文摘》月發行量首次突破兩百萬冊[64]。《青年文摘》的此次改刊成為 2001 年度國內期刊引人注目的新亮點之一,被同行稱為"《青年文摘》現象"。

---

[63] 讀者出版傳媒股份有限公司簡介.http://www.duzhe.com/group/companyintro.jsp.2012-04-11.

[64] 王亞玲,蔡凜立.《青年文摘》——青年讀者的精神家園. http://qikan.tze.cn/Template/default/DownLoad.aspx?TitleID=61&type=Editor.2012-04-11.

2003 年 8 月創辦的《意林》瞄準了文摘期刊讀者群中的青年,尤其是學生,打出了"一則故事,改變一生"的旗號,用比《讀者》等更為短小精悍而又富於趣味性和哲理意味的文章迅速吸引年輕讀者的關注。這種創意讓《意林》面世不久就受到青年讀者的追捧,70 多萬的期發行量在新刊中相當搶眼[65]。

創刊於 2000 年 10 月的《特別關注》定位為"成熟男士的文摘",瞄準男士文摘市場,張揚"現實主義"。由於定位的"特別",起初許多行家都不看好這本雜誌。但是,僅一年後《特別關注》的發行量就達到 9 萬份;第二年躍昇至 18 萬份;第三年再度翻番,突破 40 萬份;2004 年突破 92 萬份;2005 年 5 月突破 100 萬份;2006 年底躍上 200 萬的臺階;到 2008 年 5 月,這本年方 8 歲的期刊發行量已經達到 280 萬份;2009 年 6 月 9 日,《特別關注》發行量達到 302 萬份[66]。

盡管在 200 餘種文摘類期刊中,發行量真正達到一定量級、有一定知名度的不過十分之一,但是成功者的輝煌無疑會聚焦更多的目光。於是眾多的新刊都義無反顧地一頭紮進文摘類期刊的隊伍中,懷揣著各自的盤算與夢想,奮勇前進。

由於市場的需要和期刊本身的求新求變,文摘文萃類期刊還葆有生機。然而,如何在未來繼續保持良好的發展勢頭,想出應對數位技術的發展需求,此類期刊任重而道遠。

(四) 以《財經》、《商界》為代表的商業財經類期刊異軍突起

國家深化經濟體制改革,經濟實現持續快速增長,市場經濟的繁榮,人們對商業金融投入越來越多的關注,使財經期刊有了市場化的沃土,有了廣大的目標讀

65　張妹.文摘期刊新勢力:模仿·顛覆兩重唱.
　　http://media.pcople.com.cn/GB/22114/79913/79918/5495720.html.2012-04-11.

66　百度百科·特別關注.http://baike.baidu.com/view/480430.htm.2012-04-11.

者群。正如中國高校普遍創辦商學院一樣,一大批財經期刊應運而生。如《商務週刊》(2000 年 8 月創辦)、《中國企業家》(2005 年正式改為半月刊)、《中國經濟週刊》(2002 年首次改版;2003 年正式更名)、《創業家》(2008 年 8 月創辦)、《成功營銷》(創刊於 2000 年)等,這些期刊大都業績不俗,發展前景良好。龍源期刊網收錄的"商業財經"類期刊就有 196 種。

1. 《財經》主編更換風波

1998 年 4 月,中國證券市場研究設計中心(簡稱"聯辦")創辦了名為《證券市場週刊 Money》的雜誌,並聘任胡舒立擔任主編。在進入千禧年後,才正式改名為《財經》。《財經》的主要讀者為中國的中高級投資者、政府管理層和經濟學界。在"獨立、獨家、獨到"的辦刊方針下,發表了《基金黑幕》、《銀廣夏陷阱》、《誰的魯能》等一系列爆炸性的有影響的報導,奠定了在財經媒體中專業和權威的地位。

《財經》堅持內容與經營獨立分開的準則,嚴格抵制廣告對內容的干涉,但卻又憑藉內容的獨特性而吸引廣告。《財經》記者何華峰曾對媒體透露,當年農行投一個現金 20 多萬的廣告,唯一的要求是將一篇批評農行的稿件推後,時任主編的回應是"廣告不要算了"。江藝平對這種逆勢而上的發展也有過形容:"在聯辦的雄厚財力支持下,熬過早年虧損的《財經》,迎來了品牌強勢時期,每年廣告額達 2 億,能夠在《財經》上登廣告是一家企業有實力的表現,《財經》經營甚至可以強勢到指定客戶幾點來。"[67]

2009 年,主編胡舒立帶著她的編輯團隊離開了《財經》,引起商業財經期刊界的軒然大波。之後她另立門戶,創辦財新傳媒,發行財經新聞週刊《新世

---

[67] 江藝平.胡舒立與《財經》傳奇.
http://finance.sina.com.cn/roll/20091119/04196985397.shtml.2012-04-12.

紀》,繼續"以自由思想、批判精神和專業素養,向中國政界、金融界、產業界和學界精英傳遞市場經濟理念與財經新聞資訊"。

2. 《商界》延伸招商業務

《商界》對自己的介紹是"擁有中國發行量最大的著名商業財經雜誌",同時有《商界評論》、《商界時尚》、《城鄉致富》等財經子刊。

《商界》最特別之處在於它整合了自身的媒體資源,並延伸業務,打造線上招商平臺。"商界線上"是商界傳媒斥資打造、專門為中國商人量身定做的中國商人新門戶網站,於 2007 年 6 月 18 日全新改版上線。"商界線上"發佈《商界》系列雜誌的內容,並轉載編輯一些熱門話題。然而該網站更新不及時,很多內容都停滯在 2010 年。商界招商網設有"招商加盟"、"商界資訊"、"創業分享"三個板塊,是一個集招商、信息發佈為一體的網路平臺。同時,它還推出企業家高校巡講活動,走進各個高校。這不僅為企業家和大學生之間搭建了溝通交流的平臺,還在大學生群體中擴展了自己雜誌的知名度,鞏固已有讀者群,在大學生中培養了一群潛在的讀者。

市場改革還在繼續,中國經濟保持了良好的發展勢頭,即使在新一輪金融危機中也得以平穩過渡。國民對經濟的關注度有增無減,讀者對財經類期刊保持較大的需求。商業財經類期刊成為千禧年以來期刊市場的一大亮點。

(五) 以《時尚》、《瑞麗》為代表的時尚娛樂類期刊對讀者進行細分

如果以 1980 年 2 月《時尚》創刊為發端,中國時尚期刊已經走過了 30 多年的發展歷程。此類期刊數量龐大,知名度高,如《時尚》、《VOGUE 服飾與美容》、《時尚健康女性》、《瑞麗服飾美容》、《都市麗人》、《ELLE CHINA》等。

1. 市場細分

《時尚》通過對市場進行細分,不斷衍生出新的刊物,擴張"時尚期刊群"版圖。

首先,《時尚》針對男性市場和女性市場進行細分,1997 年,《時尚》就已經分為《伊人》和《先生》兩個專刊,單、雙月交替出版。1999 年 4 月,《時尚先生》與美國 Esquire 雜誌進行版權合作。其次是對讀者年齡進行了細分。《嬌點·Cosmo Girl》、《時尚·Cosmo》和《時尚健康·女士》分別針對 18—22 歲的年輕女性、25—28 歲的職業女性和 30 歲左右的成熟女性;《好管家》則主要定位在為 35 歲左右的女性解決家政問題。

1995 年 9 月,號稱中國第一本設計美麗、設計生活的實用性時尚期刊《瑞麗》誕生,其發行量首屈一指。就 2011 年下半年來說,《瑞麗》系列雜誌在女性雜誌銷售排行榜上排名靠前。據世紀華文監測,《瑞麗服飾美容》在濟南、合肥、天津、石家莊、長春、大連等地銷量第一,在石家莊市場份額達 37.75%,在南京、上海、廣州等地排名前三。

"伴隨女性生命的每個階段"是瑞麗的出版理念。在這一理念指導下,瑞麗在中國首先提出"按年齡細分目標讀者"的期刊發展戰略,建立起針對不同年齡階段、覆蓋不同社會階層的瑞麗系列期刊群[68]。《瑞麗可愛先鋒》面向 16—18 歲充滿活力個性的城市可愛女孩。《瑞麗服飾美容》面向 18—25 歲熱愛生活、追逐時尚的都市年輕女性。《瑞麗伊人風尚》面向 25—35 歲月薪 5000 元以上的都市職業女性。《瑞麗家居》面向 25—40 歲年收入在 8 萬元以上,受過良好教育的城市家庭。

---

[68]　本刊編輯部:《解讀<瑞麗>》,《企業標準化》2004 年第 8 期,第 7 頁。

2. 男性市場的開拓

在近兩三年間,原來主打女性讀者群體的時尚娛樂類期刊將注意力投向男性市場,國際著名男性時尚期刊紛紛進入中國,本地的期刊也通過創刊或改版的形式,開拓男性市場。男性時尚期刊從 2003 年 4 月的 5 種一躍變為目前的近 20 種[69],成為時尚期刊的一大亮點。根據世紀華文的監測,在北京、上海、廣州、南京等大部分地區,《男人裝》領跑男性時尚期刊市場,在北京的市場份額高達 35.59%。目前國內的男性時尚期刊主要有《時尚先生》、《時尚健康 Men's Health》、《男人裝》、《智族 GQ》、《大道》、《名仕》等 15 種。

時尚集團旗下擁有《時尚先生》、《時尚健康男士版》、《時尚芭莎男士版》等男性時尚刊物,是最早進入男性市場的雜誌。2000 年時,市場上僅有《時尚先生》一本高檔男性刊物。在剛剛創刊的幾年裏,《時尚先生》並沒有得到市場太多的認可。然而十幾年下來,對男性期刊市場的堅守和較早搶灘,使《時尚先生》已經成為中國男性期刊市場的領跑者[70]。男性期刊發展如此迅速,市場競爭也愈加激烈。隨著不同男性期刊的出現,《時尚先生》最初的壟斷地位被打破。為了應對競爭,《時尚先生》2009 年 1 月進行改版,增加人文方面的內容;2009 年 4 月開始,每期附贈別冊《先生讀本》。

瑞麗傳媒企業於 2009 年 3 月正式推出高端實用型男性時尚雜誌《男人風尚》,這本雜誌通過版權貿易的方式與日本的男性時尚雜誌《LEON》進行合作,瞄準 30—40 歲的都市成熟商務男性人群。

---

[69]　常曉武:《我國男性時尚期刊市場掃描》,《編輯學刊》2007 年第 1 期,第 57—61 頁。

[70]　晉雅芬.男刊市場:集體發力,逐漸顯露擴張欲望.
http://news.66wz.com/system/2010/03/17/101757659_01.shtml.2012-04-18.

（六）以《知音》、《女友》為代表的家庭生活類期刊的壯大和擴張

在世紀華文 2006 年的監測中,家庭生活類報刊在 IT 類報刊、時尚類報刊、經濟商業類、時政類、汽車類、體育類等數十種報刊中脫穎而出,總銷量排在第一(總銷量指在 10 個城市的範圍內,包含報紙和雜誌,都市報類不在此範圍內)[71]。此類雜誌,如《知音》、《家庭》、《女友》等,已經取得了相當的知名度和市場份額。新湧現的情感雜誌如《愛人》、《幸福》也逐漸發展壯大。

1.《知音》

《知音》是中國出現比較早的家庭生活類雜誌,一直以來堅持的原則就是"將真善美的人類情感包藏在真實而煽情的故事中"。《知音》創刊號發行 40 萬份,當年最高月發行量突破 100 萬份[72]。據世紀華文監測,2008 年下半年,在成都、南京、上海、合肥、濟南、青島、重慶、西安 8 個城市,家庭生活類中《知音》(普通版)都是銷量第一。《知音》文章的風格偏煽情,重故事,文章標題力求吸引眼球,這種獨特的風格還被戲稱為"知音體"。

早在 1996 年,《知音》就推出了第一個子刊《知音》(海外版)。千禧年以來《知音》的擴張速度迅速,延伸至大眾情感、財經、時尚等領域。2000 年 11 月《知音》雜誌推出了《打工》,後於 2010 年 1 月改版為《知音勵志》;第二年 3 月,推出了《好日子》。2002 年 1 月,推出財經人物雜誌《商界名家》。數月後,《知音》兼併了當地的雜誌《企業家》。2003 年初,《知音》又推出了文摘期刊《財智文摘》和《良友》。2006 年 1 月創刊《知音漫

---

[71] 崔江紅.全國十大城市女性家庭類期刊年度調查公佈——《家庭》緊追《知音》,三城市銷量上升.http://www.chinapostnews.com.cn/b2009/982/09820201.htm.2012-04-18.

[72] 百度百科·知音.http://baike.baidu.com/view/251606.htm#sub5038091.2012-04-18.

客》。總編胡勛璧表示,《知音》"除了辦好現有的刊物外,為了順應市場的要求,還會再辦一些新的時尚類刊物","如健美、旅遊和飲食等方面的刊物"[73]。

2. 《女友》

《女友》月刊誕生於 1988 年 7 月。"女友"旗下已擁有國內發行的《女友》(校園版)、《女友》(家園版)、《女友》(花園版)和《女友》(親子版)4 本平面雜誌,海外發行的有覆蓋北美的《女友》(北美版)和覆蓋澳洲的《女友》(澳洲版)兩本平面雜誌。女友網、《女友·hi!》電子雜誌、《女友手機報》等新媒體產品也相繼推出。

校園版的讀者定位為學生,以及剛剛畢業和步入社會的女孩;家園版和花園版則關注都市職業女性,但分別側重目標讀者的生活和事業兩方面;也可將這一目標讀者細分為兩類:重生活型和重事業型[74]。

不同於《知音》的純情感路線,《女友》融合了情感、家庭、生活、時尚等主題,更具有時代感、時尚感。然而也由於《女友》定位的雙重性、模糊性,使其既要與《知音》這種純情感類期刊競爭,又要面對《時尚》、《瑞麗》等純時尚類期刊的挑戰。所以,根據世紀華文監測,2008 年下半年,在瀋陽、南京、上海、深圳、武漢、天津、重慶、西安 8 個城市,《女友》的市場份額平均徘徊在第 4 名左右。

---

[73] 崔江紅.全國十大城市女性家庭類期刊年度調查公佈──《家庭》緊追《知音》,三城市銷量上升.http://www.chinapostnews.com.cn/b2009/982/09820201.htm.2012-04-18.

[74] 魏蘭:《雜誌定位分析:以<女友>雜誌為例》,《湖北經濟學院學報(人文社會科學版)》2008 年 5 月第 1 期,第 76—77 頁。

(七) 以"CNKI 中國期刊網"、"讀覽天下"為代表的電子期刊數位出版

千禧年以來,期刊領域內的最大變化,就是計算機網路引領期刊業進入了數位化與網路時代,出現了"電子期刊"、"數位期刊"、"互聯網期刊"等新名詞。在一定程度上,電子期刊和數位期刊、互聯網期刊的內涵大體一致,都是與傳統的紙質期刊相對應的新產物。

據《中國出版藍皮書:2009—2010 中國出版業發展報告》,截至 2009 年底,中國數位出版總產值達到 799.4 億元,數位閱讀已成為伴隨互聯網長大的新一代讀者的閱讀習慣和生活方式。2007 年發佈的中國出版科學研究所《全國國民閱讀與購買傾向抽樣調查報告》增加了關於國民數位報刊閱讀與購買部分,該部分顯示:2007 年在中國的期刊讀者中,有固定閱讀電子期刊習慣的人口規模在 227 萬人左右,占期刊讀者的 0.77%。業界普遍感到近一兩年數位出版的春天已經到來[75]。2011 年 8 月 16 日,中國社會科學院發佈《2011 中國文化產業發展報告藍皮書》,稱"中國期刊產業面臨嬗變,向電子平臺延伸已成不可逆轉趨勢",傳統紙質期刊平均印數已經開始萎縮,全行業整體性萎縮率達到 1.85%,而與此同時,以手機、網路期刊全文資料庫、電子雜誌等為代表的新興電子期刊在 2009 至 2010 年間發展迅猛。傳統紙質期刊紛紛上線電子版,電子期刊平臺大量湧現。

1. 以"CNKI 中國期刊網"為代表的網路學術期刊平臺

2002 年,學術期刊首先借網路迎來全新的發展天地。清華大學中國學術期刊(光盤版)電子雜誌社建設的"CNKI 中國期刊網"的期刊網路資訊化工程,是我國第一個以電子期刊方式按月連續出版的大型學術期刊原版全文資料庫。

---

[75] 張銘:《數位期刊業的版權困局——以龍源期刊網為例》,《出版發行研究》2010 年第 9 期,第 14—16 頁。

2003 年 6 月,新聞出版總署批準中國學術期刊(光盤版)電子雜誌社正式創辦《中國優秀博碩士學位論文全文資料庫》、《中國重要會議論文全文資料庫》等 9 種電子期刊。

眾多資料也表明期刊網路化的步伐相當迅速。自 1995 年中國第一個電子期刊《神州學人》和第一個集成化全文資料庫電子期刊《中國學術期刊》(光盤版)創刊以來,中國 9360 多種紙質期刊的現刊已陸續通過各種途徑實現數位網路出版,約占中國出版期刊的 95%,其中 4360 餘種重要學術期刊回溯上網至創刊。

至 2008 年年底,紙質期刊文獻的網路出版總量已達 6230 萬篇。2008 年,僅就主要互聯網期刊網站統計,期刊文獻的總訪問次數達 60 億次,當年發表文獻的訪問次數約 18 億次,篇均訪問次數達 1.2 萬次。可以説,互聯網期刊已經成為我國大多數期刊的主要傳播形式。

2. 以"讀覽天下"為代表的電子雜誌平臺

2007 年,"讀覽天下"成立於廣州,它要做的是中國領先的移動互聯網閱讀平臺。"讀覽天下"目前擁有綜合性人文大眾類期刊品種達 1000 餘種,內容涵蓋新聞人物、商業財經、運動健康、時尚生活、娛樂休閒、教育科技、文化藝術等領域。

"讀覽天下"致力於打造全新的數位出版發行的產業鏈條,推動產業健康的生態環境,開創基於綠色閱讀的時尚生活方式。上游面向傳媒業和出版業,專門為其提供數位化解決方案,幫助其快速建立從出版到多元發行的數位出版發行平臺;下游面向管道、終端平臺及用戶,為其提供豐富、原版的雜誌、圖書內容和優質的閱讀交互體驗。[76]依託自身的技術優勢和良好的服務,"讀覽天下"已成功地和國內 1000 餘家主流雜誌社達成合作,為其提供紙媒資源的電子版轉

---

[76]　讀覽天下企業介紹.http://corp.dooland.com/about.html.2012-04-18.

換、發行、技術平臺建設的服務和其他增值服務,幫助期刊社全方位推進數位化進程。

蘋果風潮來襲,給電子期刊向閱讀終端延伸提供了一個契機。嗅覺敏銳的"讀覽天下"趁著這股風潮迅速走在中國國內雜誌閱讀終端的前列,作為國內首家入駐蘋果移動終端的原版數位雜誌閱讀服務提供商,始終引領著數位雜誌閱讀平臺與移動終端的合作趨勢。目前,"讀覽天下"已經在移動互聯網平臺上打通多個終端管道,是中國國內唯一能讓用戶在 PC、iPhone、iPad、Android、Kindle、iRiver Story、SONY Reader、Nook 等多平臺上自由閱讀的商家。

（八）以《小溪流》、《新蕾 STORY100》為代表的　　少兒期刊面向市場,尋求突破

當前的中國是個出版大國,同時也是個擁有四億少年兒童這一世界上最大讀者群的少兒讀物出版大國。據《中國新聞出版統計資料匯編》統計,2010 年中國有少兒類期刊 98 種,其數量在全國多種期刊中僅占不到 2%。中國少兒期刊大多以低價位運作,2002 年平均期定價為 2.05 元;到 2005 年,平均期定價為 3.208 元;2009 年,平均期定價為 4.42 元。雖有增長,但卻是所有期刊類型中平均期定價最少的。當然,少兒期刊由其特定的讀者對象所決定,不可能像時尚、財經、計算機等類雜誌那樣豪華、高價位。轉企改制後,少兒報刊過去的行政資源優勢沒有了,要想生存和發展,就要徹底轉變觀念,勇於接受市場的挑戰,不斷提高市場競爭力,真正做強做大少兒報刊產業。

1. 少兒期刊的重新定位

少兒期刊面向市場,重視營銷,從改刊名到版本設計,紛紛重新定位,創新內容,進一步明確目標讀者。例如廣東的《少男少女》將閱讀順序顛倒,把刊物分成兩半,從形式到內容均有了獨特的定位。天津的《啟蒙》將目標讀者明確鎖定在 0—7 歲兒童。上海的《兒童時代》定位為"小學高、中年級綜合月刊"。深圳的《紅樹林》則是一本"現代都市綜合性彩色少兒月刊"。

為了應對市場變化,滿足讀者需要,不少期刊主打時尚、情感牌。上海的《少女》以時尚、追星、身心保健(護膚、心理健康等)作為主打內容;而貴州的《南風》則以"城市心情,愛情故事"為基調,供大學低、中年級學生閱讀,且偏重女性讀者;《STORY100》則走校園化之路,偏重中學生讀者,特別唯美,重女性讀者,反映著校園裏的"純情時代"。

2. 少兒期刊的"改版熱"

面對市場的激烈競爭,少兒期刊不僅改頭換面,還根據市場的需求,對內容進行細分。可以説,進入新世紀以來,中國少兒期刊出現了"改版熱"。

湖南的《小溪流》於 2000 年改版,到 2003 年有了三個版,分別是《小溪流·故事作文》、《小溪流·成長校園》和《小溪流·作文畫刊》。《小溪流·故事作文》的讀者對象為小學 3—6 年級的學生;《小溪流·成長校園》的讀者對象為初中生及高中低年級的學生;《小溪流·作文畫刊》的讀者對象為 5—8 歲的小孩。改版後其分段對象更明確,讀者覆蓋面更廣了。

呼和浩特的《漫友》分為《漫畫 100》、《動畫 100》和《STORY100》這三個版,其中《STORY100》從 2003 年年初開始醞釀,確立了基本走向,6 月其創刊號以《漫畫 100》的贈品形式問世,7 月獨立發行,到 2004 年 5 月即登出"週年祭",7 月變更為《新蕾 STORY100》,改變了主辦單位,變換了刊號,保留了郵發代號,右上角仍標有"漫友文化"的字樣,並登出《請勿回望請勿善忘——下一站新蕾》的卷首語。該刊物仍側重於專題策劃,內容定位前後基本穩定,讀者對象基本未變。從 2005 年 3 月開始,《新蕾 STORY100》去掉"月末故事"的標誌,由每月 25 號出版改為每月 10 日出版。到 2005 年 12 月,分出下半月版《新蕾 STORY101》,每月 20 日出版,標出"多一點感動"的字樣,上下半月兩版的內容定位有所調整和側重,體現了既擴大讀者對象又便於集中抓住讀者對象的特點[77]。

（九）以中華醫學會、卓眾出版為代表的學術期刊市場意識的覺醒

2008 年,中華醫學會雜誌社憑藉擁有一百多個品種的高水準醫學期刊的實力,通過招標的方式整體出售數位版權。

中華醫學會雜誌社旗下擁有 108 種高水準醫學學術期刊,過去分別將數位出版權賣給同方、萬方等公司,收益並不高。他們意識到這一點之後,調整了經營戰略,通過公開招標的方式,整體出售中華醫學會的數位出版權,經過激烈的競爭,科技部下屬同方公司以 680 萬元/年的價格購買了中華醫學會雜誌社系列刊物的數位出版權,這一價格是過去雜誌分別出售數位出版權的二十多倍。

這一舉措喚醒了同行的市場經營意識。2009 年,北京卓眾出版有限公司、中華藥學會等單位也採取了相同的舉措整體出售期刊的數位出版權,通過這種方式使得自己的期刊獲取較前多出數倍、數十倍的經濟效益。

這種新的整體出售數位出版權的經營方式,對出版社的要求非常高:首先,出版社必須擁有一定數量的期刊;其次,期刊的水準要高。所以只有一些頂尖的學術期刊社才有條件這麼做。中華醫學會雜誌社的舉措提醒了更多的學術期刊,可以通過正常的陽光管道取得自己的經濟利益,無須再把自己的勞動成果低價出售。同時,這種市場經營模式也鼓勵和敦促了中國學術期刊的發展繁榮,只有不斷提高學術質量、辦刊水準,才能獲得更多的經濟效益。

---

[77] 周國清,孟昌:《淺析我國少兒期刊發展的兩種走勢》,《湖南文理學院學報(社會科學版)》2008 年第 33 卷第 1 期,第 118—121 頁。

(十) 以《最小說》、《讀庫》為代表的雜誌書(MOOK)
繁盛一時

雜誌書,又稱 MOOK,它的概念起源於 20 世紀 80 年代的日本。所謂"雜誌書"(MOOK),就是雜誌(Magazine)與圖書(Book)的結合,其性質介於雜誌和書之間,故而簡稱為 MOOK[78]。目前中國國內市場共有五十多種雜誌書,從《老照片》、《視界》、《讀庫》等書刊出世至今,雜誌書經歷了萌芽、發展時期,又由於其本身性質的模糊性而陷入尷尬境地。

1. 《最小說》、《讀庫》等雜誌書層出不窮

2006 年 11 月,由郭敬明主編的《最小説》試刊兩期。2007 年 1 月,《最小説》出版方長江文藝出版社在人民大會堂舉辦新聞發佈會,《最小説》全面上市。2009 年年初,《最小説》分裂為兩刊,分別是《最小説》和《最映刻》,但從 2010 年開始又恢復為每月一刊。《最小説》的定位是一本青春文學雜誌,以青春題材小説為主,資訊娛樂及年輕人心中的流行指標為輔,力求打造成年輕讀者和學生最喜歡的課外閱讀的雜誌。據長江文藝出版社副社長黎波透露,《最小説》系列每輯的銷量平均在 40 萬冊到 50 萬冊之間。[79]

同樣是在 2006 年,著名出版人張立憲憑一己之力推出雜誌書《讀庫》。這本對中國國內 MOOK 發展具有深遠影響的雜誌書在精英知識分子的讀者定位下同樣獲得了成功,而且至今還保持著每期 3 萬多冊的發行量。主編張立憲這樣説《讀庫》:《讀庫》之名是取"大型閱讀之庫"之意,來稿也主要是"以自然來稿為主,不探討學術問題,不發表文學作品,只探究人與事、細節與談資",文章篇幅主要是敍事型的中篇,編撰要求"三有三不"——有趣,有料,有種;不惜成本,不計篇幅,不留遺憾。六年過去,《讀庫》在 MOOK 市場中依然堅挺,獨樹一幟,

---

[78] 孫雯:《青春文學類雜誌書究竟能走多遠》,《出版參考》2008 年第 22 期,第 13—14 頁。

[79] 同上。

被譽為"MOOK 出版潮流中最具含金量的一本雜誌書"。而一路走來,《讀庫》同時擁有了一批所謂"隱形但忠實"的讀者群體。

郭敬明團隊的兩位女作家笛安和落落,於 2010 年 12 月推出雜誌書《文藝風賞》和《文藝風象》。張悅然主編的《鯉》,南派三叔主編的《超好看》、《漫繪 shock》,春樹主編的《繆斯超市》,九夜茴主編的《私》接連宣佈創刊。

2. 雜誌書的發展面臨考驗

當雜誌書紛紛面世的時候,其本來就難以定義的"出身"就蘊藏著危機。回溯至 2000 年,李陀、陳燕穀主編的《視界》面世,但是這本在知識界和理論界均受好評的雜誌書卻在 2004 年停刊。2010 年,韓寒主編的《獨唱團》,一唱成絕唱。安妮寶貝主編的《大方》也於第三期出版之前就悄然停刊了。

《圖書出版管理條例》中第二十八條明確規定:"圖書出版單位不得以中國標準書號或者全國統一書號出版期刊。"如今"生存"下來的雜誌書,或拿到刊號,或淡化或否認"雜誌書"的概念。《最小説》創刊後半年內,就通過長江文藝出版社的努力,從湖北拿到了某雜誌刊號。長江文藝出版社北京圖書中心文學主編安波舜強調,《最小説》已經是期刊了,長江文藝也不再提出"雜誌書"這一概念。張立憲也説,至於《讀庫》"是一本書還是一本雜誌"也沒法評定,《讀庫》讀者自會作出判斷。《獨唱團》和《大方》的停刊也並沒有任何官方解説是因為觸犯了第二十八條。但是,也有業內人士希望"雜誌書"的概念能被官方接受。《大方》的編輯隊成員止庵也表示,如果能夠"讓有關部門認識、瞭解、有效管理雜誌書這樣的新事物,那麼《大方》也算是死得其所"[80]。

---

[80] 田志淩.雜誌書:熱潮中的意外冰凍.http://tech.qq.com/a/20120111/000158.htm.2012-04-12.

三、中國期刊出版中存在的主要問題

根據中國新聞出版總署的統計,2010 年,中國期刊出版種數已達 9884 種,總印數達到 32.15 億冊;期刊產業整體規模達 200.5 億元人民幣,其中發行收入 169.6 億元,廣告收入 30.8 億元,[81]各項數值均創下歷史新高。但通過更為深入的考察和分析,不難發現中國期刊出版業在龐大的規模總量之下,隱藏著一系列的不均衡現象。

(一) 總量龐大但均數過低

2010 年,中國期刊出版總印數 32.15 億冊,平均期印數 16349 萬冊。但平均到當年 9884 種期刊時,每種期刊平均只有 32.5 萬冊的年發行量和 1.76 萬冊的期發行量,表明中國絕大多數期刊的發行量都不高。

同時,根據中國 2010 年的人口總數[82]計算,當年每百萬人擁有期刊種數僅為 7.37 種,年人均期刊保有量僅為 2.40 冊,而平均每期的人均保有量甚至不到 1 冊(0.13 冊)。即使考慮到期刊雜誌絕大多數發行於城市,而中國城鎮居民人口比例在 40%—50%之間,那麼上述均數最多翻一倍,分別達到每百萬人擁有期刊種數 14.74 種,年人均期刊保有量僅為 4.8 冊,平均每期的人均保有量 0.26 冊,仍然十分低下。

---

[81]　資料來源:中華人民共和國新聞出版總署.2010 年全國新聞出版業基本情況.
http://www.gapp.gov.cn/cms/html/21/464/200907/465083.html,2011-07-16/2012-04-30.

[82]　2010 年,我國人口總數為 134100 萬人。資料來源:國家統計局.中華人民共和國 2010 年國民經濟和社會發展統計公報.
http://www.stats.gov.cn/tjgb/ndtjgb/qgndtjgb/t20110228_402705692.htm.2012-04-11.

（二）期刊發展不均衡

在 2010 年,中國出版的 9884 種期刊中,科學類刊物(哲學、社會科學類和自然科學、技術類)的種數占總種數的 74.89%,印數占總印數的 51.83%。其中自然科學、技術類刊物種數占總種數的 49.94%,而印數則只占到總印數的 14.64%,表明社會大眾對此類科學技術類刊物的閱讀需求並不高。相反,綜合類刊物種數只占總種數的 5.01%,但總印數卻占到了 12.62%,表明此類刊物雖然種數較少,但民眾的閱讀購買需求較高。這種出版種數和印數之間的倒掛和不均衡現象意味著,在中國,主要面向普通大眾的通俗性刊物的種數比例較低,普通讀者的文化閱讀需要很難通過期刊雜誌這一紙媒形式得到滿足。

而中國期刊發展的不平衡狀況還體現在辦刊主體過多地依靠行政權力體系,以市場消費為主體的市場化期刊比例過低。從種數上考察,中國目前 9000多種期刊,科技期刊占一半,4900 多種,大學學報占 2000 多種,行業期刊有 1000多種,也就是說有三分之二以上的期刊基本上不面向市場,真正在市場上打拼的消費類期刊不到 1000 種,作為一個產業來發展,是遠遠不夠的。如在美國,完全走市場的消費類期刊就有 6800 多種。[83]從發行量上考察,"全國發行量在 25 萬冊以上的 134 種期刊中,黨政部門所辦的工作指導類期刊有 46 種,約占 34.3%;教育教學類期刊 23 種,約占 17.1%。而面向市場、由讀者自願選擇、自費訂閱的期刊只有 65 種,約占 48.5%。全國發行量在 100 萬冊以上的 24 種期刊中,黨政部門所辦刊物有 10 種,約占 41.6%;教育教學類刊物有 7 種,約占 29.2%;面向市場的大眾閱讀刊物只有 7 種,約占 29.2%。"[84]

---

[83]　石峰:《中國期刊業的發展趨勢與對策》,《今傳媒》2010 年第 2 期。

[84]　郭全中:《我國期刊業發展面面觀》,《青年記者》2007 年第 1 期,第 70、71 頁。資料來源:中華人民共和國新聞出版總署.2008 年全國新聞出版業基本情況.
http://www.gapp.gov.cn/cms/html/21/464/200907/465083.html.2009-07-16/2012-04-30.

(三) 期刊產業經營集中度低,與圖書、報紙出版業之間的差距較大

目前中國 9000 多種期刊分散在 5000 多個單位,一個單位平均經營 1.6 種期刊,這使中國期刊產業整體呈現"小、散、弱"的局面。而發達國家 80%以上的期刊市場份額控制在不超過 20%的傳媒集團手中。

期刊與圖書、報紙的規模有較大差距,以 2010 年為例,中國圖書出版種數和總印數分別為 32.8 萬種和 71.71 億冊;報紙出版種數和總印數分別為 1939 種和 452.14 億份。如表 15 和圖 18、圖 19 所示。

表15　2010 年中國三類紙質媒介的出版種數和印數[85]

紙媒類別	種數	總印數(億冊/份)
圖書	328387	71.71
期刊	9884	32.15
報紙	1939	452.14
總計	340210	556

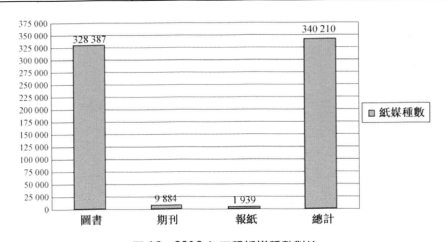

圖18　2010 年三種紙媒種數對比

85　資料來源:中華人民共和國新聞出版總署.2010 年全國新聞出版業基本情況.
http://www.gapp.gov.cn/cms/html/21/464/200907/465083.html.2009-07-16/2012-04-30.

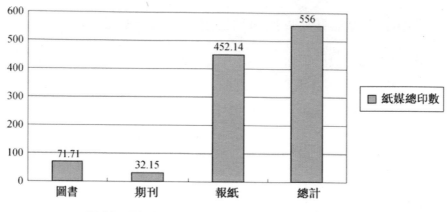

圖 19　2010 年三種紙媒總印數對比(單位:億冊/份)

　　2010 年中國期刊出版,論種數遠遠比不上圖書,論印數遠遠比不上報紙,意味著期刊這種大眾傳播媒介在中國的影響力和覆蓋面還遠比不上圖書和報紙。

(四) 期刊產業在中國文化傳媒產業中的比重過低且市場營收能力明顯不足

　　2010 年,中國傳媒產業總產值為 5808 億元人民幣,期刊產業以 200.4 億元的總產值僅占其中的 3.5%,在被統計的 10 類傳媒產業中位居倒數第四位。如表 16 及圖 20 所示。

表 16　2010 年中國傳媒產業細分市場產值及比例[86]

傳媒產業細分市場	產值(億元人民幣)	占總產值比例
移動增值業務[87]	1853.0	31.90%
電視	1045.5	18.00%
報業	706.9	12.20%
網路	648.6	11.20%
圖書	612.9	10.60%
廣告公司	470.7	8.10%
期刊	200.4	3.50%
電影	157.2	2.70%
廣播	96.3	1.70%
音像	16.3	0.30%
總　　計	5807.8	100.00%

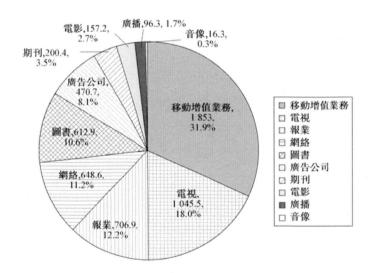

圖 20　2010 年中國傳媒產業內部細分市場結構(單位:億元人民幣)

86　崔保國:《2011 年中國傳媒產業發展報告》,社會科學文獻出版社 2011 年版,第 6 頁。

87　移動增值業務是移動運營商在移動基本業務的基礎上,針對不同的用戶群和市場需求開通的可供用戶選擇使用的業務。包括彩信、手機上網、彩鈴、手機報、手機炒股、手機郵箱、無線搜索等等。

　　這種狀況表明,中國期刊出版業不僅在市場佔有率上落後於圖書和報紙,在營收能力和創造價值的能力上也落後於大多數傳媒產業,處於次要的地位。

　　而在期刊產業 200.4 億元的總產值中,發行收入總計達 169.6 億元,廣告收入 30.8 億元,兩者之比為 5.51：1。而同年中國報業、電視、互聯網產業的銷售、廣告收入如表 17 所示。

表 17　2010 年中國 4 類傳媒產業銷售、廣告收入表[88]

	期刊	報紙	電視	互聯網
發行收入(億元人民幣)	169.6	207.9	428.9	327.4
廣告收入(億元人民幣)	30.8	439	616.6	321.2
總計	200.4	646.9	1045.5	648.6

　　通過表 17 的比較可以看出,在具有廣告營收能力的大眾傳播媒介中,期刊業的廣告收入比例最低。這表明中國期刊產業通過廣告市場吸納資金的能力十分有限,市場化程度較為低下,並成為制約中國期刊產業在市場經濟條件下發展的重要瓶頸之一。

四、當前制約中國期刊出版業發展的因素分析

　　通過對中國期刊產業現狀的分析,本文認為當前制約中國期刊出版業發展的因素主要包括以下各個方面:

---

[88]　崔保國:《2011 年中國傳媒產業發展報告》,社會科學文獻出版社 2011 年版,第 6 頁。

(一) 體制因素

中國當前期刊出版帶有較強的計劃經濟體制色彩,盡管經過幾次期刊改革(如 2003 年進行過大規模的報刊治理整頓),淘汰了一批不適應市場發展需求的期刊,但在政策和管理體制方面還呈現僵化和保守的特點。這直接導致了期刊刊號的緊張和多數期刊出版過程中市場機制的缺位,從而難以形成期刊市場優勝劣汰的良性機制。

中國創辦期刊實行審批制,根據現行的《期刊出版管理規定》第九條的規定,創辦設立期刊雜誌的出版單位必須具備下列 10 項條件:1. 確定的、不與已有期刊重復的名稱;2. 期刊出版單位的名稱、章程;3. 符合新聞出版總署認定條件的主管、主辦單位;4. 確定的期刊出版業務範圍;5. 30 萬元以上的註冊資本;6. 適應期刊出版活動需要的組織機構和符合國家規定資格條件的編輯專業人員;7. 與主辦單位在同一行政區域的固定的工作場所;8. 確定的法定代表人或者主要負責人,該法定代表人或者主要負責人必須是在境內長久居住的中國公民;9. 法律、行政法規規定的其他條件;10. 前款所列條件外,還須符合國家對期刊及期刊出版單位總量、結構、佈局的總體規劃。[89]

在這 10 項條件之中,對中國期刊創辦與出版最直接的制約在第三條和第十條。體現在兩個方面:一是刊號,二是主管部門。

其中,第十條"符合國家對期刊及期刊出版單位總量、結構、佈局的總體規劃",這條規定直接關系到期刊的佈局和期刊刊號的發放,從前文"期刊種數變化曲線圖"可以看出,從 2004 年以來,中國的期刊種數基本保持在 9000 多種,增長很緩慢。在中國,創辦期刊是一個艱難而復雜的過程,停辦期刊又缺乏科學的評價體系,不犯政治性錯誤一般就不會被停辦。由於期刊實行總量控制,需要辦的

---

[89] 中華人民共和國新聞出版總署.期刊出版管理規定.
http://www.gapp.gov.cn/cms/html/43/604/200711/449823.html.2007-11-05/2012-04-30.

期刊不能辦,而一些沒有必要辦、辦得不好的刊物仍然在勉強維持;有能力辦刊的想多辦幾個刊物辦不了,而沒有能力辦刊的卻佔有刊號資源。原本應該十分活躍、流暢的期刊市場變成了"一潭死水",何談發展?[90]

刊號原本屬於社會公共資源的一種,固然需要國家出版部門的管理,但卻沒有嚴加限制的必要。從理論上講,刊號資源可以無限多,不存在越用越少的問題;而從現實層面看,如果存在良性的進入和退出機制,雖然需要不斷發放新的刊號,但已有的舊刊號也會有正常的流通和釋放,因為一定時期期刊市場的總體需求是一定的而非無限的,因此不會滾動形成大到無法管理的期刊規模和刊號數量。但現狀卻是非必要的"嚴管",使得期刊刊號成為一種極為稀缺的"資源",因而也就使得刊號畸形地具有了市場和流通的價值,從而出現了不正常的流通和倒賣——這從國家出版部門三令五申嚴禁倒賣期刊刊號的政令即可見一斑。而如果能從源頭解開期刊刊號"緊缺"的狀況,那麼其後一系列反常和扭曲的問題應當都會迎刃而解。

而前述第三條,"有符合新聞出版總署認定條件的主管、主辦單位"則意味著任何期刊的創辦和出版必須尋找一個主管單位作為"婆家"——這就是為什麼中國任何一份期刊的版權頁都能查閱到主管和主辦單位的原因。但是,通過強制規定主管主辦單位以加強對期刊出版管理的做法,其必要性和實際效力都非常值得懷疑。因為從現實層面看,有辦刊意願的"主管"、"主辦"部門往往未必能辦好一份刊物;有著投資意願或辦刊能力的市場主體和個人又必須通過尋求一個"掛靠"部門進入期刊市場,導致期刊出版過於依靠行政和事業單位主體,結果就是辦刊主體的身份模糊不清,甚至最終相互掣肘扯皮,導致刊物不死不活。

前者的最終體現即如前文所引述的,中國期刊發行過多地依靠行政權力體系,真正面向市場發行的期刊比例過低,從而使得"在中國期刊業中發行量最大的期刊群體並不一定是市場影響最大的主體。因為這些期刊依託行政權力在系

---

[90]　石峰:《中國期刊業的發展趨勢與對策》,《今傳媒》2010 年第 2 期。

統內發行,或攤派到基層單位,導致這些期刊雖然具有主體地位,但因為遠離市場,難以發揮市場的主體作用。期刊經營主體產生的這種錯位,使得優勝劣汰的市場機制難以形成"。[91]

而後者的體現則如《財經》雜誌以胡舒立為代表的高層編輯、管理團隊在 2009 年底集體辭職出走事件,使業界甚至以此事件劃分《財經》雜誌的前後兩個時代。可見"主管"、"主辦"部門的規定和政策同樣造成了權力體制和市場機制在期刊業的衝突和扭曲,也在某些方面導致期刊出版業失去了市場機制靈活而富有活力的特點。

中國目前過度依賴行政管理手段制約期刊出版行為背後的一個主要原因還在於新聞出版法律的缺位,因而不得不以規代法,這不僅與建設法制化國家的理念相違背,又與市場經濟的法制化前提相衝突。

(二) 閱讀群體及媒介使用習慣等因素

期刊雜誌的出版和興盛與城市化進程及城市中產階級的形成密切相關,同時又在很大程度上取決於讀者受眾的媒介使用習慣。

期刊雜誌是都市化的刊物,按目標讀者來看,很大程度上屬於高品位和所謂"小資化"的閱讀物品種。據相關學者的研究,細分雜誌(Specialized Magazine)——有別於內容包羅萬象,讀者定位模糊不清的綜合雜誌——在二戰以後的歐美國家以驚人的速度發展起來,並直接導致了傳統綜合性雜誌的衰落。究其深層原因,就在於二戰後經濟的復蘇和繁榮導致現在所謂的發達國家(美國和歐洲各國)中產階級的發展壯大與成熟。[92]

[91]　郭全中:《我國期刊業發展面面觀》,《青年記者》2007 年第 1 期,第 70—71 頁。

[92]　王棟:《對話美國頂尖雜誌總編》,作家出版社 2008 年版,第 441 頁。

　　而在中國,真正意義上作為一個社會階層的中產階級還遠未形成,因此可以說,中國期刊雜誌出版業還沒有形成一個穩定而具規模的受眾群體。

　　中國期刊種類總數雖然龐大,但滿足(中產階級)受眾細分化閱讀的需求——由於前文所述刊號的緊缺和退出機制的缺乏——在當前僅僅初露苗頭,成長和發展均受制約。由於新的刊物很難創生,刊物種類佈局難以有大的突破,受眾細分市場不夠明晰,辦刊方向方面創新力不足,出現期刊出版種數總量受限制、發行總量上不去的現狀。

　　而通過觀察中國民眾的媒介使用習慣可以發現,電視和報紙仍是絕大多數城市居民的首選媒介。在三種紙質媒介中,期刊雜誌的閱讀率最低。從 2012 年發佈的"第九次全國國民閱讀調查"可看出,2011 年,報紙的閱讀率是 63.1%,圖書的閱讀率為 53.9%,而期刊的閱讀率為 41.3%。[93]

　　此外,隨著移動互聯網等新媒體的逐步發展,媒介之間的爭奪戰越來越激烈,讀者的閱讀習慣已經發生改變,新生代讀者甚至已經遠離了紙質媒體。據中國新聞出版研究院調查顯示,2011 年,報紙和期刊的閱讀率都呈現下降趨勢,而各類數位化閱讀方式的接觸率較 2010 年均有不同程度的上升,呈較快增長勢頭。[94]

　　城市化進程、中產階級的形成和居民媒介使用習慣的改變很難在短時間內實現,這對期刊出版將會產生長遠的影響。

---

[93]　資料來源:中國出版網."第九次全國國民閱讀調查"初步成果發佈.
　　　http://www.chuban.cc/tpxw/201204/t20120420_105469.html.2012-04-20/2012-05-15.

[94]　楊春蘭:《<中國新聞週刊>的風雨兼程》,《傳媒》2006 年第 5 期,第 10—12 頁。

(三) 期刊產業自身因素

中國期刊產業在市場競爭中,由於營銷、管理理念落後,缺乏高層次辦刊人才,參與競爭的能力較為低下。市場化的不充分直接導致大多數期刊營銷能力明顯不足,從而制約自身的生存和發展。表現為三個層面:

1. 期刊內容同質化傾向嚴重

刊物風格相互模仿,內容多有雷同,普遍缺乏創造力。在發行量占很大比重的少兒教輔期刊領域,這種現象尤為嚴重。在北京郵政局報刊訂閱網中查詢"作文"選項,能夠檢索出 332 種刊物,大多冠以《滿分作文》、《作文課堂》、《優秀作文》、《同步作文》等名稱,而欄目設置、內容體例大致相同。[95]又如,文摘類刊物由於辦刊成本較低,進入門檻不高,因此成為眾多期刊社選擇的品種。同屬湖北日報傳媒集團期刊方陣旗下的三份刊物:《特別關注》、《愛你》、《可樂》均是文摘性雜誌,並且很少體現出任何實質性的差異——這種重復辦刊的做法在集團內部尚且不能避免同質化競爭,對外又要與《讀者》、《青年文摘》等爭奪同一個期刊市場。

2. 期刊優秀人才匱乏

由於期刊業整體營收水準較低、市場化不充分等原因,加之體制、機制等因素的制約,使期刊業吸引不了熟悉出版業務、掌握高新技術、懂經營、會管理、具有國際眼光的高素質複合型人才。期刊從業者素質參差不齊,創新能力不夠,職業精神不強,與傳媒產業的其他行業相比,存在著一定的差距。

---

[95] 北京郵政報刊訂閱網.報刊訂閱目錄.
http://www.dbk.cn/Catalog/SearchR_Text.asp?STEXT=%D7%F7%CE%C4&scol=1&page=12.2012-05-15.

3. 營銷能力差, 市場化程度低

前文已述, 與傳媒產業的其他相關產業相比, 期刊業的廣告營收能力很低, 通過廣告市場吸納資金的能力明顯不足, 廣告收入遠低於發行銷售收入。期刊有固定品牌, 可以連續發行, 本身是一種很好的廣告載體, 但中國絕大部分期刊的廣告版面所占篇幅極少。如拿中國著名人文類雜誌《讀書》、《萬象》與美國《紐約客》雜誌的廣告篇幅對比, 可以發現前者的廣告數量明顯少於後者。2011 年上半年,《紐約客》的廣告收入就達到了 4200 萬美元。[96]過分依賴發行量, 廣告營收能力差又會導致期刊價格提升, 從而抑制受眾的購買欲和購買力。

同時, 中國期刊社多元化經營開展不夠, 缺乏有效的贏利模式。期刊市場至今仍保留著很深的計劃經濟痕跡, 多數期刊仍停留在粗放經營的階段。在中國, 期刊產業的經營活動正陷於一個比較難解的怪圈:由於不能吸引一流的編輯人才, 導致內容編輯水準低(包括內容定位模糊、稿件質量差等), 直接影響了期刊營銷能力的提升, 而較低的期刊營收能力又必然會制約期刊質量的提升。

五、中國期刊業的發展趨勢

中國期刊業的發展從宏觀方面看, 呈現出四大趨勢:

(一) 市場化趨勢

這個趨勢是中國特有的, 除少數公益性期刊之外, 期刊作為一種文化產品來經營, 本來就應該實行市場化。長期以來, 我們把期刊作為一種單純的輿論工具對待, 只強調其意識形態屬性的一面, 忽視市場化。但期刊是一種文化產品, 只有

---

[96] 王清.《紐約客》唯一的贏家?.轉載自《第一財經週刊》2011 年 8 月 29 日.
http://tech.qq.com/a/20110829/000353.htm.2012-04-25.

通過市場環節才能實現其社會效益和經濟效益,市場作用的發揮,不僅不會妨礙,反而有利於其輿論作用的發揮。目前正在進行的非時政類報刊的轉企改制,是市場化趨勢的重要措施,意味著推進市場化改革,大勢所趨,勢不可擋。2011 年 7 月 21 日,新聞出版總署署長柳斌傑在全國新聞出版局長座談會上表示,新聞出版體制改革已進入深水區,推進非時政類報刊出版單位體制改革,是 2011 年新聞出版體制改革的核心工作,並明確提出在 2012 年 9 月底前全面完成轉企改制任務。[97]

(二) 集約化趨勢

中國的期刊產業不僅要面對國內市場的競爭,而且要面對國際市場的競爭,必須進行重組、聯合。但是,在現行的體制下,期刊實行集約化經營還很困難,大部分期刊社不是自主經營的市場主體。因此,期刊經營的集約化趨勢是必然選擇,重在體制創新。

(三) 數位化趨勢

隨著數位技術的迅猛發展,期刊業的數位化趨勢越來越明顯。移動互聯網的發展,對期刊業形成巨大的衝擊,有人甚至擔心紙質期刊未來的前景。其實數位互聯網技術給傳統期刊業帶來衝擊的同時,也給傳統期刊業帶來發展機遇。它是先進生產力的載體,這是不容置疑的,它給傳統期刊業帶來變革也是不容置疑的。

---

[97] 楊春蘭、黃逸秋:《難中求進堅韌攻關——非時政類報刊轉企改制階段性成果綜述》,《傳媒》2011 年第 11 期。

(四) 國際化趨勢

在全球化趨勢的大背景下,文化的對外開放不可能例外,期刊業的國際化趨勢也不可避免。期刊作為內容產業,引進先進內容、先進管理方式,同時也要創新商業模式,積極參與國際競爭。

六、中國期刊未來發展的途徑及對策分析

針對中國期刊業發展的制約因素與發展趨勢,現提出中國期刊出版業走上良性發展道路的途徑和對策:

(一) 加快新聞出版立法進程,以法代規,同時適當放寬刊號發放和主管、主辦單位等限制,更多地引進市場機制

刊號和主管主辦部門兩項因素的限制和制約,不僅是國家相關部門規劃佈局和行政意志的體現,也是市場資本投資期刊最大的瓶頸所在──導致市場機制和計劃體制在此很難對接。而相關管理部門繼續沿襲此項政策的目的主要還在"便於"對期刊出版的控制和管理。但事實正好相反:首先,通過對刊號和主管、主辦單位的嚴格限制來管理期刊出版並不真正方便、有效。將審批資源過多地集中於權力上層必然導致權力機構越來越臃腫、低效,更不用說"權力尋租"等不合法現象的出現。其次,管理和規範期刊創辦及出版行為完全可以通過工商、稅務、法律和市場選擇(優勝劣汰)等機制達成,沒有必要硬套枷鎖而造成一系列扭曲現象。但鑒於中國的政治體制和國情現狀,我們並不認同照搬西方國家完全放開的期刊出版機制,而傾向於建議加快相關立法進程,使新聞出版行為真正有法可依,在現有體制下適度放寬對刊號、主管主辦單位等的限制,同時建立一個更加合理的期刊退出機制──使內容質量低下、出版規模小、市場化程度低、發行對象和手段單一的刊物能夠正常退出市場;更多地引入工

商、稅法以及市場機制,這樣則更有可能達成期刊出版市場有進有出、良性發展的態勢。

同時,還應建立一個權威、客觀的發行稽核體系,從而肅清混亂的虛假宣傳和廣告經營行為;其次在嚴肅整頓非法、違規的地下出版物的同時,通過適度放寬期刊出版準入限制,以疏導代替阻塞。

可以考慮完全放開期刊出版"主管、主辦單位"的條件制約,通過建立更為靈活的監管機制逐步代替現行的"主管、主辦"機制,從而在期刊出版市場真正引入既具有投資能力,又具有辦刊和經營實力的市場主體。這樣,優秀的人才則更有可能被吸引到期刊編輯和經營領域,使得真正優秀的刊物能夠生長和發展起來。

(二) 以更為獨到的辦刊方針和更為精準的受眾定位,通過提升質量吸引更多的讀者

雖然中國的城市化進程和中產階級的形成是一個較為長期的過程,同時受眾的媒介使用習慣也要依靠期刊自身質量的提高逐步改變,但這些因素的長期性並不意味著中國期刊出版業在當下就沒有努力和改善的空間。如果説第一點制約因素(行政管理以規代法)單靠期刊出版業自身難以解決的話,那麼面對辦刊水準和業務能力不足的現狀,中國眾多的期刊社還是能從內部尋找原因並有所突破的。而在目前,中國不少期刊的辦刊方針還很難説是受眾需求的體現,不少期刊雜誌甚至並不清楚其在受眾群體中的具體定位,也不清楚其讀者群的身份特徵和社會角色,因而其發行和推廣行為就會帶有很大的盲目性。

與此形成明顯對比的,是一些國際名牌雜誌對其讀者社會角色的清晰界定——通過對雜誌的讀者受眾進行經常性的調查和分析,雜誌編輯可以非常清晰地瞭解其讀者的一系列特徵和需求,從而以更具針對性的內容和特色提升雜誌在特定讀者群體中的吸引力。

　　根據我們的觀察,中國國內期刊在邀請讀者參與雜誌編輯及改進,以及通過第三方調查機構監測發行資料和隨刊發放讀者問卷進行受眾調查分析等方面還欠功夫,對市場調研並及時調整出版方針方面還不是很重視。而一些國際著名刊物在國內的中文合作版雜誌則比較重視此項工作,例如《環球科學》(《科學美國人》的中文合作版)、《普知》(美國《讀者文摘》的中文合作版)等雜誌。總之,在與電視、報紙、網路傳播等媒體競爭的形勢下,期刊必須要以準確的讀者市場定位為前提──真正瞭解讀者是誰,有什麼樣的閱讀需求。否則,編輯和發行的盲目性最終會帶來其發展走向和生存境地的盲目性。

（三）即使在當前的國情下,可以在引進國際優秀刊物方面作一些嘗試

　　引進一些國際知名刊物在中國國內的出版,從而借鑒其先進的辦刊模式和理念,有利於培養我們自己的期刊人才,也有利於期刊業的長遠發展,以及與國際間的接軌。

（四）加強和重視廣告經營,提升經營效益

　　中國期刊應在廣告經營中更加注重細分化的廣告市場,以更加專業化和精確的市場定位,以及創新性的廣告內容與形式吸引更加優質的廣告資源。

（五）繼續推進期刊刊群的建設與發展

　　中國期刊集團建設與發展的經驗已經表明,以一兩份發行規模較大、市場效益較好的核心期刊帶動一批外圍刊物協同發展,形成"刊群"或"期刊方陣"的發展模式,在當前的期刊產業環境中有利於整合有限的辦刊資源,規避"單兵作戰"的困難和風險,可以比較迅速地創造出一個社會影響力較大的期刊群體或期刊集團,發揮其集約化優勢和拉動效應,促進我國期刊業在困境中前行和發展。

(六) 加快與移動互聯網等新媒體之間的融合,藉助新媒體的傳播優勢突破部分制約瓶頸

傳統的紙質期刊出版模式因為較高的印製、裝幀成本,以及訂閱發行管道不足等的限制,在短時間內難以提升發行量和傳播覆蓋面,而以移動互聯網為代表的新興傳播媒介恰好能夠有效地規避這兩點制約因素。同時,中國已有超過 5 億的互聯網用戶規模,2011 年底,移動互聯網用戶超過 4.3 億,2012 年底將達到 6 億,首次超過互聯網用戶。[98]移動互聯網用戶事實上已是相當龐大而穩定的受眾群體,加之新媒體在多媒體傳播上的優勢和相對便捷的國際傳播能力,都是傳統期刊出版模式完全可以利用並借此尋求新的發展機遇的。在美國,大眾消費類雜誌網站從 2009 年達到最高峰之後,呈現逐漸緩慢減少的趨勢。但從 2010 年 4 月到 2011 年 4 月,美國雜誌的 iPad 應用程式數量增長超過 10 倍,其中,大多數是原有紙版雜誌的延伸。截至 2011 年底,App store 的中文應用程式已超過 50 萬個,雜誌應用程式數量呈井噴態勢。同時,數位化導致的閱讀革命,期刊的數位化不僅僅是將紙質期刊做成電子雜誌,還應適合移動互聯網的特性與需求,基於內容以及用戶做多層次多方位的延伸,並且重視用戶的交互體驗。

總之,千禧年以來期刊業的發展,當務之急是解決管理體制問題,政府應盡快加大出版業的改革力度,從管理上為期刊出版業放權,培育適應期刊業發展的市場,建立健全相關保障機制。管理者應具備期刊業發展的新理念,創造符合中國國情的辦刊模式,引進和學習國外先進的辦刊管理經驗,早日與國際期刊業接軌,引入競爭機制,豐富中國國內期刊市場;重視期刊廣告的運作,提升廣告在期刊收入中的比重;促進期刊集團化發展,擴大期刊經營產業的規模,使中國期刊產業實現可持續的發展。

---

[98] 孫培麟.2011 年國內移動互聯網用戶規模突破 4 億.
http://data.eguan.cn/yiguanshuju_126334.html.2012-05-15.

千禧年來的中國音像與電子出版

音像與電子出版是中國出版業中的重要組成部分。改革開放以後,從最初的錄音錄影帶出版到 CD、VCD、DVD 出版,音像與電子出版行業隨著載體的變化而不斷變化。下面以歷年《中國新聞出版統計資料匯編》中的資料為來源,進行分析。

一、千禧年來的音像與電子出版:資料分析

(一) 音像與電子出版單位

表1　2000─2011 年中國音像與電子出版單位數量

年份	音像出版單位總數	電子出版物出版單位總數
2000	290	86
2001	294	98
2002	292	109
2003	320	121
2004	320	162
2005	328	170
2006	339	198
2007	363	228
2008	378	240
2009	380	250
2010	374	251
2011	369	268

從上表可以看出,千禧年以來中國音像與電子出版單位數量處於穩步增長的趨勢,其中 2005 年至 2008 年的增長速度較快。

(二) 音像製品出版情況

1. 錄音製品

表 2　2000—2011 年中國錄音製品出版、發行、增長率統計

年份	出版品種	出版數量 (億盒/張)	發行數量 (億盒/張)	發行總金額 (億元)	與上年相比品種增長率(%)	與上年相比出版數量增長率(%)	與上年相比發行數量增長率(%)	與上年相比發行總金額增長率(%)
2000	8982	1.22	1.16	7.82	0.4	7.33	5.66	8.03
2001	9526	1.37	1.16	8.42	6.06	12.71	0.55	7.62
2002	12296	2.26	2	13.66	29.08	64.96	72.41	62.23
2003	13333	2.2	1.96	13.25	8.43	-2.55	-1.65	-2.94
2004	15406	2.06	1.72	11.29	15.55	-6.36	-12.24	-14.79
2005	16313	2.30	1.89	15.35	5.89	11.65	9.88	35.96
2006	15850	2.6	2.2	15.51	-2.84	13.55	15.96	1.04
2007	15314	2.06	2	11.52	-3.38	-20.93	-8.91	-25.73
2008	11721	2.54	2.49	11.21	-23.46	23.49	24.53	-2.69
2009	12315	2.37	2.62	11.90	5.07	-6.79	5.28	6.16
2010	10639	2.39	2.57	12.08	-13.61	0.84	-1.91	1.51
2011	9931	2.46	2.60	10.35	-6.65	3.30	1.43	-14.28

　　自 2000 年以來,中國錄音製品出版品種迅速增長,2005 年,出版品種到達制高點,此後出版品種又急速下降;出版數量上以 2006 年最甚,2002 年,增長速度最快;從發行數量來看,並沒有因為出版品種的下降而減少,而是穩中有進;發行金額自 2002 年後保持在 10 億元以上。總體來看,2002 年和 2005 年,在出版品種、出版數量、發行數量和發行金額上都呈現出較高的增長率。

A. 錄音帶(AT)

表 3　2000—2011 年中國錄音帶出版品種、數量及增長率統計

年份	品種	數量 (萬盒)	與上年相比品種增長率(%)	與上年相比出版數量增長率(%)
2000	6175	11128.44	-4.36	6.76
2001	6449	12057.07	4.44	8.34
2002	8598	19662.42	33.32	63.08
2003	8502	17646.30	-1.12	-10.25
2004	8724	15606.47	2.61	-11.56
2005	8433	15156.87	-3.34	-2.88
2006	8176	18430.13	-3.05	21.6
2007	6989	14652.81	-14.52	-20.5

(續表)

年份	品種	數量 (萬盒)	與上年相比 品種增長率(%)	與上年相比 出版數量增長率(%)
2008	4581	19645.06	-34.45	34.07
2009	3998	16584.17	-12.73	-15.58
2010	3336	17403.52	-16.56	4.94
2011	3250	18757.06	-2.58	7.78

千禧年以來,錄音帶的出版品種在 2002—2005 年出現了高潮,之後呈現迅猛下降的趨勢,而出版數量的變化幅度不大。

據統計,自編節目的出版品種和數量在錄音帶中佔據的比重分別從 2000 年的 87.71%、80.45%上升到 2011 年的 99.97%、99.99%,充分顯示了中國音像電子出版社在錄音帶出版中體現出越來越高的原創性。在自編節目中,歌曲、樂曲、戲曲、曲藝類出版品種和數量的下降極為明顯和迅速,歌曲類從 2000 年的 11.84%、9.53%到 2011 年的 4.43%、0.90%;樂曲類從 2000 年的 5.91%、1.05%到 2011 年的 0.18%、0.01%;戲曲類從 2000 年的 7.16%、0.7%到 2011 年的 2.30%、0.01%;曲藝類從 2000 年的 1.75%、0.26%到 2011 年的 0.31%、0.002%。文教類、語言類的品種和數量占自編節目總品種和數量的比重始終較大,文教類在品種上增長較快,從 2000 年的 41.72%到 2011 年的 71.17%,數量上則逐步降低,從 2000 年的 56.6%到 2011 年的 33.16%;語言類在品種上基本保持在 20%—30%,但在數量上有了極大的增長,從 2000 年的 12.82%增長到 2011 年的 65.89%。

除自編節目外,引進節目的出版品種和數量 2004 年達到高點,出版 1 153 種、1 806.44 萬盒,此後極速下降至 10 多種,至 2011 年僅有 1 種、0.3 萬盒,占錄音帶種數、數量的比例從 2004 年最高點的 13.22%、11.57%到 2011 年的 0.03%、0.002%。2004 年之前引進節目中歌曲所占的比重較大,教育其次,2004 年之後各類內容的引進品種和數量大幅下降。

從以上錄音帶的自編節目和引進節目統計資料來看,自編節目作品佔據較大比重,引進節目呈現較明顯的下降趨勢。

B. 鐳射唱片(CD)

表 4　2000－2011 年中國鐳射唱片出版品種、數量及增長率統計

年份	品種	數量 (萬張)	與上年相比品種 增長率(%)	與上年相比數量 增長率(%)
2000	2799	1031.86	12.41	13.78
2001	3072	1647.95	9.75	59.71
2002	3691	2915.98	20.15	76.95
2003	4810	4340.53	30.32	48.85
2004	6509	4920.12	35.32	13.35
2005	7493	7111.93	15.12	44.55
2006	6774	6415.71	-9.6	-9.79
2007	7475	5195.86	10.35	-19.01
2008	5578	4404.91	-25.38	-15.22
2009	6426	4681.42	15.20	6.28
2010	5086	3947.39	-20.85	-15.68
2011	4716	3731.56	-7.27	-5.47

由上表可以看出,鐳射唱片在錄音製品中所占的比例逐漸增大,出版品種和數量僅次於錄音帶。2005 年,鐳射唱片的出版品種和數量達到高點,此後稍有下降的趨勢。

據統計,千禧年以來自編節目在鐳射唱片總品種和數量中的比例,呈現出穩步增長的趨勢,從 2000 年的 77.24%、82.21%到 2011 年的 89.65%、88.38%。其中,以歌曲與樂曲類的品種和數量比例較大,文教其次,隨後是語言、戲曲、曲藝等。歌曲和樂曲類呈現出一定的下降趨勢,歌曲類占鐳射唱片種數和數量的比例從 2000 年的 33.65%、34.04%到 2011 年的 29.62%、16.72%;樂曲類則從 2000 年的 34.62%、37.9%到 2011 年的 12.51%、8.12%。文教和語言類的增長則較為明顯,文教類占鐳射唱片種數和數量的比例從 2000 年的 2.75%、7.16%到 2011 年的 27.75%、45.86%;語言類從 2000 年的 0.25%、0.25%到 2011 年的 12.51%、13.87%。

此外,從 2000 年至 2005 年,引進節目呈現出較為強勁的增長勢頭,從 2000 年的 636 種、183.32 萬張到 2005 年的 2399 種、2743.13 萬張。2006 年開始逐步減少,至 2011 年僅出版 487 種、433.33 萬張。在引進節目中所占比例最大的是歌曲類,2005 年歌曲類的出版品種和數量分別為 1714 種、2364.45

萬張,達到千禧年來的高點,之後呈現出逐步的下降趨勢,至 2011 年出版品種和數量分別為 349 種、251.73 萬張。其次是樂曲類,2005 年出版品種和數量分別為 491 種、175.31 萬張,之後也在不斷減少,到 2011 年為 109 種、160.31 萬張。教育和語言類在 2004、2005 年出版品種較多,2004 年文化教育類出版 110 種,2005 年教育類 122 種、語言類 53 種。但至 2011 年僅出版教育類 13 種、語言類 8 種。

總之,鐳射唱片中引進節目的出版品種和數量不斷減少,占鐳射唱片總種數和數量的比例逐步下降,從 2000 年分別占鐳射唱片種數和數量的 22.72%、17.77%到 2011 年的 10.33%、11.61%;而自編節目處於穩步增長的趨勢。

C. 高密度鐳射唱盤(DVD-A)

表5　2000—2011 年中國高密度鐳射唱盤出版品種、數量及增長率統計

年份	品種	數量 (萬張)	與上年相比品種 增長率(%)	與上年相比數量 增長率(%)
2000	8	1.2	/	/
2001	5	2.05	-37.5	70.83
2002	7	0.4	40	80.49
2003	21	17.23	200	4207.5
2004	173	101.79	723.81	490.77
2005	387	640.28	123.7	529.02
2006	900	1167.55	132.56	82.35
2007	850	719.93	-5.56	-38.34
2008	1562	1349.28	83.76	87.42
2009	1891	2409.89	21.06	78.61
2010	2217	2504.05	17.24	3.91
2011	1965	2154.13	-11.37	-13.97

與錄音帶相反,2000 年以來高密度鐳射唱盤呈現出極為強勁的增長勢頭,以 2004 年至 2008 年最甚。據統計,2003 年之後高密度鐳射唱盤的自編節目品種飛速增長,從 2003 年僅出版 6 種到 2010 年的 2150 種僅僅幾年的時間。而自編節目在高密度鐳射唱盤總品種和數量中的比例也穩步提升,從 2003 年的 28.57%、47.19%到 2011 年的 97.61%、99.10%。教育和語言類仍然是高密度鐳射唱盤自編節目的主要出版類別,並呈現不斷增長的趨勢,其中教育類

從 2004 年的 44 種、37.22 萬張到 2011 年的 461 種、698.45 萬張,語言類從 2004 年的 61 種、38.47 萬張到 2011 年的 1370 種、1200.29 萬張。而歌曲、樂曲等類所占的比例較小,2011 年占高密度鐳射唱盤總種數比例分別為 1.42%、1.48%。

2000—2002 年高密度鐳射唱盤出版均為自編節目,從 2003 年開始才出版引進節目。2003 年出版引進節目 15 種、9.1 萬盒,且呈現出一定的增長勢頭,到 2011 年出版 47 種、19.41 萬張;但在高密度鐳射唱盤總出版品種和數量中所占比例仍然很小,2011 年分別占 2.39%、0.90%。2006 年之前歌曲類的品種和數量比重較大,2006 年出版 30 種、42.75 萬張,但 2007 年僅 4 種、5.8 萬張,急劇下降。在高密度鐳射唱盤的引進節目中,教育類和語言類佔據的比重仍然較大,2011 年共出版引進節目 47 種,其中教育類 16 種、語言類 30 種。

千禧年以來,高密度鐳射唱盤的自編節目和引進節日都呈現出不斷增長的趨勢,但自編節目仍佔據較大的比例。此外還有對外合作節目,2000—2009 年,高密度鐳射唱盤的出版品種均為 0,至 2010 年才合作出版了 2 個品種,1.21 萬張。

2. 錄影製品

表 6　2000–2011 年中國錄影製品出版、發行、增長率統計

年份	出版品種	出版數量 (億盒/張)	發行數量 (億盒/張)	發行總金額 (億元)	與上年相比品種增長率(%)	與上年相比出版數量增長率(%)	與上年相比發行數量增長率(%)	與上年相比發行總金額增長率(%)
2000	8666	0.8244	0.58325	6.38	-10.85	25.57	16.59	24.4
2001	11445	1.44	1.09	9.62	32.07	78.12	87.24	50.67
2002	13576	2.18	1.74	11.02	18.62	51.39	59.63	14.55
2003	14891	3.54	2.6	14.3	9.69	61.84	49.75	29.74
2004	18917	3.62	2.45	13.81	27.04	2.26	-5.77	-3.42
2005	18648	3.86	3.00	20.80	-1.42	6.63	22.45	50.62
2006	17856	3.23	2.41	19.66	-4.25	-16.41	-19.87	-5.48
2007	16641	2.85	2.36	19.94	-6.8	-11.66	-1.86	1.42
2008	11772	1.79	1.61	7.23	-29.26	-37.37	-31.92	-63.74
2009	13069	1.55	1.22	8.09	11.02	-13.42	-24.00	11.89
2010	10913	1.85	1.19	8.05	-16.50	19.35	-2.46	-0.49
2011	9477	2.18	1.28	7.91	-13.16	17.59	7.97	-1.72

2000 年以來,錄影製品出現了較大的增長趨勢,至 2005 年發展至高峰,此後出版品種和數量都逐步下降。從發行上來看,2001—2003 年、2005 年發行數量和總金額較高,而其他年份基本為負增長。以下從錄影帶、數碼鐳射視盤、高密度鐳射光碟三個方面作統計:

A. 錄影帶(VT)

表 7　2000—2011 年中國錄影帶出版品種、數量及增長率統計

年份	品種	數量 (萬盒)	與上年相比 品種增長率(%)	與上年相比 出版數量增長率(%)
2000	1271	71.14	-47.85	-21.41
2001	1017	64.88	-19.98	-8.8
2002	663	43.03	-34.81	-33.68
2003	296	16.35	-55.35	-61.99
2004	214	5.77	-27.7	-64.71
2005	236	5.4	10.28	-6.85
2006	47	6.79	-80.08	25.74
2007	24	5.47	-48.94	-19.44
2008	4	0.1	-83.33	-98.17
2009	6	3.17	50.00	3070.00
2010	43	255.52	616.70	7960.57
2011	141	62.98	227.91	-75.35

從 2000 年開始,錄影帶的出版急劇下降,從 1000 多種降至僅幾種,到 2010 年出版品種快速上升,至 2011 年出版品種超過百種,同時出版數量也出現了一個大反彈。

據統計,錄影帶中以自編節目為主,2000—2010 年自編節目品種和數量占錄影帶總種數和總數量的比例基本在 90%以上,其中 2004—2006 年比例達100%。在自編節目中,教育類是主要出版類別,但出版品種和數量以及占錄影帶總種數、數量的比例在逐漸下降:2000 年教育類出版 908 種、58.21 萬盒,所占比例分別為 71.44%、81.82%;到 2009 年教育類僅出版 1 種、2.52 萬盒,所占比例分別為 16.67%、79.50%;2010 年回升至 20 種、25.6 萬盒,所占比例為 46.51%、10.02%;2011 年出版 44 種、19.37 萬盒,所占比例為31.21%、30.76%。

此外,引進節目在 2000—2003 年呈逐漸下降的趨勢。2000 年引進節目出版 29 種、5.91 萬盒,至 2003 年僅出版 4 種、0.53 萬盒。2004—2006 年間沒有出版引進節目。2007 年僅出版引進節目 1 種、0.3 萬張,至 2010 年出版引進節目 3 種、10.5 萬盒。2011 年引進節目品種出現反彈,出版 51 種,占錄影帶種數的 36.17%。

從以上分析可以看出,2010 年之前錄影帶出版品種和數量處於急速下降的趨勢,2010 年開始回升。自編節目在錄影帶中所占比例較大,但品種和數量也在逐步下降;而引進節目所占比例較小,僅在 2011 年出現反彈。

B. 數碼影音光碟(VCD)

表 8　2000–2011 年中國數碼影音光碟出版品種、數量及增長率統計

年份	品種	數量 (萬張)	與上年相比品種 增長率(%)	與上年相比數量 增長率(%)
2000	7101	7880.32	-2.08	24.26
2001	10100	14078.75	42.23	78.66
2002	11766	19991.98	16.5	42
2003	12651	30483.72	7.52	52.48
2004	15398	29673.18	21.71	-2.66
2005	14067	26880.31	-8.64	-9.41
2006	12747	20387.67	-9.38	-24.15
2007	10561	16722.37	-17.15	-17.98
2008	6365	9764.29	-39.73	-41.61
2009	6184	8054.2	-2.84	-17.51
2010	4034	6519.63	-34.77	-19.05
2011	2994	6864.36	-25.78	5.29

由上表可見,數碼影音光碟出版在 2001 年至 2007 年的出版品種和數量較多,數量從 2004 年出現下降趨勢,且下降較快,為負增長。

在這十幾年中,自編節目的出版品種、數量與數碼影音光碟總出版情況的發展趨勢相同,從 2001 年出版 8760 種、10566.05 萬張到 2006 年 11313 種、16058.72 萬張,增長迅速且出版數量較多;2007 年出版品種和數量為 9604 種、14415.53 萬張,出現急劇下降,至 2011 年為 2943 種、6594.38 萬

張。但自編節目在數碼影音光碟總出版品種和數量中佔據的比例保持不斷增長,從 2000 年的 85.48%、83.83%到 2011 年的 98.30%、96.07%。

在自編節目中,教育類仍然是主要出版內容,2001—2007 年出現較快的增長,2001 年出版 2274 種、1748.81 萬張,到 2007 年出版 3465 種、4067.6 萬張;之後種數出現明顯下滑,2008 年僅出版 1788 種、4177.59 萬張。其次,戲曲片、故事片類所占比例也比較大,2004 年故事片、戲曲片兩者共占數碼影音光碟種數 23.22%、數量 36.13%,2007 年降為 15.86%、10.39%,至 2011 年為 12.20%、5.08%,呈現較大的下降趨勢。此外,從 2006 年開始,農業科學類的出版品種數較多,但出版數量相對較少:如 2006 年出版 1072 種,占數碼影音光碟種數的 8.41%;出版 176.91 萬張,僅占數碼影音光碟數量的 0.87%;至 2011 年占數碼影音光碟種數和數量的比例分別為 15.60%、1.93%。其餘幾類如醫藥衛生、社會科學、綜合類等平分秋色。

從 2000 年至 2006 年,引進節目的出版種數和數量較多,占數碼影音光碟總種數和數量的比例均在 10%以上:2000 年為 14.45%、15.39%,到 2006 年為 11.16%、21.2%;從 2007 年開始急劇下滑至 8.38%、13.43%,至 2011 年所占比例僅為 1.70%、3.93%。引進節目中以故事片和文教類為主:2000 年故事片占數碼影音光碟總種數和數量的比例為 12.11%、11.89%,文教類為 0.79%、0.57%;2005 年故事片的比例為 11.20%、20.17%,文教類占 2.40%、2.15%。幾大類如故事片、音樂舞蹈、教育類,自 2008 年均出現較大幅度的下降:2006 年它們占數碼影音光碟種數的比例分別為 5.65%、2.12%、0.73%,2008 年降為 5.05%、0.41%、0.65%,至 2011 年故事片僅占 0.23%,其他類占 1.07%。

從以上資料可以看出,引進節目自 2007 年出現大幅下滑,而對外合作節目卻在 2007 年呈現大幅反彈,2006 年對外合作節目 12 種、數量 5.9 萬張,2007 年達到 72 種、61.4 萬張,之後幾年又沒有出版任何對外合作節目。

C. 高密度影音光碟(DVD-V)

表9　2000-2011年中國高密度影音光碟出版品種、數量及增長率統計

年份	品種	數量 (萬張)	與上年相比品種 增長率(%)	與上年相比數量 增長率(%)
2000	294	130.99	/	/
2001	328	253.18	11.56	93.28
2002	1147	1808.69	249.7	614.4
2003	1944	4851.92	69.49	168.26
2004	3305	6531.85	70.01	34.62
2005	4226	11511.68	27.87	76.24
2006	4601	9951.31	8.87	-13.55
2007	5959	11585.33	29.52	16.42
2008	5367	8044.8	-9.93	-30.56
2009	6879	7413.61	28.17	-7.85
2010	6836	11753.78	-0.63	58.54
2011	6342	14860.86	-7.23	26.43

與錄影帶相反,高密度影音光碟的出版品種和數量從 2000 年開始出現迅猛的增長勢頭,除 2008 年出現小幅下降之外,其他年份基本為正增長。

2000 年以來,高密度影音光碟的自編節目品種和數量呈現出快速的增長趨勢,2003 年占高密度影音光碟總品種和數量的比例僅為 48.46%、52.37%,至 2011 年上升為 88.65%、94.37%。教育類的出版種數和數量增長快速,且逐漸成為自編節目中的主要出版類別:2000 年教育類僅出版 4 種、3.1 萬張,占高密度影音光碟種數的 1.36%、數量的 2.37%;2011 年出版 2126 種、2318.92 萬張,占高密度影音光碟種數的 33.52%、數量的 15.60%。其次是故事片、電視劇、音樂舞蹈、戲曲片、綜合類平分秋色。

高密度影音光碟中引進節目的出版品種在 2003 年出現迅速的增長,2002 年引進節目 529 種,2003 年猛增為 1002 種,2007 年達到高峰為 1549 種,2008 年開始小幅下降為 1134 種,2009 年驟降為 970 種。相應地,2007 年之前出版數量基本處於增長趨勢,從 2002 年的 461.05 萬張到 2007 年的 3392.62 萬張,2008 年開始大幅下降為 2046.36 萬張,2009 年僅為 603.37 萬張。而引進

節目在高密度影音光碟總品種和數量中所占的比例,在 2003 年達到最高,分別為 51.54%、47.63%,之後逐步下降,至 2011 年僅占 11.20%、5.58%。

故事片是引進節目的主要出版內容,2003—2007 年是高盛時期:2003 年出版 699 種、1617.44 萬張,占高密度影音光碟種數的 35.96%、數量的 33.34%;至 2007 年出版 1101 種、1955.21 萬張,所占比例分別為 18.48%、16.88%。近幾年逐漸回落,2011 年僅出版 414 種、350.84 萬張,所占比例分別為 6.53%、2.36%。其次是卡通片,出版種數穩步上升,但數量自 2009 年呈現下降趨勢:2006 年出版 122 種、468 萬張,2008 年出版 210 種、978.35 萬張,2010 年出版 212 種、307.79 萬張。

從以上資料可以看出,相對於其他音像載體,在高密度影音光碟出版中,引進節目佔據了比較高的比例,以故事片、卡通片、音樂舞蹈等娛樂性的出版內容為主。而自編節目偏重教育,其次才是娛樂性內容。

(三) 電子出版物

中國光盤復製產業自 20 世紀 90 年代中後期發展至今,規模不斷擴大,產能迅速提高。到 2005 年 8 月,以投產數量計,中國光盤復製(只讀類光盤和可錄類光盤)企業共有 140 家,只讀類光盤復製生產線 506 條(年產能約 34 億片),可錄類光盤生產線 600 條(年產能約 41 億片),產能分別占到全球光盤市場總量的五分之一,已初步成為全球光盤復製業的加工生產基地。中國光盤復製這一新興高科技產業經過十多年的發展,產業結構不斷優化,佈局更加合理,已經形成了珠三角、長三角、環渤海三個光盤復製產業帶,繼而向中西部延伸,同時構建了粵東和江蘇兩個各具特色的可錄類光盤生產基地。中國光盤復製產業的技術裝備不斷改善,產品品質有所提升。

表 10　2000-2011 年中國電子出版物出版品種、數量和增長率

年份	品種	數量 (萬張)	與上年相比品種 增長率(%)	與上年相比數量 增長率(%)
2000	2254	3989.7	/	/
2001	2396	4507.17	6.3	12.97
2002	4713	9681.35	96.7	114.8
2003	4961	9320.98	5.26	-3.72
2004	6081	14788.66	22.58	58.66
2005	6152	14008.97	1.17	-5.27
2006	7207	16035.72	17.15	14.47
2007	8652	13584.04	20.05	-15.29
2008	9668	15770.64	11.74	16.10
2009	10708	22900.00	10.76	45.30
2010	11175	25911.86	4.36	13.08
2011	11154	21322.22	-0.19	-17.71

　　從 2002 年開始,電子出版物出現了較為強勁的發展勢頭,出版品種數和生產數量呈現大幅增長,僅 2003、2005、2007、2011 年在出版數量上出現小幅下降。

表 11　2000-2011 年中國電子出版物各類型載體的出版種數、數量(單位:萬張)

類型 年份	只讀光盤 (CD-ROM)		高密度只讀光盤 (DVD-ROM)		互動式光盤 (CD-I)及其他	
	種數	數量	種數	數量	種數	數量
2000	2222	3962.6	/	/	7	1.47
2001	2354	4419.03	10	18.55	8	0.81
2002	4668	9602.59	18	20.09	1	0.5
2003	4930	9285.67	2	1.19	1	0.99
2004	5984	14717.79	31	19.63	13	14.45
2005	6036	13845.32	73	96.76	6	2.94
2006	6943	14879.95	170	990.93	94	164.84
2007	7845	11658.35	421	934.38	386	991.31
2008	7828	13638.94	1285	1610.78	555	520.92
2009	7862	19830.71	2224	2484.96	622	598.37
2010	7663	22449.39	2752	2714.54	760	747.93
2011	7546	15919.66	2747	3995.4	861	1407.17

　　由上表可見,各類型載體的出版品種和數量均呈現出較大幅度、快速的增長,並以只讀光盤為主要出版類型。

千禧年後兩岸四地出版業發展報告

2006 年,中國電子出版單位(包括音像電子出版社)中,出版品種在 200 種以上的有 8 家,出版品種在 100 至 200 種之間的有 13 家,出版品種在 50 至 100 種之間的有 23 家,出版品種在 50 種以下的有 176 家。2007 年,出版品種在 200 種以上的有 6 家,出版品種在 100 至 200 種之間的有 16 家,出版品種在 50 至 100 種之間的有 29 家。出版品種在 50 種以下的有 169 家。

中國電子出版選題仍以教育為主,文藝、科技、社科類次之。以 2006、2007 年為例,2006 年,教育類占總數的 81.66%,文藝類占總數的 7.24%,社科類占總數的 6.09%,科技類占總數的 5.01%;2007 年,教育類占總數的 76.68%,科技類占總數的 9.72%,社科類占總數的 7.04%,文藝類占總數的 6.56%。

從書盤結合的產品來看,2006、2007 年電子出版單位的出版品種中,書盤結合的電子出版物品種分別為 4643 種、5263 種,分別占當年電子出版物出版品種總數比例的 64.42%、61.99%。2006 年,電子出版單位出版的書盤結合的教育類電子出版物產品 4159 種,社科類產品 239 種,科技類產品 173 種,文藝類產品 72 種,分別占當年書盤結合產品總數的 89.57%、5.15%、3.73%、1.55%。2007 年,電子出版單位出版的書盤結合的教育類電子出版物產品 4449 種,社科類產品 323 種,科技類產品 422 種,文藝類產品 69 種,分別占當年書盤結合產品總數的 84.53%、6.14%、8.02%、1.31%。

從銷售量來看,2006 年,銷售收入總計約為 8.65 億元人民幣。年銷售收入在千萬元以上的有 17 家,年銷售收入在 500 萬至 1000 萬元之間的 18 家,年銷售收入在 100 萬至 500 萬元之間的 48 家,年銷售收入在 50 萬至 100 萬元之間的 27 家。

2007 年,銷售收入總計約為 9.977 億元人民幣,年銷售收入在千萬元以上的有 20 家,年銷售收入在 500 萬至 1000 萬元之間的 22 家,年銷售收入在 100 萬至 500 萬元之間的 53 家,年銷售收入在 50 萬至 100 萬元之間的 26 家。

從發行量來看,2006 年電子出版物的發行量約為 1.26 億片;2007 年電子出版物的發行量約為 1.46 億片。2006 年,年發行量在百萬片以上的有 26 家電子出版單位。電子出版單位中,有 58 家電子出版物品種平均發行量在 1 萬片以上,有 43 家電子出版物品種平均發行量在 5000 至 10000 片,有 60 家電子出版物品種平均發行量在 2000 至 5000 片。

2007 年,年發行量在百萬片以上的有 32 家電子出版單位。電子出版單位中,有 59 家電子出版物品種平均發行量在 1 萬片以上,有 44 家電子出版物品種平均發行量在 5000 至 10000 片,有 58 家電子出版物品種平均發行量在 2000 至 5000 片。

二、千禧年來音像與電子出版中的代表性事件

(一) 國家音像、電子出版物獎

1999 年底,首屆"國家音像製品獎"評選活動在北京舉行,共有包括社科、文藝、科技和教育等 4 個門類的 108 種音像製品參加評選。經過評選委員會的初評和終評,最後評選出 54 個獲獎音像製品,其中榮譽獎 1 個,國家獎 19 個,提名獎 34 個。2000 年初,首屆"國家電子出版物獎"評選活動在北京舉行。共有包括社科、科技、文化、古籍、少兒、教育、娛樂和工具等門類的 126 種電子出版物參加評選。經過評選委員會的初評和終評,最後評選出 35 個獲獎電子出版物,其中榮譽獎 5 個,國家獎 10 個,提名獎 20 個。

為了鼓勵優秀電子音像出版物的創作和出版,繁榮電子音像出版事業,經中宣部批准,新聞出版署決定自 1999 年起,分別設立"國家音像製品獎"和"國家電子出版物獎";並組織各地電子音像出版單位選送精品,組織有關專家進行評選活動。

首屆國家音像製品獎和首屆國家電子出版物獎,是中國電子音像出版行業設立的第一個政府獎,堪稱"20 世紀優秀電子音像製品大檢閱";獲獎的電子音像作品,集中體現了電子音像出版行業正確的思想導向、高尚的文化取向、獨特

的編輯意圖、高新的技術手段、準確的市場定位,對促進電子音像出版事業的繁榮起到了良好的示範和推動作用。

(二) 電子音像出版"十五"規劃

為鼓勵多出優秀的電子出版物,滿足人民群眾多層次、多方面需求,促進中國電子出版業的繁榮發展,新聞出版總署決定組織全國各電子出版物出版單位,制訂《十五"(2001—2005)國家重點電子出版物出版規劃》。中國共有 55 家出版單位申報選題 205 項。新聞出版總署組織有關專家對申報選題進行了評審、論證和遴選,從中選出 53 家出版單位的 153 項選題列入《"十五"國家重點電子出版物出版規劃》,其中,社科類選題 24 項,科技類選題 25 項,文化類選題 36 項,古籍類選題 8 項,少兒類選題 6 項,教育類選題 42 項,參考及工具類選題 12 項。

2003 年 11 月,新聞出版總署下發了《關於調整"十五"國家重點音像、電子出版物出版規劃的通知》。經過論證增補電子出版物選題 25 項,撤銷電子出版物選題 39 項。2004 年 7 月,新聞出版總署又再次下發《關於"十五"國家重點音像、電子出版物出版規劃增補選題的通知》,要求各音像、電子出版單位積極策劃好"三農"問題和未成年人思想道德建設兩方面的選題。

"十五"規劃實施的這幾年,是電子出版物出版數量穩步增長、水準顯著提高的時期,據統計,2000 年出版電子出版物 1442 種,2001 年出版電子出版物 2396 種,2002 年出版 4713 種,2003 年出版 4961 種,2004 年出版 6081 種,2005 年出版 6152 種。

"十五"規劃期間中國電子出版物具有鮮明的時代性,服務於社會主義建設,對於弘揚時代主旋律,促進社會主義精神文明建設有積極作用。這些出版物均由國內出版單位自主開發製作,能充分代表中國現階段電子出版業發展的總體水準,鼓舞了出版單位和製作單位開發製作電子出版物的積極性。列入"十五"規劃的選題,都是各出版單位的重點選題,從政策、資金、技術、人員各方面都得到大力支持,起到了精品示範作用。"十五"規劃中的選題涉及社科、科技、文化、古籍、少兒、教育、參考及工具 7 個類別,內容從古至今、從天文到地理、從專業知識到休閒娛樂,題材多樣化,受眾面較廣,豐富了人民群眾的精神生活。

(三) 圖書配盤逐漸普及和走熱

一般情況下,科普讀物的銷量達到 1 萬冊已是不俗的成績了,但 2001 年年底幾匹黑馬跳了出來:一是廣東人民出版社的《可持續發展知多少》(配畫本)重版兩次,印數達到 6 萬冊;二是遼寧教育出版社的"discovery"系列,其中兩本印量接近 3 萬冊;三是中國電影出版社的《宇宙與人》,一個多月加印十幾次,突破 6 萬冊的銷量。這幾本書有一個共同點,就是都另有電子光盤銷售,或書後附帶電子光盤,這使得科普圖書與多媒體、VCD 搭上了界。

越來越多的出版社在出版圖書的同時也不忘附帶一張光盤(或 VCD、DVD)。這樣一來,圖書在無形中提高了自己的身價,而尤其是在電腦、網路得到廣泛普及的背景下,讀者有了更多的選擇空間,出版社也獲得較好的銷售量和贏利,皆大歡喜。

(四) 國內自主研製電子出版物閱讀器

進入 21 世紀以後,以北大方正 Apabi 為代表的電子出版物的研究和發展正在與世界接軌,方正利用其獨有的電子排版系統,與國內 200 多家出版社合作,採用其 Apabi 電子書解決方案。2003 年 3 月,北大方正在其主持召開的"2003 中國 ebook 產業年會"上推出了翰林電子出版物,採用了國際上先進的電子出版物技術,外觀精美,符合人體功能學設計原理。該書體積小,重量輕,32 開本書,400 克重,大小與紙質書相似,32MB 記憶體,可存儲 1600 萬漢字,最大能擴充到 2GB,用兩節 7 號電池可支持閱讀超過 1 萬頁,售價 2000 元左右,低於國外同類產品的價格。

和傳統紙質出版物相比較,電子出版物的優勢相對明顯,主要表現在以下五方面:第一,存儲量大,體積小,便於攜帶和收藏;第二,成本低,製作便捷,經濟實惠,還有利於保護環境;第三,實時性強,圖文聲並茂,媒體多樣化,可以提供動態化和個性化服務,集圖、文、聲、像於一體,還可以實現按需印刷業務;第四,使用方便,功能齊全,檢索能力強;第五,技術性強,出版週期短,傳播速度快。

進入千禧年以來,中國積極自主研製生產電子出版物閱讀器,努力適應大眾正在發生變化的閱讀習慣與方式。隨著科技的發展,電子出版物閱讀終端的形式越來越多,比如手機正逐漸成為一種比較通用的移動閱讀終端。手機與微型化的移動式個人電腦相結合,發展出理想的電子出版物閱讀終端。

(五) "DVD 壓縮碟"嚴重衝擊音像市場

2004 年,藉助高新技術"武裝"起來的"DVD 壓縮碟"大規模衝擊音像市場,導致正版電影、電視劇音像製品的銷售急劇下降,最終影響到優秀電視劇的生產。這類壓縮碟自 2004 年 5 月出現,出現幾個月時間惡果隨即顯現,音像公司與製片方的版權交易大幅萎縮,音像公司不敢買版權,同時經銷商大量退貨造成音像發行嚴重的庫存積壓,音像公司暢銷品種的銷售嚴重受阻。

"DVD 壓縮碟"採用 DVD 影碟的 MPEG-2 壓縮格式,可畫面解析度僅有 352×288,碼率是 1.15Mbps,也就是僅僅有 VCD 的清晰度,所以視頻檔很小,能夠在一張 DVD 盤中儲存 10 集左右的電視劇。早在 2004 年 5 月,DVD 壓縮光碟即在一些主要城市的電腦城開始亮相,但其畫質不穩定,且對光驅構成較大傷害,並未即刻在市場上產生影響。進入 7 月,DVD 壓縮碟畫質有了明顯提高,並解決了關鍵的相容難題——在任何 DVD 機上都可以播放,體現其驚人的市場誘惑力,並迅速蔓延到整個音像製品市場。10 月,DVD 壓縮碟瘋狂盜錄新片新劇,電腦城原來做軟件盜版的不法商販也都"轉行"做起了音像盜版。

2004 年 11 月 4 日,文化部下發《關於立即開展音像市場治理冬季行動嚴屬打擊 DVD 壓縮碟》的緊急通知,要求各地文化行政部門立即對轄區內音像批發、零售、出租經營單位進行全面檢查,積極協調、配合工商、公安、新聞出版、城管等部門,形成合力,最大限度地減少 DVD 壓縮碟流入市場。

表面上看是正版出版商為了維護自身利益所採取的對抗行動,實際上它是對新經濟模式或者新遊戲規則的拒絕,使得出版商在這場技術創新的市場較量中全面敗北。出版商面臨市場環境的劇烈變化,只求助於有關部門全力支持和呼籲公眾支持正版,而不是通過技術、市場和管道等創新和開拓贏得競爭。事實上,包括新的壓縮技術在內的顛覆性技術是誰也阻擋不了的,它不僅顛覆了現有行業的既得利益,也導致音像製品行業制訂新的遊戲規則。

(六) 單機遊戲受網路遊戲衝擊,逐年下降

2005 年的中國 PC 單機遊戲市場仍然處於低迷的狀態,與 IDC 和遊戲工委聯合對中國 PC 單機遊戲市場所進行的 2004 年度的調查統計相比較,2005 年在中國市場上新產品共 71 款,比 2004 年的 116 款下降了 38.8%,國產 PC 單機遊戲的開發下降到歷年來的最低點。

2005 年中國 PC 單機遊戲市場僅僅只有 0.7 億元的市場銷售額,不但產品數量比 2004 年減少,也沒有像 2004 年包括《仙劍奇俠傳 3 外傳──問情篇》、《軒轅劍外傳──蒼之濤》、《FIFA2004》、《指環王 3》、《反恐精英──零點行動》、《使命召喚》等多款國內外高品質的重量級產品,市場實際銷售收入比 2004 年下滑了 30%,整體市場基本上還是延續了 2004 年的衰退情況。國外大批優質益智遊戲可以通過網路下載,大量的網路休閒遊戲風行一時,受此影響,過去頗受歡迎的益智類遊戲逐年下降,到 2005 年只剩下 5%。

而中國網路遊戲用戶數在 2005 年底達到 2634 萬,比 2004 年增長了 30.1%。網路遊戲用戶數從 2006 年到 2010 年的年複合增長率為 13.7%,遠比互聯網用戶數增長率高。付費網路遊戲用戶數 2005 年達到 1351 萬,2006 至

2010 年付費網路遊戲用戶數的年複合增長率為 14.4%,同總的網路遊戲用戶數增長率相近。

　　網路遊戲的發展,為周邊產業提供了新的市場,帶動了周邊產業的發展,如:電信業(固話業務運營商及移動運營商)、資訊產業(硬體、軟件、電信 ISP 供應商)、商業(管道銷售商)、傳媒業(廣告業、報業、電視業、網路媒體)、出版業、製造業(飾物及玩具生產商)、展覽業(E3、GAMESHOW)等。

(七) 新興媒體、線上音樂等改變音像業

　　MP3 等數位音樂格式以及相關下載網站、相應播放設備的流行,悄然改變著傳統的音像業。大量的 CD 音樂被壓縮成 MP3 格式後在網上傳播,被免費下載或廉價銷售。而家庭寬帶網路和 MP3 等播放器的普及,進一步刺激了這種發行方式。

　　此外,線上音樂的銷售日漸紅火。Apple 的線上音樂銷售網站 iTune Music Store 與其 iPod、iPad 等平臺形成了良性互動,佔據了線上音樂銷售市場 70% 以上的份額。而其他公司如 Microsoft 公司、中國移動等也紛紛嚮用戶提供音樂服務,線上音樂銷售市場競爭火爆且激烈。2005 年,中國移動的音樂下載收入已經超過音樂唱片發行收入。

　　隨著網路技術的不斷發展,媒體播放器及載體的飛速更新升級,以及在線音樂合法下載的發展等,目前許多使用者欣賞音樂的習慣已經被改變,音樂發行商或創作者也相應地將越來越多的歌曲從音像店搬到網上進行銷售。這意味著以錄音帶、CD、VCD、DVD 及 CD-ROM 等為主的傳統電子音像產品,正逐漸向網路化的資源轉變,這對傳統電子音像業就是一場深刻的出版變革。

　　新興媒體對傳統音像業影響越來越明顯。互聯網的快速普及使更多人傾向於從網上下載喜愛的節目。網路音樂下載、MP3、MP4、手機電影、數位電視等新技術、新傳媒的發展給傳統音像出版業帶來了前所未有的衝擊。技術、媒體的飛速發展給音像業帶來衝擊的同時,也帶來了新的增長點。

(八) "十一五"國家重點音像、電子出版物出版規劃

新聞出版總署於 2006 年 7 月頒佈了《"十一五"國家重點音像出版物出版規劃》和《"十一五"國家重點電子出版物出版規劃》,是根據《中共中央關於制定國民經濟和社會發展第十一個五年規劃的建議》精神,在認真總結"十五"國家重點音像、電子出版物出版規劃實施情況的基礎上,針對音像電子出版業在"十一五"期間繁榮發展的要求編制而成的。"十一五"國家重點電子出版物出版規劃所列選題分四大類 223 種,其中社科類 55 種、教育類 84 種、科技類 49 種、文藝類 35 種,共涉及 23 個省級新聞出版局,101 家電子出版單位。

"十一五"期間音像製品四年累計出版 114538 種、18.99 億盒,電子出版物 36235 種、6.83 億張。如此大規模的出版量,説明市場活躍的程度、供給能力增長和品種內容的豐富,也使得中國出版物的品種在 2008、2009 年躍居世界首位,成為出版大國。據統計,截全 2010 年 6 月底,"十一五"國家重點出版物規劃中圖書 1397 種,音像、電子出版物 531 種,完成率達 93%,為歷史最高水準。在 2007 年和 2010 年兩屆政府圖書獎、音像電子出版物獎中,98%是"十一五"國家重點出版規劃專案,充分體現了規劃的整體品質和國家水準。

(九) 卡拉 OK 版權使用費的收取

2006 年 7 月 18 日,文化部文化市場發展中心啟動了"全國卡拉 OK 內容管理服務系統"的建設工作。其中主要包括 KTV 要向歌曲原創者付酬金、經銷商下載歌曲要收費等多個方面。國家版權局決定由中國音像協會與中國音像集體管理協會籌備組按照國家版權局公告的標準,對卡拉 OK 經營者使用音樂電視作品收取使用費。2008 年 6 月 24 日中國音像著作權集體管理協會(以下簡稱音集協)正式成立後,有關收取卡拉 OK 版權使用費的職能就轉交給他們,為保護音樂電視作品 MTV、MV 等的版權,制止卡拉 OK 經營行業的侵權行為,音集協在中國 20 多個省市開展了卡拉 OK 著作權"維權風暴"。卡拉 OK 著作權維權風暴體現了卡拉 OK 著作權的重要性和公眾維權意識的提高。

數位技術給人們帶來很大便利的同時,也對音樂版權保護帶來極大挑戰,而卡拉 OK 行業成為重災區。許多提供卡拉 OK 服務的場所多年來一直享受著"免費的午餐",一方面在營業場所向顧客收取了高額的服務費用,另一方面卻沒有給著作權人任何報酬。為了能夠更好地保護著作權人的合法權益,音像著作權集體管理制度應運而生。

早在 2006 年,社會各界就出現過對卡拉 OK 集體管理組織重復收費的質疑。當時,國家版權局批復由中國音像協會和中國音像集體管理協會籌備組分別按照國家版權局公告的收費標準,根據卡拉 OK 廳的經營規模和營業面積對卡拉 OK 廳使用音樂電視作品收取使用費。自此,KTV 行業面臨雙重收費標準的質疑聲日益強烈,因此,版權局與文化部就版權收費達成共識。

(十) 查處"恐怖靈異類"音像製品

2006 至 2007 年,宣揚恐怖、暴力、殘酷等不良內容的"恐怖靈異類"音像製品出現回潮的趨勢,嚴重影響了未成年人的身心健康。為了控制和清除此類音像製品的不良社會影響,防止含有恐怖、暴力、殘酷等內容的出版物通過正規出版途徑進入市場,保護未成年人的身心健康,2008 年 2 月 2 日,新聞出版總署發出《關於查處"恐怖靈異類"音像製品的通知》。

《通知》要求各省級新聞出版局要對所轄音像出版單位 2006 年和 2007 年已經出版的音像製品進行一次認真清查,凡是含有禁載內容的,一律下架、封存、回收,並依據《出版管理條例》第五十六條作出相應處理。對於 2008 年音像年度出版選題計劃中含有"恐怖靈異類"內容的,要立即停止製作,撤銷選題,刪除相關內容。《通知》還要求各省級新聞出版局須於 2008 年 2 月 29 日前,將檢查情況及處理意見的書面材料報送總署。若音像出版單位違規出版恐怖靈異類音像製品,將依法對其進行處罰。

"恐怖靈異類"音像製品主要是指以追求恐怖、驚懼、殘酷、暴力等感官刺激為目的,沒有任何思想性和善惡標準,嚴重危害未成年人身心健康的音像製品。例如,有的音像製品宣揚鬼怪殺人,畫面血腥陰闇,有的音像製品封面上印有"吸血鬼"、"僵屍"等恐怖形象或使用"分屍"、"人肉包"之類極具刺激的宣傳語言,這些內容易引起未成年人產生生理和心理上的不良反應。

社會上對"恐怖靈異類"音像製品有一些概念上的混淆,"恐怖靈異類"音像製品和中國傳統神話故事、魔幻故事、科幻故事是有本質區別的。《西遊記》、《封神榜》、《聊齋》等中國傳統神話故事,具有較高的文學性、藝術性和思想性;《哈利·波特》、《長江七號》等著力點在魔幻、科幻方面,有利於增進未成年人的想像力和創造力。

(十一) 《電子出版物出版管理規定》正式施行

2008 年 4 月 15 日正式施行的《電子出版物出版管理規定》是對 1998 年 1 月 1 日起施行的《電子出版物管理規定》的修訂和完善。自 1998 年的《電子出版物管理規定》施行 9 年多來,出版體制深化改革,出版法制進一步完善,電子出版業不斷發展,電子出版管理工作面臨新情況、新變化,有必要適時修訂《電子出版物管理規定》。新聞出版總署有關司局從 2002 年即開始著手《電子出版物管理規定》的修訂工作,深入調研,廣泛徵求意見,特別是就電子出版物的定義、電子出版物製作單位的管理以及新聞出版管理部門分級管理等重要問題均多次研究,反復討論。2007 年底,規章修訂草案提交署務會議審議,獲得通過。

首先,修訂《電子出版物管理規定》是適應不斷完善法制建設新形勢的需要。2001 年以來,《行政許可法》、《著作權法》等法律陸續出臺或者修訂後實施,特別是自 2002 年 2 月 1 日起施行新修訂的《出版管理條例》為電子出版的行政管理提供了更好的法律依據,作為部門規章的《電子出版物管理規定》,有必要作出相應的修改。其次,修訂《電子出版物管理規定》是對電子出版行業加強管理的需要。針對電子出版業發展中出現的新問題、新變化,可以通過修訂《電子出版物管理規定》,進一步完善規章制度、強化管理手段,保障電子出版管理活動有效開展,為管理部門全方位加強行業監管提供更加明確充分的法律依據。第三,修訂《電子出版物管理規定》是出版行政管理部門轉變職能的需要。通過修訂《電子出版物管理規定》,將進一步調整、明確各級出版行政管理部門的職責,特別是依法將部分管理權限和審批事項下放到省級出版行政管理部門,並為省級出版行政管理部門充分行使電子出版管理職能進一步提供法律依據。

(十二) 音像、電子出版物由"引進來"到"走出去"

2005 年,中國舉辦了第一屆中國國際音像電子博覽會,以產品帶動文化"走出去",以市場競爭擴大中國文化的國際影響,同時也是中國音像出版業正式向世界敞開大門的重要標誌。音像出版在對外貿易方面也邁出了可喜的一步,音像製品出口數量和金額同步增長。2006 年,中國音像製品、電子出版物累計出口 108867 種次、105.33 萬盒(張)、284.99 萬美元。與 2005 年相比,出口種次增長 238.84%,數量增長 40.1%,金額增長 35%。到 2007 年,出口的國產音像製品幾乎涵蓋國內發行的各個品種,主要是暢銷電視連續劇、電影、音樂及與中華文化密切相關的百科類音像節目。從 2008 年開始,由新聞出版總署主導,每年將重點支持 100 種"外向型"音像製品"走出去",並支持音像企業以獨資、合資或合作的方式走向國際市場。同前,民族音像"走出去"呈現出可喜的態勢,重原創、重品質、謀海外的主導思想正在形成。

30 年來,在堅持對外開放的同時,中國音像電子業實現了由"引進來"向"走出去"的轉變,參與國際競爭,利用國際資源、國際市場加快自己的發展。在"走出去"的內容上,更加注重促進企業原創能力的提升和中華文化的傳播。在形式上,有成品出口、版權貿易、合作出版等。

2010 年,中國出版物進出口經營單位累計出口音像製品、電子出版物 10352 種次、101.87 萬盒(張)、47.16 萬美元,與上年相比,種次下降 47.64%,數量增長 918.15%,金額下降 22.83%。其中,鐳射唱盤(CD)188 種次、3459 盒、4.16 萬美元,占音像、電子出版物出口種次 1.82%、數量 0.34%、金額 8.83%;數碼鐳射唱盤(DVD-A)28 種次、186 張、0.10 萬美元,占音像、電子出版物出口種次 0.27%、數量 0.02%、金額 0.21%;高密度影音光碟(DVD-V)2566 種次、998513 張、21.66 萬美元,占音像、電子出版物出口種次 24.79%、數量 98.02%、金額 45.92%;數碼影音光碟(VCD)6847 種次、15711 張、21.06 萬美元,占音像、電子出版物出口種次 66.14%、數量 1.54%、金額 44.67%;電子出版物 723 種次、818 張、0.18 萬美元,占音像、電子出版物出口種次 6.99%、數量 0.08%、金額 0.37%。

(十三) 國內音像業的狀況不容樂觀

根據中國音像協會發佈的有關資料,北京、上海、廣東三地國家級音像製品的發行數額在連年持續大幅下挫後已經下探到了穀底。上海音像批發市場 2000 年營業額超過 2 億元,而到了 2007 年只有幾百萬營業額。上海文廣局的一項調查顯示,2007 年上海全市正版音像製品的銷售相比 2004 年營業額下降了 80%。中國連鎖的美亞音像連鎖經營公司高峰時年營業額超億元,現在則難以為繼。2009 年唱片業註定是不平靜的一年,春節剛過,廣州市文化局就對外宣告:曾叱吒風雲的廣州新時代影音公司將實施破產。成立了 20 多年的新時代,曾捧紅楊鈺瑩、毛寧等流行歌手,與中唱廣州、太平洋影音、白天鵝音像並列為廣東音像出版界的"四大鉅子"。

從全球背景來看,並非只有中國的音像業前景堪憂,國際上音像業的狀況也不容樂觀。以德國為例,據 2007 年德國官方統計,德國唱片銷售額下降了 70%,並且預計到 2008 年底全德國只會剩下 10 家左右的唱片公司。而在美國,從 2001 年到 2007 年唱片業的銷售額逐年下降,幾近崩盤。

音像出版業陷入今日的困境,這是由其所使用的載體與技術所決定的。現代音像電子出版業在發展的幾十年裏,經歷了錄影磁帶錄音磁帶、LD 光碟、VCD 光碟、DVD 光碟、CD-ROM 光碟、高密度壓縮 DVD 光碟等一系列載體的變化,而且更新的速度之快令人目不暇接。

音像電子出版單位在載體和技術不斷急速更新的過程裏,由於自身的出版商的角色定位,處在科技領域的外圍,無法主導技術革命,始終只能居於從屬地位,是被動型的使用者。

此外,盜版的肆無忌憚,網路蓬勃興起帶來的巨大衝擊,日新月異的新載體新媒體的分割,圈內賣版號等自殺性行為的蔓延,體制機制上的僵化,電子音像出版單位之間愈演愈烈的惡性競爭,市場環境的日益惡化,出版資源的極度匱乏等都造成了音像出版業眼前的困境。

(十四) 中華優秀出版物(音像、電子、遊戲出版物)獎

2010 年,由中國出版工作者協會主辦的第三屆中華優秀出版物獎音像、電子和遊戲出版物獎評獎活動經過作品徵集、初評、終評三個階段,共評選出優秀獎作品 50 種,提名獎作品 80 種。其中,音像類優秀獎作品 30 種,提名獎 50 種;電子類優秀獎作品 10 種,提名獎 20 種;遊戲類優秀獎作品 10 種,提名獎 10 種。本屆共收到全國 187 家出版單位的參評出版物 551 部,參評單位元數量和作品數量分別比上屆增長 4.5%和 42.4%,均創歷屆之最。

獲獎作品體現導向性,彰顯示範性。從評獎結果來看,獲獎作品既有弘揚愛國主義、唱響時代主旋律的作品,也有題材宏大、製作精良的作品;既有選題新穎視角獨特的作品,也有知名度高且市場反響良好的作品。例如:文藝類音像製品中弘揚民族音樂文化的音像出版物頗令人矚目;少兒類音像作品,圍遶中華優秀古典文化這一主題,以寓教於樂的方式展現其多姿多彩的魅力;動漫類音像作品故事先行,引人入勝;社科文化類參評作品的題材極為廣泛,既有歷史事件、政治活動等重大題材,也有生活瑣事、個人體驗等小題材,然而不論題材大小,用翔實的內容表現主題,用深入開掘的手法展現主題,是作品的共同特色。

(十五) 動漫產業"大而不強"

2004 年,中國政府頒發《關於發展我國影視動畫產業的若干意見》,首次動用行政手段扶持動漫產業;2008 年,中央財政投入 700 萬元資金,支持中國原創動漫作品創作;隨著這筆資金增加至近 1400 萬元,中國已有百餘個原創動漫專案得到扶持,這其中包括本土漫畫、網路動漫、手機動漫等等。提供動漫培訓的機構急劇增加,從當時的不到 20 所增加到 500 多所。動漫基地也紛紛建立,並得到充足的資本和慷慨的信用額度。動漫作品的總長度也從 2000 年的 1.3 萬分鐘增加到 2009 年的超過 17 萬分鐘。2010 年,中國共製作完成原創電視動畫 23 萬分鐘,動畫電影 16 部。短短 7 年間,中國動漫產量躍昇 50 位,已經成為世界第一動漫生產大國。但是,品質仍然參差不齊。儘管有近 1 萬家公司在製作動畫片,但一般認為,其中約有 90%難以贏利。

中國原創動漫缺乏具有市場號召力的產品。中國的動漫產業這幾年雖然快速發展,但有競爭力和影響力的專案較少,數量勝過品質。到目前為止,只有《喜羊羊與灰太狼》初步產生了品牌效應。《喜羊羊與灰太狼》幾年來已經出了三部曲,收入超過 3 億元,而且還在繼續增加。這部動畫的製作或許算不上最出眾,但卻有讓人耳目一新的故事和可愛的角色,成為孩子們的最愛,甚至在新加坡等海外地區也有粉絲。

國內動漫作品出現嚴重的同質化問題是由於企業缺乏原創精神,不自信也並不願意投入資源去開創自己的風格、自己的表現形式和內容主題,哪個地方賺錢,大家就都紮進去,企圖通過簡單的跟風鈔襲和模仿來分一杯羹。選擇短期逐利,還是選擇長期回報,是企業需要作出的重要抉擇。

再者,資本在進入動漫產業時表現出的急功近利,不符合文化產品本身的屬性。大家只看到美國人做《功夫熊貓》賺了很多錢,卻沒有看到其不但投入了很多資源,還一聲不響地幹了四五年,這期間沒有任何宣傳。投資機構的心態比較急,需要資本快進快出。所以像文化市場這樣需要長期投入和積澱的領域,得到了投資自然就有了快速贏利的壓力,得不到投資,品牌就不太容易很快做起來。

我們的動漫產業還處於初級階段,集中度很低,叫得響的大品牌還很少。在這種情況下,動漫出版企業應該找到適合自己的定位,根據自己的實力,在力所能及的範圍內,選擇可以掌控、比較有優勢的業務去擴展。

(十六) 網上商城與音像業的合作

京東商城 2011 年 2 月 10 日宣佈,公司即日起上線音像頻道以及線上讀書頻道,京東商城音像板塊上線,得到了包括索尼音樂、華納影視、廣東星外星唱片等在內的音像出版巨頭的鼎力支持。其音像頻道包括音樂、影視、教育三個分類:音樂頻道涉及流行、古典、搖滾等 30 個品類,上線即擁有 15000 多種商品;影視頻道涵蓋電影、電視劇、兒童影視、專題紀錄等 12 個品類,近 2 萬多種商品;教育音像頻道涉及英語學習、教材教輔、考試考級等 20 個品類近萬種商品,可以滿足學生、成人等各類人群的需求。電子商務對音像業的影響主要表現在以下幾個方面:

第一,可以節約流通費用。商品流通包括商流、資訊流、物流與資金流。對企業來說,商品流通的時間越是等於零或接近於零,企業的競爭力就越強,獲利就越多。電子商務便可以縮短環節,減少商品流通時間,節約流通費用,從而全面降低商流費用、物流費用、資訊流費用和資金流費用。音像製品進入電子商務模式就不必在多級分銷中被層層加價,正版價格將會逐漸降低,在市場競爭中會更具優勢。

第二,可以開拓新的市場,尋找增長點。傳統的音像零售業受到地域、行銷成本的限制,不可能覆蓋市場的所有地域,但對於電子商務來說,只要有互聯網的地方就有可能進行音像製品交易。這樣,一些縣、鄉等五六級市場都可以得以開拓。

第三,可以打擊盜版市場。在網上進行銷售的音像製品易於進行行業監督,且成本、價格與盜版製品不相上下,可以更為有力地打擊盜版。比如,一些電子商務網站,相當一部分音像製品售價僅僅在 10 元左右,對消費者非常有吸引力。

三、音像與電子出版存在的主要問題及未來發展趨勢

(一) 存在的主要問題

問題之一,產品製作和出版能力相對不足

目前中國音像電子產品結構不合理,品種單調貧乏,重復、跟風出版品種多,原創品種少,更多的是"炒冷飯",選題雷同、內容相近,甚至連封面都差不多。這些品種在市場相遇時,只能惡性競爭,採取低價策略。這成為了音像電子出版市場的一個重要特徵。長此以往,導致了音像電子出版單位的市場份額縮小,加劇了庫存積壓,從而造成了虧損加大。價格偏低不僅損害了音像電子出版單位的利益,還影響了其擴大再生產的積極性,不利於音像電子出版業的良性發展。主要表現為:

重大題材多,尤其是反映民族文化特色的產品受到中外讀者的歡迎,但有些冠以"中國"名頭的產品名不副實,分量不足。

系列產品多,這雖符合電子出版物容量大、綜合性強的特點,但有些系列選題虎頭蛇尾,讓人感到有急於搶佔選題資源的嫌疑。

選題雷同多,一些有文化價值和市場效益的選題大家爭先恐後地做,各自特點並不明顯,選題撞車或低水準重復現象比較突出。

創意策劃少,產品的創意思想和策劃能力較差,模仿痕跡較重,獨創個性較少。圖文聲像資料有七拼八湊的感覺,或者只是圖書和音像製品的翻版。

技藝手段少,多媒體表現不夠生動,交互功能比較呆板,尤其是視聽效果缺少原創,品味不夠。媒體的合成效果比較粗糙。

質量檢測少,電子出版物的編輯出版技術規範尚未成熟,因此,其內容的審校和技術檢測比較困難,加上目前編輯製作人員比較重視技術實現過程,容易忽視內容和細節上的差錯。因此國內光盤普遍存在品質不穩、差錯較多的現象。音像電子出版物的品質問題比較突出:一是內容低俗,有的音像電子出版物思想不健康,語言格調低下;有的內容庸俗、趣味低級、恐怖、殘酷等,不適合未成年人。二是使用不規範字、錯字、別字現象嚴重,有的繁簡字混用,不符合國家語言文字規定。三是製作粗糙,有的文字或圖像、音質等不清晰,有的語音與字幕不同步或不相符,有的標識不夠規範等。

問題之二,市場化、商業化動力不足

2000 年以來,各行各業都面臨著加入世貿、媒體互動和網路經濟的挑戰和機遇。但是,由於經營機制落後,缺少應戰準備,音像電子行業明顯是挑戰大於機遇。音像行業與其他行業存在著嚴重的行業分割、行政分割、地區分割,阻礙著音像電子行業跨行業、跨媒體、跨地區的橫向合作;音像電子行業內部細緻的分工、分家、分利影響著編創、製作、發行的縱向合作。因此,音像電子出版呈現出市場化、商業化動力不足的問題。

音像電子出版的市場化不夠成熟還表現為資本融資管道有限的問題。改革開放幾十年來,民營音像電子企業由於體制符合市場經濟的要求,機制靈活,它們在產品規劃、運營層面的研究投入優勢明顯,事實上已經成為音像電子產品開發、製作的主體之一,成為音像電子出版市場的主要骨幹力量。甚至有的民營企業如俏佳人、孔雀廊等已成功打入國際市場,進入國外音像電子市場的主流管道。但是由於沒有出版權,制約了其進一步發展。而國有音像電子出版單位由於體制僵化,機制落後,缺乏創新力和生產動力,大多數發展無力,甚至生存艱難。如何打破原有體制機制的束縛,在民營製作公司和出版單位之間建立一種良好的合作機制,這是出版單位元需要認真對待的課題。同時,中國加入世界

貿易組織之後,資本結構的開放使整個音像市場進入到一個逐步開放、充滿變數的新時期。尤為明顯的是,國際唱片業巨頭紛紛在內地成立或委託其專屬的出版銷售企業來經營其引進版節目,這就使得引進版節目資源分配格局正在發生重大變化,留給其他音像企業的版權資源大幅減少,競爭加劇,經營風險驟增,節目成本大幅上揚,而獲利空間微乎其微。

問題之三,盜版問題嚴重

目前中國存在的盜版數量相當大,每年生產的盜版音像電子製品都在百億張以上,使得正版市場每年至少蒙受幾十億的損失。雖然國家每年都加大力度整治盜版音像及電子製品,但屢禁不絕,數量逐年增多。加上隨著科技的進步與開發,盜版音像及電子製品呈現出許多新的發展趨勢,如 HDVD、網路盜版等,傳播更加迅速,影響範圍更大,更不易監控。

正規出版單位的產品只要有市場均被盜版,節目越好銷,盜版就越多,盜版使中國電子音像出版單位規模效益的提高十分困難。目前,中國電子音像出版單位普遍縮減產品開發,自行投入或開發的產品更少,而如果沒有自行投入開發的產品,出版單位就難以形成自身特色和規模效益。

電子音像市場被盜版侵佔,出版單位縮減產品開發,使國內電子音像產品的結構難以形成合理的格局。很多門類的產品還沒有得到充分開發,產品重復"撞車"現象較多;缺少產品,缺少市場,又進一步加劇了電子音像產品正規銷售管道的不暢。可見,盜版問題是導致音像電子重復出版等其他問題的根源之一。

此外,消費者版權意識不強為盜版產品提供了市場,中國現行的法律法規還不夠健全,對盜版的制售行為處罰較輕,對盜版的消費行為不予追究。市場消費的健康發展必須解決智慧財產權保護問題。

問題之四,音像電子出版與電子商務的結合尚不成熟

隨著音像電子商務的發展,網路銷售開始大幅提速。電子商務具有傳統銷售模式所無法比擬的優勢,因此,在音像電子傳統銷售業務急劇下滑的形勢下,音像電子商務的發展大幅提速。

但是,音像電子商務方興未艾,在實踐探索中也出現了一些急需解決的問題。比如盜版音像電子產品在網上仍然無法消除,音像電子商務企業之間不合理的價格競爭,造成了市場動盪不穩;整體音像電子商務市場還存在著"一窩蜂"現象,不太注重產品的銷售、宣傳以及企業規模,忽視企業核心競爭力的塑造等。

(二) 音像與電子出版業的未來發展趨勢

趨勢之一,推進數位出版、跨媒體出版

傳統音像出版業在互聯網的衝擊下應當尋求新的發展管道。2011 年,中國版權協會聯合國內最大的民營音像連鎖分銷企業 FAB 精彩集團,宣佈在石景山萬商大廈成立數位文化產業創新基地,近百家唱片公司、出版社等內容機構合作簽約,向數位出版進軍。據音像協會的資料,目前音像市場中,六到七成被網路非法下載佔領,正版音像市場急劇萎縮。數位出版已經成為音像出版前進的方向。

不僅僅是立足於現有電子音像的出版,還要從可持續發展的角度出發,放眼於數位出版。而數位出版不是簡單的資源數位化,而是豐富的內容、按需組合的形式以及使用的便捷。這就要求音像電子出版社首先就需要站在開發數位資源這個高度去考慮和策劃,繼而延伸到之後的服務,如和使用者的互動交流、資源的補充、個性化需求的滿足等。

目前,傳統音像電子出版社的產品載體大多是光盤,而數位出版除了光盤出版,還包括網路出版、手機出版等出版形態,其載體形式也就有了網路、手機以

及新興的平板電腦等。因此,音像電子出版必須要看到網路、手機、平板電腦等載體的出現,綜合考慮並根據終端消費者的需求,從而決定數位產品的載體,構建自身產品的特色。

從音像市場出版的節目來看,包括音樂唱片類、影視節目類、戲曲曲藝類、文化教育類等,在跨媒體出版中都可以形成廣闊的空間。如音樂教材,單一出版形態難以表達完美的音樂內涵,將文字、光盤兩者結合,互為補充,才能構成完整的音樂教材。再比如童話、童謠類的兒童出版物,只有圖像沒有聲音或者只有聲音沒有圖像,都很難吸引兒童的興趣,只有把聲音和圖像結合起來加以開發和創新,才能使得兒童出版物更加多彩多姿。

趨勢之二,提高創新意識、能力以及內容質量

盡管出版的載體與形式不斷更新變化,但出版仍是以內容為基礎的文化產業,"內容為王",只有掌握了內容資源的主導權,擁有在某一領域具有核心競爭力、有特色、有個性而不是同質化的內容資源,才能在音像電子出版中形成自己的優勢而獲得贏利。要提高自己的創新意識和能力,不斷開發、挖掘新的資源,才能滿足市場的需求。

此外,音像電子出版單位應提高產品的內容品質。一是從管理上把好品質關。根據自身的特點,按照品質管理標準建立起完善的品質體系並有效運行,在品質要求、組織結構、人力投入、資源配備上提出硬性的要求,在生產環節上對品質進行監管。二是從內容上把好品質關。音像電子產品的編校內容擴大到聲音、圖像、動畫等,並在電腦螢幕上進行編校。要根據音像電子出版物的特點來進行編校,比如一些引進版權的電子出版物存在著片面推崇西方價值觀的問題,或含有色情照片、格調低下的語言,或有攻擊和誣衊中國的言論,遊戲光盤中有少兒不宜的場景、用語、動畫等,這些都必須在編校時特別注意把關。

趨勢之三,加強商業模式建設

商業模式是音像電子行業市場化發展的動力,只有進一步加強和加快商業模式建設,才能使得音像電子出版單位奪回參與市場競爭的最佳時機和最後優勢。國內音像產業應與電影、音樂互相聯動,而且行業管理多頭並舉,新聞出版總署管出版製作,文化部及廣電部管市場流通,這樣音像行業就不會散亂無序。

市場經濟為資本的自由組合提供了最大的可能,音像電子行業應該從依賴政府的扶植轉變為追求資本的擴張。只有按照現代商業模式進行資本運作,打破社會資金進入音像電子行業的限制,音像電子行業才能發展壯大。活躍的社會資本不僅將帶動音像電子行業壯大發展,而且可以成為遏制盜版的積極力量。但是,在音像電子行業跨越式合作與多管道融資的過程中,國有音像電子企業要防止將音像電子出版權當做"招牌"賣掉。合作而保持主體權益的關鍵,在於國有音像電子企業壯大規模實力、建設商業模式,以增強融資合作的優勢。

目前,國際上一大批實力強大的影視和音樂公司,如美國的時代華納、環球,法國的百代,日本的索尼、JVC、麥田,香港的英皇等紛紛投資中國大陸,參與大陸本土化的運作。此外,民營音像企業在迅速崛起,發展勢頭非但沒有減弱,競爭實力反而越來越強,資金湧入越來越多,市場份額越來越大,民營音像企業已成為國內音像市場一支不可忽視的新生力量。

中國音像電子出版單位應努力尋找與民營、國外資本合作的方式,抓好引進節目和對外合作節目,達到共贏的局面。2009 年,國家新聞出版總署下發了《關於下發音像(電子)出版業體制改革實施方案的通知》。民營企業參與音像(電子)出版企業的股份制改造或重組的大門由此打開。隨著《通知》的下發,地方和高等院校所屬音像(電子)出版單位的改制時間定在 2009 年年底,與此同時,中央各部門各單位所屬音像(電子)出版單位也必須在 2010 年年底前全部完成轉制。同時,積極鼓勵和支持大型國有企業和民營企業在政策許可領域、範圍參與音像(電子)出版企業的股份制改造或重組,避免出版社空殼運轉。民營資本參股出版社改制主要還是要完善銷售管道的建設,在不景氣的環境下,進一步降低音像製品製作、發行的成本。

趨勢之四,出版單位積極實施反盜版策略

打擊盜版需要政府健全反盜版的法律法規,加大對盜版行為的刑事和經濟處罰力度,健全管理機構和嚴肅執法紀律,從各個環節截斷盜版流通管道,加大智慧財產權保護力度,提高廣大消費者的版權意識。同時,打擊盜版也很需要音像電子出版單位積極實施反盜版策略。

一是產品銷售和服務並重。眾所周知,盜版製品不會提供購買之後的服務,那麼正版產品出版者就可以通過提供有特色的、個性化的服務來吸引大眾,比如免費升級、免費體驗部分新產品等,這是正版產品與盜版博弈的過程中克敵制勝的重要手段。

二是提高產品的技術含量和防盜技術。面對日益猖獗的盜版,美國沃爾特&迪士尼公司開發出一種自毀式光盤,這種光盤不僅成本低廉而且購買極其便利,消費者不用去專門的音像店,在隨處可見的便利店和超市都可以買到。國內的音像電子出版單位應當積極學習和借鑒國外反盜版經驗和技術,從而達到維護正版產品的目的。

三是運用新生產技術,降低產品成本,提高產品競爭力。吸取 HDVD 的慘痛經驗,音像電子出版單位應當意識到不能拒絕新興的生產技術,而是要學會運用它們,降低產品生產成本,縮小正版與盜版之間的價格差別,擴大產品市場佔有率和份額,盡可能吸引顧客購買正版。

四是積極通過法律手段打擊盜版商。2009 年 12 月 3 日,國家版權局發出通告,根據微軟公司的投訴,國內兩家光盤廠非法復製數萬張 Windows XP 作業系統光盤被查屬實遭到重罰。這是微軟公司在多年的維權行動中,首次將矛頭指向盜版源頭的光盤生產廠商,並且一戰告捷。

趨勢之五,加快音像電子出版與電子商務的融合

　　電子商務的先進性,使得它與音像電子出版的融合可以為音像電子出版的發展注入新的動力。我們應當加速傳統音像電子出版單位的改造,電子商務改變了音像電子出版的銷售管道、交易方式、售後服務等,傳統音像電子出版單位應當作出相應的調整以適應新的商業模式,通過發展電子商務,改變經營觀念,規劃企業發展,在國內站穩腳跟,同時積極擴大與海外的文化交流,通過互聯網擴大音像電子產品的影響力,形成全新的、實力雄厚的、管理科學的新型音像電子出版單位。

　　環球、百代、索尼和華納聚攏在聚友網的旗下,以 1 億美元的巨額"賭注"組建了"聚友音樂",拋開唱片贏利的傳統模式,通過一系列與音樂相關的附加產品——無限制的免費音樂、演唱會門票、線上廣告、手機彩鈴和其他娛樂功能吸引使用者並獲利。

　　中國音像電子出版單位可以加快和成熟的電子商務經營商的合作,如京東、當當等,充分利用它們強大有影響力的平臺、較完善的金融服務體系和高效的物流配送體系,來宣傳、銷售自己的音像電子產品,在增加銷量和盈利的同時擴大自己的形象影響力和滲透力。

千禧年來的中國數位出版

中國數位出版產業自進入新世紀以來,新聞出版業對其概念的認識和理解不斷加深,在具體業務實踐方面和經驗形成方面都得到了一定程度的累積。同時,無論是產品的生產規模、市場規模,還是使用者規模,都處於急劇增長之中。據《2009—2010 中國數位出版產業年度報告》顯示,數位出版產業收入規模從 2006 年的 213 億元,2007 年的 362.42 億元,2008 年的 556.56 億元,2009 年的 799.4 億元,2010 年的 1051.79 億元,到 2011 年的 1377.88 億元,一路高歌猛進,平均年增長率保持在 50%左右。這是在其他產業發展過程中少見的。目前,數位出版的收入規模在新聞出版業,乃至文化產業中所占比重不斷上升,已成為新聞出版業新的發展趨勢和升級轉型方向。

一、千禧年來的數位出版:資料分析

(一) 數位媒介閱讀率逐年提升

資訊技術的不斷發展,推動了終端不斷升級換代,新產品、新終端不斷湧現,新性能、新體驗不斷增加,有力地滿足了對內容呈現形式的支援需求以及使用者觀感、閱讀要求;數位出版物在經歷了對紙質出版物原版原式的簡單呈現後,已經開始出現網路直接發行原創作品以及包括互動、多媒體等增強型產品。產品類型的豐富,內容的海量供應,傳播管道的多樣化以及閱讀終端的多種選擇,不僅推動數位出版產業的不斷發展,也推動著數位媒介閱讀率的不斷提高。據中國新聞出版研究院發佈的第六次、第七次、第八次、第九次"全國國民閱讀調查"資料顯示,自 2008 年以來,中國成人數位媒介閱讀率逐年提升,2008 年為24.5%,2009 年為 24.6%,2010 年為 32.8%,2011 年為 38.6%。從表 1 可以看出,中國數位媒介閱讀主要包括網路綫上閱讀、手機閱讀、PDA/MP4/電子詞典閱讀、光盤讀取和其他電子閱讀器閱讀。其中,網路綫上閱讀率在 2008 至 2010 年一直保持平穩發展,增長幅度保持在 1%至 1.4%之間,2011 年則實現了大幅增長。手機閱讀率幾年間保持著 4.97%的平均增長率,2009 年實現增長 2.2%,2010 年增長了 8.1%,2011 年增長了 4.6%。手機閱讀率的快速增長一方面説明手機閱讀用戶數量龐大並已被接受,另一方面也表明手機閱讀物的出版具有廣闊的市場前景。PDA、MP4、電子詞典閱讀率則呈現起伏不定的態勢,尤其在 2010 年甚至下降了 1.6%。光盤讀取率從 2008 至 2010 年則保持逐年下降,由 2008 年的 3.3%一直下降到 2010 年的 1.8%,2011 年才有所上升。這説明 PDA、MP4、電子詞典閱讀和光盤讀取受到了其他數位媒介閱讀的強烈衝擊,處於萎縮態勢,偶爾的增長也説明其仍然存在一定的市場空間,其他的閱讀方式對其起到的替代作用還沒有完全發揮出來;而其他電子閱讀器閱讀率則保持一定程度的增長,尤其是 2010 年實現了 2.6% 的高速度增長,這與 2010 年電子閱讀器市場的火爆銷售和大力推廣是分不開的。

表1　2008—2011 年中國國民數位媒介閱讀率一覽

閱讀率 ＼ 年份	2008	2009	2010	2011
成人數位媒介閱讀率	24.5%	24.6%	32.8%	38.6%
網路在線閱讀率	15.7%	16.7%	18.1%	29.9%
手機閱讀率	12.7%	14.9%	23.0%	27.6%
PDA/MP4/電子詞典	4.2%	4.2%	2.6%	3.9%
光盤讀取	3.3%	2.3%	1.8%	2.4%
其他電子閱讀器閱讀	1%	1.3%	3.9%	5.4%

中國國民數位媒介閱讀率的變化情況,一方面反映了用戶對數位閱讀的接受狀況;另一方面,也可以為我們指明數位出版產品的重點發展方向,即手機出版、網路出版等。

(二) 數位出版使用者規模平穩增長

表 2　2006—2011 年中國數位出版產業使用者規模①

(單位:人/家/個)

數位出版物	2006年	2007年	增長率	2008年	增長率	2009年	增長率	2011年
互聯網期刊使用者數	6300萬人	7600萬人	20.63%	8700萬人	14.47%	9500萬人	9.20%	數據缺失
電子圖書精使用者數	3000家	3800家	26.67%	4000家	5.26%	4500家	12.50%	8000家
數位報紙使用者數	網路報 800萬	手機報 2500萬	212.50%	5500萬人	120.0%	6500萬人	18.18%	>3億人
博客註冊使用者數	6340萬	9100萬	43.53%	1.62億人	78.02%	2.21億人	36.42%	3.1864億人
在線音樂使用者數	1.19億	1.45億	21.85%	2.48億人	71.03%	3.2億人	29.03%	3.8億人
網路遊戲使用者數	3260萬人	4017萬人	23.22%	4935萬人	22.85%	6587萬人	33.46%	1.2億人
手機閱讀活躍使用者數②				1.04億		1.55億	49.04%	3.09億
原創網路文學註冊使用者數③						1.62億人		2.03億(數據截至2011年12月)
合計④						10.84億		16.31億

注:由於網路原創作品數無法追溯,所以 2008 年和 2010 年資料無法搜集。
表 3、表 4 出處同表 2。

① 表格資料來源:郝振省主編:《2011—2012 中國數位出版產業年度報告》,中國書籍出版社 2011 年版。因原書表格中 2010 年資料缺失,故此處無法填補。
② 2006—2007 年手機活躍使用者數未搜集。
③ 2006—2008 年及 2010 年網路原創作品數未搜集。
④ 電子書機構使用者數沒有計算在內,2011 年互聯網期刊使用者數缺失,未計算。

　　產業的發展需要一定消費者的支撐,包括實際消費者與潛在消費者。數位出版產業的發展也同樣如此,數位出版使用者規模隨著產業的壯大而不斷增長、壯大。從表 2 可以看出,截至 2011 年年底,中國數位出版產業的累計使用者規模超過 16.31 億人/家/個(包含了重復註冊和歷年塵封的使用者等),雖然 2006、2007、2008、2010 年資料統計不完整,但仍可以看出中國數位出版使用者規模在顯著增長。其中:電子圖書在 2006 至 2011 年的 6 年間,其使用者規模相對穩定,均呈現出平穩增長的趨勢;而數位報紙、博客、綫上音樂、網路遊戲的使用者規模數則分別在 2008、2009 或 2011 年都有一個跨越式的大幅增長過程;手機閱讀活躍用戶數 2009 年比 2008 年增長 49.04%。較大的增長幅度、龐大的數位出版使用者規模為中國數位出版產業的發展、數位出版物的消費提供了一定程度的保障。

(三) 數位出版產品規模顯著壯大

　　經過多年的發展,數位出版產業的產品種類不斷豐富,規模也在日益壯大,讓使用者有了更多的選擇。從表 3 我們可以看出:互聯網期刊產品規模從 2007 年的 9000 種,增加至 2011 年的 2.5 萬種,增長率達到 177.78%;多媒體互動期刊產品規模從 2009 年的 2 萬種,降至 2011 年的 1.26 萬種,降幅為 37%,這説明多媒體期刊這一數位出版形態與市場需求之間還沒有很好地吻合,它只是機械地將紙質的期刊數位化,不能迎合消費者的需要,能否持久發展還需要觀察;電子圖書產品規模從 2009 年的 60 萬種,增至 2011 年的 90 萬種,增長率為 50%;互聯網原創作品的產品規模增幅最為顯著,從 2009 年的 118.68 萬種,增至 2011 年的 175.7 萬種,增幅高達 48.05%,表現極為活躍,預示著我們已經進入了內容膨脹的年代;數位報紙產品規模增幅最為顯著,從 2009 年的 500 種,增至 2011 年的 900 種,增幅高達 80%。上述資料表明,互聯網新的產品形態如果不符合互聯網用戶消費習慣及使用特點,最終將被市場淘汰。

表 3　數位出版物品種數

（單位:種/戶/家）①

產品	出版者	2007年	2009年（截至2010年5月查詢所得）	2011年（截至2012年5月查詢所得）
互聯網期刊產品種數	同方知網	8460	9185	9109
	萬方數據	—	學術期刊 5792	7300
	維普資訊	8000	—	8000
	龍源期刊	2000	≈3000	3800
	〔說明〕	0.9萬種互聯網網期刊＋4萬種多媒體期刊 減去平臺之間重復授權數,總數應在9000左右	1.6萬種互聯網網期刊＋2萬種多媒體期刊等 減去平臺之間重復授權數,總數應在16000左右（包括學術報等）	2.5萬種互聯網網期刊＋1.26萬種多媒體網期刊 減去平臺之間重復授權數,總數應在25000左右（包括學術報等）
多媒體互動期刊種數	Zcom	20483	16485	13572
	Xplus	20000	5872	533
	Vika	927	869	≈880
	Poco	516	546	639
	〔說明〕	4家合計數為41926,減去少量的傳統期刊的數位化,實際種數約40000左右＋54萬種互聯網網原創作品	4家合計數為23772,減去少量的傳統期刊的數位化,實際種數約20000左右＋60萬互動網原創作品	4家合計數為15624,減去少量的傳統期刊的數位化,實際種數約12600左右＋90萬種電子圖書,＋175.7萬種互聯網網原創作品
電子圖書出版種數	方正阿帕比 超星 書生 中文在線	約540家出版社開展了電子圖書出版業務,共出版電子圖書約50萬種	約540家出版社開展了電子圖書出版業務,共出版電子圖書超過60萬種	超過540家出版社開展了電子圖書出版業務,共出版電子圖書超過90萬種
電子書出版平臺原創種數	起點中文網	176447 ＋0.05萬種數位化報紙 ＝108.95萬種數位化書報刊（總計）	412724 ＋0.05萬種數位化報紙 ＝182.32萬種數位化書報刊（總計）	765311 ＋0.09萬種數位化報紙 ＝269.55萬種數位化書報刊（總計）
		537 365	1 186 766	1 757 000

① 表中電子書係原創平臺出版種數採集方法為:2011年5月26日,被搜索各原創網站方庫計算所得。由於多數網站對作品的計算方式是以視文篇件為單位的,實際上那些連載性的作品可能是按章或節的計算的,這種計算方式與傳統出版物的版物的計算方式可能存在差距。

② 此資料由筆者重點搜羅各網站於實際查到並迻計算。

（續表）

產品	出版者	2007年	2009年（截至2010年5月查詢所得）	2011年（截至2012年5月查詢所得）
	搜狐讀書原創,連載,小說,文學頻道	16 632	34 478	39 522
	晉江原創網	79 872	633 850	936 900
	子歸原創文學網		4 714	15 267
	紅袖添香	259 700	888 888	未查到
	瀟湘小說原創網			
	諸子原創文學網			
數位報紙家數	方正阿帕比	400	396 減去平塞間重複授權總數在500左右	900 減去平塞間重複授權總數在900左右
	Xplus	100	231	164
	博客註冊使用者數	100 000 000	>200 000 000	318 640 000①
	網路游戲款數	250	321	353

① 資料來源,中國互聯網路信息中心. 第29次中國互聯網路發展狀況統計報告. http://www.cnnic.net.cn/hlwfzyj/hlwxzbg/hlwtjbg/201206/t20120612_26720.htm. 2012-01-16/2012-04-25.

(四) 數位出版收入規模持續上升

2006 年至 2012 年,數位出版連續 6 年保持高達 50%左右的增長速度。總體收入情況如下:2006 年 213 億元,2007 年 362.42 億元,2008 年 556.56 億元,至 2011 年,數位出版產業收入規模已達到 1377.88 億元,比 2006 年增長了 546.89%。總體來看,中國數位出版產業發展迅猛。其中:互聯網期刊、電子圖書(ebook)、數位報紙(網路版)、博客、網路動漫、綫上音樂雖然在發展中有所波動,但總體上表現尚為平穩,保持著波動性增長勢頭;手機出版、網路遊戲、互聯網廣告的發展勢頭強勁,其平均增長速度明顯高於整個數位出版產業的增長速度,牢牢佔據了數位出版產業收入的絕對主體地位。從表 4 中我們可以看出:互聯網期刊的收入規模從 2006 年的 5 億元增長至 2011 年的 9.34 億元,雖在 6 年間增幅出現過稍微的起伏波動,但總體依舊呈現為波動增長趨勢;電子圖書(ebook)收入規模 2006 年為 1.5 億元,2007 年為 2 億元,2008 年為 3 億元,2009 為 4 億元,2010 為 5 億元,2011 年為 7 億元,呈現為穩步增長態勢,但其收入總量與紙版圖書銷售收入相比,所占比例依然較少;數位報紙、手機出版、網路遊戲、互聯網廣告,在 2006 年至 2011 年,都出現了大幅增長,表現出強勁的發展勢頭。

綜合表 4 的資料,我們還可以看出:歷年互聯網期刊、電子圖書、數位報紙的總收入在數位出版總收入中所占比例也僅為 1.64%至 5.41%之間,說明單純的將紙質出版物數位化而缺乏原創內容,難以在市場中立足;而手機出版歷年的收入,在數位出版總收入中所占比例一直保持在 26.67%至 41.39% 之間,說明手機出版發展勢頭強勁,娛樂化產品在數位出版中佔據相當比重。同時也表明,雖然中國數位出版產業整體上發展迅猛,但產業內部的發展非常不均衡。

表 4　數位出版產業收入情況（單位元：億元）

數位出版分類	2006 年	2007 年	2008 年	2009 年	2010 年	2011 年
互聯網期刊	5+1 （多媒體互 動期刊）	6+1.6 （多媒體互 動期刊）	5.13	6	7.49	9.34
電子書	1.5 （電子圖書）	2 （電子圖書）	3 （電子圖書）	14 （電子圖書 4+電子閱 讀器 10）	24.8 （電子圖書 5+電子閱 讀器 19.8）	16.5 （電子圖書 7+電子閱 讀器 9.5[99]）
數位報紙	2.5 （網路報+ 手機報）	1.5+8.5 （網路報+ 手機報）	2.5 （網路版）	3.1 （網路版）	6 （網路版）	12 （不含手機報）
博客	6.5	9.75	—	—	10	24
線上音樂	1.2	1.52	1.3	—	2.8	3.8
手機出版	80	150	190.8	314	349.8 （未包括手 機動漫）	367.34 （未包括手 機動漫）
數位出 版分類	2006 年	2007 年	2008 年	2009 年	2010 年	2011 年
網路遊戲	65.4	105.7	183.79	256.2	323.7	428.5
網路動漫	0.1	0.25	—	—	6	3.5
互聯網廣告	49.8	75.6	170.04	206.1	321.2	512.9
合計	213	362.42	556.56	799.4	1051.79	1377.88

二、千禧年來數位出版中的代表性事件

數位出版在中國的發展可以歸納為三個階段：在 20 世紀 80 年代末到 2000 年之前，是電子出版時代，這一階段出版業基本實現了加工工藝的數位化與產品形態的數位化；千禧年以來，出版數位化又可以劃分為兩個階段：前 5 年是

---

[99]　受蘋果 iPad 等平板電腦類產品的衝擊和價格戰的影響，國內電子書閱讀器市場在 2011 年整體陷入低迷。據課題組統計，2011 年中國電子書閱讀器累計銷量約 110.3 萬臺，產值約 9.5 億元。雖然銷量較 2010 年略有增長，但產值卻因為產品的大幅降價而出現大規模萎縮。

互聯網出版時代;2005 年之後,"數位出版"作為獨立的概念開始登上歷史舞臺,成為產學研三界的通用概念。

(一) 互聯網出版迅速成長(2000—2005)

2000 年,三大中文門戶網站——搜狐、新浪、網易在美國納斯達克相繼成功上市,帶動了互聯網在中國的迅速普及。互聯網的飛速發展助推出版數位化步入快速發展期。

互聯網出版(OnlinePublishing、e-Publishing、NetPublishing)是伴隨著因特網技術的發展而出現的出版形式,它突破了之前出版物的單機數位化的形態,實現了遠程互聯,即以多人綫上的形式共用資訊,實現了人類歷史上資訊傳播技術的一次重大飛躍。互聯網將出版數位化由電子出版時期作品的數位化、編輯加工的數位化,擴展到發行的數位化和閱讀消費的數位化,開創了全新的、獨具網路特性的出版與投送方式,將數位化出版推向一個全新的發展階段,其標誌性事件有以下幾類:

1. 傳統新聞出版單位紛紛觸網

2000 年之後,傳統出版物的網路化發展得非常快,多數傳統新聞出版單位建立起自己的網站,將紙質版內容上傳到互聯網上。由於互聯網出版具有成本低、檢索方便、存儲閱讀空間大等優勢,傳統書報刊的網站不僅僅上傳其紙質版的部分內容,而且將其網站建成一個綜合性的資訊網站,提供相關資訊及延展性資訊,由報紙網路版延展為一個綜合資訊平臺。

2000 年 3 月,新華通訊社網站更名為"新華網",同年 7 月全面改版,啓用新功能變數名稱,提供 ICP 服務。2004 年 6 月,經過短短 4 年時間,在 Goggle 排名榜中國網站中,新華網的頁面瀏覽等級為唯一的 9 級,與美國 CNN、雅虎、微軟、亞馬遜等世界知名大網站同級。2007 年 6 月,艾瑞市場諮詢資料顯示,新華網的網民月度覆蓋人數比例達到 41.49%,在中國新聞網站中排名第一。

2000 年 7 月,人民日報網路版正式啟動新功能變數名稱,"人民網"開啟了獨立運營的新局面。經過十餘年的快速發展,2012 年 1 月 13 日,"人民網"順利通過了中國證監會 IPO 審核,將掛牌上市,成為在國內第一家上市的大型綜合新聞類網站。

《經濟日報》報業集團於 2003 年 7 月創辦"中國經濟網":1999 年 12 月,《廣州日報》報業集團創辦"大洋網";2002 年 12 月,浙江報業集團、浙江廣電集團、浙江省外宣辦三家共同主辦的"浙江在綫"正式改版上綫;鳳凰衛視創辦"鳳凰網"。一系列的新聞門戶網站在這一時期迅速成長為全國及區域有影響的綜合門戶性新聞網站。

此外,各大型出版社與出版集團也在這一階段紛紛建立起自己的網站,雖然知名度與影響力不如新聞網站那麼大,但網站的建立為日後自身出版物的資訊發佈與數位發行打下良好的基礎,為集團自身電子書、數位期刊與數位報紙的發行提供了基礎平臺。

2. 傳統出版物開闢網路行銷新管道

1999 年 11 月,中國第一家專業售書網站——"當當網"正式開通,成立十餘年來,"當當網"銷售業績增加了 400 倍,現已成為全球最大的中文網上圖書音像商城。2010 年 12 月 8 日,"當當網"在紐約證券交易所正式掛牌上市。2011 年 12 月,"當當網"將其旗下免費試讀的閱讀電子書平臺更換為綫上銷售平臺,正式上綫電子書的銷售。

2000 年,另一家網上書店"卓越網"創建。當時,"卓越網"是"當當網"唯一的一傢俱備競爭實力的對手。2004 年 8 月,"卓越網"被亞馬遜公司以 7500 萬美元收購,成為亞馬遜中國全資子公司。2007 年,公司改名為"卓越亞馬遜",2011 年 10 月,改名為"亞馬遜中國"。亞馬遜全球領先的網上零售專長與"卓越網"深厚的中國市場經驗相結合,有效地提升了"卓越網"的競爭力。

2002 年,一家中文舊書網上交易平臺——"孔夫子舊書網"現身互聯網,這是一家傳統的舊書行業結合互聯網而搭建的 C2C 平臺,是 C2C 的精準細分市場。網站自開辦以來一直以古舊書交易為最大特色。目前"孔夫子舊書網"已在中國古舊書網路交易市場上佔據了 90%以上的市場份額,成為當之無愧的國內最大的古舊書網路交易平臺。

作為圖書網路銷售平臺,"當當網"與"卓越網"等網站雖然仍以傳統的紙質圖書銷售為主,但傳統圖書銷售管道的網路化,使得圖書銷售中間環節大為減少,極大地提高了發行效率。同時,網上書店會將讀者個人資訊以及購買行為等銷售資訊記錄下來,便於進行資料的深入分析。銷售資訊的資料化,有助於對出版物進行精準投放與推送,革命性地改變了傳統銷售管道的粗放型售書模式,為今後電子書的銷售打下了良好的基礎。

3. 原創網站異軍突起

互聯網出版帶給傳統出版最大的衝擊是打破了專業出版一統天下的格局,它為個人原創作品的大眾化傳播提供了一種非常寬容的新興媒介管道,使得許多優秀的原創作品不必經過專業出版單位元的出版程式,而得以公開傳播。近年來,有越來越多的優秀作品首先在網上發佈,得到網友的追捧,後被傳統出版社簽下紙質版權,成為暢銷書。同時,原創作品的大量增加也激發了原創網站的大量出現,尤以文學網站的建立和發展最具代表性。

1999 年 8 月,"紅袖添香小説網"開通,成為國內最早建立的原創小説網站,並創建了在綫閱讀、創作、投稿、簽約、互動、稿酬結算等一系列的網路出版模式。目前,網站擁有 100 多位月稿酬萬元的明星作家團隊,年度稿費發放總額超過 1000 萬元,是國內稿酬發放數額非常高的原創文學網站。[100]

---

[100] 引自百度百科."紅袖添香小説網"條目.baike.baidu.com/view/3737160.htm.2012-04-11.

　　1999 年 8 月,"榕樹下文學網"正式運營,之後幾年,在全球網站瀏覽量排名上,"榕樹下"一直穩居 400 名左右。2002 年之後,"榕樹下"開始大規模與出版社合作,出版了大量文學暢銷書,如慕容雪村的《成都今夜請將我遺忘》、蔡智恒的《洛神紅茶》、安妮寶貝的《告別薇安》、林長治的《沙僧日記》、今何在的《諸星漢天空》、孫睿的《草樣年華 II》等,培養出安妮寶貝、寧財神、李尋歡、邢育森、蔡駿、慕容雪村、方世傑等一大批知名網路寫手。"榕樹下"還多次舉辦了網路文學大賽,餘秋雨、餘華、蘇童、王安憶、王朔等國內知名作家出任大賽評委,吸引了全國各地近百家媒體的關注,在文化界一度引發了以"榕樹下"為代表的"網路文學"現象的全國大討論。

　　此外,2001 年 5 月,以奇幻小說為主題的幻劍書盟成立;2001 年,以武俠文學為緣起的瀟湘書院成立;2003 年 5 月,由玄幻文學協會發起的起點中文網成立。在千禧年前後幾年,一大批文學網站迅速崛起,這些網站以原創作品為基礎,加強網站、網路作品和網路作家的經銷,開創了全新的原創文學的新運營模式,極大地推動了青春文學及年輕作者的成長。

　　2008 年 7 月,盛大文學有限公司成立,將"起點中文網"、"紅袖添香網"、"言情小說吧"、"晉江文學城"、"榕樹下"、"小說閱讀網"、"瀟湘書院"七大原創文學網站收歸旗下,統一運營,成為中國最大的網路文學運營商。目前中國網路小說市場的 90%被盛大文學所佔有。

4. 個性化媒體迅速成長

　　"9·11 事件"之後,一種新型的網路表達形態——博客迅速流行開來,並漸漸步入主流傳播的視野。2002 年 8 月,"博客中國"創建,至 2003 年年底,已經成為全球中文第一博客網站。2005 年 7 月,博客中國正式更名為"博客網"。新浪、搜狐、騰訊等多家門戶網站也都創建了博客頻道。博客是個人日誌的綜合平臺,是一個屬於個人的小型資料內容平臺,在這個平臺上,博主既是創作者也是管理者,可以隨意發佈與修改、刪除自己的作品,供人閱讀與下載,也可以發佈照片、語音、視頻檔,並與他人進行綫上交流。博客的出現帶動了個性化媒體的發展,建立在受眾自組織基礎之上的自我生產、自我消費的媒體形式——博客網站迅速發展起來。

博客的流行體現了互聯網出版的全民參與性,任何人都有機會將自己的觀點藉助大眾傳播管道加以傳播,從而打破傳統出版一統天下的格局,使傳播主體變得多元化。

5. 搜索與集成技術快速發展

互聯網在提供給受眾海量資訊的同時也帶來了使用者的不便,人們會淹沒在資訊海洋中,從而降低資訊的使用效率。為解決這種不便,互聯網的檢索與集成這兩大重要技術在這一時期應運而生。

繼"穀歌"之後,2000 年,全球最大的華文搜索網站"百度"成立。"百度"致力於向人們提供"簡單,可依賴"的資訊獲取方式。創新的搜索引擎檢查整個網路鏈接結構,確定哪些網頁重要性最高,然後進行超文本匹配分析,以確定哪些網頁與正在執行的特定搜索相關。"百度搜索"可以同時進行一系列的運算,且只需片刻即可完成,在綜合考慮整體重要性以及與特定查詢的相關性之後,搜索引擎就可以將最相關最可靠的搜索結果自動排序,以便於受眾從海量資訊中迅速找出自己所需要的資訊,從而大幅度提升了受眾對互聯網的使用效率。

搜索技術的進步,也促使資料集成擁有了更大的價值,在這個時期,一些資料庫平臺開始逐步發展壯大。1999 年 6 月,清華大學與清華同方發起創建"中國知網"(CNKI),得到全國學術界、教育界、出版界、圖書情報界的大力支持,CNKI 工程經過多年努力,採用自主開發並具有國際領先水準的數位圖書館技術,建成了世界上中文資訊量規模最大的"數位圖書館",並正式啟動建設《中國知識資源總庫》及 CNKI 網路資源共用平臺。2000 年由中國科技資訊研究所發起成立萬方資料股份有限公司,"萬方資料"平臺在科技資料、企業資源資料與醫學資料庫方面做出了傑出的貢獻,其所倡導的知識服務理念,目前已成為資料平臺服務的主流趨勢。"龍源期刊網"創建於 1999 年 6 月,現已成為國內最大的中文人文期刊資料平臺。"維普網"創建於 2000 年,現建有國內最大的中文科技期刊資料庫。學術期刊資料庫及網路平臺的建立使得知識得到了有效保存,又便於使用者有用資訊的隨時抽取,使資訊能夠更好地為人所用。

(二) 數位出版獨立走上歷史舞臺(2005—2011)

伴隨著出版全流程數位化的演進,出版形態與出版終端不斷推陳出新,互聯網出版這一概念已經不足以概括這些新型出版業態。2005 年,第一屆數位出版博覽會[101]在北京召開,博覽會期間,數位出版這一概念被正式提出,並成為政產學研各界的一個通用概念。

數位出版是指:用數位化(二進位)的技術手段從事的出版活動。這裏有兩點需要指出,一是二進位的技術,二是出版活動,而非出版介質。廣義上説,只要是用二進位這種技術手段對出版的任何環節進行的操作,都是數位出版的一部分。[102]

數位出版突破了互聯網出版線上閱讀的局限,實現了手持終端的離線閱讀,相對於互聯網出版來説,其產業形態呈現出相對獨立與完整的態勢,它集作品的數位化、編輯加工的數位化、印刷復製的數位化、發行銷售的數位化和閱讀消費的數位化於一體,實現了出版全產業鏈的數位化。

1. 數位出版國家政策陸續推出

2009 年 9 月 1 日,國務院推出《文化產業振興規劃》。2010 年 1 月 5 日,新聞出版總署出臺《關於進一步推動新聞出版產業發展的指導意見》。2010 年 8 月 6 日,新聞出版總署發佈了《關於發展電子書產業的意見》;2010 年 10

---

[101] 數位出版博覽會由中國新聞出版研究院主辦,每兩年召開一屆,2005 年至 2011 年,已成功舉辦了四屆,成為中國數位出版展示交流活動的一個重要品牌。

[102] 郝振省主編:《2005—2006 中國數位出版產業年度報告》,中國書籍出版社 2007 年版。

月 10 日,發佈了《關於加快我國數位出版產業發展的若干意見》,對數位出版的發展提出了綱領性的指導意見。

2011 年 4 月 20 日,新聞出版總署推出《新聞出版業"十二五"時期發展規劃》,明確提出"以科學發展為主題,以加快轉變發展方式為主綫,大力發展數位出版產業"。2011 年 5 月,新聞出版總署頒佈《數位出版"十二五"規劃》,"提出'十二五'期末,中國數位出版總產值力爭達到新聞出版產業總產值的 25%,整體規模居於世界領先水準"。《規劃》還指出中國數位出版產業發展現狀及存在的問題,"十二五"期間數位出版產業面臨的機遇與挑戰,制定了"十二五"時期數位出版產業發展的指導思想和基本原則,提出"十二五"時期數位出版業發展的戰略重點,以及"十二五"時期數位出版業發展的重點專案和推動數位出版發展的保障措施,等等。

數位出版的一系列國家政策的推行,為數位出版的進一步發展指明了方向。

2. 數位出版終端不斷創新

2004 年,SONY 公司生產的世界上第一款商用電子紙電子書問世。電子紙是一種可以像紙一樣閱讀舒適、超薄輕便、可彎曲、超低耗電的電子顯示器。2006 年,津科生產的國內首款電子書問世;2008 年,漢王推出採用 E-ink 電子紙的電子書;易博士、易狄歐、翰林、愛國者、紐曼等企業紛紛加入電子書生產領域,引發了電子書的熱銷。電子書的出現開啓了數位出版脱離互聯網、走向獨立電子終端的時代。

在電子出版與互聯網出版時代,數位化閱讀只限於個人電腦(桌上型電腦與筆記本),這種載體的局限性大大限制了數位出版的傳播效率,使數位出版在閱讀的便捷性上難以與圖書、期刊、報紙這些紙媒體相抗衡,而手持電子閱讀器則極大地提升了便捷性,擁有獨立的載體終端是數位出版獨立於互聯網出版的一個重要標誌。

2007 年 6 月,蘋果公司推出 iPhone 手機,這是一款像個人電腦一樣,具有獨立的作業系統的智慧手機,可以由用戶自行安裝軟件、遊戲等第三方服務商提供的程式,通過此類程式不斷對手機的功能進行擴充,並可以通過移動通訊網路來實現無綫網路接入。此後,諾基亞、索尼愛立信、三星等相繼推出了採用 Symbian 作業系統的智慧手機,國內的手機生產廠商也開始研製生產智能手機。智慧手機的出現使手機也可以實現像電腦一樣便捷的操作,大大促進了手機出版的發展。

2010 年 1 月,蘋果 iPad 的問世再次帶給世界一種新型的數位終端——平板電腦,國內聯想、神州數碼等企業也仿照這種形式,相繼推出了自己的品牌 Pad。這種輕薄的可攜式掌上電腦,可以提供瀏覽互聯網、收發電子郵件、觀看電子書、播放音頻或視頻等功能,甫一問世,便風靡全球,成為數位終端的又一新寵。

數位終端技術的飛速發展,電子閱讀器、智能手機、平板電腦等可攜式產品的出現,使數位產品擁有了與紙媒體一樣方便的掌上型終端。載體的進步使數位化閱讀迅速流行起來,為數位出版的大規模推廣與普及提供了保障。

3. 數位出版傳播管道不斷拓展

長期以來,數位出版的傳播管道只有互聯網傳輸一種形式,智慧手機出現後,網路傳輸速度與傳送能力直接決定手機出版的內容形式,人們對無綫通訊管道傳輸提出了更高的要求。

2009 年 1 月,工信部發放 3G 牌照,中國移動、中國電信、中國聯通三家通訊運營商分別獲得 TD-SCDMA、CDMA2000 和 WCDMA 的三張 3G 牌照,參與中國手機通訊市場的競爭,中國正式進入 3G 時代。這一年,中國聯通與蘋果公司達成合作,開拓 3G 手機市場,管道運營商與終端生產商的有效結合,使數位出版在移動終端上獲得長足發展,此後幾年,3G 用戶增長迅速。

數位網路環境的建立為數位出版提供了良好的發展基礎。手機出版獲得快速發展,中國移動、中國電信、中國聯通三大運營商分別建立了自己的移動閱讀基地,中國移動還分別建立了手機動漫基地與手機遊戲基地,涉足手機出版內容運營,向產業鏈上游延伸。

除了互聯網、移動互聯網,利用中國強大的衛星通訊技術來進行數位內容的傳播,已經走向商用。2011 年,中國衛星通訊集團公司成立了"航太數位傳媒有限公司",為城市家庭提供高品質音、視頻內容傳輸服務,作為既有管道的有益補充,同時為管道資源匱乏的偏遠鄉村提供數位內容傳輸服務。

4. 數位出版國家基地紛紛建立

2008 年 2 月,位於浦東新區的上海張江數位出版國家基地獲批,基地以優惠的政策引進動漫、遊戲、技術研發、內容製作等數位出版產業,以盛大網路、方正科技為代表的數位出版龍頭企業紛紛落戶張江,成為數位出版集群效應的示範試點。到 2010 年,張江數位出版國家基地入駐企業達到 300 多家,合計銷售收入達 110 億元,成為中國首個突破百億元的基地。基地建設專項資金全年資助專案 216 個,資助金額 4993 萬元。[103]

張江數位出版國家基地獲批後,在不到 3 年的時間裏,另有 8 家數位出版國家級基地獲批,分別是重慶北部新區、浙江杭州、湖南中南、湖北華中、陝西西北、廣東廣州、天津空港、江蘇南京—揚州—蘇州。

按照新聞出版總署的規劃,到"十二五"末期,要在中國形成 8 至 10 家各具特色、年產值超百億人民幣的國家級數位出版基地或國家級數位出版產業園區。國家數位出版基地以優惠政策吸引、集納國內外數位出版及相關產業的戰略投資者和創業者,通過搭建綜合性的公共服務平臺降低企業進入及運營的

---

[103] 金鑫:《上海"十二五"數位出版年產值力爭 700 億元》,《中國新聞出版報》2011 年 8 月 3 日版。

成本,從而有效整合上下游力量,帶動數位出版整體產業鏈發展,形成規模效應,使數位出版產業形成集群式快速發展。

建立國家基地,以數位出版基地的集聚效應來帶動推進數位出版產業的發展,這成為中國數位出版發展的一大特色。

5. 數位出版版權意識逐步加強

自 2005 年之後,中國數位版權保護快速進步,表現為:數位版權保護意識不斷加強,行政保護力度增大,司法保護在強化,版權保護技術研發得到大力支持。

2005 年 9 月,北京海澱法院對百度公司 MP3 侵權作出判決,百度公司敗訴。2010 年,當當、互動百科、盛大文學、磨鐵圖書等公司要求百度刪除百度文庫的侵權書籍。此後,22 位作家聯合發佈聲明聲討百度文庫侵權,並稱將起訴百度。中國文字著作權協會隨後也發佈聲明,公開支持出版界起訴百度。"百度文庫案"的爆發成為迄今為止數位出版領域最著名的一起侵權案。雖然百度公司利用互聯網行業的"避風港原則"[104],回應稱百度文庫所有文稿等資料為網友上傳,百度本身並不上傳侵權的書籍和作品,因此百度沒有侵害作家和出版機構的利益。但司法程式的介入以及輿論的強烈譴責,最終還是迫使百度文庫做出最大讓步,推出百度文庫版權合作平臺,採取付費分成模式、廣告分成模式這兩種合作模式,並承諾通過多個宣傳管道對合作的正版資源進行宣傳推廣。

在數位版權保護法律法規制定方面,2005 年 5 月 30 日,中國第一部網路著作權行政管理規章《互聯網著作權行政保護辦法》正式實施。2006 年 7 月 1 日,國務院頒佈的《信息網路傳播權保護條例》正式實施。

此外,越來越多的社會力量加入到數位版權保護行列。其中,2005 年 7 月成立的中文"綫上反盜版聯盟"旨在建立一種及時發現綫上盜版、快速反饋資訊

---

[104] 避風港原則是指,互聯網公司不製作內容時,如果被訴侵權有刪除義務,如果沒有被告知哪些內容應該刪除,公司不承擔侵權責任。

和有效打擊綫上盜版行為的機制,為有關單位和權利人提供法律諮詢,進行維權、調查等。2005 年 9 月,中國互聯網大會上,40 多家互聯網相關企業共同簽署《中國互聯網網路版權自律公約》,倡導網路行業自律,逐漸形成尊重數位版權的維權行動。

2011 年 7 月,數位版權保護技術研發工程正式啟動。數位版權保護技術研發工程是列入《國家"十一五"時期文化發展規劃綱要》的重大科技專項,該工程將針對數位網路環境下版權保護水準滯後、產業模式不合理等問題,組織多方力量,研發一系列關鍵技術,並通過總集成和應用示範平臺的搭建,形成數位版權保護技術整體解決方案,為數位出版產業探索新型商業模式奠定基礎。

三、數位出版中存在的主要問題及未來發展趨勢

從互聯網出版到數位出版,經過十餘年的發展,中國數位出版到目前已基本形成了由內容提供企業、內容加工企業為主的內容提供者;以互聯網、移動通信、通訊衛星為主的傳輸管道服務商;以綜合或專業、特色資料庫為主的平臺服務商;以數位技術開發和數位技術應用服務為主的技術服務商;以電子書和其他新型閱讀器為代表的閱讀終端企業搆成的一個相對來説比較完整的數位出版產業鏈,為整個產業的進一步發展打下了良好基礎。

在看到成績的同時,我們也看到數位出版尚存在一些問題,本節對這些問題進行總結並對數位出版的未來發展趨勢加以簡要概括。

(一) 數位出版存在的主要問題

1. 傳統出版單位數位化進程遲緩

傳統出版單位的數位化進程關乎中國數位出版的整體進程。目前,國外大型出版集團數位化做得卓有成效,而國內出版集團數位化整體水準則比較落後,傳統出版單位在數位出版領域的收入非常少,基本處於邊緣化的地位。傳統出

版單位元雖然擁有大量內容資源,但目前轉化為數位產品,可在新媒體上呈現、帶來收益的內容卻很少。目前業務規模都比較小,還是處在早期探索的階段,沒有形成明確可靠的盈利模式。

2. 優質內容缺乏,同質化現象嚴重

目前,用戶上傳內容過多過雜,缺乏把關人,已造成數位內容泛濫、良莠不齊的困擾。嚴重缺乏優質內容和優質內容難以脫穎而出,不利於數位產品品牌的創建與打造。以各大城市的手機報為例,無論在內容、編輯、發行以及傳播方式上,都呈現出同質化的現象,使得手機報缺少特色,缺少競爭力和不可替代性,而同質化的手機報由於自身沒有競爭優勢也難以吸引到更多的訂閱用戶,形成惡性循環。

3. 數位出版深閱讀有待進一步加強

2011 年發佈的中國數位出版統計數位顯示:2010 年數位出版總產值達 1051 億元,手機出版、網路遊戲和互聯網廣告三項內容佔據年度總收入的 90% 以上,而代表主流閱讀的電子書產值卻只有區區 24.8 億元[105],僅占 2.36%。近年來,盡管數位出版產值增長非常迅速,但在數位內容的生產上過於關注消費化的短閱讀、淺閱讀產品,對有價值的深閱讀產品開發不夠。手機出版、網路遊戲和互聯網廣告,這些數位內容產品更多體現為一種娛樂形式和資訊形式,其內容深度有限。傳播知識、引導國民閱讀、提升國民素質的重任,光靠淺閱讀是不能完成的,現有數位出版應加強深閱讀的內容研發與推廣力度,使主流文化在數位出版傳播方面發揮出其應有的價值來。

---

[105] 郝振省主編:《2009—2010 中國數位出版產業年度報告》,中國書籍出版社 2011 年版,第 16 頁。

4. 中小市場需求尚未大規模啟動

目前,中國的數位出版產業存在著"抓大放小"的現象。數位出版企業一般更加注重大市場,缺乏對細分市場的認識與作為,缺乏對中小市場需求的調研與調動,沒有引發中小市場對數位出版的強烈需求。雖然有些數位出版企業創建了面向中小機構用戶的個性化出版服務模式和商業模式,但是普遍而言,中小機構對資訊和知識服務的需求意識還相當薄弱,市場啟動還需要通過典型用戶的示範和引導加以推動。

5. 數位出版領域標準相對滯後

缺乏統一的行業標準,特別是數位出版產業的整體標準體系尚未建立,已成為制約中國數位出版發展的另一重要問題。"十一五"期間,雖然完成了新聞出版、資訊化、出版物發行等標準體系的制定工作,但距離建設層次清晰、分類科學、完整適用的標準體系還有一定的差距:基礎性標準和關鍵性標準缺位;手機出版、互聯網出版、動漫出版、網路遊戲出版、資料庫出版等新型出版領域的標準化工作處於起步階段;企業標準格式不一,難以協調。數位出版標準化所存在的一系列問題直接影響了數位出版行業的順利發展。

6. 數位出版運營模式有待進一步探索

自 20 世紀 70 年代之後,人類社會開始進入後工業時代,特別是近十年來,隨著數位技術突飛猛進的發展,傳統的出版業也開始出現了變化:以流水綫下的大規模復製為主要利潤源的"機器大工業"的方式,日漸轉化為以提供個性化、差異化、參與互動為主導"小眾服務性"的後工業化生產方式,其收益形式也由大眾出版的二八利潤轉化為數位化後的長尾利潤。如果說傳統出版單位是以作者為中心建立起來的單純內容提供商,那麼數位出版將是以平臺為中心、版權為紐帶、終端為閱讀介質建立起來的數位內容服務商。傳統出版流程在數位化後將由編輯、印刷、發行轉變為數位內容的聚會與分發——數位出版本質上是出版流程再造。應充分認識到傳統出版與數位出版是兩種不同的產業模式,如果仍以傳統出版的經營模式與理念來進行數位出版經營,就會出現許多脫節和不適應的狀況,探索與完善適合數位出版的全新運營模式,是數位出版發展的理論與實踐的重要課題。

7. 數位出版產業鏈間利益分配不均衡

數位出版內容與技術結合的特質決定了數位出版內容與技術均衡發展的特質。中國數位出版產業,內容創造者、內容提供者一直處於弱勢地位,缺少相應的話語權與主導權,在數位出版領域獲利能力低,這些嚴重影響了他們參與數位出版的主動性與積極性。隨著電子書產業的發展,雖然內容提供者與電信運營商、技術提供商在收入分成比例上有所調整,但是由於技術提供商、平臺運營商將產品定價定得較低,對於內容提供者、創作者來說,收益甚微。究其根本,在於內容提供者、創作者交易主動權、定價權的缺失。從目前來看,在美國等出版發達國家中,數位產品定價權由內容提供者、創造者進行主導已初露苗頭。中國數位出版產業的迅猛發展對內容創作和生產也提出了越來越高的要求,內容對於產業的意義將會日益突出,內容創造者、提供商對數位出版產品定價權的話語權應進一步提升。

8. 人才匱乏影響了數位出版的發展

傳統出版單位資訊技術方面的人才非常缺乏,特別是既懂出版又懂技術研發的人才。而在新媒體出版及製作單位中,數位出版流程及審讀規範還不完善,缺乏適應數位出版要求的編輯人才。同時,出版單位的人才管理不規範,制度不健全,對人才的管理仍停留在傳統的人事管理模式階段,阻礙了優秀人才的引進,並造成人才流失。另外,現在的高校很少涉及數位出版專業,且師資力量不足,造成人才培養與數位出版發展不同步。人才的缺乏導致企業對技術含量高的數位出版新業態無法把握,影響了數位出版的發展。

此外,國內數位出版核心技術匱乏,數位出版基地的集群效應如何有效實現,政府對數位出版的支持政策如何與市場進行有效對接,數位出版與國外的差距如何縮小,國內數位出版機遇期不斷壓縮,等等,都是當前數位出版發展需要解決的重要問題。

(二) 數位出版發展趨勢

1. 數位出版發行走向知識服務

數位出版發行從資料庫行銷走向知識服務是近來出版平臺服務商達成的共識。知識服務是一種面向知識內容和解決方案的服務,是基於對資訊和知識查詢進行分析和再組織所提供的增值服務。知識服務重視使用者需求分析,提供基於邏輯分析的深度服務,而不再是以往資料庫平臺所提供的基於使用者簡單提問和資料佔有獲取的服務。知識服務平臺通過提高使用者知識應用和知識創新效率來實現價值。

2. 教育數位化發展迅速

2011 年,新聞出版總署在其《新聞出版業"十二五"時期發展規劃》中明確將電子書包研發工程列入"十二五"重大工程專案。電子書包是一款集硬體、內容、平臺、軟件開發為一體的系統解決方案,承載著電子教材、電子教學資料以及相關虛擬學具,可被多種終端設備訪問的電子化系統。揚州、上海虹口、西安、寧波、北京、重慶等城市相繼進行了電子書包的教學試點,教育部也在加緊制訂電子課本與電子書包的相關標準。"十二五"期間,中國將大力研究開發以網路環境為依託,由移動終端設備、電子教學服務平臺、資源加工出版支撐體系以及教育教學數位內容共同構建的電子書包。

中國是教育大國,教育出版數位化影響深遠。電子書包的早期形態是電子閱讀終端推廣,今後將在人機交互、網路互聯的電子書包整體解決方案上作進一步的開拓。

3. 4G 將使手機出版躍升新高度

2012 年 3 月,中國移動宣佈將在國內七個城市籌建 4G 網路。4 月 5 日,杭州成為國內第一個 4G 網路試點城市。4G 體驗使用者將在下半年定點推出。據中國互聯網路資訊中心(CNNIC)2012 年 1 月發佈的《第 29 次中國互聯網發展狀況統計報告》顯示,中國手機網民數已達到 3.56 億人;2010 年,中國手機出版產值達到 349.8 億[106],占整個數位出版產值的 33.26%。伴隨手機網民的不斷增加,手機移動閱讀基地的快速成長,手機出版已顯示出強勁的增長勢頭。國內最大的手機管道運營商——中國移動 4G 網路的推出,將極大地推動手機出版的大幅增長。據悉 4G 的網速將是 3G 的 10 倍,屆時,數位出版中需要大網速傳送的內容將會獲得更好的用戶體驗,技術與管道的擴容,為數位內容的深化開發與推廣,提供了支援。4G 時代,手機將會與互聯網一樣快捷,而手持、移動的便捷屬性又使手機擁有 PC 終端所無法比擬的優勢,手機出版將會迎來又一個大幅度的增長。在數位出版的所有終端中,手機將成為最重要的一種載體形式。

4. 數位出版引領媒介融合走向深入

目前在國內,由於歷史原因,我們的媒體條塊分割,在資源的有效利用方面,具有先天的局限性。因此,數位出版與三網融合、推進媒介融合、組建大型媒體集團應該是同步進行的。隨著數位技術的發展,出版業在實現多種媒體形式之間整合的同時,它與廣播電視業、影視業、娛樂業、IT 等產業之間的界限也會越來越模糊,數位出版則通過不同行業的融合,有效地達到優勢互補,資源共用,使資訊服務由單一業務轉向文字、語音、資料、圖像、視頻等多媒體綜合數位出版業務。未來的數位出版不僅繼承了傳統出版原有的資料、文字和音視頻業務,而且可以通過數位化整合,創造出更加豐富的增值業務類型,引導媒介融合走向深入。

---

[106] 郝振省主編:《2009—2010 年中國數位出版產業年度報告》,中國書籍出版社 2011 年版,第17 頁。

5. 數位出版將走向"雲出版"

　　"雲"是一種聚集方式,雲計算是指基於互聯網的 IT 基礎設施的交付和使用模式,使用者通過雲計算平臺,以按需、易擴展的方式獲得所需資源。對於出版產業來說,建立統一的綫上數位出版綜合服務雲出版平臺,使分散的碎片化的出版資源整合成整塊的"雲",對出版商和管道商來說都是一件好事。通過雲出版平臺,出版社可以對社內資源加密,可以選擇發行管道進行授權、安全分發;管道運營商可以打通各種管道的終端應用,方便獲取出版單位授權的資源進行運營。一切的流程通過雲出版服務平臺進行,管道的銷售資料隨時反映在平臺上,出版單位可以隨時掌握,甚至連讀者的查詢、點擊、購買等行為,也可以通過該平臺瞭解掌握。雲計算在出版領域的應用對於出版產業達成合作聯盟,統一行業標準,完善產業鏈分工,優化高效利用和使用資源,提供更好和更便捷的服務,將起到直接的推動作用。

千禧年來的中國版權貿易與出版"走出去"

版權貿易是不同國家和地區之間在版權許可和版權轉讓過程中產生的涉外貿易行為,通常指著作權人與著作權使用者不在同一國家或地區的情況,涉及圖書、錄音和錄影製品、電子出版物、軟件、電影和電視節目等領域。1991 年 6 月,《中華人民共和國著作權法》正式頒佈實施。隨後,中國又相繼加入《伯恩公約》和《世界版權公約》這兩個世界性的公約組織。這標誌著中國版權貿易進入一個全新的發展階段,為新世紀版權貿易的進一步發展奠定了基礎。

版權貿易涉及的眾多領域中,圖書版權貿易處於絕對領先地位,基本能從總體上代表和反映中國版權貿易的大致情況。如在 2010 年中國共引進的 16602 種出版物版權中,圖書 13724 種,錄音製品 439 種,錄影製品 356 種,電子出版物 49 種,軟件 304 種,電影 284 種,電視節目 1446 種;2010 年中國共輸出的 5691 種出版物版權中,圖書 3880 種,錄音製品 36 種,錄影製品 8 種,電子出版物 187 種,電視節目 1561 種,其他 19 種。[107]因此,我們在這裏擬以圖書版權貿易和中國圖書"走出去"為例,概括性介紹千禧年以來中國的版權貿易與出版"走出去"。

一、千禧年來版權貿易與出版"走出去":資料分析

在目前情況下,中國圖書版權貿易主要是通過出版社進行的,版權代理公司和其他機構進行的圖書版權貿易所占比例非常小,出版社圖書版權貿易構成了中國圖書版權貿易的主體,基本上反映了中國圖書版權貿易的全貌。下麵以歷

---

[107] 新聞出版總署. 2010 年全國新聞出版業基本情況. http://news.xinhuanet.com/zgjx/2011-09/07/c_131109727.htm.2012-04-10.

年《中國知識產權年鑒》和國家版權局公佈的我國出版社從 2000 年至 2011 年這 12 年間圖書版權貿易及相關統計資料為基礎,對千禧年以來中國版權貿易和出版"走出去"進行資料分析[108]。

(一) 圖書版權貿易總量分析

從數量上看,從 2000 至 2011 年的 12 年間,中國通過出版社進行的圖書版權貿易共計 162304 種,其中引進圖書版權 136091 種,輸出圖書版權 26213 種;千禧年伊始的 2000 年,中國通過出版社進行的圖書版權貿易共計 8081 種,其中引進 7343 種,輸出 738 種;2011 年通過出版社進行的圖書版權貿易共計 20630 種,其中引進 14708 種,輸出 5922 種。2011 年是這 12 年間中國圖書版權貿易的最高峰,這一年圖書版權的引進、輸出總量占 12 年間圖書版權貿易總量的 12.7%。從 2002 年開始至 2010 年的連續 9 年中中國圖書版權貿易總量都在萬種以上(見圖 1)。

從增長率上看,2000—2011 年的 12 年間,中國圖書版權貿易年均增長率 12.8%,其中 2008 年增幅最高,增長率高達 42.1%;其次是 2002 年,增長率是 29.5%。2004、2005 年連續兩年由於圖書版權引進數量明顯下降致使中國圖書版權貿易在總量上出現負增長,尤其是 2004 年出現了-14.8%的增長率(見圖 2)。

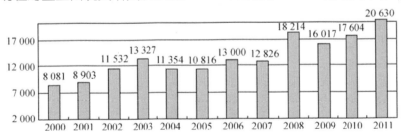

圖 1　2000—2011 年中國圖書版權貿易總量變化示意圖(單位:種)

---

[108]　本文所作的中國圖書版權貿易資料分析不包括臺灣、香港和澳門地區的圖書版權貿易。

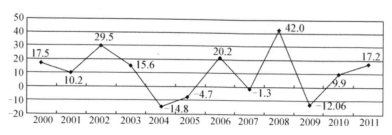

圖2　2000—2011年中國圖書版權貿易年增長率示意圖(單位:%)

(二)圖書版權貿易引進分析

1.引進數量分析

　　從引進數量看,2000—2011年中國圖書版權引進繼續20世紀末期的增長勢頭,總體仍呈上升趨勢。這段時期中國共引進圖書版權 136091 種,引進數量最少的年份是 2000 年(引進 7343 種),引進數量最多的年份是 2008 年(引進15774 種);前5年中,2003 年達到圖書版權引進的高峰(共引進12516 種),此後的 2004、2005 年則連續兩年下降。這表明,2003 年以後,中國的圖書版權引進在經過一個階段的持續上升以後,出版業對圖書版權的引進更加理性和冷靜。後 5 年中,受人民幣匯率攀升、海外購買力增強的有利影響,2008 年達到短期引進的高峰(引進15774 種),此後三年略有回落(見圖3)。

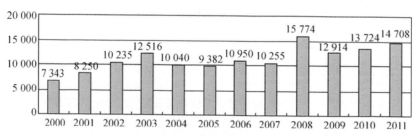

圖3　2000—2011年中國圖書版權引進數量示意圖(單位:種)

2. 引進來源分析

從引進來源看,2000—2011 年,位於中國圖書版權引進前十位的國家和地區分別是美國、英國、臺灣地區、日本、德國、韓國、法國、香港地區、新加坡和俄羅斯(注:國家版權局沒有公佈 2000、2001、2002 年從新加坡引進圖書版權的資料,但從長期趨勢看,不影響中國圖書版權引進的總體態勢)。12 年間,從這些國家和地區共計引進圖書版權 124547 種,占 12 年間圖書版權引進總數的 91.7%,位於圖書版權引進前 4 位的國家和地區連續 12 年一直是美國、英國、臺灣地區和日本。這期間從美國引進圖書版權的數量最多,12 年共引進 48304 種,占這段時期圖書版權引進總數的 35.5%;其次是英國,12 年共計引進圖書版權 21753 種,占這段時期圖書版權引進總數的 16.0%;在排行前 10位的國家或地區中,12 年間,從俄羅斯引進的圖書版權數量最少,共計 642 種,占這段時期引進總數的 0.5%。從圖書版權引進來源的區域分佈上看,12 年間,中國圖書版權引進數量最多的地區是歐美地區(包括這 10 個國家或地區中的美國、英國、德國、法國和俄羅斯),共計引進圖書版權 81730 種,占 12 年引進總數的 60.0%;其次是以臺灣地區、日本、韓國、香港地區和新加坡為代表的亞洲地區,12 年間從這些國家和地區共計引進圖書版權 42817 種,占 12 年引進總數的 31.5%。由此可見,千禧年以來的前 12 年間,中國圖書版權引進主要來源於歐美地區,其次是亞洲地區(見表 1)。

表 1 2000—2011 年圖書版權引進來源地及其數量、比例(單位:種)

國家/地區 年份	美國	英國	臺灣地區	日本	德國	韓國	法國	香港地區	新加坡	俄羅斯
2000	2937	1404	966	680	345	82	259	252	缺	43
2001	2101	1129	1366	776	442	97	181	186	缺	104
2002	4544	1821	1275	908	404	275	194	178	缺	20
2003	5506	2505	1319	838	653	219	342	335	132	56
2004	4048	2030	1173	694	504	250	313	264	156	20
2005	3932	1647	1038	705	366	554	320	204	140	49
2006	2957	1296	749	484	303	315	253	144	156	38
2007	3878	1635	892	822	585	416	393	268	228	92
2008	4011	1754	6040	1134	600	755	433	195	292	49
2009	4533	1847	1444	1261	693	799	414	398	342	58

(續表)

年份\國家/地區	美國	英國	臺灣地區	日本	德國	韓國	法國	香港地區	新加坡	俄羅斯
2010	5284	2429	1747	1766	739	1027	737	877	335	58
2011	4553	2256	1295	1982	881	1047	706	345	200	55
總數	48304	21753	19304	12050	6515	5836	4545	3646	1981	642
比例	35.5%	16.0%	14.2%	8.9%	4.8%	4.3%	3.3%	2.7%	1.5%	0.5%

3. 引進地區分析

　　從引進地區看,千禧年以來的 11 年間,除西藏以外,中國所有省、市、自治區都參與了圖書版權的引進,引進圖書版權省份的地區分佈非常廣泛;2000—2010 年間引進圖書版權最多的地區是北京市,11 年共計引進圖書版權 73797 種,占這 11 年中國圖書版權引進總數的 60.8%,處於絕對領先的地位;2000—2010 年間圖書版權引進最少的是青海,11 年中只引進 2 種圖書版權;位於2000—2010 年間圖書版權引進總數前 10 位的地區分別是北京、上海、廣東、江蘇、遼寧、廣西、吉林、湖南、浙江和天津。這 10 個地區 11 年間共引進圖書版權 108297 種,占這一時期中國圖書版權引進總數的 89.2%(見表2)。

表 2　2000—2010 年中國圖書版權引進總數前 10 位地區引進數量(種)及所占比例

	北京	上海	廣東	江蘇	遼寧	廣西	吉林	湖南	浙江	天津
2000	4480	551	228	221	425	168	105	143	88	128
2001	5550	553	197	24	346	226	315	105	140	173
2002	6780	696	158	213	331	136	224	231	150	237
2003	8798	833	108	220	275	455	226	163	95	74
2004	6702	1020	103	251	212	192	76	110	146	184
2005	6322	1179	47	33	167	255	166	140	132	123
2006	7291	1080	121	387	169	229	87	162	181	112
2007	6189	1242	68	424	205	187	242	180	133	72
2008	5902	1119	5088	426	440	240	281	197	258	90
2009	7709	1304	79	783	346	278	292	171	287	143
2010	8074	1133	69	568	501	370	654	336	129	140
合計	73797	10710	6266	3550	3417	2736	2668	1938	1739	1476
比例	60.8%	8.8%	5.2%	2.9%	2.8%	2.3%	2.2%	1.6%	1.4%	1.2%

4. 引進內容分析

從引進內容看,根據 1999 年至 2006 年 5 月份引進版圖書 CIP 資料統計,在大的圖書分類上,這段時期中國圖書版權引進所占比例最多的是社會科學類圖書,占同期引進總數的 71.0%;其次是自然科學類圖書,占同期引進總數的 22.7%;再次是哲學、宗教類圖書,占同期引進總數的 5.7%;最後是綜合類圖書和馬克思主義、列寧主義、毛澤東思想、鄧小平理論類圖書,所占比例分別是 0.4%和 0.1%(見圖 4)。從小的圖書類別上看,則主要集中於文學類、工業技術類、經濟類和語言文字類圖書,所占比例分別是 24.4%、13.1%、11.5%和 9.5%[109]。另據國家版權局公佈的《2003 年全國版權引進圖書類別情況統計》,從內容上看,2003 年中國圖書版權引進也主要集中於工業技術類(2382 種)、經濟類(1896 種)、文化科學教育類(1463 種)、文學類(1288 種)和語言文字類(982 種)圖書,所占比例分別是 19.03%、15.1%、11.7%、10.3%和 7.8%,基本與這一時期的總體圖書引進內容一致。總體上看,這一時期中國引進版權圖書的內容與中國當前社會、政治、經濟和文化的發展是密切相關的。

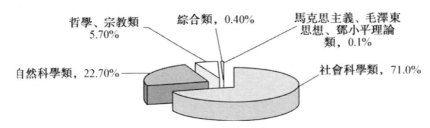

圖 4　1999 年至 2006 年 5 月間引進版圖書內容分類所占比例示意圖

[109]　王曉麗:《近年引進版圖書宏觀形勢統計與分析》,《全國新書目》2006 年第 16 期。

(三) 出版"走出去"資料分析

為了推動中國出版更好地"走出去",促進中國文化的海外傳播和國家"軟實力"的快速提升,進入 21 世紀之後,國家果斷地提出了中國出版業"走出去"戰略,並陸續出臺了一系列推動中國出版"走出去"的政策措施。千禧年以來的 12 年中,中國出版"走出去"成效較為顯著。

目前,中國出版"走出去"的主要途徑有圖書商品貿易、圖書版權貿易和海外直接投資三種類型。中國出版業海外投資剛處於起步階段,規模和影響均較為有限,也沒有系統的統計資料。下麵擬對 2000—2011 年中國圖書商品輸出、圖書版權輸出進行資料分析,以反映 12 年間中國出版"走出去"的大致情況。

1. 圖書商品輸出

2000—2011 年,中國圖書商品輸出的主要流通組織者有隸屬於國家和地方的 30 多家圖書進出口公司以及一部分擁有圖書進出口權的出版社和民營書店、網上書店。圖書商品輸出的對象國或地區主要是日本、韓國、美國、加拿大和港臺地區。此外,英國、新加坡、馬來西亞、荷蘭、德國、法國的圖書市場上也有一些中國圖書。中國圖書商品的海外客戶主要是各地的圖書館以及中文書店,除一部分直接用外文寫作或者被翻譯成外文出版的圖書外,通過這種模式走向世界的大部分中國圖書的讀者對象主要是海外華人、華僑以及一部分海外漢學家。

根據新聞出版總署歷年《新聞出版業基本情況》公佈的資料,從 2000 至 2011 年的 12 年間,中國出版業通過商品貿易方式累計出口圖書品種 11271432 種,年均 939286 種(同期間累計進口圖書品種 7754308 種,年均進口 646192.3 種);出口圖書數量累計 6607 萬冊,年均 550.6 萬冊(同期間累計進口圖書數量 4762 萬冊,年均進口 396.8 萬冊);圖書出口累計金額 29931 萬美元,年均 2494.3 萬美元(同期間圖書進口累計金額 69371 萬美元,年均進口金額 5780.9 萬美元)。從 2000 年到 2011 年的 12 年間,中國圖書出口種數由 2000

年的 704119 種增長到 2011 年的 878174 種,增長了 24.7%,出口數量由 2000
年的 240 萬冊增長到 2011 年的 855 萬冊,增長了 256%,出口金額由 2000 年
的 1233 萬美元增長到 2011 年的 3277 萬美元,增長了 166%(見表 3)。2007
年之後由於受人民幣對美元匯率上升、美國金融危機和歐洲債務危機等國際
宏觀經濟形勢的影響,中國圖書商品出口的三項指標均出現一定程度的下降(與
此同時,圖書進口的三項指標則出現較大幅度的上升),顯示出採取這種模式"走
出去"推動中國圖書走向世界存在著一定的金融風險。

表 3 2000—2011 年中國圖書商品進出口數量一覽表

(單位:種次,萬冊,萬美元)

類別 年份	出口			進口		
	種數	數量	金額	種數	數量	金額
2000	704119	240	1233	453722	208	2430
2001	601662	306	1371	399222	249	2825
2002	863032	321	1363	512234	258	2622
2003	1028855	465	1867	648581	285	3750
2004	836259	468	2084	602307	338	3870
2005	1148110	518	2921	553644	404	4197
2006	1437462	735	3192	559896	361	4324
2007	1104293	714	3298	771582	366	7813
2008	900204	653	3131	648907	438	8155
2009	855934	625	2962	755849	533	8317
2010	913328	707	3232	806076	568	9402
2011	878174	855	3277	1042288	754	11666
合計	11271432	6607	29931	7754308	4762	69371
年均	939286	550.6	2494.3	646192.3	396.8	5780.9

2. 圖書版權輸出分析

(1) 輸出數量分析

從輸出數量上看,近 12 年來,中國圖書版權輸出的規模總體偏小,這與中國
經濟的快速發展、中國在國際上的大國形象、中國博大深厚的文化底蘊以及
中國的圖書版權引進數量相比還不相稱。據新聞出版總署公佈的資料,2000—
2011 年,國內出版社輸出的圖書版權共計 26213 種(年均 2184 種),與同期引進
的 136091 種圖書版權(年均 11341 種)相比存在著巨大的貿易逆差(1:

5.19)(逆差最高峰時的 2003 年則高達 1：15.4),與國外出版業發達國家的圖書版權輸出相比也存在著巨大差異。如不考慮美國輸入到其他國家和地區的圖書版權,2000—2011 年,僅輸入到中國的圖書版權就多達 48284 種,是同期中國圖書版權輸出總數的 1.84 倍,是同期中國輸往美國圖書版權 2698 種的 17.90 倍。但是,2000—2011 年,除 2003 年受"非典"影響、2008 年受人民幣對美元匯率升值影響,中國圖書版權輸出種數的總量有所下降外,2000 年以來中國的圖書版權輸出基本上每年都在增長。2000 年輸出圖書版權 738 種,2011 年輸出圖書版權已達 5922 種,增長了 7.02 倍(見圖 5)。尤其是 2003 年中國政府出版業"走出去"戰略的提出和一系列鼓勵圖書版權輸出優惠政策的出臺更是有效地促進了圖書版權輸出的快速增長。

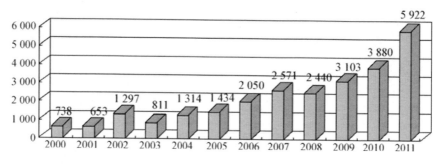

圖5　2000—2011 年中國圖書版權輸出總量示意圖(單位：種)

(2) 輸往國家和地區分析

2000—2011 年,位於中國圖書版權輸出前 10 位的國家和地區分別是臺灣地區、香港地區、韓國、美國、英國、新加坡、日本、德國、俄羅斯和澳門地區,12 年間共向這些國家和地區輸出圖書版權 21336 種,占同期中國圖書版權輸出總數的 81.4%(見表 4);臺灣地區和香港地區一直是中國圖書版權輸出的最主要的地區,12 年間共向臺灣地區輸出圖書版權 8853 種,占輸往這 10 個國家或地區總數的 41.5%;向香港地區輸出圖書版權 2788 種,占輸往這 10 個國家或地區總數的 13.1%(見圖 6);從區域分佈上看,近 12 年間中國圖書版權輸出主要集中在亞洲地區(占輸往這 10 個國家或地區總數的 77.1%,占 12 年間中國圖書版權輸出總數的 62.7%)和歐美地區(占輸往這 10 個國家或地區總數的 22.9%,占 12 年間中國圖書版權輸出總數的 18.7%),亞洲地區所占份額處於絕對優勢地位。但最近幾年,輸往歐美國家的圖書版權呈明顯上升勢頭,表明中國的圖書已經越來越得到歐美國家的認可和青睞,圖書版權輸出漸呈沖出亞洲、走向世界之勢,顯示了中國出版業通過版權貿易方式"走出去"的初步成效。

表 4 2000—2011 年圖書版權輸出國家和地區數量及比例(單位:種)

年份＼國家/地區	臺灣地區	香港地區	韓國	美國	英國	新加坡	日本	德國	俄羅斯	澳門地區
2000	459	81	38	3	2	8	9	0	0	0
2001	187	80	7	6	1	1	12	1	0	0
2002	755	352	103	9	6	0	18	2	0	0
2003	472	178	89	5	2	9	15	1	1	0
2004	655	278	114	14	16	30	22	20	0	94
2005	669	168	304	16	74	43	15	9	6	1
2006	702	119	363	147	66	47	116	104	66	53
2007	630	116	334	196	109	171	73	14	100	38
2008	603	297	303	122	45	127	56	96	115	47
2009	682	219	253	267	220	60	101	173	54	10
2010	1395	534	360	1147	178	375	214	120	11	6
2011	1644	366	446	766	422	131	161	127	40	19
總數	8853	2788	2714	2698	1141	1002	812	667	393	268
比例	41.5%	13.1%	12.7%	12.6%	5.3%	4.7%	3.8%	3.1%	1.8%	1.3%

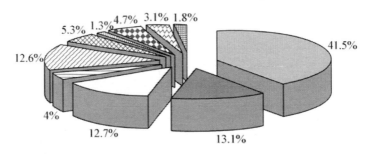

圖6 2000—2011 年圖書版權輸出國家和地區比例示意圖

-219-

3. 輸出省份分析

　　根據國家版權局官方網站公佈的資料,千禧年以來的 10 年間,除西藏外,中國所有省份都或多或少地涉及了圖書版權輸出。這一時期,中國圖書版權輸出數量前 10 位的省市分別是北京、上海、遼寧、江蘇、安徽、湖南、湖北、江西、浙江和山東。這 10 個省市 11 年間累計輸出圖書版權 17191 種,占同期圖書版權輸出總數的 84.8%;其中輸出最多的是北京市,11 年間共輸出圖書版權 10387 種,占同期輸出總種數的 51.2%,處於圖書版權輸出的絕對優勢地位;其次是上海,11 年共輸出圖書版權 1991 種,占輸出總種數的 9.8%;這 10 個省區中輸出最少的是山東,11 年共輸出圖書版權 423 種,占輸出總數的 2.1%(見表 5)。

表 5　2000—2010 年中國圖書版權輸出總數前 10 位省市輸出數量(種)及所占比例

	北京	上海	遼寧	江蘇	安徽	湖南	湖北	江西	浙江	山東
2000	328	13	70	41	19	2	18	0	30	0
2001	318	3	60	24	3	0	38	14	53	0
2002	532	232	114	64	29	6	99	0	37	0
2003	321	171	46	48	20	4	27	0	19	0
2004	597	262	38	60	46	4	20	0	11	70
2005	868	272	37	18	10	5	16	0	46	25
2006	1188	207	85	60	59	69	38	61	20	29
2007	1529	120	106	92	90	25	45	69	15	65
2008	1232	216	93	120	114	97	28	102	74	24
2009	1382	232	99	168	169	114	28	131	124	83
2010	2092	263	102	130	196	177	145	109	40	127
合計	10387	1991	850	825	755	503	502	486	469	423
比例	51.2%	9.8%	4.2%	4.1%	3.7%	2.5%	2.5%	2.4%	2.3%	2.1%

4. 輸出內容分析

　　近年來,中國版權輸出圖書的內容主要集中於傳統文化與語言藝術兩個方面,而以旅遊風光、古今建築、名勝古跡、古籍整理、工藝美術畫冊、歷史、文學和醫藥等為主。例如,中國於 2003 年輸出的 811 種圖書中,地理、歷史類有 179 種,科、教、文、體類有 148 種,醫藥、衛生類有 93 種,這三類就占了中國 2003 年輸出圖書總數的一半以上(見表 6)。此外,根據不同國家文化背景的不同,圖書版權輸出的內容也有所差別。如歐洲國家對中國的傳統醫學和藝術感興趣,故中國向德國輸出了《西藏風貌》、《中醫內科學》、《中國保健推拿圖譜》等,向義大利輸出了《中國瓷器繪畫藝術》、《長壽之謎》等,向法國輸出了《敦煌吐蕃番文集成》等;亞洲地區的新加坡、馬來西亞對中國的少兒、語言類圖書比較感興趣,故向這些國家輸出的作品主要有《繪圖本中國古典文學》、《中華民間故事大畫冊》和《漢語拼音彩圖故事》;日、韓等國對中國的文學、哲學和傳統醫學類圖書感興趣,故向這些國家輸出了《中國哲學大綱》、《中國武俠史》、《中國藥膳大詞典》等圖書;美國從中國輸入的圖書版權相對比較分散,涉及內容較廣,像《氣功精要》、《中國金魚畫冊》、《三鬆堂》、《中國歷代名著全譯》、《企業信用的再創造》等都在美國引進的圖書版權之列;中國當代政治經濟與科技方面的圖書在版權輸出中也佔有一定比例,但輸出的國家數量有限而集中,如《經濟白皮書:中國經濟形勢與展望(1994—1995)》、《中國國家能力報告》和《中國農業發展報告(1995)》等被輸出到日本、英國,《孤立子理論與應用》、《非綫性階偏微分方程》被分別輸出到德國與美國;文藝類作品的輸出則主要集中於茅盾、魯迅、老舍、巴金、郭沫若、曹禺等現代著名作家,當代作家如楊繼軍、王蒙等也有圖書版權輸出。

表 6　2003 年中國版權輸出圖書類別情況統計

類別	A: 馬列 主義	B: 哲學	C: 社會 科學	D: 政治、 法律	E: 軍事	F: 經濟	G: 文、 教、 科、體	H: 語言、 文字	I: 文學	J: 藝術	K: 歷史、 地理
數量	0	19	13	58	0	10	148	54	93	16	179
類別	N: 自然 科學	O: 數理 科學和 化學	P: 天文學	Q: 生物科 學	R: 醫藥、 衛生	S: 農業 科學	T: 工業 科學	U: 交通 運輸	V: 航空 航太	X: 環境 科學	Z: 綜合性 圖書
數量	39	2	1	5	93	24	8	3	8	0	38

二、千禧年來版權貿易與出版"走出去"中的代表性事件

(一) 中國出版"走出去"戰略的提出

2003 年 1 月 15 日,在北京召開的全國新聞出版局長會議上,新聞出版總署領導在報告中提出了推動中國新聞出版業進一步發展的"走出去"戰略。此戰略與同期提出的精品戰略、集約化戰略、科技興業戰略和人才戰略並稱為中國新聞出版業"五大戰略",號召和鼓勵國內出版業加快對外開放的步伐,鼓勵外向型出版單位特別是實力雄厚的出版集團去海外發展。

(二) "金水橋計劃"全面實施[110]

2003 年,資助國外出版機構翻譯出版中國圖書的大型工程"金水橋計劃"全面啟動,國務院新聞辦公室與法國有關出版機構簽署了資助出版中國圖書的協定。 在新聞出版總署和國務院新聞辦公室的共同推動下,2004 年 3 月,首批資助出版的 70 種各 3000 本法文版中國圖書亮相第 24 屆法國圖書沙龍。至 2004 年下半年,中國政府已與法國、英國、美國、日本、新加坡等國家 9 家知名出版單位簽署了資助約 200 萬元人民幣、出版 110 餘種中國圖書的協定。

(三) "中國圖書對外推廣計劃"全面實施[111]

2004 年 3 月,由中國國務院新聞辦公室提供資助、法國出版機構組織翻譯出版的 70 種法文版中國圖書在第 24 屆法國圖書沙龍上展出、銷售,獲得了很大的反響,引起了法國讀者和公眾的極大興趣和強烈關注,不到一周時間即售出

---

[110] http://finance.sina.com.cn/chanjing/b/20060518/16332578875.shtml, 2012-04-10.

[111] 中國圖書對外推廣計劃網.http://www.cbi.gov.cn/wisework/content/10000.html. 2012-04-10.

將近三分之一。這是法國圖書出版機構的第一次大規模地組織翻譯和出版中國圖書,並將其納入法國的圖書銷售主流管道。這項資助活動顯示出中國政府力圖通過圖書向世界介紹中國的積極態度,拓寬了海外國家進一步瞭解和熟悉中國的管道和視野。

基於上述資助模式的成功,本著"向世界說明中國,讓世界各國人民更完整、更真實地瞭解中國"的宗旨,2005 年 7 月 14 日,國務院新聞辦公室與新聞出版總署聯合發佈《"中國圖書對外推廣計劃"實施辦法》,並公佈《2005 中國圖書對外推廣計劃推薦書目》,"中國圖書對外推廣計劃"正式啟動。這是中國政府第一次資助中國圖書的對外推廣,以借此推動中國文化產業的"走出去"。該計劃主要以資助翻譯費的方式鼓勵海外出版機構翻譯、出版中國圖書,使全球讀者能夠以自己熟悉的文字通過閱讀中國圖書來更好、更多地瞭解中國。

2005 年,中國與英國、法國、日本、美國、澳大利亞、新加坡等國的 10 餘家出版機構簽署了資助 300 多萬元人民幣、出版 170 多種圖書的協定,其中一些圖書已經陸續出版發行。

2006 年 1 月,國務院新聞辦公室與新聞出版總署在京聯合成立了"中國圖書對外推廣計劃"工作小組。工作小組實行議事辦事合一的工作機制,辦公室設在中國圖書進出口總公司。工作小組成員單位包括中國出版集團、中國國際出版集團、中國科學出版集團、北京出版社出版集團、上海世紀出版集團、廣東出版集團有限公司、山東出版集團、湖南出版投資控股集團、遼寧出版集團、重慶出版集團、鳳凰出版傳媒集團、四川出版集團、浙江出版聯合集團、吉林出版集團、外語教學與研究出版社、北京語言大學出版社、北京大學出版社、清華大學出版社、五洲傳播出版社等國內知名出版機構。

2006 年以來,工作小組不斷加大對"中國圖書對外推廣計劃"的宣傳推廣,目的是讓更多的國內外出版、發行機構瞭解這個計劃並參與其中。同時將積極組織推薦圖書參加國際書展,組織工作小組成員單位出訪,考察國外類似計劃的實施情況,向國外出版機構宣傳介紹"中國圖書對外推廣計劃"。

千禧年後兩岸四地出版業發展報告

國內出版單位每年分兩次集中向"中國圖書對外推廣計劃"工作小組辦公室推薦圖書,第一次為 1 月初至 2 月底,第二次為 7 月初至 8 月底,也可以根據需要隨時向工作小組辦公室推薦。

國內出版單位申請資助時,需填寫《"中國圖書對外推廣計劃"資助申請表》,附國外出版機構法律證明檔和版權轉讓協定複印件,向"中國圖書對外推廣計劃"工作小組提出申請;國外出版機構申請資助時,也需按照上述要求,填寫並提供相關材料,通過中國駐外使領館、版權代理機構或直接向"中國圖書對外推廣計劃"工作小組提出申請。未列入推薦書目的圖書,在轉讓版權後,也可按照上述程式提出申請。

工作小組將對資助申請進行審查,凡符合資助條件的,國務院新聞辦公室將與申請單位簽訂《資助協議書》。《資助協議書》簽訂後,國務院新聞辦公室將撥付全部資助費用的 50%,待所資助圖書正式出版後,出版機構須提供樣書若干冊,國務院新聞辦公室再撥付其餘的資助費用。

"中國圖書對外推廣計劃"在"十一五"期間取得了長足進步,截至 2011 年 3 月,已同美國、英國、法國、德國、荷蘭、俄羅斯等 54 個國家 322 家出版社簽訂了資助出版協定,涉及 1558 種圖書,33 個文版,資助金額超過 8100 萬元。工作小組成員單位由最初的 20 家增至 33 家。 國務院新聞辦公室副主任王仲偉說,講清楚"中華文化是什麼",加大力度進行文化創新和內容創新,回應世界對中國和中國文化的期待;講清楚"中華文化對當代中國發展有什麼影響",回應國際社會對中國快速發展的關注;講清楚"中華文化給世界帶來什麼",使得中華文化在重大的全球議題面前,能給出其解釋並有所貢獻,是"中國圖書對外推廣計劃"的工作重點。

新聞出版總署副署長鄔書林對"中國圖書對外推廣計劃"的作用和經驗作了如下總結:一是始終堅持政府資助、企業運作的運行機制;二是緊密結合中國出版的年度主題工作,講求出版規律,體現"走出去"產品的文化水準和創新性;三是著重翻譯反映當代中國的文化精品力作,特別是一些文學作品;四是不斷挖掘傳統文化的深厚內涵,是出版"走出去"始終倚重的文化根基;五是切實加強國際合作以及和周邊國家的文化交往。

(四) 《狼圖騰》大規模進入海外主流文化市場[112]

在 2005 年 9 月第十二屆北京國際圖書博覽會上,長江文藝出版社與世界最大的出版集團——培生集團下屬的企鵝出版集團簽訂了 2004 年 4 月出版的《狼圖騰》一書的英文版權轉讓協議,不僅創造了中國中文原創圖書首次被一次性買斷英文版權和中國出版業版權輸出貿易中版稅率、預付金額等多項第一的記錄,也使中國當代文藝作品首次大規模進入英文主流文化市場。這對於改變中國版權貿易逆差,探討傳播中華文化的途徑,產生了一定的積極作用。

(五) 《大中華文庫》出版發行

列入國家"十五"重點圖書出版規劃中的"重大工程"《大中華文庫》,從 1995 年正式立項,歷經 10 年已推出 54 種經典名著。它是中國歷史上首次系統全面地向世界推出的外文版中國文化典籍的巨大文化工程,也是弘揚中華民族優秀傳統文化的基礎工程,由一批造詣精深的專家學者擔任文庫的學術顧問。外文出版社、湖南人民出版社和新世界出版社等單位具體承擔了《大中華文庫》浩繁艱辛的編輯出版工作。這項出版工程計劃從先秦到近代包括歷史、文化、經濟、哲學、科技和軍事等領域裏最具代表性的經典著作中精選出一百種,組織行業專家進行精心校勘、整理,進行由文言文到現代文再到英文的翻譯工作。

《大中華文庫》(漢英對照)因其版本選擇上的權威、英文翻譯的精準、編輯體例的妥善和整體籌劃的成功,受到了海內外出版界、翻譯界、學術界的關注,得到了任繼愈、楊憲益、韓素音、沙博理、季羨林、袁行霈、李賦寧、金

---

[112] 中國出版年鑒社:《中國出版年鑒》(2006),中國出版年鑒社 2007 年版,第 219 頁。

開誠、李學勤等專家學者們的充分肯定。據悉,《大中華文庫》英文版出到一定規模時,還計劃出版法文、西班牙文等語種版。書目選擇的範圍將由古代擴展到近代、現當代。《大中華文庫》(漢英對照)的編纂出版工作得到了黨和國家的肯定、重視和支持,認為這部巨著的出版是弘揚中華民族優秀文化的有益實踐和具體體現,對傳播中國文化、促進世界文化交流與合作具有重大而深遠的意義,提供了一個成功的範例。

(六)《中國讀本》全面走向海外市場[113]

2006 年 6 月 26 日,德國貝塔斯曼書友會、上海新聞出版發展公司、三聯書店(香港) 有限公司分別得到了中宣部"五個一工程"獎獲獎圖書《中國讀本》德文版、英文版和中文繁體字版的版權,標誌著第一本"走出去"的中宣部"五個一工程"獲獎圖書《中國讀本》海外出版計劃進入實質性的市場運作階段。

《中國讀本》是一部全面介紹中國的普及讀物。全書 20 萬字,裏面配有近百幅插圖,簡要介紹了中國的文化形成、哲學思想、自然概貌、發明創造、科技典藏、民族繁衍、經濟影響、生活習俗以及藝術成就等諸多方面的基本知識,還較為全面客觀地介紹了新中國成立後中國各個領域取得的巨大成就,是世界瞭解中國的一個很好的視窗,成為闡釋中國文化的"定本"。該書先後榮獲中宣部"五個一工程"優秀圖書獎、國家圖書獎以及全國優秀暢銷書獎等多項大獎。

該書貼近西方讀者、港臺地區及海外華人的閱讀習慣,以西方文明發展史為參照綫,將中華文明在各個時期的發展與之對應,便於海外讀者更加深刻地認識華夏文明對於人類歷史所做出的巨大貢獻。該書創造性地實現了中西方的"三個對接":第一,時空對接,即在講述中國歷史的同時,點到同時期海外文明的一些相應事件,讓西方讀者、港臺地區及海外華人在閱讀時有所參照;第二,文化對

---

[113]　中國出版年鑒社:《中國出版年鑒》(2007),中國出版年鑒社 2008 年版,第 110 頁。

接,即認真研究中西文化的差異,正確地找到彼此認知的結點;第三,情感對接,即強調在人類文明的旗幟下,中華民族對於和平與發展的美好願望[114]。

(七)《江邊對話》在美國出版發行[115]

2008年2月20日,《江邊對話——一位無神論者和一位基督徒的友好交流》一書在美國出版發行。作者是原國務院新聞辦公室主任趙啓正與美國基督教福音派領袖路易·帕羅。兩位作者的話題,從《聖經》到《論語》,從牛頓到愛因斯坦,從"終極關切"到社會和諧,從自然科學到神學及社會科學,內容深入而廣泛。雖然作者的文化背景不同,信仰迥異,但在他們之間沒有產生絲毫隔閡。坦誠、真摯又睿智、幽默的對話贏得了中美讀者的歡迎和好評。這是中美文化交流史上少有的一次深層次對話。美國第六十任國務卿舒爾茨說"這一友好對話以卓越的洞察力,深入探討了價值觀與生命本質的相互關系。閱讀此書,您會備受啓發"。中國學者季羨林說:"這是東西方文化之間、宗教信徒與非宗教人士之間的一次真誠對話,可謂開創之舉。對中美兩國人民更好地理解對方及本國文化,都具有重要意義。"帕羅本人也認為,美國應該學習這種對話方式,即在相互尊重的基礎上展開和平、坦誠的對話,美國應該明白,闡明觀點並不需要通過攻擊對方才能實現。

應該說,良好的國際秩序應建立在平等的國家間對話的基礎之上,而好的對話應該具有廣博的視角、時代的高度、開放的胸懷、深刻的歷史眼光、相當的哲學深度以及對人類前途和命運的關懷等特質。在當今號稱對話時代的大背景下,我們有理由期待高水準的國際間的對話,能夠增進相互間理解和友誼的對話有助於提高國家的軟實力,增強國家的影響力。處於上升趨勢的中國軟實力,特別是上升的文化軟實力,是在中國快速發展的大背景下的上升。提高國家

---

[114]　《中國讀本》內容簡介.http://wmw.hkwb.net/content/2011-10/31/content_496965.htm?node=3794.2012-06-10.

[115]　中國出版年鑒社:《中國出版年鑒》(2009),中國出版年鑒社 2009 年版,第 662 頁。

文化軟實力,進行國際間對話,需要提高兩個能力,一是吸納相容外來文化的能力,也就是"請進來";二是向外輻射民族文化的能力,也就是"走出去"。而文化的輻射或傳播,並能產生影響,應該是那種能夠影響他人生活方式的文化力量,是那種極具吸引力的價值觀的力量。近些年,我們吸收外來文化的能力有了很大的提高,好萊塢大片、歐美暢銷書等,幾乎能與生產國同步出品。相比而言,我們對外輻射及傳播的能力還有待加強。為此,中國政府採取了多項措施支持文化企業以各種形式"走出去"。"中國圖書對外推廣工程"便是中國政府鼓勵中國圖書在國外出版發行的具體措施。

(八) 首個國家級版權交易系統開通[116]

2009 年 5 月 8 日,國內第一個國家級版權貿易交易系統在中國國際版權交易中心正式開通,同時,北京版權產業融資平臺也同步啟動。這意味著版權人可通過這個交易系統進行版權轉讓,通過北京版權產業融資平臺尋求新的資金來源。該交易系統開通的當天,總額超過 1 億元人民幣的 30 個專案同時在系統內掛牌交易,覆蓋音樂、影視和動漫等版權專案。國際版權交易中心定位於"立足北京,輻射全國,連接世界",針對目前版權交易中存在的"量大面廣標的小,分散隱蔽管理難"的現狀,提出以"服務、創新、合作"的理念,建設版權交易綜合服務平臺、版權投融資綜合服務平臺、版權產業資訊資源中心、版權產業智力資源中心和建設版權中央商務區,促進版權交易的集中和規範。版權交易系統的開通標誌著國內首個版權交易所的正式誕生,將對版權保護和有序流動起到積極的促進作用,北京版權產業融資平臺的啟動將改善中小型文化創意企業融資難的困境。"[117]

---

[116] 中國出版年鑒社:《中國出版年鑒》(2010),中國出版年鑒社 2010 年版,第 68 頁。

[117] 同上。

(九)"經典中國國際出版工程"啟動[118]

"經典中國國際出版工程"是新聞出版總署為鼓勵和支援適合國外市場需求的外向型優秀圖書選題的出版,有效推動中國圖書"走出去"而直接抓的一項重點骨幹工程,於 2009 年 10 月正式啟動。

為了確保工程順利開展,新聞出版總署專門成立了以柳斌傑署長為主任、郞書林副署長為常務副主任、中國編輯學會會長桂曉風為副主任的評審委員會。評審委員會辦公室設在新聞出版總署對外交流與合作司。中國編輯學會受總署委託承辦接受專案申請和前期審核事務。

"經典中國國際出版工程"採用專案管理方式資助外向型優秀圖書選題的翻譯和出版,重點資助《中國學術名著系列》和《名家名譯系列》圖書。該工程自啟動以來,得到了社會各界的廣泛關注和各地出版單位的熱烈響應,在工程啟動之後的一個多月時間內先後收到 161 家出版社的 555 個專案申請。經過前期審核,112 家出版社提交的 311 個專案最終進入評審階段。整個評審工作分為專家組評審和評審委員會終評兩個階段。評審委員會在對候選專案終審後,根據每年資助的總金額和申請專案的實際情況,決定資助專案名單和資助金額。評審結果將在相關行業媒體上公示一周,獲得資助的專案及金額經新聞出版總署批準後實施。

(十)中國出版集團公司成立海外合資公司

千禧年以來的 12 年中,中國出版集團公司積極推動出版實體"走出去",努力實施本土化戰略。首先把原有駐外業務代表處改制為公司,進行體制機制創新,增強經營活力;繼而陸續在海外建立了合資的中國出版(巴黎)公司、中國出版(悉尼)公司、中國出版(溫哥華)公司、中國出版(首爾)公司、香港鳳凰出版公

---

[118] 經典中國國際出版工程.http://baike.baidu.com/view/5584026.htm.2012-04-20.

司、中國出版(倫敦)公司,已經出版 100 多種國際版圖書,通過國際管道進入主流市場。還在美國紐約、聖地亞哥地區合資開辦了兩家新華書店,銷售情況良好。截至 2009 年 9 月,集團公司在海外的控股或合資出版公司及銷售網點已達 27 個[119]。2010 年 7 月 20 日,經過近兩年的籌備,中國出版東販株式會社在日本東京宣佈成立,標誌著中國出版集團進入日本出版市場成為現實。中國出版東販株式會社的成立是中國出版集團公司貫徹落實國家文化"走出去" 戰略、推動出版實體"走出去" 以及挺進日本出版市場的又一重要舉措。目前, 中國出版集團公司與中國圖書進出口(集團) 總公司已在悉尼、巴黎、溫哥華、倫敦、紐約、法蘭克福、首爾、東京成立了 8 家合資和獨資出版公司, 形成了英、法、德、日、韓 5 種語言的出版格局。中國出版東販株式會社兼具出版和發行功能,主營業務為在日本翻譯出版中文圖書、合作出版中國主題的日文圖書, 以及在日本銷售中國的書報刊、音像製品和電子出版物。這種海外出版合資、獨資公司主要有三個任務要面對:一是借助海外和中國媒體的本土優勢,編輯策劃中國主題系列圖書,並積極開展與國內出版社的版權輸出和合作出版;二是借助海外的發行管道優勢,確保出版的圖書進入海外主流文化管道,從而起到介紹中國、提升中華文化海外影響力的作用;三是發揮中圖公司的資源優勢,進一步密切與海外同行的合作,加強以進帶出,迅速擴大國內出版物出口的數量,發展中外不同國家出版文化進出口貿易。[120]

---

[119]　中國出版集團公司打造兩個上市融資平臺.
http://info.printing.hc360.com/2009/08/271340105428.shtml, 2012-04-20.

[120]　中國出版年鑒社:《中國出版年鑒》(2011),中國出版年鑒社 2011 年版,第 273 頁。

(十一) 中國出版集團公司啟動"中外出版深度合作"專案[121]

2011 年 8 月 31 日,由中國出版集團公司主辦,人民文學出版社、天天出版社承辦的"千年古國聚首,雙向文化交流——中外出版深度合作簽約儀式(希臘站)"在北京舉行,標誌著專案正式啟動。

"中外出版深度合作"專案是一項整合中外作家、插圖畫家、譯者和頂級出版機構等優質資源的綜合合作計劃,即"由人民文學出版社和外國頂級出版社牽頭,邀請兩國最優秀的作家在同一題材、同一體裁之下進行創作,同時約請兩國頂級翻譯家與插圖畫家為對方國家作家的作品進行翻譯和配圖,最後兩部作品將被裝訂成一本完整的圖書,分別以兩個國家的語言在各自國家出版發行,使同一題材、同一體裁的作品在同一本書中實現跨語種、跨國界、跨藝術形式的立體演繹"[122]。此項計劃旨在利用作家在本國的影響力,帶動對方作家在本國知名度的提升和域外文化在本國的交流與吸收。該專案選擇希臘作為首個合作國,不僅因為中希兩國都是千年古國,文化脈絡源遠流長,是構成東西兩個文明體系的根基,還因為主辦方希望將該專案立足於一種文化交流之旅的開始,並以此為起點把這一出版合作模式貫穿到與法國、澳大利亞、比利時、西班牙、俄羅斯等國外出版機構和作家的合作中,相互借力,相互造勢,用一國作家帶動另一國作家,形成一種宣傳的場效應,讓彼此的文化逐漸走進對方國家讀者的視野和內心。此次合作,可謂是兩國文化,甚至兩種文明體系的交匯。以此次中希兩國作家、出版機構共同簽署《中希兒童文學雙向出版深度合作意向書》為契機,啟動"中外出版深度合作"專案,正是履行企業文化使命的重要舉措。該專案旨在依託人民文學出版社近 60 年來積累的豐富的作家、作品資源,與國外知名出版機構深度合作,將中國作家及中國文化進行有效輸出。

---

[121] 同上,第 274 頁。

[122] 中國出版年鑒社:《中國出版年鑒》(2011),中國出版年鑒社 2011 年版,第 274 頁。

（十二）中國出版物國際營銷管道拓展工程兩專案開始實施

2010 年 12 月 9 日,新聞出版總署主持實施的中國出版"走出去"戰略的又一重點工程——中國出版物國際行銷管道拓展工程進入實質實施階段。

該工程包括"國際主流行銷管道合作計劃"、"全球百家華文書店中國圖書聯展"和"跨國網路書店培育計劃"三個子專案。"國際主流行銷管道合作計劃"將"通過實施'借船出海'戰略,實現我國新聞出版產品通過跨國分銷、零售巨頭旗下的配送、銷售網路進入使用世界主要語言國家的主流市場的目標。目前已經實施的專案包括上海新聞出版發展公司與法國拉加代爾集團之間的合作專案。根據雙方的合作協定,中方將通過拉加代爾集團遍佈全球重要機場、車站的 3100 家零售書店,在全球銷售外文版中國圖書、雜誌等文化產品。2011 年中國春節期間,雙方還在美國、加拿大、法國、德國等 10 個國家的 20 個國際機場、100 家書店同時舉行為期 3 周的外文版中國圖書全球春節聯合展銷活動。"[123]

"全球百家華文書店中國圖書聯展"活動由中國國際圖書貿易總公司和全國地方出版對外貿易公司聯合體(地貿聯)共同承辦,通過聯合在韓國、新加坡、日本、美國等 27 個國家的 100 家華文書店,舉辦"全球百家華文書店中國圖書聯展"活動,時間自 2010 年 12 月 16 日開始,為期一個月。該活動的目標是,通過與全球 100 家華文書店進行合作,有效整合海外華文圖書管道資源,形成有利於我中文圖書海外銷售的網點佈局,達到擴大中文圖書出口和重點圖書海外銷售,為海外華人華僑和讀中文的外國人提供內容豐富的最新中文圖書的目的。聯展特供圖書達 300 餘種,由國圖公司、地貿聯邀請國內出版集團、出版社提供。

---

[123] 中國出版物拓展國際營銷管道. http://news.xinhuanet.com/politics/2010-12/12/c_12870729.htm.2012-04-08.

此外,當當網、卓越網、博庫書城三家網路書店有關負責人均表示,通過科技手段實現中國圖書全球網路銷售大有潛力,他們將在管道建設中加大國際網路發行管道建設力度,擴大出版物國際銷售。[124]

"十二五"期間,總署計劃通過該工程構建包括上述 3 個管道在內的中國出版物國際立體行銷網路,推動更多中國優秀中文版和外文版出版物走向世界。[125]

三、版權貿易與出版"走出去"中的主要問題及未來發展趨勢

千禧年以來的 12 年中,中國版權貿易與出版"走出去"在取得重大成就的同時,在不同領域也都存在著一系列問題,需要引起我們的思考與關注。

(一) 圖書商品輸出方面存在的主要問題

2000—2011 年,在中國圖書商品輸出數量上的繁榮背後,也存在著語言、管道和品種這三大不容忽視、亟須解決的現實問題,這些問題妨礙著中國圖書走向世界。語言方面,目前,直接以外文方式出版並走向世界的中國圖書的數量還非常有限,輸往海外市場的成品圖書大部分仍然是中文圖書,流通範圍也局限於海外華人、華僑、海外漢學家及一部分圖書館,難以進入西方社會的主流管道,產生的文化影響還非常有限。管道方面,中國的圖書出口並不是按照國際慣例進行分國別、分區域授權行銷,而是通過多種管道進行無規則銷售,難以進入海外主流市場。中國雖然已經在世界各地的近百個國家和地區設立了發行網

124　中國出版物拓展國際營銷管道. http://news.xinhuanet.com/politics/2010-12/12/c_12870729.htm.2012-04-08.

125　中國出版年鑒社:《中國出版年鑒》(2011),中國出版年鑒社 2011 年版,第 267 頁。

點 1000 多個,出口的圖書可發行到 180 多個國家和地區,但與出版業發達的國家相比,網點的數量和規模仍然十分有限,網點類型和網點結構也很不合理。這些網點大部分是中小型書店或個人代銷戶,鋪面小,品種少,資金薄弱,人力和影響力有限,沒有打入這些國家的傳統發行管道,如大型書店、連鎖店等,極大地制約了中國圖書的海外市場擴展和中國文化的海外傳播。品種方面,近年來中國圖書可供品種逐年增多,但相當一部分是選題重復、平庸的圖書和教材教輔,剩下的那些圖書又由於國內出版機構海外市場意識的淡薄而使得真正適合外國人閱讀、滿足海外讀者閱讀需求的外向型圖書品種相當有限。此外,除圖書進出口公司外,一些出版社、書店和個人也在從事圖書出口業務,時常引發圖書出口的惡性競爭,導致出口圖書價格不斷下降,市場風險明顯加大。

(二) 圖書版權貿易方面存在的主要問題

縱觀近 12 年來中國圖書版權輸出的現實情況,中國圖書版權輸出在一系列 "走出去" 的優惠政策鼓勵下取得明顯成效的同時,也暴露出一些問題,主要集中在以下三個方面:

1. 貿易數量失衡

20 世紀 90 年代以來,中國圖書版權貿易一直存在著較大逆差,版權引進和版權輸出的數量嚴重失衡。進入 21 世紀以後,這種失衡現象依然存在。從版權引進和輸出數量的比例上看,2001、2003 年這兩年都在 10:1 以上,2003 年則更是高達 15.4:1。儘管 2003 年以後這種貿易逆差狀況有所改觀,但逆差依然存在,這一點從這幾年的貿易逆差數量上就能明顯地得到反映(見表 7)。目前情況下,這種逆差雖然有其存在的必然性且在短時間內難以徹底消除,但也有著不容忽視的弊端,不利於中國出版業 "走出去" 和中國圖書、中國文化走向世界。

表 7　2000—2011 年中國圖書版權貿易逆差狀況統計(單位:種)

年份	2000	2001	2002	2003	2004	2005	2006	2007	2008	2009	2010	2011
引進	7343	8250	10235	12516	10040	9382	10950	10255	15774	12914	13724	14708
輸出	738	653	1297	811	1314	1434	2050	2571	2440	3103	3880	5922
逆差	6706	7597	8938	11705	8726	7948	8900	7684	13334	9811	9844	8786
比例	9.1 : 1	12.6 : 1	7.9 : 1	15.4 : 1	7.6 : 1	6.5 : 1	5.3 : 1	4.0 : 1	6.5 : 1	4.2 : 1	3.5 : 1	2.5 : 1

2. 貿易省區失衡

這種失衡主要體現在國內絕大多數省、區(市)參與的程度上。圖書版權貿易易交易量的大部分主要集中在少數省、區(市)。一方面,自 20 世紀 90 年代中國新一輪圖書版權貿易勃然興起以來,千禧年以來的 11 年中參與圖書版權貿易的省、區(市)也在不斷增加,除西藏外,其他省、區(市)都或多或少地參與了圖書版權貿易。另一方面,中國圖書版權引進和輸出數量的絕大部分又主要集中在少數幾個省、區(市)。根據新聞出版總署公佈的資料統計,從圖書版權引進方面看,2000—2010 年,位於中國圖書版權引進前 10 名的 10 個省、區(市)共引進圖書版權 108297 種,占這一時期中國圖書版權引進總數的 89.2%,位於前 3 名的北京、上海和廣東 3 個省市共引進圖書版權 90773 種,占這一時期中國圖書版權引進總數的 74.8%;從圖書版權輸出方面看,從 2000 至 2010 年的 11 年間,位於中國圖書版權輸出前 10 名的 10 個省、區(市)共輸出圖書版權 17191 種,占這一時期中國圖書版權輸出總數的 84.7%,位於前 3 名的北京、上海、遼寧 3 個省市共輸出圖書版權 13228 種,占這一時期中國版權輸出總數的 65.2%。可見,中國圖書版權貿易數量在省、區(市)的分佈上又存在著明顯的區域集中化趨勢。

3. 貿易區域失衡

版權輸出方面,千禧年以來的前 12 年中,中國圖書版權輸出的主要地區是以臺灣地區、香港地區、韓國和新加坡為代表的亞洲地區和國家,表 4 的統計資料顯示,12 年間中國大陸共向臺灣地區輸出圖書版權 8853 種,占同期圖書版權輸出總數的 41.5%;向香港地區輸出圖書版權 2788 種,占同期圖書版權輸出總數的 13.1%;從區域分佈上看,近 12 年間中國圖書版權輸出主要集中在亞洲地區(占輸往這 10 個國家或地區總數的 77.1%,占 12 年間中國圖書版權輸出總數的 62.7%)和歐美地區(占輸往這 10 個國家或地區總數的 22.9%,占 12 年間中國圖書版權輸出總數的 18.7%)。可見,中國圖書版權輸出也同樣存在著輸出地區相對集中的問題。

版權引進方面,表 1 顯示,從 2000 至 2011 年的 12 年間,中國圖書版權引進的主要來源地是美國和英國。12 年間,中國從這兩個國家引進的圖書版權達 70037 種,占 12 年圖書版權引進總數的 51.5%,其他國家和地區所占比例則相對較少。這種狀況一方面使中國引進了歐美發達國家大量先進的科學技術、管理經驗和優秀文化;另一方面,圖書版權引進的相對集中又在一定程度上妨礙著人們文化多元化的渴求,而且,歐美強勢文化的過多引進也會影響青少年對我國優秀傳統文化的吸取和認知。

(三) 版權貿易與出版"走出去"的未來發展趨勢

通過千禧年前 12 年內中國版權貿易與出版"走出去"的現狀分析,我們可以對中國版權貿易與出版"走出去"的未來發展趨勢進行大致預測。

1. 版權貿易與中國出版"走出去"的力度和規模將不斷擴大

進入千禧年,逐步變好的政治、經濟、行業環境使中國圖書版權貿易和出版業"走出去"的規模不斷擴大。前文資料分析顯示,千禧年伊始的 2000 年,中國圖書版權貿易 8081 種,2011 年達到 20630 種,2011 年是這 12 年間中國圖書版權貿易的最高峰,這一年圖書版權的引進、輸出總量占 12 年間圖書版權貿易總量的 12.7%;從 2002 年開始至 2010 的連續 9 年中中國圖書版權貿易總量都在萬種以上;從增長率上看,2000—2011 年,中國圖書版權貿易年均增長率 12.8%,其中 2008 年增幅最高,增長率高達 42.1%,其次是 2002 年,增長率是

29.5%。由此,我們可以大膽地預測,正常情況下,未來一段時間,中國版權貿易和出版業"走出去"的力度和規模仍將不斷擴大。

2. 圖書版權貿易的逆差比例將逐步降低

20 世紀 90 年代以來,在一系列因素的共同作用下,中國圖書版權貿易一直存在著巨額逆差。進入千禧年,這種逆差仍然存在,出現了兩輪逆差高峰。第一輪逆差高峰出現在 2003 年,這是之前逆差的慣性延續,這一年引進與輸出的逆差高達 11705 種,逆差比例高達 15.4:1,創歷史新高。此後,在國家一系列鼓勵政策的推動下,這次高逆差開始下降。第二輪高峰出現於 2008 年,這是人民幣貨幣貶值導致的結果,這一年圖書版權貿易逆差高達 13334 種,再創歷史新高,但是,逆差比例只有 6.5:1,遠低於 2003 年高峰時的 15.4:1。資料顯示,2003 年之後,在中國文化"走出去"、中國出版"走出去"的宏觀背景下,中國圖書版權貿易逆差比例總體處於逐步下降之中,已由 2003 年的 15.4:1 下降到 2011 年的 2.5:1,下降幅度較為明顯。由此,我們可以大膽預測,正常情況下,未來一段時間,中國圖書版權貿易的逆差比例仍將逐步降低。

3. 版權貿易與出版"走出去"的政策環境將更加寬鬆

為了更好地促進中國文化的海外傳播和國家"軟實力"的快速提升,進入千禧年,中國果斷地提出了中國出版業"走出去"戰略,並陸續出臺了一系列鼓勵性政策措施,營造了一種中國圖書"走出去"的良好的政策環境。

2003 年 1 月,新聞出版總署提出了推動中國新聞出版業進一步發展的"走出去"戰略,號召和鼓勵國內出版業加快對外開放的步伐,鼓勵外向型出版單位特別是實力雄厚的出版集團去海外發展。同年,中國還全面啟動了扶持中國圖書"走出去"的"金水橋計劃",該計劃旨在資助海外出版機構翻譯和出版中國圖書。

2004 年下半年,國務院新聞辦公室與新聞出版總署共同啟動了以"向世界說明中國,讓世界各國人民更完整、更真實地瞭解中國"為宗旨的"中國圖書對外推廣計劃",這是中國政府第一次資助中國圖書的對外推廣。

2006 年底,新聞出版總署公佈《新聞出版業"十一五"發展規劃》,提出了積極實施中國出版業"走出去"戰略,主要內容有:(1) 以海外的漢文化圈和西方主流文化市場為重點對象,採取積極措施努力推進出版業"走出去"、版權"走出去"、新聞出版業務"走出去"及資本"走出去";(2) "走出去"的具體目標是實現 2010 年的實物出口量比 2001 年翻一番;(3) 鼓勵和支援國內的單位和個人到海外創立合法的出版、發行和印刷機構,帶動中國圖書、中國文化走向世界,合資、合作、參股、控股等方式均可靈活運用。

2007 年 3 月,新聞出版總署提出鼓勵中國出版業"走出去"的八大政策。規定凡是實施中國出版業"走出去"戰略的圖書或者是列入"中國圖書對外推廣計劃"的圖書出版時所需要的書號不受數量上的限制;國內大型出版單位申辦圖書出口權時給予大力支持;鼓勵國內出版機構創辦面向海外市場和海外讀者的內容各異、形式多樣的外向型外語期刊;制訂與"鼓勵和扶持文化產品和服務出口的若干政策"相互配套的有關檔;外向型出版企業、出版工程專案需要信貸資金支援時,積極協調國內相關金融機構給予幫助和配合;提供更多的政府資金,竭力辦好國際書展,努力打造形式多樣的中國圖書對外推廣平臺;繼續向"中國圖書對外推廣計劃"提供資金支援;適時、積極表彰和獎勵在中國圖書"走出去"方面取得顯著成績的出版集團和出版社。

2007 年 4 月 11 日,文化部、商務部、外交部、新聞出版總署、廣電總局及國務院新聞辦共同發佈《文化產品和服務出口指導目錄》。該目錄的宗旨是發揮中華文化的傳統優勢,支援和鼓勵文化企業積極參與國際競爭,提高它們的國際競爭力,帶動中國文化產品和服務的出口。

2009 年開始,國家在"中國圖書對外推廣計劃"的基礎上又全面推動"中國文化著作翻譯出版工程"。該工程以資助系列圖書產品的出版為主,採取政府資助、聯合翻譯出版、商業運作發行等方式資助書稿的翻譯費用和圖書的出版及推廣費用。此外,國家還將從四個方面繼續推動中國出版業"走出去":一是做好圖書商品出口與圖書版權貿易工作;二是加大國際合作出版與境外直接出版的力度;三是借用海外力量擴大中國文化的國際影響;四是充分發揮北京國際圖書博覽會及法蘭克福書展的宣傳作用。

2009 年 10 月,新聞出版總署正式啟動"經典中國國際出版工程",主要採用專案管理的方式資助外向型優秀圖書選題的翻譯和出版,資助範圍涉及社會科學、自然科學、文學、語言、藝術、少兒等領域優秀圖書的選題,代表各領域的最高水準,主要以中國經典傳統文化和反映當代中國政治、經濟、文化、科技和社會等方面發展變化為主要內容的精品圖書為主,重點資助"中國學術名著系列"和"名家名譯系列"兩大子專案工程。

2010 年 12 月 9 日,新聞出版總署正式實施"中國出版物國際行銷管道拓展工程"。該工程包括"國際主流行銷管道合作計劃"、"全球百家華文書店中國圖書聯展"以及"跨國網路書店培育計劃"3 個子專案,擬在"十二五"期間,建構一個包括國際主流行銷管道、海外主要華文書店和重要國際網路書店在內的中國出版物海外立體行銷網路體系,旨在推動數量更多的國內出版社出版的優秀中文版和外文版圖書走向世界。

此外,中國新聞出版總署還在積極籌劃、制訂"國際暢銷書計劃"。該計劃擬對進入其中的圖書專案給予包括政策、資金在內的大力扶持,爭取在未來 5 到 10 年內打造出一批國際暢銷書。

由此,我們完全有理由預測,未來一段時間,正常情況下,中國版權貿易與出版"走出去"的政策環境將更加寬鬆。

千禧年來的中國出版物市場監管
("掃黃打非")

出版物市場監管主要是通過"掃黃打非"工作進行的。"掃黃打非"是中央直接領導的淨化文化市場的專項鬥爭,"掃黃打非"工作小組及其辦公室是常設機構。1989 年,中共中央決定成立全國整頓清理書報刊和音像市場工作小組,2000 年 2 月決定改稱全國"掃黃打非"工作小組。目前,全國"掃黃打非"工作小組成員單位有 28 個。"掃黃打非"是文化市場管理的一個專業術語,是一項執法活動。"掃黃"指清理黃色書刊、黃色音像製品及歌舞娛樂場所、服務行業的色情服務,就是指掃除淫穢色情、封建迷信等危害人們身心健康、污染社會文化環境的文化垃圾。"打非"是指打擊非法出版物,即打擊違反《中華人民共和國憲法》規定的破壞社會安定、危害國家安全、煽動民族分裂的出版物、侵權盜版出版物以及其他非法出版物。開展"掃黃打非"活動是淨化文化市場的一個重要手段,這項工作由國家新聞出版總署反非法與違禁出版物司("掃黃打非"辦公室,簡稱"掃黃辦")來執行。中國 31 個省、自治區、直轄市均相應設有"掃黃打非"工作領導小組及其辦公室。

一、千禧年來的出版物市場監管("掃黃打非"):
資料分析

2000 年以來,國家加大了"掃黃打非"的力度,推出了打擊和嚴懲淫穢色情資訊和非法出版的各種專項行動。各項工作紮實推進,成效顯著,亮點頻現,展示了中國政府打擊侵權盜版的決心和成果。

(一) 侵權盜版總體情況分析

　　從表 1 可以看出,2000—2005 年侵權盜版品種總數有逐年增加的趨勢,2006 年起逐漸下降,2009 年有所回升,這與 2009 年實行的專項行動有關。國家版權局每年收繳的各種侵權盜版品如表 1 所示。從圖 1 的發展趨勢看,2001—2005 年逐漸增加,以後整體呈現逐年下降的趨勢。

表 1　2000—2011 年歷年盜版情況統計(統計單位:冊,盒,張,件)

年份	盜版圖書	盜版期刊	音像製品	電子出版物	盜版軟件	其他	合計
2000	12873252	117723	7682960	7695169	4111315	147903	32628322
2001	12215079	807310	37657164	4425198	4694464	2326368	62125583
2002	20024178	1358329	27071282	7330965	5968645	6150862	67904261
2003	24750560	1788718	26451917	6620566	7222764	1140759	67975284
2004	18691831	1821876	39374359	19218477	5526797	424429	85057769
2005	19088996	1144400	65870348	13016355	7742211	98836	106961146
2006	18373240	1107321	48143389	2018495	3799138	246309	73687892
2007	11212722	1843304	52498769	2074964	3009210	5057985	75696954
2008	8983933	1805029	30536277	1111311	1592772	1619104	45648426
2009	11299000	/	43358000	2187000	/	/	56844000
2010	8495176	827137	23754110	1088552	545627	411666	35122268
2011	6630000	/	31540000	988000	/	/	39158000

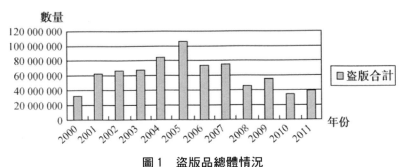

圖 1　盜版品總體情況

千禧年後兩岸四地出版業發展報告

1. 圖書盜版情況

千禧年以來,從盜版的圖書數量看,2003 年是最多的一年,2011 年最少,這與國家加大打擊力度有關,也反映了數位出版物的發展對圖書的影響。具體見圖2。

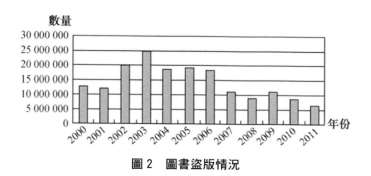

圖2　圖書盜版情況

2. 期刊盜版情況

期刊盜版情況從 2000 年以來的資料看,處於起起伏伏的狀態。2000 年最少,以後逐年增加,2005 年和 2006 年有所減少,與國家採取的專項行動有關。2007 年起又有所增加。2009 年和 2011 年沒有查到相關資料。

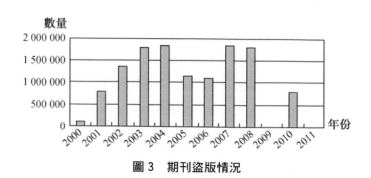

圖3　期刊盜版情況

3. 音像製品盜版情況

千禧年以來,音像製品盜版一直居高不下,這與音像製品的受眾廣泛有關。2005 年盜版到了最高峰,以後整體處於下降趨勢。具體見圖 4。

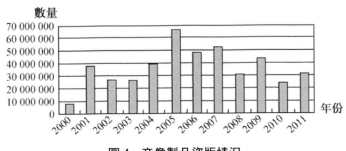

圖 4 音像製品盜版情況

4. 電子出版物盜版情況

千禧年以來,電子出版物的盜版數量呈逐漸遞增趨勢,2004 年到了最高峰,以後逐年遞減,與網路的迅速發展和受眾數量逐漸減少有關。具體見圖 5。

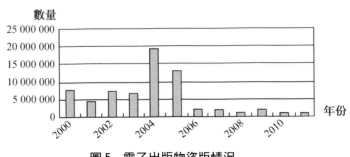

圖 5 電子出版物盜版情況

5. 軟件盜版情況

千禧年以來,軟件盜版情況逐漸增加,2005 年到了最高峰,以後逐年下降。沒有 2009 年和 2011 年的資料。具體見圖 6。

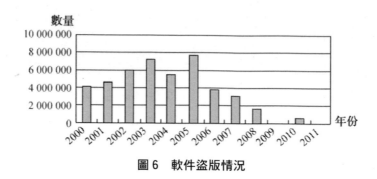

圖6 軟件盜版情況

6. 其他盜版品情況

千禧年以來,其他盜版品情況以 2002 年和 2007 年較多,其他年份比較少。具體見圖 7。

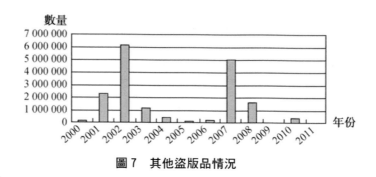

圖7 其他盜版品情況

(二) 市場監管案件執法情況

執法情況反映了案件的處理情況,包括結案情況和不結案情況,以及提起行政訴訟和行政復議情況。具體情況見表 2 和表 3。

1. 2001—2006 年版權執法情況

從表 1 可以看出,2001 年以來執法機關受理的案件有逐年增加的趨勢,2003 年最多。

表 2　2001—2006 年版權執法情況（單位元：件）

年份	2001	2002	2003	2004	2005	2006
受理案件	4420	6408	23013	9691	9644	10559

2. 2007—2010 年版權執法情況

2007 年以來,國家版權局執法情況與過去相比,更加細致和具體,不但有行政處罰的具體情況,還包括案件移送、罰款等情況,增強了依法辦事的力度。

表 3　2007—2010 年版權執法情況

年份	行政處罰數量(件)	案件移送(件)	檢查經營單位(個)	取締違法經營單位(個)	查獲地下窩點(個)	罰款金額(人民幣元)
2007	9816	268	548646	13170	1224	19096455.5
2008	9032	238	782670	36601	694	14188386
2010	10590	538	963842	61995	727	22143117

(三) 市場監管的表彰情況

重獎版權執法有功的單位和個人,特別是將獎勵政策傾斜於基層辦案人員,可起到事半功倍的引領和示範作用。他們戰鬥在"掃黃打非"鬥爭的第一綫,堅決貫徹中央的方針政策和行動方案,堅持"打團夥、查源頭、破網路、端窩點",在"掃黃打非"大案要案查處中,在集中統一開展的專項行動中,不怕困難,敢打硬仗,成績顯著,有力地打擊了犯罪活動,教育了群衆,規範了市場。尤其是 2006 年的"反盜版百日行動",有效遏制了音像和計算機軟件市場銷售盜版猖獗的勢頭,整治了各種非法出版活動和文化市場秩序,有力地維護了文化安全和社會政治安定,樹立了中國政府保護知識產權的良好形象。據"掃黃打非"網有關資料顯示,從 1994 年開始設立先進集體的表彰,1996 年開始設立先進個人的表彰。2005 開始增加了有功個人和有功集體的榮譽。具體見表 4。

表4　2000—2011 年表彰個人和集體名單

年份	先進個人 （名）	先進集體 （個）	有功個人 （名）	有功集體 （個）	反盜版百日行動有功集體 （個）
2000	28	33	/	/	/
2001	38	33	/	/	/
2002	37	36	/	/	/
2003	46	43	/	/	/
2004	44	47	/	/	/
2005		6	61	57	/
2006	107	60	86	75	63
2007	125	49	123	124	/
2008	143	128	88	96	/
2009	181	147	/	/	/
2010	210	157	242	148	/
2011	182	159	/	/	/

1. 個人表彰

　　個人表彰包括先進個人和有功個人的表彰,從表彰的數量看有逐漸增加的趨勢。從一個側面説明"掃黃打非"力度越來越大。具體見圖8和圖9。

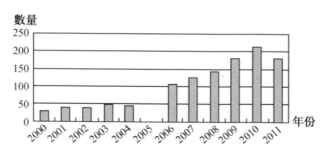

圖 8　2000—2011 年先進個人

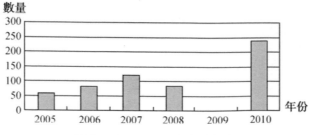

圖 9　2005—2010 年有功個人

2. 集體表彰

集體表彰的數量和個人表彰類似,都呈逐年增加的趨勢,説明瞭"掃黃打非"任務的艱巨性以及參與單位的廣泛性。

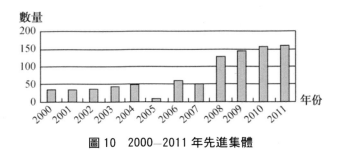

圖 10　2000—2011 年先進集體

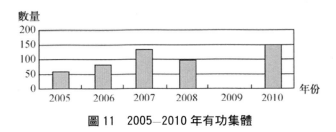

圖 11　2005—2010 年有功集體

二、 千禧年來出版物市場監管("掃黃打非")中的代表性事件

出版物市場監管是中宣部牽頭、多部門聯合執法的。千禧年以來,隨著復製技術和網路技術的迅速發展,出版物市場監管中出現了很多大案要案,從"掃黃打非"辦公室公佈的案件看,總體呈現出涉及範圍廣、涉案人員多、涉案金額大、涉案時間長等特點,代表性的案件主要集中在教材教輔盜版案件、音像製品盜版案件、手機涉黃和網路淫穢色情傳播案件和網路侵權盜版案件。

(一) 圖書侵權盜版案件

由於教材教輔用戶眾多、發行面廣,此類案件一直是"掃黃打非"的重點,屢打不絕。從歷年公佈的案件看主要有:

2000 年,貴州省王某、楊某非法經營盜版教材教輔案。1999 年 8 月 30 日,根據群眾舉報,貴州省興義市文化稽查隊會同興義市公安局在市區城南旅社內查獲了王某與興義市部分中、小學校非法訂銷的各種盜版教學輔導讀物共 41292 冊,碼洋為 215087 元。查獲楊某與興義市部分中、小學校非法訂銷的各種盜版教學輔導讀物共 32052 冊,碼洋為 126209 元。共計 15 類,163 種,73344 冊,碼洋共 341296 元。2000 年 4 月 21 日,貴州省興義市人民法院對王某、楊某非法經營罪一案作出判決:王某犯非法經營罪,判決有期徒刑七年,並處罰金人民幣 10 萬元;犯行賄罪,判處有期徒刑一年零六個月;數罪並罰,決定執行有期徒刑七年零六個月,並處罰金人民幣 10 萬元。楊某犯非法經營罪,判處有期徒刑六年,並處罰金人民幣 8 萬元;犯行賄罪,判處有期徒刑六個月;數罪並罰,決定執行有期徒刑六年,並處罰金人民幣 8 萬元。

2004 年,涉及金額 3334 萬元的"9·26"鐘某非法出版大案立案。從 2000 年至 2003 年,鐘某盜印包括人民教育出版社、中國青年出版社、科學普及出版社等多家出版社書刊 300 多種,總案值達 3334 萬元。其中盜印人民教育出版社的就有 39 種,案值達 2000 多萬元。2001 年 7 月至 2002 年 9 月,鐘某在灝月印刷廠盜印人民教育出版社的《高中語文讀本》就達 10 萬冊。

2004 年,嶽陽某學院非法發行《現代禮儀教程》等盜版教材案。2004 年 9 月以來,嶽陽市新聞出版局在全市開展了一場以大中專院校及函授站(班)為重點的教材教輔讀物專項治理行動。專項行動中,市新聞出版局一舉查實嶽陽市某學院非法發行盜版教材《現代禮儀教程》、《藝術欣賞》共計 8000 冊,涉案碼洋達 19 萬餘元。該學院所訂購的盜版教材《現代禮儀教程》,進貨管道為山東棗莊當代出版發行有限公司在臨沂市費縣所設立的辦事處。此教材每冊定價 26.8 元,學校以每冊 21.44 元進價,共購進 4000 冊,以原價銷售給學生

2930 冊,從中獲利 15704.80 元。執法過程中,在其庫存內又發現了由山東棗莊當代出版發行有限公司發行的另一本教材《藝術欣賞》涉嫌盜版。經市新聞出版局抽樣鑒定,該書系盜用中國文聯出版社名義和書號出版的非法出版物。經查明,盜版教材《藝術欣賞》每冊定價 24.8 元,該學院以每冊單價 19.84 元共購進 4000 冊,按原價銷售給學生 2572 冊,從中獲利 12757.12 元。

2011 年,北京"2.18"制售盜版教材教輔案。北京鵬翔宏途圖書有限公司制售盜版中央廣播電視大學出版社等社的教材教輔,涉案碼洋超過 1 億元,非法收入達 7600 餘萬元,5 名案犯被以侵犯著作權罪分別判處有期徒刑六年至四年不等,並處罰金 300 萬元至 30 萬元不等。

2012 年南京"4·16"重大教輔圖書侵權盜版案。此案是江蘇省近年來罕見的重大教輔圖書侵權盜版案件,也是一起中國"掃黃打非"辦公室和公安部掛牌督辦的重點案件。被告單位超誠公司和金燦公司,未經著作權人許可,非法復製大量教輔教材,涉案圖書高達 16 個品種,總計 4.6 萬餘冊。2012 年,南京"4·16"重大教輔圖書侵權盜版案在南京市鼓樓法院公開宣判。法院依照刑法及司法解釋有關規定,以構成侵犯著作權罪,判處被告單位超誠公司罰金人民幣 8 萬元;被告單位金燦公司罰金人民幣 8 萬元;被告人陳某有期徒刑三年四個月並處罰金人民幣 2 萬元;被告人童某有期徒刑三年並處罰金人民幣 1.5 萬元。

2012 年 9 月,"掃黃打非"辦公室公佈了 10 起非法制售教輔書案件:河北辛集"11·16"制售盜版教輔圖書案;山西太原"10·13"盜印教輔圖書案;河南新鄉"2·11"非法印刷教輔圖書案;河南洛陽"4·28"盜印教輔圖書案;河北石家莊"振興書社"銷售盜版教輔案;河南三門峽蘭亭書店二店銷售盜版教輔案;黑龍江哈爾濱"6·16"銷售盜版教輔材料案;天津瀚海星文化傳播有限公司制售非法教輔圖書案;湖北武漢"5·15"非法印刷教輔報紙案;廣東惠州非法出版教輔圖書案。從上述 10 起案件可以看到,盜版教材教輔是全國性存在的問題,打擊盜版,任務艱巨。

（二）音像製品案件

近年來發生的許多音像製品案件,很多是正規音像製品出版社出版復製的違規產品,給"掃黃打非"帶來了難度,對這種知法犯法的行為應該嚴懲。這些案件主要有:

2009 年 5 月 7 日,新聞出版總署對嚴重違法違規出版、復製低俗音像製品的廣東汕頭海洋音像出版社、江西文化音像出版社和北京文錄鐳射科技有限公司作出了最嚴屬的行政處罰決定:吊銷經營許可證。4 月 30 日,對非法經營低俗音像製品的廣東金圖影音有限公司作出吊銷經營許可證的行政處罰。5 月 22 日,中國"掃黃打非"辦又公佈了第二批處罰名單,其中包括對貴州音像教材出版社處以吊銷音像製品出版許可證的行政處罰;依法吊銷廣東金海灣文化傳播有限公司的音像製品經營許可證;依法對河北大廠縣彩虹光盤有限公司處以警告的行政處罰;對中國人口音像出版社進行誡勉談話;對廣東肇慶國聲鐳射技術製作有限公司、廣東中凱文化發展有限公司進行誡勉談話。上述 10 起涉嫌構成犯罪的案件已移交公安機關查處。

這些公司的違規情況主要是:北京文錄鐳射科技有限公司(光盤復製單位)涉嫌大量復製生產低俗音像製品。僅在 2007 年 10 月至 2008 年 5 月間,該公司復製生產有關性教育、艷舞等題材的低俗類音像製品數百種,1700 多個批次,總數達 443.35 萬張。其次,嚴重違反國家有關光盤委託復製管理的規定。如 2007 年 11 月至 2008 年 6 月在沒有合法委託手續的情況下,復製生產已於 2006 年 6 月被新聞出版總署吊銷《音像製品出版經營許可證》的吉林省長白山音像出版社曾出版的性愛寶典系列光盤共計 32 萬張。汕頭海洋音像出版社在 2004 年至 2007 年間,以"買賣版號"的形式,出版低俗音像製品 9 種(系列),非法所得 13650 元。其中包括與廣東某文化傳播公司"合作出版"明星、模特寫真集等光盤,收取版號費 6150 元;以"買賣版號"的形式與廣東某公司"合作出版"性教育知識系列光盤,收取版號費 7500 元。江西文化音像出版社在 2005 年至 2007 年間,以"買賣版號"的形式出版低俗類音像製品 52 種,非法所得 98500

元。其中包括與廣東金圖影音有限公司"合作出版"所謂中國宮廷性保健系列光盤 24 個品種,收取版號費 4.8 萬元;與廣州某傳播有限公司"合作出版"古代性文化等光盤,收取版號費 3 萬元;與廣東某公司"合作出版"含有不健康內容的光盤 3 個品種,收取版號費 3000 元;與廣東某公司"合作出版"健康性知識光盤,收取版號費 17500 元。2009 年 4 月 8 日,廣州市文化市場綜合行政執法總隊執法人員在廣東金圖影音有限公司(音像發行單位)庫房內,現場查獲內容格調低下的中國宮廷性保健等系列光盤共計 4.8 萬餘張,並查獲江西文化音像出版社向佛山某光盤廠開具的復製委託書共計 24 份,以及江西文化音像出版社向該公司開具的中國宮廷性保健系列光盤經銷委託書 1 份。

　　貴州音像教材出版社成立於 1988 年。從 2005 年至 2007 年,貴州音像教材出版社涉嫌以買賣版號的形式出版了《激情魅力》、《情竇初開》、《醉人香聞》、《麗水佳人》等 10 種"人體藝術"系列低俗光盤,非法所得 3 萬元。廣東金海灣文化傳播有限公司成立於 2006 年 3 月,從 2006 年至 2008 年,以掛版費形式購買版號並從事非法出版活動,復製、發行了《明星模特寫真集》、《超女模特寫真集》、《健康性知識》、《性愛寶典》等數量為 8500 套共計約 8.6 萬張低俗內容光盤。河北大廠縣彩虹光盤有限公司涉嫌無規範委託書復製內部資料性光盤 21500 張,擅自將《健康性知識》系列光盤轉委託生產以及復製生產委託書已過期的各類光盤 14000 張。中國人口音像出版社以買賣版號的方式與廣東金圖影音有限公司出版光盤《東方性經》,非法所得 1 萬元。廣東肇慶國聲鐳射技術製作有限公司於 2004 年生產由汕頭海洋音像出版社委託復製的《性愛寶典》、《性愛課堂》、《性愛體位》等光盤各 5000 套,共計 15 萬張;於 2006 年復製生產由江西文化音像出版社委託復製的《泰國愛經》、《印度瑜珈愛經》、《印度愛經》等光盤各 2 萬張,共計 6 萬張。廣東中凱文化發展有限公司於 2004 年以買賣版號的方式,發行、復製《性教育知識》系列光盤共計 30 個品種。

(三) 手機涉黃和淫穢色情網站案件

隨著網路的發展和手機的廣泛應用,互聯網和手機媒體傳播淫穢色情和低俗信息問題屢禁不絕。為促進未成年人健康成長,淨化網路環境,中國"掃黃打非"有關部門出臺了一系列措施。

王某等傳播淫穢物品案。2011 年 5 月至 12 月期間,王某、楊某、黃某等 10 人明知他人創建的某色情網站為傳播淫穢電子資訊網站,仍然先後申請為該網站的版主、超級版主,並分別對網站指定的板塊進行管理,允許或放任他人在其管理的板塊內發佈淫穢電子資訊。其中,最多的為淫穢電子圖片 6597 張,淫穢小説 2441 篇,共計 9038 件(篇)。其次,還有淫穢視頻 121 個。法院認為,其行為均已構成傳播淫穢物品罪。據此,江蘇省南京市江寧區人民法院以傳播淫穢物品罪依法分別判處 10 人有期徒刑十個月至拘役六個月,緩刑一年不等。據悉,10 名被告人中有 7 人分別為"80 後"或"90 後"。

2011 年江蘇南通"8·13"網路傳播淫穢色情動漫案。犯罪嫌疑人陸某於 2008 年 9 月創建"尋狐社區"網站,先後招募 19 名網站管理人員從互聯網上下載日本原版淫穢色情動漫,經過翻譯和添加字幕後,在境內外多家淫穢色情網站上傳播。截至案發,該網站共發展會員 13 萬人,傳播淫穢色情視頻 1459 個、圖片 11 萬餘張,點擊量達 650 萬人次。2011 年 10 月 20 日,法院以傳播淫穢物品牟利罪判處陸某有期徒刑 6 年,並處罰金 6 萬元;其他 18 名被告也分別被判處有期徒刑或拘役。

網上淫穢色情資訊一直是社會公害,社會各界反映十分強烈。淫穢色情資訊通過手機網站的肆意傳播,嚴重損害社會公德,危害青少年身心健康,如不加以治理,將貽害無窮。政府部門對此採取了堅決的打擊措施,受到社會各界的普遍歡迎和支持。當然,問題還遠沒有得到根本解決,在封堵傳播源頭、切斷利益鏈條、查辦大案要案、通過技術手段建立防治長效機制、保持強大社會輿論壓力等方面,工作任務仍十分艱巨。2009 年 11 月 16 日,中國"掃黃打非"辦公室針對一些手機網站製作、傳播淫穢色情資訊活動不斷蔓延的情況,下發了《關於嚴厲打擊手機網站製作、傳播淫穢色情資訊活動的緊急通知》,要求就手機網站製作、傳播淫穢色情等有害信息活動進行專項治理。2009 年 12 月 4 日,全國"掃黃打非"辦公室、新聞出版總署、國家版權局向社會公佈舉報中心電話(12390、010-65212870、010-65212787)。這 3 個舉報電話 24 小時受理公眾舉報非法出版物、淫穢色情出版物、侵權盜版出版物、非法報刊及非法新聞活動、互聯網及手機媒體淫穢色情和低俗資訊等各類案件綫索。

2009 年 12 月 8 日,中央外宣辦、全國"掃黃打非"辦公室、工業和資訊化部、公安部、新聞出版總署等中央 9 部門在北京召開電視電話會議,就進一步深入開展整治互聯網特別是手機媒體淫穢色情及低俗資訊專項行動作出部署。12 月 15 日,全國"掃黃打非"工作小組辦公室下發了《關於開展打擊手機網站傳播淫穢色情資訊專項行動的實施方案》,決定自 2009 年 12 月至 2010 年 5 月底,繼續開展打擊手機網站傳播淫穢色情資訊專項行動,並明確提出,採取深入加強宣傳教育、集中清理網站、深入查辦案件、抓好源頭治理、強化技術防範、嚴格問責制度等六大措施以治理、淨化手機網路環境,並進一步明確了各部門的工作職責,形成各司其職、各負其責,相互配合、協同作戰的工作格局。

(四) 網路侵權盜版現象案件

隨著互聯網的普及,銷售侵權盜版活動有了向網上蔓延的新趨勢。

2008 年天津"6·3"批銷盜版音像製品團夥網路案是 2008 年全國"掃黃打非"工作小組辦公室和公安部掛牌督辦的大案。此案於 2008 年 9 月下旬一舉破獲,抓獲付偉等 24 名主要犯罪嫌疑人,查獲盜版光盤 30 萬餘張、淫穢光盤 1000 餘張以及汽車、電腦等一批犯罪工具。

2009 年 12 月,第五次打擊網路侵權盜版專項治理行動順利結束,國家版權局、公安部、工業和資訊化部及各地相關部門認真組織落實,嚴厲打擊網路侵權盜版行為,專項治理行動取得了顯著成效。截至 11 月 20 日,各地共對 3029

家重點網站實施主動監管,各級版權行政執法部門及公安、工信部門共查辦網路侵權案件 541 件,關閉非法網站 362 個,採取責令刪除或遮罩侵權內容的臨時性執法措施 552 次,罰款總計 128.25 萬元,沒收服務器 154 臺。這次打擊網路侵權盜版專項治理行動歷時 4 個月,是歷年來最長的一次。此次專項治理行動採取了規範合法網站與打擊非法網站相結合的措施,在嚴厲打擊各種網路侵權盜版行為的同時,注重規範重點互聯網企業和網站使用作品行為,加大對在各地區有影響的互聯網企業和網站的主動監管,對網路影視傳播、文學網站、網路新聞轉載等涉及作品授權使用問題進行主動檢查,通過宣傳教育、自查自糾、限期整改等方式,樹立互聯網企業和網站"先授權、後傳播"的法律意識。

　　2011 年 4 月、9 月、10 月,"掃黃打非"部門先後在上海、齊齊哈爾、蘇州等地查處了多起通過在淘寶網註冊後在網路上制售侵權盜版出版物的案件。其中上海凌某網上經營盜版光盤案、黑龍江齊齊哈爾樑某夫婦網上經營非法復製港臺原版圖書案和江蘇蘇州謝某網上經營盜版圖書案極具代表性,此類違法犯罪活動具有來勢猛、速度快、人員雜等三大特點。全國"掃黃打非"辦公室鑒於此,採取了嚴格查處、明確責任、規範管理和加強引導等 4 項措施,嚴打網上銷售盜版行為。打擊網路侵權盜版是"掃黃打非"工作的一項重要職責,目前中國正大力整治新媒體領域的盜版活動。針對網上經營盜版案件高發的新特點,全國"掃黃打非"辦公室已要求各地"掃黃打非"機構在加強對各類出版物實體經營場所監管的同時,加大對網上經營盜版行為的查處力度,發現線索,追根究底,固定證據,依法查辦。

三、出版物市場監管("掃黃打非")中存在的主要問題及未來發展趨勢

(一) 出版物市場監管中存在的主要問題

出版物市場監管中存在的系列問題,與相關法律缺失和技術的迅速發展有關,從目前的情況看,主要存在以下問題。

1. 版權保護不力,懲罰力度小

從 1990 年《中華人民共和國著作權法》通過到今天,中國先後制定了《著作權法實施條例》、《計算機軟件保護條例》等 5 個版權條例,並兩次對《著作權法》進行了修改,目前正在進行第三次修改,可以說已經建立了既符合國際公約又具中國特色的著作權法律體系。總的來看,形成了具有中國特色的版權執法體系,建立了版權公共服務體系和版權宣傳教育體系。近 5 年來,各級版權行政管理部門共行政處罰 49416 起侵權盜版案件,取締違法經營單位 128493 家,查獲地下窩點 3507 個,收繳各類盜版品 3.17 億冊。雖然智慧財產權相關法律已經比較完備,但還需進一步完善。第一,中國法律對盜版的懲罰過輕。有的西方國家盜版一張光盤就可以判刑,中國盜版一張光盤根本構不成犯罪。根據中國法律規定,盜版 500 張以上才能進入刑事司法程式,這就留下了很大的空子。第二,版權執法力量有待加強。人民群眾反映了大量侵犯智慧財產權案件,由於執法力量不足,有些得不到查實處理。第三,公民智慧財產權意識有待提高。第四,新技術給版權保護帶來了新挑戰。要解決這些問題,要從加緊完善法律體系、加強執法體系建設、加快完善版權公共服務體系、發動人民群眾參與智慧財產權保護活動等幾個方面加大力度。

2. 集中行動多,效果不明顯

為了加強"掃黃打非"力度,2009 年以來全國"掃黃打非"辦公室先後實施了以清繳查處非法出版物為重點,嚴厲打擊非法出版和侵權盜版活動,確保北京及

其周邊地區的社會穩定和文化安全,聯防聯控、案件協查的"護城河工程";打擊
"藏獨"違禁、非法出版物和宣傳品的"珠峰工程";以打擊境內外宗教極端勢力、
民族分裂勢力、國際恐怖勢力"三股勢力"散佈的非法出版物和宣傳品為主要任
務的"天山工程";為適應新形勢下"掃黃打非"工作需要,嚴厲打擊各類非法出版
物的,保障廣州亞運會等國際體育盛會成功舉辦,營造良好文化市場環境,打防結
合、預防為主的"南嶺工程"。四大工程實施以來,在提高各省區市之間聯防協
作和整體作戰能力等方面,確實發揮了越來越重要的作用,但因為技術發展迅速,
違法人員作案手段花樣翻新,還存在很多問題有待解決。特別是如何做到查案
堅決徹底、問責嚴格到位、整改紮實有力,把專項行動轉化為日常的"掃黃打
非"行動,還需進一步的研究和落實。由於專項行動都是臨時性、階段性的任務,
在專項行動暴風驟雨式的集中整治下,某種非法出版活動能得到有效遏制,但專
項行動過後,一旦缺少了管制,這類非法出版物很快會死灰復燃,又需要啟動新一
輪的治理,進入"運動不止,問題不止"的惡性循環。

（二）出版物市場監管未來發展趨勢

2011 年 1 月 10 日,最高人民法院、最高人民檢察院、公安部聯合印發了
《關於辦理侵犯知識產權刑事案件適用法律若干問題的意見》(以下簡稱《意
見》),對侵犯智慧財產權刑事案件的法律適用問題進行了明確規定。《意見》
共十六條,進一步明確了侵犯智慧財產權刑事案件的管轄,收集、調取證據的效
力,如何認定侵犯著作權罪中"以營利為目的"等 7 個問題。《意見》對網路侵
權定罪量刑標準更明確;"以營利為目的"的認定更具體;"未經著作權人許可"問
題的認定更清晰。《意見》的發佈與實施,對於侵犯著作權大要案的移送、立
案及司法審判極具操作性;同時,對版權行政執法與司法的有效銜接,提高中國智
慧財產權刑事司法保護水準,推動中國打擊侵犯智慧財產權和制售假冒偽劣商
品專項行動的深入開展,維護公平有序的市場環境,具有十分重要的意義。對以
後的市場監管,筆者認為應該從以下幾個方面展開。

1. 聯合執法,加強監管執法力度

掛牌督辦已經成為"掃黃打非"案件查辦工作的一個重要手段。通過充分發揮掛牌督辦作用,1月至11月,全國"掃黃打非"辦公室從備案的200餘起重點案件中,篩選確定了單獨掛牌督辦或會同公安部、最高人民檢察院、最高人民法院共同掛牌督辦的"掃黃打非"大案要案共27件,先後召開案件協調會20餘次,派員30餘人次。為此,很多在案件查辦中遇到的問題得以協調解決,重大案件順利突破。據全國"掃黃打非"辦公室相關負責人表示,掛牌督辦中做到了對外查案與對內問責相結合,一方面對犯罪分子窮追猛打,依法重判重罰,另一方面嚴查監管部門公職人員失職瀆職、包庇縱容、參與非法出版活動的行為,依法依紀予以懲處。

目前,全國"掃黃打非"系統已建立起綜合協調、資訊預警、聯合封堵、日常監管、案件查辦、責任追究、考核表彰等一系列行之有效的工作機制。2011年,全國"掃黃打非"辦公室又推出多項新舉措,"掃黃打非"工作水準和效率進一步提升。新出臺了"掃黃打非"臺賬管理制度,要求各地"掃黃打非"部門在2012年內逐步建立印刷復製企業、出版物物流倉儲企業、出版物集中銷售場所、游商攤點主要分佈區域、出版物市場檢查、督辦案件等系列管理臺賬。

市場是檢驗"掃黃打非"工作成效的最終標準,暗訪檢查是瞭解市場真實情況的有效手段。2012年以來,全國"掃黃打非"辦公室先後組織較大規模的出版物市場暗訪檢查19次,出動人員200餘人次,檢查範圍涉及24個省(區、市)的重點城市。而且,利用各種出差、開會等機會對當地乃至周邊省(區、市)的重點出版物市場進行暗訪檢查,對原先問題較突出的地區進行回訪瞭解整改情況。檢查結果向各地"掃黃打非"工作領導小組通報,引起了有關領導的高度重視,對淨化文化市場起到了推動作用。

2. 發動群眾,獎勵表彰舉報人員

歸根結底,"掃黃打非"是一場保護人民群眾文化權益的鬥爭。2012 年以來,全國"掃黃打非"辦公室注重傾聽百姓呼聲,發現問題,積極作為,有針對性地開展專項行動,集中力量解決群眾反映的突出問題。

2009 年 2 月 11 日,本著合理配置、資源整合的原則,全國"掃黃打非"辦、新聞出版總署、國家版權局決定將原有的全國"掃黃打非"辦舉報中心、新聞出版總署舉報中心、國家版權局舉報中心合併為"全國'掃黃打非'辦、新聞出版總署、國家版權局舉報中心",由全國"掃黃打非"辦負責舉報中心的日常工作,及時受理群眾舉報並督辦落實。原三個舉報電話(12390、010-65212870、010-65212787)號碼不變,職能相同,統一受理舉報事宜。對已受理的舉報資訊,將按類別分別交由全國"掃黃打非"辦、新聞出版總署和國家版權局辦理。同時加強創新宣傳,爭取群眾參與。2011 年,全國"掃黃打非"辦公室聯合舉報中心全年受理群眾舉報綫索 4 萬多條,向各地各部門轉送各類非法出版物舉報資訊 750 件,各地據此查辦重點案件 477 起。尤其值得一提的是,全國"掃黃打非"辦及時兌現群眾舉報獎勵,獎勵舉報有功人員 41 名,發放舉報獎金 28.8 萬元,其中最大的一筆獎勵,是獎勵湖南長沙"1·19"盜版圖書案舉報人 13 萬元。

據不完全統計,目前 100%的副省級和地級城市(包括直轄市的區)、97%的縣級市和縣設立了"掃黃打非"辦公室,管轄範圍較大、人口數量較多、出版物市場較活躍的鄉鎮和街道建立健全了"掃黃打非"工作體系和工作機制,確保了基層"掃黃打非"工作有人抓、有人管。

3. 充分利用現代技術手段,加強市場監管

網路時代背景下,"掃黃打非"不能停留在以往對傳統出版形態的監管上,亟須拓展對新型傳播形態的管理。為此,全國"掃黃打非"辦公室與具有雄厚技術力量的中國科學院簽訂戰略合作協議,全方位構築"掃黃打非"工作技術支撐體系。重點開展中國"掃黃打非"資訊管理系統研究,新技術背景下"掃黃打非"手段

研究,網路出版物傳播監測管理,網路出版物發現與識別判定技術研究,網路非法傳播取證技術研究等核心技術研發。其中值得一提的是在打擊手機網站傳播淫穢色情資訊專項行動中,天津市通信管理局積極配合市"掃黃打非"部門開展相關工作,切實履行行業管理職責,通過完善技術手段加強對於本地接入的互聯網和手機網站的管理和清查,從源頭上解決違法網站在區內接入的問題。在有關部門曝光和關閉的淫穢色情網站中,無一例是在天津接入的。

2011 年 1 月 28 日,國家版權局、公安部、工業和信息化部聯合召開"打擊網路侵權盜版專項治理'劍網行動'視頻網站主動監管工作會議"。通報了自 2010 年 9 月起,國家版權局通過技術手段對 18 家網站上 300 部作品的傳播情況予以重點監控的成果。悠視網、新浪網、樂視網、優酷網、搜狐網、天綫視頻、百度視頻、酷 6 網、激動網、pps 網路電視、verycd 網、土豆網、騰訊網、56 視頻、迅雷看看等 18 家視頻網站納入國家版權局主動監管名單後,進行了自查自糾、健全規章制度、規範工作流程、依法妥善處理侵權投訴和權利人的通知、核查本單位元元使用作品的授權情況,及對於未取得授權或權利狀況不明的作品及時刪除或者斷開鏈接。通過對 18 家視頻網站的主動監管,切實提高了重點視頻網站在傳播影視作品時對"先授權後使用"的認識水準,引導重點視頻網站切實按照《資訊網路傳播權保護條例》的規則合法經營,進一步探索可持續發展的經營理念,有效地規範了網路版權經營秩序,促進了行業規範有序的發展。

千禧年來的中國出版物印製

出版物印刷主要是指圖書印刷、報紙印刷和期刊印刷。出版物印刷是整個印刷業的重要組成部分。從總產值看,出版物印刷占印刷業總產值的 30%左右。

一、千禧年來的出版物印製:資料分析

進入千禧年以來,中國出版物印刷繼續保持穩定的增長,產業規模不斷擴大,產業實力不斷增強。根據新聞出版統計資料,2011 年,中國有出版物印刷企業 8309 家,實現銷售產值 1320.68 億元,增加值 412.37 億元,總資產 1781.99 億元,總利潤 78.37 億元,從業人員 57.62 萬人。

(一)出版物印刷產量及增長率

表 1　2000–2011 年出版物印刷產量及增長率

年度	總印張數(億印張)	總印張數增長率(%)	用紙量(萬噸)	總用紙量增長率(%)
2000	1276.08	13.4	296.05	13.3
2001	1445.96	13.3	335.27	13.2
2002	1630.21	12.7	377.95	12.7
2003	1806.92	10.8	418.59	10.8
2004	2100.51	16.3	486.01	16.1
2005	2231.67	6.22	524.45	7.91
2006	2307.83	3.41	534.11	1.84
2007	2345.2	1.62	542.7	1.61
2008	2649.26	12.97	613	12.95
2009	2701.14	1.96	624.95	1.95
2010	2935.41	8.67	679.11	8.67
2011	3099.23	5.58	717.01	5.58

資料來源:《中國新聞出版統計資料匯編》

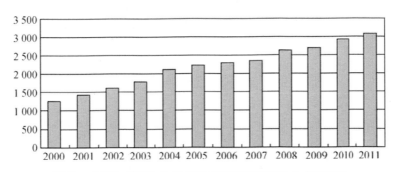

圖1　2000—2011年出版物印刷總印張(單位:億印張)

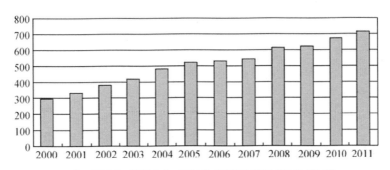

圖2　2000—2011年出版物印刷用紙量(單位:萬噸)

出版物印刷總印張逐年增長,2011 年達到 3099.23 億印張,用紙量與總印張保持同步增長,2011 年達到 717.01 萬噸。

(二) 圖書、報紙、期刊出版印刷情況

1. 圖書出版印刷規模

2011 年,中國圖書出版種數達到了 36.95 萬種,其中新書為 20.75 萬種,總印數 77.05 億冊,總印張達到了 634.51 億印張,比上年略有增長。2007 年,圖書出版總印數和總印張出現下降,而 2008 年總印數和總印張都出現了較大的增長。

表2　2000-2011年圖書出版印刷情況

年度	出書種數 (千種)	新書種數 (千種)	總印數 (億冊)	總印張 (億印張)	用紙量 (萬噸)
2000	143.376	84.235	62.74	376.21	88.58
2001	154.526	91.416	63.10	406.08	95.6
2002	170.926	100.693	68.7	456.45	107.43
2003	190.391	110.812	66.7	462.22	108.77
2004	208.294	121.597	64.13	465.59	109.52
2005	222.473	128.578	64.66	493.29	115.99
2006	233.971	130.264	64.08	511.96	120.37
2007	248.283	136.266	62.93	486.51	114.42
2008	275.668	149.988	69.36	560.73	131.85
2009	301.719	168.296	70.37	565.50	132.93
2010	328.387	189.295	71.71	606.33	142.52
2011	369.523	207.506	77.05	634.51	149.11

資料來源:《中國新聞出版統計資料匯編》

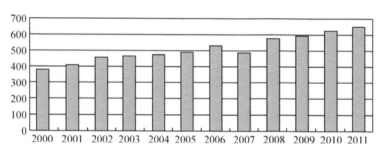

圖3　2000-2011年圖書出版印刷總印張(單位:億印張)

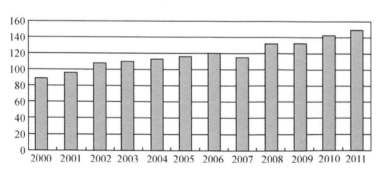

圖4　2000-2011年圖書出版印刷用紙量(單位:萬噸)

由以上圖表可以看出,圖書印刷總印數 2002 年以後逐年下降,一直延續到 2007 年,2008 年後有緩慢增長。圖書出版總印張增長有一定波動,2007 年曾出現下降,2008 年後有所增長。這說明圖書印刷受到網路等新媒體的影響,增長前景具有不確定性。未來圖書印刷將保持緩慢增長的趨勢,在整個印刷市場中的地位將逐步下降。

2. 報紙出版印刷規模

到 2011 年,中國共有報紙總數為 1928 種,比上一年度略有減少。經過報刊治理整頓取消了一些縣級報紙,2004 年後,報紙種數基本穩定,上下浮動不大。2011 年報紙總印數為 467.43 億份,比 2010 年略有上升,總印張達到了 2271.99 億印張。

表 3　2000–2011 年報紙出版印刷情況

年度	種數(種)	總印數(億份)	總印張(億印張)	平均期印數(萬份)	用紙量(萬噸)
2000	2007	329.29	799.83	17913.52	183.96
2001	2111	351.06	938.96	18130.48	215.96
2002	2137	367.83	1067.38	18721.12	245.51
2003	2119	383.12	1235.58	19072.42	280
2004	1922	402.4	1524.41	19521.63	350.7
2005	1931	412.6	1613.14	19548.86	379.09
2006	1938	424.52	1658.94	19703.35	381.56
2007	1938	437.99	1700.76	20545.37	391.17
2008	1943	442.92	1930.55	21154.79	444.03
2009	1937	439.11	1969.4	20837.15	452.96
2010	1939	452.14	2148.03	21437.68	494.05
2011	1928	467.43	2271.99	21517.05	522.56

資料來源:《中國新聞出版統計資料匯編》

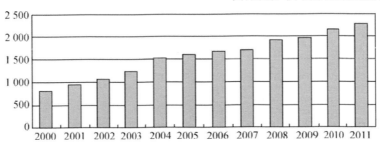

圖5　2000–2011 年報紙出版印刷總印張(單位:億印張)

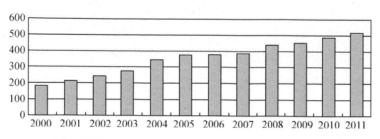

圖6　2000–2011年報紙出版印刷用紙量(單位:萬噸)

　　由以上圖表可以看出,中國報紙印刷無論是總印數還是總印張,都保持了持續增長的趨勢。報紙印刷是未來帶動出版物印刷增長的主要力量。根據2006年8月發佈的《全國報紙出版業"十一五"發展綱要(2006—2010)》,到"十一五"期末,中國日報擁有量將力爭達到平均每千人90份,報紙普及率達到平均每戶0.3份。2010年,中國平均每千人擁有報紙102.2份,報紙普及率為0.37,超額完成"十一五"規劃提出的目標。報紙業的發展,將帶動報紙印刷的進一步發展。

3. 期刊出版印刷規模

　　到2011年,中國期刊數為9849種,總印數為32.85億冊,比上一年度有小幅上升,總印張為192.73億印張,比上一年度有一定增長。

表4　2000–2011年期刊出版印刷情況

年度	種數(種)	總印數(億冊)	總印張(億印張)	折合用紙量(萬噸)	平均期印數(萬冊)
2000	8725	29.42	100.04	23.51	21544
2001	8889	28.95	100.92	23.71	20697
2002	9029	29.51	106.38	25.01	20406
2003	9074	29.47	109.12	23.71	19909
2004	9490	28.35	110.51	25.97	17208
2005	9468	27.59	125.26	29.44	16286
2006	9468	28.52	136.94	32.18	16435
2007	9468	30.41	157.93	37.11	16697
2008	9549	31.05	157.98	37.12	16767
2009	9851	31.53	166.24	39.06	16457
2010	9884	32.15	181.06	42.54	16349
2011	9849	32.85	192.73	45.28	16880

資料來源:《中國新聞出版統計資料匯編》

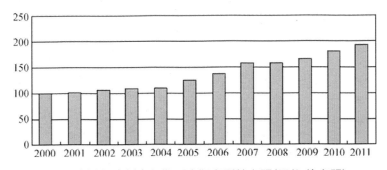

圖 7　2000 2011 年期刊出版印刷總印張(單位:億印張)

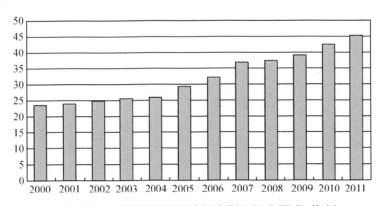

圖 8　2000–2011 年期刊出版印刷用紙量(單位:萬噸)

(三) 出版物印刷的總量和結構

表 5　2000–2011 年書、報、刊印刷總印張

年度	圖書 總印張 (億印張)	報紙 總印張 (億印張)	期刊 總印張 (億印張)	合計 總印張 (億印張)	圖書所占 的比重 (%)	報紙所占 的比重 (%)	期刊所占 的比重 (%)
2000	376.21	799.83	100.04	1276.08	29.48	62.68	7.84
2001	406.08	938.96	100.92	1445.96	28.08	64.94	6.98
2002	456.45	1067.38	106.38	1630.21	28.00	65.48	6.53
2003	462.22	1235.58	109.12	1806.92	25.58	68.38	6.04
2004	465.59	1524.41	110.51	2100.51	22.17	72.57	5.26
2005	493.29	1613.14	125.26	2231.67	22.10	72.28	5.61
2006	511.96	1658.94	136.94	2307.83	22.18	71.88	5.93

(續表)

年度	圖書總印張 (億印張)	報紙總印張 (億印張)	期刊總印張 (億印張)	合計總印張 (億印張)	圖書所占 的比重 (%)	報紙所占 的比重 (%)	期刊所占 的比重 (%)
2007	486.51	1700.76	157.93	2345.2	20.74	72.52	6.73
2008	560.73	1930.55	157.98	2649.26	21.17	72.87	5.96
2009	565.50	1969.4	166.24	2701.14	20.94	72.91	6.15
2010	606.33	2148.03	181.06	2935.42	20.66	73.18	6.17
2011	634.51	2271.99	192.73	3099.23	20.47	73.31	6.22

資料來源:《中國新聞出版統計資料匯編》

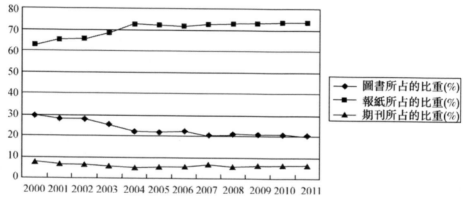

圖 9　2000–2011 年出版物印刷結構

從出版物印刷構成看:期刊印刷所占比重基本穩定,大約在 6%;圖書出版印刷比重逐年下降,2011 年所占比重為 20%左右;報紙出版印刷在 2004 年前穩步上升,2011 年達到 73%以上。

(四) 出版物印刷總體規模

出版物印刷是整個印刷業的一部分,出版物印刷的規模,在整個印刷業規模基本確定的基礎上可以推算出來。在印刷業中,出版物印刷的增長速度略低於包裝裝潢印刷的增長速度,在考慮印刷業整體增長速度的基礎上,得出出版物印刷業的增長速度和相應的總產值、增加值資料。

1. 出版物印刷總產值和增加值

2000 年到 2011 年出版物印刷業的總產值和增加值資料如表 6。

表 6　2000–2011 年出版物印刷總產值和增加值

年度	總產值(億元)	總產值增長率(%)	增加值(億元)	增加值增長率(%)
2000	530	7.1	177	7.3
2001	640	20.8	213	20.3
2002	760	18.8	253	18.8
2003	935	23.0	310	22.5
2004	1050	12.3	350	12.9
2005	1190	13.3	400	14.3
2006	1238	4.03	410	2.50
2007	1288	4.04	421	2.68
2008	1456	13.04	473	12.35
2009	1590	9.20	510	7.82
2010	1700	6.92	550	7.84
2011	1820	7.06	584	6.18

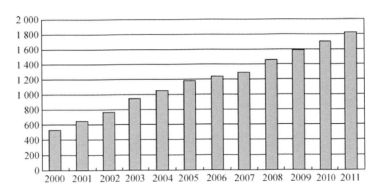

圖 10　2000–2011 年出版物印刷總產值(單位:億元)

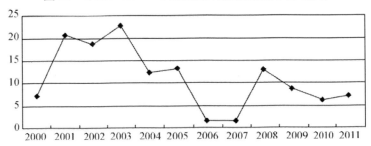

圖 11　2000–2011 年出版物印刷總產值增長率(單位:%)

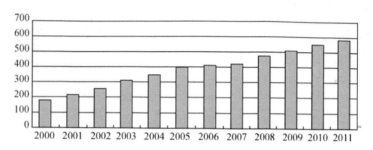

圖12　2000─2011年出版物印刷增加值(單位:億元)

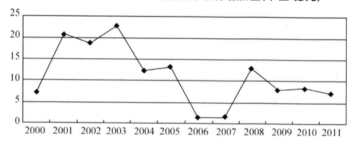

圖13　2000─2011年出版物印刷增加值增長率(單位:%)

　　從2000年到2011年,中國出版物印刷總產值和增加值都有大幅的增加,2001年和2003年增長最快,增長率超過了20%。2011年出版物印刷總產值1820億元,增加值達584億元,占印刷業增加值的27.4%以上。

2. 出版物印刷總資產、總銷售收入和總利潤

表7　2000─2011年出版物印刷總資產、總銷售收入和總利潤

年度	總資產 (億元)	總資產增 長率(%)	總銷售收入 (億元)	總銷售收入 增長率(%)	總利潤 (億元)	總利潤 增長率(%)
2000	837	7.0	505	9.0	41	24.0
2001	982	17.3	599	18.6	47	14.6
2002	1070	9.0	710	18.5	54	14.9
2003	1248	16.6	892	25.6	67	24.1
2004	1470	17.8	987	10.7	74	10.4
2005	1690	15.0	1131	14.6	83	12.2
2006	1730	2.4	1176	4.0	87	4.8
2007	1780	2.9	1224	4.1	90	3.4
2008	1960	10.1	1383	13.0	99	10.0
2009	2070	5.6	1492	7.9	102	3.0
2010	2180	5.3	1615	8.2	110	7.8
2011	2220	1.84	1765	9.30	108	-1.8

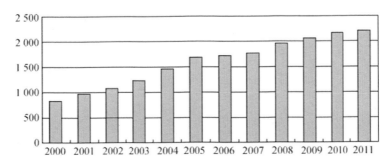

圖 14　2000—2011 年出版物印刷總資產(單位:億元)

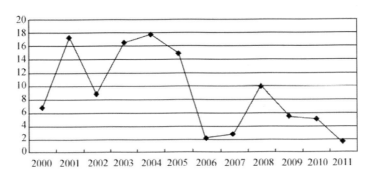

圖 15　2000—2011 年出版物印刷總資產增長率(單位:%)

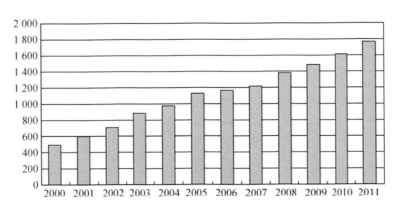

圖 16　2000—2011 年出版物印刷總銷售收入(單位:億元)

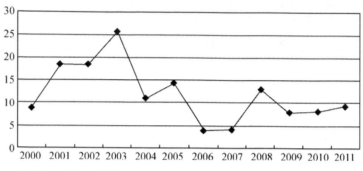

圖 17　2000—2011 年出版物印刷總銷售收入增長率(單位:%)

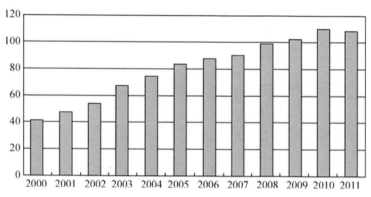

圖 18　2000—2011 年出版物印刷總利潤(單位:億元)

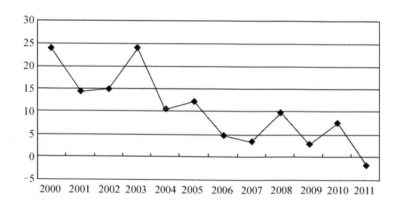

圖 19　2000—2011 年出版物印刷總利潤增長率(單位:%)

從以上圖表可以看出,出版物印刷的總資產、總銷售收入和總利潤規模有較大的增加,但是增長速度有波動。出版物印刷總資產增長率有較大波動,2004年增長率最高,達到 17.8%,2001 年最低,為 1.84%。出版物印刷銷售收入增長率波動也比較大,2003 年銷售收入增長率為 25.6%,2006 年增長率最低,為 4%。出版物印刷總利潤增長率在波動中呈下降趨勢,2003 年增長率為 24.1%,2011 年下降到 1.8%。

(五) 出版物印刷業發展的基本特點

出版物印刷是中國印刷業中的重要組成部分,和新聞出版事業緊密相連,國家對出版物印刷業發展高度重視,出版物印刷業在政策的保護和扶持下得到了比較快速的發展。經過幾十年的發展,特別是進入 21 世紀以來的 10 年,中國出版物印刷業大量引進國際先進的印刷、裝訂設備,逐步實現"印前數位、網路化,印刷多色、高效化,印後多樣、自動化,器材高質、詖列化",即印刷業發展的 28 字方針。彩色膠印印刷已經成為出版物印刷技術的主流,印刷能力和印刷品質水準大幅度提高。

1. 出版物印刷發展不平衡

出版物印刷主要集中在經濟發達地區和中部人口大省,西部和邊遠地區比較落後。由於出版物印刷和出版產業聯繫緊密,而出版產業屬於文化產業,主要集中於經濟、文化發達的中心城市,因此和出版業配套的出版物印刷能力也主要集中在這些經濟發達的地區。另外一方面,中國圖書出版中有一半以上是課本的出版,尤其是中小學課本,所以,人口大省的教材需求量也大,人口大省的書刊印刷業也相對比較發達,如河南、四川、湖南、湖北等省份。圖書的出版印刷主要集中在以北京為中心的環渤海地區和以上海為中心的長三角地區,二者加起來占全國的 2/3 左右,其次是廣東、河南、湖北、四川、湖南等經濟或人口大省。這種非均衡的分佈,既是計劃經濟時期中國印刷產業佈局的結果,也是市場經濟進一步發展的結果。環渤海地區已經成為中國出版物印刷的中心,許多印刷企業在北京、河北、天津、山東等地投資建廠,也主要是面向北京這一巨大的出版物印刷市場。

2. 改革不斷深入,資本多元化步伐加快,企業所有制形態發生重大變革

出版物由於具有意識形態屬性,所以國家對出版物印刷業的管理一直比較嚴格,有些出版物印刷企業以前是事業單位性質的,近幾年來,隨著中國文化體制改革的深入,出版物印刷企業的改革步伐也在加快,其重要標誌是,國有印刷企業進行了改制,開始建立現代企業制度,出版物印刷業逐步對外資開放,一批民營和"三資"企業逐漸成為出版物印刷領域的骨幹企業,帶動了中國出版物印刷業的整體水準提高。

3. 產品多元化經營成為企業主流

多數有一定規模的出版物印刷企業同時進行其他印刷業務,目前有一定規模的出版物印刷企業都謀求多元化的產品發展道路。這種多元化表現在兩個方面:其一,是不同的出版物產品的多樣化。如報紙印刷企業以前的業務基本上都是報紙印刷,有的甚至只印刷所在報社的報紙,不對外營業,而現在多數報紙印刷廠開始接其他各種商業印刷業務。其二,是出版物印刷企業多在嘗試開展包裝裝潢印刷業務、數位印刷業務,以求增加出版物印刷企業在新媒體時代的生存能力和競爭能力。這也説明中國的出版物印刷企業的市場主體地位進一步加強,市場意識和競爭觀念進一步強化,企業開始主動走向市場,根據市場需求調整企業的業務範圍和業務方向,市場化改革取得初步成效。

4. 出版物印刷企業以中等規模的企業居多,有競爭力的大企業還不多

雖然中國的出版物印刷企業發展十分迅速,但總體上看,有競爭力的大企業還不多,企業規模相對較小。從 2010 年印刷業百強企業來看,進入百強最後一名企業的銷售收入為 3.09 億元,儘管比前幾年有較大提高,但是相對其他一些企業,這樣的規模還比較小。在印刷百強企業中,出版物印刷企業有 9 家,包裝印刷企業 50 家,其他印刷企業 6 家,從事混合印刷業務的 35 家。出版物印刷企業,

無論是企業銷售收入規模還是人均銷售收入、人均利潤率等指標,都不如包裝裝潢印刷企業。

5. 技術水準提高較快,但總體技術水準與國外相比還有一定差距

在短短的 20 年左右的時間裡,我們就完成了從"鉛與火"到"光與電"的轉變,一些大型出版物印刷企業在技術上一直緊追國際先進水準。在國家大力推動印刷業的技術改造和技術設備引進的政策支持下,中國出版物印刷企業從 20 世紀 90 年代以後,大量引進國外先進的印刷和裝訂設備,生產能力和技術水準大幅度提高,加快了印刷企業的資訊化建設,直接製版技術、數位印刷技術逐步得到應用,報紙印刷實現了遠端傳版和異地印刷,印刷企業逐步朝數位化工作流程轉變。但是,中國出版物印刷企業技術發展不平衡,企業與企業之間的差異比較大,一些企業還停留在比較落後的狀態,引進先進設備和技術的企業,還存在著如何掌握、消化、吸收先進技術,形成企業自己的核心能力的問題,往往是有了先進的設備,但利用不足,使用不好,存在著從引進技術到掌握技術和有效地利用技術的差距。

6. 總量過剩,印刷能力供大於求,國內市場競爭日趨激烈

儘管中國對出版物印刷企業進行比較嚴格的審批和管理,但是,由於地方政府為主要的投資主體,加之印刷市場地區分割,各地出版物印刷主要尋求本地配套,造成出版物印刷重復建設,企業規模較小、專業化程度低,產品結構單一和趨同,勞動生產率低下,企業經濟效益較差等問題。目前,總生產能力已經明顯大於出版物印刷的實際需求,導致許多出版物印刷企業生產設備閒置,開工不足,形成浪費。隨著出版物印刷業對私人資本和民營資本的放開,一些小印刷企業相繼成立,更加劇了印刷生產能力的過剩。

二、千禧年來出版物印製中的代表性事件

2000 年

1. 新聞出版總署出臺中國出版物印刷業總量、結構、佈局宏觀調控規劃。按這一規劃,2000 年前,中國出版物印刷企業總量將不超過 5600 家,規劃對各地出版物印刷企業總量控制數和國家級定點、省級定點企業控制都有了明確的規定,要求在 2000 年前不得突破控制數。

2. 經新聞出版總署批准,由新聞出版總署科技發展司、中國印刷科學技術研究所、中國印刷技術協會主辦,中國包裝技術協會、中國包裝裝潢印刷工業協會協辦,《印刷技術》雜誌社承辦的"德魯巴來到中國"國際印刷技術報告會於 2000 年 7 月 5 日至 6 日在北京梅地亞中心舉行。

3. 彩色電視紀錄片《前進中的中國印刷工業》拍攝完成。該片通過書刊印刷、報紙印刷、包裝印刷、票證和防偽印刷、快速印刷、絲網印刷以及印前電子系統、印機與設備器材、印刷科教等發展的具體事例,全面、詖統、生動地反映了建國 50 年來,中國印刷及設備器材工業取得的偉大成就,揭示了在千禧年和加入 WTO 臨近的新形勢下,中國印刷業面臨的機遇和嚴峻挑戰的客觀現實。

4. 2000 年 12 月 28 日,國家質量技術監督局公佈了等同採用 2000 版 ISO9000 族國際標準的 GB/T 19000—2000《品質管理體詖——基礎和術語》、GB/T 19001—2000《品質管理體詖——要求》和 GB/T 19004—2000《品質管理體詖——業績改進指南》,並於 2001 年 6 月 1 日開始實施。

2001 年

1. 2001 年 5 月 21—22 日第七屆世界印刷大會(簡稱 WPC7)在北京召開。中國從 1985 年第三屆開始參加,1993 年提出申辦世界印刷大會。1994年 4 月,經江澤民、李鵬等中央領導批示同意,由新聞出版總署署長於友先率團

參加了 1997 年在澳大利亞舉行的第六屆世印大會,這次大會正式通過由中國承辦第七屆世界印刷大會。

2. 2001 年 8 月 2 日,國務院頒佈實施《印刷業管理條例》。新修訂的《印刷業管理條例》共 7 章 48 條,包括總則、印刷企業的設立、出版物的印刷、包裝裝潢印刷品的印刷、其他印刷品的印刷、罰則和附則。條例明確規定印刷業經營者必須遵守有關法律、法規和規章,講求社會效益,禁止印刷含有反動、淫穢、迷信內容和國家明令禁止印刷的其他內容的出版物、包裝裝潢印刷品和其他印刷品。

3. 2001 年 6 月 7 日,根據國務院關於深化教材管理體制改革配套檔起草工作計畫的要求,由國家品質監督檢驗檢疫總局牽頭,會同教育部、新聞出版總署,三部門聯合組織領導,主要由全國印刷標委會、全國造紙標委會、全國資訊與文獻標委會第七分會起草制定的《中小學教科書幅面尺寸及版面通用標準》和《中小學教科書用紙、印製質量標準和檢驗方法》兩項國家標準(GB/T 18358—2001 和 GB/T 18359—2001)從即日起發佈並實施。這兩項新的國家標準對中小學教科書的幅面尺寸、版面、用紙和印製質量提出了具體明確的規定,對消滅無標準生產、加速推進中小學教科書的編寫印製工作步入規範化軌道具有重要意義。

4. 2001 年 11 月 9 日,石宗源署長簽署中華人民共和國新聞出版總署第 15 號令,《印刷業經營者資格條件暫行規定》自發佈之日起施行。該規定是在廣泛調研、論證及徵求意見的基礎上制定的,其目的是改變目前中國印刷業的散濫狀況,促進印刷企業生產上規模、產品上檔次、效益上臺階。

2002 年

1. 為了雛決書刊印刷出版中經常出現的印刷及裝訂品質問題,並宣傳貫徹相關的技術品質標準,2002 年 6 月 14 日,中國印刷標準化技術委員會在京舉辦了書刊印裝品質標準研討會,來自北京、天津地區的 40 餘家出版社的約 60 位出版部負責同志出席了會議。

2. 2002 年 11 月 25 日,由三菱重工業株式會社、中國出版工作者協會、中國印刷技術協會主辦的"出版印刷新技術交流會"在北京飯店隆重召開。

2003 年

1. 2003 年 2 月 27 日,已經實行了 12 年之久的書刊印刷兩級定點制度取消。這一天,國務院發佈《國務院關於取消第二批行政審批專案和改變一批行政審批專案管理方式的決定》,同時取消書刊印刷兩級定點制度在內的共 406 個行政審批專案。

2. 2003 年 4 月 14 日,新聞出版總署下發《印刷企業"十五"後三年總量結構佈局宏觀調控指導意見》,對"十五"後三年中國印刷企業的發展目標實施辦法作出了具體規劃。

3. 2003 年 9 月 1 日,《印刷品承印管理規定》正式實施。

4. 2003 年 12 月 5 日,國家標準化管理委員會和認可認證委員會發佈了 ISO14020 詖列標準。

2004 年

1. 2004 年 3 月 19 日,由中國出版工作者協會、中國期刊協會、中國印刷技術協會與三菱重工業株式會社聯合舉辦的圖書、期刊出版與印刷新技術交流會在京召開。

2. 2004 年 4 月 8—9 日,全國書刊印裝品質標準研討會在北京召開。

3. 2004 年 12 月 9 日,國家新聞出版總署第 4 次署務會通過《圖書質量管理規定》。《規定》稱:符合中華人民共和國出版行業標準《印刷產品質評價和分等導則》(CY/T 2—1 999)規定的圖書,其印製質量為合格,否則為不合格。

2005 年

1. 2005 年 3 月 1 日,新的《圖書質量管理規定》開始施行。

2. 2005 年 11 月,中國印刷標準化年會暨全國印刷標準化技術委員會第十二屆通訊成員年會在福建省廈門市成功召開。各省新聞出版局印刷處、印刷品質量監測站、印刷協會,各省出版總社、出版社,各印刷包裝企業,各通訊成員單位、委員單位及印刷出版相關單位的 120 多位領導和代表參加了本次會議。

2006 年

1. 《中國標準書號》國家標準(GB/T 5795—2006)於 2006 年 10 月由國家標準化管理委員會批準頒佈,2007 年 1 月 1 日起在全國實施。2007 年 1 月 1 日以後出版(包括再版、重印)的圖書、音像製品和電子出版物,從征訂目錄到版本記錄一律使用 13 位中國標準書號。

2. 2006 年 10 月,經報新聞出版總署和國家標準化管理委員會批準,全國印刷標準化技術委員會計劃啟動《CY/T 2—1999 印刷產品品質評價和分等導則》、(CY/T 2—1995 書刊印刷品檢驗抽樣規則》和《GB/T 18359—2001 中小學教科書用紙、印製品質標準和檢驗方法》三項標準的修訂工作。

3. 2006 年 12 月 30 日,中國商務部、新聞出版總署、海關總署聯合發佈《關於加強對承接境外印刷復製業務監管的緊急通知》,要求各地加強對外單印刷業務的監管力度。

2007 年

1. 2007 年 1 月 5 日,國家標準化管理委員會印發了《ISO 和 IEC 標準出版物版權保護管理規定(試行)》。該《規定》適用於中國境內 ISO、IEC 標準出版物的復製、銷售、翻譯出版和使用,ISO、IEC 標準出版物的版權保護工作由國家標準化管理委員會統一管理。

2. 2007 年 8 月 29 日,首屆"中華印製大獎"頒獎典禮在深圳舉行,新聞出版總署、廣東省新聞出版局、兩岸四地主辦單位領導、獲獎單位元元代表及部分企業代表近 300 人到會。首屆"中華印製大獎"自 2006 年 3 月啟動,總共收集來自中國 26 個省、直轄市及港、澳、臺地區的參賽作品 856 件。

2008 年

1. 2008 年 2 月 27 日,新聞出版總署在北京隆重舉行首屆中國出版政府獎頒獎典禮。

2. 2008 年 3 月 17 日,新聞出版總署以署長令的形式正式公佈《電子出版物出版管理規定》,並於 2008 年 4 月 15 日起施行。

3. 新聞出版總署頒佈的《圖書出版管理規定》於 2008 年 5 月 1 日起施行,對圖書出版單位實行分級管理。

4. 2008 年 7 月 29 日和 30 日,商務部分別和香港、澳門特別行政區政府簽署《<內地與香港關於建立更緊密經貿關煙的安排>補充協議五》和《<內地與澳門關於建立更緊密經貿關煙的安排>補充協議五》,對印刷出版服務作出了規定。這兩個協議將於 2009 年 1 月 1 日起正式實施。

2009 年

1. 2009 年 3 月 25 日,新聞出版總署印發了《關於進一步推進新聞出版體制改革的指導意見》。

2. 2009 年 3 月 27 日,財政部、海關總署、國家稅務總局聯合下發《關於支持文化企業發展若干稅收政策問題的通知》。18 類文化企業被列入執行稅收優惠政策的範疇,包括"採用數位化印刷技術、CTP 技術、高速全自動多色印刷機、高速書刊裝訂聯動綫等高新技術和裝備的出版物印刷企業"。執行期限為 2009 年 1 月 1 日—2013 年 12 月 31 日。

3. 2009 年 7 月 22 日,國務院會議討論並原則通過《文化產業振興規劃》,並於 2009 年 9 月 26 日正式公佈全文。

4. 2009 年 8 月,受新聞出版總署和國家環保部的委託,中國印刷技術協會和國家環保部環境發展中心正式啟動國家環保印刷標準的編制工作。

2010 年

1. 2010 年 1 月 4 日,新聞出版總署下發《關於進一步推動新聞出版產業發展的指導意見》,明確了中國新聞出版產業未來發展的"路綫圖"。

2. 2010 年 9 月,新聞出版總署下發《關於加快我國數位出版產業發展的若干意見》。

3. 2010 年 9 月 14 日,環境保護部與新聞出版總署在北京正式簽署了《實施綠色印刷戰略合作協議》。

4. 2010 年,《印刷業"十二五"發展規劃》編制完成。

2011 年

1. 2011 年 1 月 11 日,新聞出版總署印發了《數位印刷管理辦法》。

2. 2011 年 1 月,新聞出版總署印發了《全國印刷復製行政執法報告評價制度實施辦法》。

3. 2011 年 3 月 9 日,環境保護部在其網站發佈《HJ 2503-2011 環境標誌產品技術要求印刷第一部分:平版印刷》。該標準自 3 月 2 日起批準並實施。

4. 2011 年 4 月,新聞出版總署公佈了《印刷業"十二五"時期發展規劃》。

5. 2011 年 6 月,新聞出版總署正式批準陝西建設西安國家印刷包裝產業基地。

6. 2011 年 7 月 15 日,北京盛通印刷股份有限公司在深圳證券交易所掛牌上市。

7. 2011 年 8 月 5 日,由中國印刷及設備器材工業協會組織編制的《印刷機械行業"十二五"發展規劃》正式發佈。

8. 新聞出版總署和環境保護部 10 月 8 日發佈《關於實施綠色印刷的公告》,對"十二五"期間實施綠色印刷工作進行全面部署。

9. 2011 年 11 月 1 日,新聞出版總署和環保部在京聯合召開綠色印刷推進會,發佈《綠色印刷手冊》(2011 年綠皮書),向首批獲得環境標誌產品認證的 60 家企業授牌。

10. 2011 年 12 月新聞出版總署發佈《國家印刷復製示範企業管理辦法》,明確提出到"十二五"期末,在全國建 100 家左右國家印刷示範企業和 10 家左右國家光盤復製示範企業。

三、出版物印製存在的主要問題及未來發展趨勢

(一) 出版物印製存在的主要問題

1. 出版物印刷業結構趨同

由於長期的計劃經濟和地區市場的相對分割狀態,中國出版物印刷業結構趨同現象沒有從根本上解決。儘管珠三角、長三角、環渤海三個印刷產業帶具有各自的特色優勢,以北京為中心的環渤海印刷產業帶出版物印刷比較發達,長三角包裝印刷相對發達,珠三角的外向型經濟比較明顯,但隨著傳統的出版印刷企業通過多元化逐步進入包裝印刷領域,一些包裝印刷企業也開始涉足出版物印刷領域,導致各地之間的產業結構和產品結構的趨同現象。除了三大印刷產業帶外,一些中部省份和人口大省,也都把印刷業作為重點發展的產業之一,各地出版物印刷和包裝印刷的投資力度也都比較大,出版印刷集團化的發展,使得各省市的印刷企業基本壟斷了本地的印刷市場,省份之間趨同現象更加明顯。

這樣一種狀態,難以形成良性的市場競爭,印刷企業也難以進一步上規模、上水準,影響印刷業的進一步發展。

2. 印刷企業數量多,差異大,地區發展不平衡

中國印刷企業數量多,企業平均規模小,企業技術水準和管理水準差距較大,地區之間發展不平衡。根據新聞出版總署提供的統計資料,2009 年,中國共有各級各類印刷企業 10 萬多家,總產值 6300 多億元,平均產值只有 600 萬元左右,從業人員 300 多萬人,平均一家企業人數 30 人左右。根據 2009 年中國第二次經濟普查資料,2008 年中國有印刷企業 5.2 萬個,從業人員 153.4 萬人,主營業務收入 3459.4 億元,每個企業平均從業人員不到 30 人,平均主營業務收入 660 萬元。根據國家統計局的統計,2010 年印刷業全部國有及規模以上非國有企業 6850 家,主營業務收入 3468.31 億元,從業人員 85.06 萬人,總產值 3562.91 億元,增加值 1157.95 億元,每個企業平均產值 5201.33 萬元,平均增加值 1691.37 萬元,平均從業人員 124 人,平均主營業務收入 5063.23 萬元。規模以上印刷企業占印刷企業總數的 10%左右,90%都是規模以下的小型印刷企業。從以上資料可以看出,中國印刷企業數量眾多,企業平均規模較小,只有少數印刷企業規模比較大,技術和管理水準比較高。

3. 傳統印刷企業和印刷業務進入微利時代

隨著人工成本和原料成本的不斷攀升,加上中國印刷業整體上出現生產過剩的狀況,競爭的加劇以及印刷工價多年保持不變,傳統印刷企業和印刷業務進入微利時代,一些印刷企業在虧損的邊緣掙紮。印刷業虧損問題沒有根本好轉,相比其他工業門類,印刷業勞動生產率相對較低,整體效益無優勢,印刷業進入新一輪的結構調整期。隨著中國印刷業進入成熟期,印刷業利潤日漸微薄,儘管有些印刷企業依靠資本的積累和新商業模式的開拓獲得了不菲的收入,但"做印刷不賺錢"依然成為業內的共識。尤其是近一兩年,印刷工業的發展似乎陷入了一個詭異的境地。一方面是印刷工業總產值年均保持兩位數以上快速增長,另一

方面卻是印刷企業普遍感嘆經營艱難。這一點的突出體現就是印刷企業營業收入與利潤的非對稱增長。究其原因,大部分人都會歸咎於幾年前國際金融危機的衝擊,人力成本和原材料價格的大幅上漲。的確,這是導致印刷企業整體進入微利時代,舉步維艱的真正"兇手"。以北京印刷業為例,2005—2009 年,規模以上企業的虧損面始終在 20%以上。廣東印刷企業也大體有 20%以上的虧損面,可見虧損現象在中國印刷企業中還是比較普遍。從勞動生產率指標看,國有及規模以上非國有印刷企業的勞動生產率指標低於全部工業平均的勞動生產率指標。勞動生產率增長率制約著企業的盈利能力,也制約著企業人均工資的增長上限,人均工資的增長一般會低於勞動生產率的增長。

4. 綠色印刷的比重較低

與中國印刷業企業規模小、企業比較分散的狀況相聯繫,符合能源節約型、環境友好型的綠色印刷的比重還比較低,印刷業對能源的消耗還比較高,對環境還會造成一定的污染。中國一些小的印刷企業,大量使用的是一些面臨淘汰的舊設備和落後工藝,技術水準不高,生產條件相對比較差,造成大量的能源消耗和一定的環境污染,對從事印刷的員工的健康也造成了危害。近 10 年來,中國一些大型印刷企業引進了大批的國外先進設備,開始使用 CTP 技術或進行數位化流程的改造,加強了對環境污染治理的投入,逐步建立了綠色環保的生產體諉,綠色印刷觀念逐步得到企業領導和員工的重視,從整體上提升了中國印刷業的技術水準。但是,對數萬家小型印刷企業來說,他們更關心的是相互競爭,以低廉的價格和成本獲得印刷業務,賺取越來越低的利潤,無能力也沒有太多的積極性投資於綠色環保印刷技術與設備。因此,從整體上看,中國印刷業還處於比較低的發展水準。

5. 技術與市場之間不平衡

技術引進與消化吸收之間的差距以及生產能力的迅速擴大與市場需求的穩步增長之間的平衡問題。近 10 年來,中國市場是世界上最具增長潛力的市場,也是發展最快的市場,世界各大印刷設備製造商和器材供應商都把佔領中國市場作為重點,中國一批大型的國有、民營和外商投資印刷企業紛紛從國外進口印刷裝訂設備以及器材,國外最先進的印刷、裝訂設備往往率先落戶中國。設備的引進,迅速提高了中國印刷企業的技術水準,擴大了生產能力。但是,也存在對先進技術的有效利用和消化吸收能力不足的問題,導致花費巨額資金引進的設備技術難以發揮出應有的效益,事實上是一種巨大的浪費。中國印刷企業淪為外國設備廠商的"打工仔",印刷企業往往會陷入貸款引進設備、擴大業務、再花更多的錢引進更加先進的設備這樣一個迴圈。如果有一天,印刷業發生比較大的變動,則印刷企業到頭來可能只剩下一些花巨資引進的設備。另外,在很多企業都堅持引進設備、擴大能力、獲得更大市場這一商業邏輯的時候,就會出現企業生產能力的盲目擴大和市場容量的穩步增長之間的不平衡,會導致更加激烈的競爭和資源的浪費,影響印刷業的整體發展。

6. 人才流失矛盾比較突出

印刷業發展對高素質、專業化印刷人才的需求增長與印刷業由於工資、福利待遇缺乏優勢而導致的人才流失之間的矛盾比較突出。任何產業的發展,都離不開勞動力和人才的支持。隨著中國勞動力市場的成熟,行業之間的工資差異將引導勞動力從工資較低的行業流向工資相對較高的行業,從而基本達到市場的均衡。對印刷企業來說,人員流失始終是一個重要的問題。由於印刷業勞動生產率不高,勞動強度又比較大,工作環境和條件有待改善,人均工資和其他製造業或服務業相比不具備競爭優勢,在這種情況下,印刷業很難吸引和留住熟練以及非熟練的技術工人,更不用說具有高素質的專業技術人才和管理人才了。各印刷企業奉行人才使用上的拿來主義,都不願意花費時間和經費進行人員培訓,重視硬體的投資而忽視人力資本的投資,使得印刷業這種需要知識經驗積累、傳承的行業缺乏相應的人才支持,制約印刷業朝更高的水準發展。

7. 數位化技術使印刷業未來不確定

數位化技術改變了傳統的以紙為媒體的資訊傳播方式,對傳統的圖書、期刊、報紙等出版物印刷有一定的替代性影響,出版物印刷未來的發展前景具有不確定性。隨著數位出版、網路出版和手機出版等新型傳播媒體的快速發展,手機、各種電子閱讀終端等迅速為年輕一代的讀者所接受,傳統紙媒體出版物逐漸喪失優勢,國外一些傳統的大型報紙在推出網路版後減少了印刷版或者不再出版印刷版,國內圖書、報紙、期刊等也會受到同樣的影響。因此,未來傳統的出版物印刷市場的發展存在較大的不確定性,即便在教育出版這一領域,一些傳統出版商和設備系統供應商以及電信運營商等都在考慮採取電子化取代傳統的出版形式。中國新聞出版總署也在考慮中小學教材領域電子書包的可能性。這些都說明印刷業的發展一方面可能受益於數位化技術的發展而開展數位化印刷,同時也可能受到數位化媒體的發展而減少傳統的印刷業務。

8. 國內印刷市場的開放與國際印刷市場的開拓

隨著中國改革開放進程的加快,中國印刷業對外開放程度不斷提高,國有經濟在印刷業中所占比重已經比較小,民營資本、港澳臺資本和國外資本紛紛進入印刷領域,成為印刷業的中堅力量。但是,中國印刷市場的地區分割狀況依然存在,還沒有完全形成統一有序的大市場,國內印刷市場存在進一步的開放問題。另外,隨著國內市場逐漸趨於成熟與飽和,我國印刷業進一步發展還需要重視國際市場的開放,承接國際印刷業務,但是除廣東省印刷業外向型程度比較高以外,中國內地的印刷企業基本上是面向本地的或區域的市場在經營,海外業務所占比重非常小。未來的印刷業發展,需要重視國內和國際兩個市場。

(二) 出版物印製未來發展趨勢

1. 出版物印刷技術升級與綠色環保將成重點

通過落實《新聞出版業"十二五"時期發展規劃》和《印刷業"十二五"時期發展規劃》,出版物印製的技術升級和綠色環保將成為重點,將加快數位化技術推廣,重組一批大型印刷復製企業。中小學教科書、政府採購產品印刷中綠色印刷進一步普及,數位印刷、數位化工作流程、CTP 和數位化管理誠統得到進一步發展。到"十二五"期末,將培育一批具有國際競爭力的優勢印刷企業,綠色印刷企業數量占到中國印刷企業總數的 30%左右,數位印刷產值占中國印刷總產值的比重超過 20%。

2. 產業結構將進一步調整

通過落實《新聞出版業"十二五"時期發展規劃》和《印刷業"十二五"時期發展規劃》,印刷業結構佈局進一步優化,印刷業產業聚集帶的特色和優勢進一步突出,一些骨幹優勢企業規模和水準進一步提升,一些規模小、水準低、效益差的印刷企業將被淘汰,出版物印刷企業整體實力增強,結構、佈局、分工進一步優化,高檔印刷生產能力進一步增加。出版物印刷市場開放程度進一步擴大,民營和國外資本進一步進入高端印刷和新型印刷領域,出版物印刷整體水準得到提升。

3. 數位印刷比重將大幅增加

出版物印刷技術進步加快,整體技術水準進一步提高,適應小品種多批量需求的數位印刷在出版物印刷中的比重將大幅增加。在過去的 10 年中,數位印刷技術已經取得了突破性發展,一些高品質數位印刷設備的色彩還原及層次再現已經接近於傳統印刷,印刷成本在逐步降低,適用的承印材料品種增多,作業更為便捷,也節省占地面積和作業人員。未來主要解決的是印刷幅面的加大、印刷成本的降低(包括耗材和設備)以及設備使用壽命延長的問題。一方面,數位出版將會大大減少出版物的印刷品種和印刷數量;另一方面,數位印刷會在相當大的程度上和範圍內替代傳統印刷。因此,在數位出版和數位印刷的雙重擠壓下,傳統印刷,尤其是傳統的出版物印刷和商務印刷,其未來前景必將是很不樂觀。數位印刷和印刷數位化技術的發展,為企業發展和調整結構提供了條件。要研究數位印刷新技術與網路媒體結合,與無綫通訊服務相結合,與各行業的個性化需求相結合,從而開闢印刷企業新的服務領域。

4. 按需印刷業務將快速發展

適應技術和市場的變化,出版印刷企業的轉型加快,出版印刷產業鏈的合作將加強,按需出版等新型個性化印刷業務將快速發展。隨著社會資訊水準的日益發展,圖書出版的個性化需求明顯增多,包括:同樣內容不同版本的圖書,根據特定需要彙編的圖書,經常需要改版的、小批量印刷的圖書。按需印刷可以滿足這方面的需求。按需出版有利於傳統圖書出版單位元元商業模式的轉變,它能在一定程度上龢決圖書出版行業存在的痼疾:庫存、退貨風險、貨款結算等問題。未來,它還將有可能為偏遠地區報刊發行的時效性問題提供龢決辦法。加快出版物印刷企業的轉型,圍繞文化創意產業的發展,為出版、動漫、展覽、收藏、拍賣等方面提供印制服務,讓企業從簡單的加工服務中跳出來,研發自主創意產品。有特色才有魅力,才能產生新的增長點。規模出版物印刷企業要研究產業鏈的合作,通過與出版企業、文化傳媒公司緊密合作,提升企業的市場佔有率。還要注重新技術的應用,以適應高品質、小批量、短週期的市場需求。

5. 出版物印刷業國際化水準將進一步提高

出版物印刷市場將進一步開放,大型印刷企業將更多地面向國際市場開展業務,出版物印刷業的國際化水準將進一步提高。國內市場的逐步飽和,制約了中國印刷企業的進一步發展。出版物印刷企業將利用歐美發達國家由於勞動力成本比較高以及產業結構調整導致的印刷業向亞太地區轉移這一契機,積極培育企業的外向經營能力。出版物印刷企業國際化程度將整體提高。

千禧年來的中國民營出版

中國的民營出版,主要包括三個方面,出版物的選題策劃、編輯,出版物的印刷復製,出版物的分銷。新中國成立初期,民營資本可以進入編輯、出版、印刷、發行等所有出版領域。1956 年以後,民營資本逐步退出了所有的出版活動。1978 年以後,隨著改革開放的深入,民營資本又漸次進入了印刷、發行、編輯等環節,但民營企業仍然無法獲得出版許可証。

2000 年以來,伴隨著中國加入世界貿易組織和中國改革的不斷深化,民營資本參與出版活動的領域不斷拓寬,民營資本不僅可以進入出版物的零售,還可以進入批發和總批發,民營資本不僅可以從事出版物的選題策劃,還可以通過特定的方式參與出版。民營資本在出版產業發展中的作用越來越重要,在文化建設中的地位越來越重要,民營出版正在成為中國出版業的一支不可或缺的、非常有潛力的力量。

一、千禧年來的民營出版業:資料分析

關於民營出版的資料可以説是支離破碎的,甚至是充滿了矛盾、虛假、猜測,因為到目前為止,民營出版尚沒有完整的統計制度,從事選題策劃、編輯的民營公司沒有被納入新聞出版統計體系當中,已經納入統計的只有發行方面的資料,但是資料有限,2000 年只有"集、個體書店攤"等幾個指標,後來又增加了"集、個體零售網點從業人員"統計。2009 年,新聞出版總署發布新聞出版產業分析報告以後,民營出版的資料有所增加,但是仍然不夠詳盡。

(一)民營出版業總體資料[126]

從 2009 年開始,新聞出版總署出版產業發展司發佈年度產業分析報告,對新聞出版領域不同所有制企業的總體情況進行了全面的分析。從全行業的統計資料來看,民營出版業在整個新聞出版產業中佔有重要的比例。

表1　2009—2011 年新聞出版產業企業法人單位元情況

		國有全資	集體企業	民營企業	外商投資	港澳臺投資	混合投資	合計
2009	數量(家)	19732	7862	82848	1992	2280	417	115131
	比重(%)	17.14	6.83	71.96	1.73	1.98	0.36	100
2010	數量(家)	19446	7028	100023	3824	626	441	131388
	比重(%)	14.80	5.35	76.13	2.91	0.48	0.34	100
2011	數量(家)	19293	6017	124340	2290	563	574	153077
	比重(%)	12.60	3.93	81.23	1.50	0.37	0.37	100

從表 1 可以看出,在整個新聞出版企業法人中,民營企業的數量最多,所占比例最高,2011 年民營出版企業數量已經占新聞出版企業總數的 81%。同時,民營企業的發展很快,2011 年與 2009 年相比,民營企業在整個新聞出版企業中的比重增加了近 10 個百分點。

與此同時,民營企業的主要經濟指標在新聞出版產業中的比例也在不斷地提高。

總產出:在印刷復製企業中,2009 年民營企業占 76.85%,2010 年民營企業占 86.4%,2011 年民營企業占 86.24%;在出版物發行企業中,2009 年民營企業占 60.60%,2010 年民營企業占 61.1%,2011 年民營企業占 63.05%。

---

[126] 資料來源:新聞出版總署出版產業發展司 2009 年、2010 年、2011 年新聞出版產業分析報告。

增加值:在印刷復製企業中,2009 年民營企業占 75.54%,2010 年民營企業占 84.5%,2011 年民營企業占 85.44%;在出版物發行企業中,2009 年民營企業占 62.94%,2010 年民營企業占 63.5%,2011 年民營企業占 67.55%。

資產總額:在印刷復製企業中,2009 年民營企業占 75.50%,2010 年民營企業占 85.7%,2011 年民營企業占 85.03%;在出版物發行企業中,2009 年民營企業占 64.34%,2010 年民營企業占 66.9%,2011 年民營企業占 58.05%。

營業收入:在印刷復製企業中,2009 年民營企業占 76.92%,2010 年民營企業占 86.2%,2011 年民營企業占 86.26%;在出版物發行企業中,2009 年民營企業占 60.53%,2010 年民營企業占 61.8%,2011 年民營企業占 62.87%。

利潤總額:在印刷復製企業中,2009 年民營企業占 74.81%,2010 年民營企業占 84.6%,2011 年民營企業占 86.52%;在出版物發行企業中,2009 年民營企業占 64.40%,2010 年民營企業占 66.00%,2011 年民營企業占 68.74%。

納稅總額:在印刷復製企業中,2009 年民營企業占 75.97%,2010 年民營企業占 84.1%,2011 年民營企業占 85.31%;在出版物發行企業中,2009 年民營企業占 64.87%,2010 年民營企業占 63.8%,2011 年民營企業占 67.12%。

從 2010 年新聞出版產業經濟資料看,民營企業在整個新聞出版產業中的地位是十分重要的,説民營書業已經佔有中國書業的半壁江山並不為過。

(二) 民營發行網點相關統計資料[127]

與民營發行有關的資料包括三類,一是民營零售網點及從業人員,二是民營二級批發機構及從業人員,三是民營發行發貨量。當然,由於多方面的原因,有些統計資料不夠連貫。見表 2 至表 4。

---

[127] 資料來源:全國新聞出版統計網.http://www.ppsc.gov.cn/tjsj/.2012-04-23.

表 2　發行網點數量及從業人員數量

時間	發行網點總數 (個)	集、個體零售網點 (個)	全國出版物發行 業從業人員 (萬)	集、個體零售 網點從業人員 (萬)
2000	76136	37374	24.8958	未統計
2001	74235	36448		/
2002	71824	36035	24.8595	/
2003	67356	34384		/
2004	139150	104266	15.9942	/
2005	159508	108130		/
2006	159706	110562	72.22	42.38
2007	167254	114965	76.85	45.11
2008	161256	105563	67.91	35.65
2009	160407	104269	70.97	32.14
2010	167882	109994	72.38	32.36
2011	168586	113932	72.54	34.74

表 3　民營二級批發網點情況[128]

時間	二級民營批發網點(個)	二級民營批發點從業人員(萬)
2004	4687	
2005	5103	
2006	5137	6.23
2007	5946	9.13
2008	5454	9.59

　　從表 2 和表 3 可以看出,民營發行網點的數量和民營發行企業從業人員在整個出版物發行網點和從業人員中的比例都超過了 50%。

---

[128]　2009 年以後,二級民營批發網點資料不再單獨統計。

表 4　民營發行網點銷售總額在批發銷售總額中的份額[129]

時間	全行業批發銷售總額(億元)	批發集、個體書店(億元)
2000	562.8	59.35
2001	614.93	70.07
2002	666.68	78.03
2003	726.36	90.68

二、千禧年來民營出版中的代表性事件

1999 年

網上書店興起[130]。1999 月 11 月,由民營的科文公司、美國老虎基金、美國 IDG 集團、盧森堡劍橋集團、亞洲創業投資基金(原名軟銀中國創業基金)共同投資的當當網上書店正式上綫,開始了民營網上書店的發展進程。2010 年 12 月 8 日當當網在紐約證券交易所正式掛牌上市,成為中國第一個上市的網上書店。

2000 年

中國書刊發行協會非國有委員會建立。2000 年 7 月,中國書刊發行業協會非國有書業代表大會暨非國有書業經營研討會在京召開。經中發協會長辦公會議提議,並經此次大會確認,將原來的集、個體書業工作委員會更名為非國有書業工作委員會,這標誌著民營書業行業組織的正式建立。2004 年初,中華全國工商業聯合會書業商會成立大會召開,民營書業領域又一個行業組織成立。民營書業行業組織的建立,標誌著民營書業的成熟與規模的擴大。

---

[129]　2004 年以後,批給集、個體書店的份額不再單獨統計。

[130]　http://baike.baidu.com/view/126090.htm;李星星,孫晶.民營書業 30 年大事記.http://news.ifeng.com/special/culture/bertelsmann/list/200806/0625_3975_637594_5.shtml.2012-04-23.

2001 年

中國加入世界貿易組織。經過 15 年的艱苦談判,2001 年 12 月,中國終於加入了世界貿易組織。按照中國加入世界貿易組織時在分銷服務方面的承諾[131]:書報刊的零售有 1 年的過渡期,即 2002 年 12 月應當開放書報刊零售業務,允許外國資本在中國開辦書店;書報刊的批發、特許經營和傭金代理有 3 年的過渡期,即到 2004 年 12 月應當開放書報刊的批發、特許經營和傭金代理等形式;在過渡期內,開放的地域是有限制的。"入世"1 年中國承諾開放的地區共 13 個,包括深圳、珠海、廈門、海南和汕頭 5 個經濟特區,北京、天津、上海、廣州、大連、青島、鄭州、武漢 8 個城市;"入世"2 年,開放的領域擴大到所有省會城市和寧波。"入世"3 年,即 2004 年 12 月,開放擴大到中國所有地區。外資書店的數量,在過渡期內,北京、上海不超過 4 家,其他不超過 2 家;加入世界貿易組織後 3 年內,即 2004 年 12 月,以上所有的限制條件取消。僅保留對超過 30 家分店的連鎖店的限制,要求是不能獨資,只能合資,但是尚沒有股權約定。"入世"10 年來,外資進入中國出版物分銷的情況並不很多,但是外資收購中國網上書店,控制網上管道進展迅速。

2003 年

1. 取消"二管道"的稱呼。2003 年 1 月,柳斌傑副署長在"2003 中國書業高峰論壇"上提出:我們要取消所謂"二管道"這樣的稱呼,讓所有的人能夠公平地在這個發行市場上競爭。[132]其實,"二管道"之名,也是改革開放的產物。"文化大革命"期間,圖書發行領域實現高度的統一,由新華書店一統天下,除供銷社代購點外,基本沒有其他發行管道。為雛決網點不足的問題,1980 年 12 月,國家出版局發出了《建議有計劃有步驟地發展集體所有制和個體所有制的書店、書

---

[131] 石廣生:《中國加入世界貿易組織知識讀本(三)》,人民出版社 2002 年版,第 830—833 頁。

[132] http://www.sinobook.com.cn/guide/newsdetail.cfm?icntno=997.2012-4-20.

亭、書攤和書販》的通知,建議在中國城鄉有計劃有步驟地發展一些不同形式的集體所有制和個體所有制的書店、書亭、書攤和書販,開啟了民營資本進入圖書發行業的大門。[133] 1988 年 4 月,中宣部和新聞出版署提出圖書發行體制改革的目標是建立和發展開放式的、效率高的、充滿活力的圖書發行體制,在完善和發展"一主三多一少"的基礎上推進"三放一聯",即:放權承包,搞活國營書店;放開批發管道,搞活圖書市場;放開購銷形式和發行折扣,搞活購銷機制;推行橫向經濟聯合,發展各種出版發行企業群體和企業集團。[134]此後,民營書店成為新華書店以外的第二個批發管道。由於民營發行網點的快速發展,到 2000 年,全國共有圖書發行網點 76136 處,其中,國有書店 2711 處,國有售書點 10922 處,供銷社售書點 14155 處,出版社自辦售書點 672 處,集、個體書店攤 37374 處,其他 10302 處[135],民營發行網點的數量很快就超過了國有書店及其他書店的數量。在這種情況下,把民營發行管道稱為"二管道"顯然不妥,行業內外人士呼籲取消"二管道"的稱謂,為民營書業正名。柳斌傑副署長的講話,代表了國家新聞出版總署對民營書業態度的轉變,在民營書業中產生了重大的反響,得到了民營書業的高度評價。

2. 首屆中國民營書業發展論壇舉辦。2003 年 4 月 18 日至 20 日,中國出版科學研究所在北京舉辦了首屆民營書業發展論壇,邀集政府有關部門、研究機構、民營書業代表共商民營書業發展問題。這次會議的意義在於這是首次就民營書業舉辦高規格的論壇,由此搭建一個政府、學界與民營書業進行交流、溝通的平臺。到 2012 年,中國民營書業發展論壇已經舉辦了 9 屆。

---

[133] 國家出版事業管理局辦公室:《出版工作文件選編(1976.10—1980.12)》,1981 年,第 378 頁。

[134] 1988 年中共中央宣傳部、新聞出版署《關於當前圖書發行體制改革的若干意見》,新聞出版署政策法規司:《中華人民共和國現行新聞出版法規匯編(1949—1990)》,人民出版社 1991 年版,第 374 頁。

[135] 2000 年全國新聞出版業基本情況.http://www.ppsc.gov.cn/tjsj/200701/t20070110_8672.html.2012-04-23.

3. 民營書業首次獲得總發行權。按照 1999 年 11 月新聞出版署頒佈的《出版物市場管理暫行規定》,出版物的發行分為總發行、批發、零售。其中,申請從事出版物總發行業務的單位,應經其上級主管機關同意,省、自治區、直轄市新聞出版局審核後,報新聞出版署批准、頒發《出版物發行(總發行)許可證》,並向工商行政管理部門領取營業執照,方可從事出版物總發行業務。從事出版物總發行業務的單位,應是具有法人資格的國有出版物發行單位或國家核准的國有資本控股的出版物發行公司。[136]依此規定,民營書業只能從事零售和批發業務,不能從事總發行業務。2001 年,中國在加入世界貿易組織的承諾中,包括了開放出版物分銷市場的內容。根據此項承諾,2003 年新聞出版總署頒佈了《出版物市場管理規定》,對出版物總發行企業的設立不再有資本性質的限制,民營資本進入出版物總批發的大門徹底打開。從此,民營發行業獲得了與國有企業基本平等的地位。2003 年,一些民營發行企業獲得了出版物總批發權,如民企文德廣運集團獲得了報紙的總發行權。2004 年,上海英特頌圖書有限公司、時代經緯文化發展有限公司和山東世紀天鴻書業有限公司等三家民營企業同時獲得了"出版物國內總發行權"和"全國性連鎖經營權許可"兩項權利。[137]到 2011 年,中國有總發行權的企業 94 家,其中民營企業 30 多家。[138]

4. 貝塔斯曼直接集團並購北京二十一世紀錦繡圖書連鎖有限公司。北京二十一世紀錦繡圖書連鎖有限公司成立於 2001 年 1 月,由湖北金環股份有限公司、北京嘉富信投資有限公司、海南長陽企業管理公司、深圳漢典文化發展有限公司、北京德高房地產顧問有限公司、北京漢典文化傳播有限公司六家企業股東發起組成,曾經在昆明、哈爾濱、南京與廈門建立大型書店。

---

[136] 1999 年《出版物市場管理暫行規定》。

[137] 魏玉山:《新中國民營書業政策演變與民營書業的發展》,《出版廣角》2009 年第 9 期。

[138] 新聞出版總署.關於北京發行集團有限責任公司等 175 家出版物總發行企業、全國性出版物連鎖經營企業和外商投資出版物分銷企業通過 2011 年年度核驗的批復. http://www.gapp.gov.cn/cms/html/21/508/201110/725254.html.2012-04-23.

[139]2003 年 12 月,貝塔斯曼直接集團宣佈收購二十一世紀錦綉圖書連鎖有限公司 40%的股份,聯合打造中國首家中外合資全國性圖書連鎖機構。[140]這是國外出版集團公開收購的首家民營出版機構。

2004 年

美國亞馬遜收購卓越網。2000 年,由金山公司分拆,金山、聯想共同投資組建了卓越網,以線上方式銷售圖書、音像製品,並很快成為中國最著名的網上書店之一。2004 年 8 月 19 日,亞馬遜公司宣佈以 7500 萬美元收購卓越網,卓越網成為亞馬遜中國全資子公司。2007 年亞馬遜將"卓越網"改名為"卓越亞馬遜"。2011 年 10 月 27 日亞馬遜正式宣佈將"卓越亞馬遜"改名為"亞馬遜中國"[141]。卓越網從此不再存在。

2005 年

1. 民營書業首次進入"全國書市"主場館。全國書市始辦於 1980 年,先後在北京、上海、廣州、成都、武漢、深圳、長春、西安、長沙、南京、昆明、福州、桂林、天津、烏魯木齊、重慶、鄭州等城市舉辦。2006 年 8 月中央頒佈了《國家"十一五"時期文化發展規劃綱要》,全國書市更名為"全國圖書交易博覽會"[142]。全國書市由國家新聞出版行政管理機關和省市區人民政府共同主辦,是由政府主導的展銷場所,其參展單位主要是新華書店系統、其他國有發行單位、出版社等,民營書店不能正式進入書市主場館。2005 年 5 月 18 日,第 15 屆全國書市在天津國際展覽中心舉行。本屆書市不僅規模超過往屆,而且民

---

[139] 北京二十一世紀錦綉圖書連鎖有限公司成立.http://www.gmw.cn/01gmrb/2001-01/08/GB/01%5E18659%5E0%5EGMA2-005.htm.2011-01-08.

[140] 貝塔斯曼敗走中國記.
http://finance.sina.com.cn/chanjing/b/20080712/16045085654.shtml.2008-07-12.

[141] http://baike.baidu.com/view/29682.htm.2012-04-23.

[142] http://baike.baidu.com/view/928265.htm.2012-04-23.

營書商首次獲邀進場交易。據《天津日報》報導:包括深圳金版文化發展有限公司、北京博佳時代圖書有限公司在內的 42 家業內著名的民營發行實體均來津參加了本次書市。[143]此後,民營書業企業參加全國書市(全國圖書交易博覽會)成為常態。民營書業企業參加全國書市的象徵意義大於實際意義,因為在此之前,在每一次的全國書市、全國圖書訂貨會舉辦的同時,民營書業的訂貨會也幾乎同步舉辦,只是不在主展館而已。

2. 國務院《關於非公有資本進入文化產業的若干決定》頒佈。2005 年 8 月 8 日,國務院頒佈了《關於非公有資本進入文化產業的若干決定》,共 10 條,對非公有資本進入文化產業領域作出了規定。其中鼓勵和支援非公有資本進入的領域包括:互聯網上網服務營業場所、動漫和網路遊戲、書報刊分銷、音像製品分銷、包裝裝潢印刷品印刷等領域,以及文化產品和文化服務出口業務。允許非公有資本進入的領域包括:出版物印刷、可錄類光盤生產、唯讀類光盤復製等文化行業和領域。同時,非公有資本可以投資參股下列領域的國有文化企業:出版物印刷、發行,新聞出版單位的廣告、發行,廣播電臺和電視臺的音樂、科技、體育、娛樂方面的節目製作,電影製作發行放映,但上述文化企業國有資本必須控股 51%以上。非公有資本不得進入的領域包括:投資設立和經營通訊社、報刊社、出版社、廣播電臺(站)、電視臺(站)、廣播電視發射臺(站)、轉播臺(站)、廣播電視衛星、衛星上行站和收轉站、微波站、監測臺(站)、有綫電視傳輸骨幹網等;不得利用資訊網路開展視聽節目服務以及新聞網站等業務;不得經營報刊版面、廣播電視頻率頻道和時段欄目;不得從事書報刊、影視片、音像製品成品等文化產品進口業務等。

143　http://www.tj.xinhuanet.com/misc/2005-05/22/content_4279235.htm.2012-04-23.

2006 年

1. 席殊書屋的衰敗。席殊書屋曾經是中國民營書業的一面旗幟,它創始於 1995 年,1996 年開辦第一家全國性民營連鎖書店,到 2000 年初有連鎖店約百家。[144] 2000 年引進新加坡 MPH 公司的風險投資,2001 年又與香港天卷控股公司合併,並以特許連鎖為主,席殊書屋的連鎖書店快速擴張,到 2002 年連鎖店已經發展到 512 家,遍及全國 30 個省市區的 400 個城市,計劃在兩到三年內發展到 1000 家,並準備上市融資。[145] 可惜好景不長,從 2003 年開始就傳出資金緊張的消息,雖然席殊書屋也多次試圖融資,但是效果甚微。2006 年,席殊書屋連鎖店黯然收場。[146] 席殊書屋從創辦到倒閉不過 10 年左右的時間,其鼎盛時期不過三四年,它曾經給民營書業帶來無限的希望,其加盟連鎖方式曾經是許多民營書店進行擴張的途徑。它的衰敗也給民營書業提供了最直接的經驗與教訓。

2. 國有出版單位收購民營書業企業。[147]2006 年初,長江出版集團成功並購湖北海豚卡通有限公司。新的湖北海豚傳媒有限責任公司開始運作,原湖北海豚卡通有限公司停止運營。新的湖北海豚傳媒有限責任公司由長江出版集團和原湖北海豚卡通有限公司總經理等七方股東共同注資 3600 萬元發起成立。其中,長江出版集團與湖北美術出版社、湖北少兒出版社共持有 51%的股

---

[144]　席殊書屋. http://baike.baidu.com/view/4222010.htm.2012-10-20.

[145]　餘敏主編:《2002—2003 中國出版業狀況及預測》,中國書籍出版社 2003 年版,第 61—62 頁。

　　郝振省主編:《2004—2005 中國出版業發展報告》,中國書籍出版社 2005 年版,第 18 頁。

[146]　章劍鋒:《席殊書屋,敗走麥城始末》,《財經文摘》2007 年第 5 期。
http://www.taizhou.com.cn/a/20070509/content_20810.html.2012-10-20.

[147]　李星星、孫晶整理.民營書業 30 年大事記.
http://news.ifeng.com/special/culture/bertelsmann/list/200806/0625_3975_637594_5.shtml.2012-10-20.

份,原湖北海豚卡通有限公司的四名股東持有其餘 49%股份。長江出版集團為控股方,此次收購為國有出版集團收購民營企業第一案。

2008 年

"民營出版"獲得政府認可。雖然早在 20 世紀 80 年代開始,一些民營機構或個人就從事圖書選題策劃、編輯業務,並通過書號合作的方式,間接從事出版活動,但是政府管理部門一直不承認民營出版,而是用民營發行業、民營書業、民營文化工作室等代替。2008 年 7 月,國務院《關於印發<國家新聞出版總署(國家版權局)主要職責內設機構和人員編制規定>的通知》提出"增加對從事出版活動的民辦機構進行監管",間接提出民營出版問題。2008 年 12 月,新聞出版總署署長柳斌傑在接受《南方週末》專訪時說:"我國出版業已經形成了許多以做書為主的民營文化工作室,聚集了一批包括海歸派在內的高層次的文化人才。不像剛開始那種文化個體戶,現在的文化公司有的多達幾千人,每年的收入超過十幾億,與出版社合作策劃出版了一批能跟上世界先進潮流的圖書,市場上絕大多數暢銷書也都是由民營工作室參與策劃的。事實上,民營出版機構應該説也是一種新的文化生產力。"[148]直接提到民營出版。2009 年 4 月,新聞出版總署印發了《關於進一步推進新聞出版體制改革的指導意見》,提出:"引導非公有出版工作室健康發展,發展新興出版生產力。按照《國務院關於非公有資本進入文化產業的若干決定》(國發〔2005〕10 號),鼓勵和支持非公有資本以多種形式進入政策許可的領域。按照積極引導、擇優整合、加強管理、規範運作的原則,將非公有出版工作室作為新聞出版產業的重要組成部分,納入行業規劃和管理,引導和規範非公有出版工作室的經營行為。積極探索非公有出版工作室參與出版的通道問題,開展國有民營聯合運作的試點工作,逐步做到在特定的出版資源配置平臺上,為非公有出版工作室在圖書策劃、組稿、編輯等方面

---

[148] 南方週末專訪柳斌傑:兩年內出現大出版傳媒集團.
media.ifeng.com/news/tradition/paper/200812/1206-4272-910201-2.sht.2012-04-22.

提供服務。鼓勵國有出版企業在確保導向正確和國有資本主導地位的前提下,與非公有出版工作室進行資本、專案等多種方式的合作,為非公有出版工作室搭建發展平臺。"[149] 首次把民營(非公有)出版工作室寫入政府檔。從民營發行業到民營書業再到民營出版,這不是簡單的稱謂變化,而是民營資本可以參與出版產業領域的寫照。

2009 年

　　盛大文學收購華文天下等民營書業公司。盛大文學有限公司 2008 年 7 月成立,主要負責網路文學原創網站的經營管理,旗下的網路文學網站包括起點中文網、紅袖添香網、言情小說吧、晉江文學城、榕樹下、小說閱讀網、瀟湘書院七大原創文學網站以及天方聽書網和悅讀網等。[150]2009 年盛大文學開始進軍綫下圖書業務,先是 2009 年 6 月,在天津成立了聚石文華圖書公司,開展紙質圖書出版、發行等業務;同月又收購民營的天津華文天下圖書公司 51%的股權;2010 年 3 月,收購了民營的北京中智博文圖書有限公司 51%的股權,完成了其圖書出版的業務佈局。

2010 年

　　1. 民營書業企業入駐北京出版創意產業園。2010 年 6 月,包括磨鐵圖書有限公司、北京時代華語圖書股份有限公司、北京時代光華圖書有限公司等在內的民營書業企業開始入駐北京出版創意產業園。北京出版創意產業園的建立,是為雛決非公有文化機構參與出版通道的問題所進行的首次嘗試。在新聞出版總署的支持下,2011 年年初,北京市新聞出版局主管主辦的原京華出版社轉企並更名為北京聯合出版有限責任公司,改造後的聯合公司承擔園區出版

149　新聞出版總署.關於進一步推進新聞出版體制改革的指導意見.
　　　http://www.chinanews.com/gn/news/2009/04-06/1633449.shtml.2009-04-06/2012-04-23.
150　盛大文學公司.http://baike.baidu.com/view/2348840.htm.2012-10-30.

服務平臺的職能,為入駐企業提供選題論證、三審三校、圖書印刷服務,入駐企業自己負責圖書策劃、設計和包裝、市場運營[151]。

2. 中國民營書業第一股。從 2005 年開始,出版發行企業啟動了上市進程,2006 年上海新華書店借殼上市,2007 年四川新華書店在香港上市。此後,出版集團又紛紛上市,如北方聯合出版傳媒股份有限公司、時代出版傳媒股份有限公司等,目前已經有近 10 家出版發行公司上市。在這近 10 家上市的出版發行企業中,只有一家民營書業企業,這就是湖南天舟科教文化股份有限公司。天舟公司是湖南省唯一獲得總發行資質的民營企業,經過多年的發展,目前已成為湖南省最大的民營圖書策劃發行企業,在湖南省青少年讀物市場形成了較強的品牌影響力。2008 年公司教輔類圖書銷售收入接近 10 個億。2010 年 12 月,天舟文化發行 1900 萬股新股,募資 4 億餘元。在民營書業企業中,天舟的規模不是最大的,在行業中的知名度也不是最大的,與國有出版發行企業相比,其規模也不算大。但是天舟的上市卻表明,政府在鼓勵、支持出版發行企業上市方面,沒有遺忘民營企業,民營出版企業可以上市融資。

2011 年

1. 民營書店倒閉潮。自 2010 年特別是 2011 年以來,出現了一股民營實體書店倒閉潮。2010 年 1 月,北京的第三極書局倒閉;2011 年 7 月,北京的風入鬆書店關門;2011 年 11 月,光合作用全國連鎖書店關門;2012 年春節前夕,成都時間簡史書坊、上海萬象書店突然倒閉。[152]當然,倒閉的民營書店遠遠不止這幾家,倒閉的也不僅僅是民營書店,還有國有及外資書店,但民營書店所受到的衝擊最大。此番民營書店的倒閉潮,引起了社會方方面面的廣泛關注,新聞出版總署已經協調有關部門,研究制定扶持實體書店的政策,有的地方政府部門已經採取

---

[151] 王坤寧:《築巢引鳳 落實"待遇"》,《中國新聞出版報》2012 年 1 月 16 日。

[152] 張抗抗.實體書店是城市文化地標 政府應扶一把.http://reader.gmw.cn/2012-02/28/content_3668662.htm.2012-10-30.

措施,比如 2012 年 2 月,上海、杭州兩個地方政府部門已經宣佈將出臺辦法,對實體書店給予資金支持。[153]關於此次實體書店倒閉風潮成因的分析,一般認為是網路書店擠壓、房租水電人工成本上漲、數位閱讀興起等綜合因素導致。筆者認為除此因素以外,圖書的定價機制,包括政府和社會對圖書的低價要求,圖書的固定定價制度,使得書店對圖書的銷售價格缺乏自主調整的空間,這就是為什麼只有書店倒閉而其他商店卻能夠生存與發展的差別所在。

2. 加強對中小學教輔材料的管理。2011 年 8 月,新聞出版總署發佈《關於進一步加強中小學教輔材料出版發行管理的通知》,提出從出版、印刷復製、發行、價格、質量、市場等 6 個方面對中小學教輔材料加強管理。隨後,新聞出版總署下發了《關於加強圖書出版單位中小學教輔材料出版資質管理的通知》。2012 年 2 月教育部、新聞出版總署、國家發展改革委、國務院糾風辦聯合發佈了《關於加強中小學教輔材料使用管理工作的通知》,提出一個學科每個版本選擇一套教輔材料推薦給本地區學校供學生選用,即"一課一輔"。此次政府部門對教輔材料管理的決心很大,力度很大,措施也很具操作性。由於在民營書業中,教輔出版佔有很大的比例,規模大的民營出版機構多數以出版教輔為主,因此,此次政策的出臺,對民營書業的發展會有很大的影響。

三、民營出版中存在的主要問題及未來發展趨勢

如果從改革開放初期允許集、個體開辦書店算起,民營出版已經走過了 30 餘年的發展歷程。特別是進入千禧年以來,民營書業取得了很大發展,發生了很多的變化,依然面臨很多的問題,也擁有許多的期待。

---

[153]　夏冰.上海將出資 500 萬元定向支持各類實體書店:http://www.nbd.com.cn/articles/2012-02-29/637123.html.2012-10-30.

及爍.杭州將出臺國內首個民營書店扶持辦法.
http://news.sxpmg.com/ynxx/gndt/201202/80936.html.2012-10-30.

（一）民營出版中存在的主要問題

民營出版所面臨的問題主要源自於兩個方面:即外部政策、環境方面的問題和內部經營管理等方面的問題。

在中國,民營書業是伴隨著改革開放的步伐應運而生的,是伴隨著改革開放的陽光不斷發展的。不斷寬鬆的政策給中國民營書業的發展提供了越來越廣闊的空間,但是民營書業的發展也受到一些政策的限制。

1. 民營出版機構的身份模糊

2008 年柳斌傑署長在接受《南方週末》記者采訪時說:事實上,民營出版機構應該說也是一種新的文化生產力。這對民營出版機構是一個很高的評價。對民營出版機構的評價雖高,但是身份卻有些模糊。現在,民營發行機構、民營印刷機構,甚至包括民營數位出版機構,其身份已經比較明確,可以通過正常的程式,向新聞出版行政管理機關申請發行(包括零售、批發、總發行)許可證和印刷許可證。但是,民營出版機構是不能申請出版許可證的,到目前為止,民營出版機構大多數以文化、傳媒等公司的名義設立的,只經過工商行政管理部門的登記,而沒有,也不可能得到新聞出版行政管理機關的批準。因此,他們處於一種半明半暗的狀態。明著,他們是文化公司,是經過工商部門登記的;暗著,他們從事著出版活動而沒有獲得行政許可。要明確民營出版機構的身份,才能有助於對其管理,有助於民營出版機構自身的發展。

2. 民營出版機構參與出版的通道單一

2009 年 4 月,新聞出版總署印發的《關於進一步推進新聞出版體制改革的指導意見》提出,"積極探索非公有出版工作室參與出版的通道問題"。2010 年北京市出版創意產業園的建立,為民營出版公司建立了參與出版的通道。一年多來,嘗試已經取得了初步的成效。據報導,2010 年,園區銷售總碼洋達 70 億元,利稅總額達 15 億元,逐步探索出一條國有出版社和民營書業企業合作的新路子[154]。但就全國來看,民營出版工作室參與出版的通道數量太少,目前中國只有北京出版創意產業園這一個通道,而全國民營出版工作室有上萬家。因此,如何拓寬民營出版工作室參與出版的通道,是制約民營出版發展的重要問題之一。

3. 民營發行企業的優惠政策缺乏

中國政府對圖書發行企業的優惠政策最重要的有兩個:第一個是對全國縣及縣以下新華書店和農村供銷社在本地銷售的出版物免征增值稅。對新華書店組建的發行集團或原新華書店改制而成的連鎖經營企業,其縣及縣以下網點在本地銷售的出版物,免征增值稅。[155]第二個是部分新華書店轉企改制以後,享受免征企業所得稅、出口退稅等優惠政策。[156]但是,這兩項優惠政策針對的主要是新華書店系統,民營發行企業不能獲得。讓民營發行企業獲得與新華書店同等的優惠政策,是促進民營發行企業發展的重要條件之一。

民營書業發展既面臨來自外部的、政策性的障礙,更面臨著源自於其自身、與生俱來的問題,民營書業如果不加強自身修煉,練好內功,在日趨復雜多變的市場競爭當中,更容易受到傷害和衝擊。

---

[154] 王坤寧:《築巢引鳳 落實"待遇"》,《中國新聞出版報》2012 年 1 月 16 日。

[155] 財政部、國家稅務總局《關於繼續執行宣傳文化增值稅和營業稅優惠政策通知》。

[156] 財政部、海關總署、國家稅務總局《關於文化體制改革中經營性文化事業單位轉制為企業的若干稅收政策問題的通知》(財稅[2005]1 號)和《關於文化體制改革試點中支持文化產業發展若干稅收政策問題的通知》(財稅[2005]2 號)。

民營企業自身的問題概括起來有以下幾個方面。

1. 企業的現代化水準低

經過最近幾年的轉企改制,國有新聞出版單位基本完成了由事業單位向企業單位元的轉變,部分單位元元還建立了現代企業制度,完成了由傳統事業向現代企業的過渡。民營書業企業,大多源於家族企業或個體企業,企業的發展主要依靠個人的才能與水準,但是,隨著企業規模的不斷擴大,民營書業企業的組織形式也面臨著改造問題。最近幾年,一些民營企業已經開始注意到企業組織形式改造,有的民營文化企業對內部的股權結構進行了調整,有的組建了企業集團,甚至有的企業還在海內外上市。但是,總體來看,民營出版企業的組織形式比較落後,許多仍然是家族式企業,與現代公司制體制有一定的距離。

2. 產品的品質不高,核心競爭力不足

目前,多數民營出版工作室的出版物是教輔讀物和大眾圖書,而許多教輔讀物和大眾圖書的品質不高的現象相當突出。許多公司教輔讀物品種雖多,但品質平庸,有的甚至相互鈔襲;許多大眾文化類圖書裝幀雖精美,但內容貧乏,主要靠拼湊而成,由此給讀者留下了民營出版品質不高的印象。民營出版要想持久發展下去,首要的問題是提高產品的品質,提高出版物的文化含量,以高質量的內容贏得市場、贏得讀者;其次,民營出版企業也面臨著產品結構調整的問題,教輔讀物支撐了民營書業的半邊天,許多民營出版工作室靠編寫教輔讀物發展起來,許多的個體書店靠賣教輔讀物維持下去。但是,隨著政府出版管理部門、教育行政管理部門對教輔讀物出版、發行、使用的管理力度不斷加大,教輔讀物市場面臨重組,以教輔讀物為主要業務的民營出版機構,也需要調整產品結構,轉變經營思路,拓寬經營領域,否則將面臨重大市場風險。

3. 面臨數位化的挑戰

最近幾年來,網路化、數位化在出版業中的應用越來越廣泛,出版業的數位化轉型越來越明顯,一些民營出版企業也加快了數位化的進程,有的民營書業企

業為此成立了專門的數位出版部門。但是,也有不少的民營書業企業資訊化、網路化、數位化的程度比較低,數位化轉型緩慢,在未來的發展中易處於被動局面。

(二) 未來民營出版發展趨勢

民營出版作為中國出版業的一支重要力量,其地位、作用是不可替代的,並且隨著經濟體制改革、政治體制改革的深入,其地位、作用會更加重要,未來民營書業的發展前景更好。

1. 民營出版的政策環境越來越好

從改革開放 30 多年來民營書業發展的歷程可以看出,關於民營資本參與出版業的政策在一步一步地向前發展,民營資本參與出版產業的領域逐漸拓展,參與的環節不斷增加,民營資本的出版領域所占的比例在增長。未來民營資本參與出版的通道會進一步拓寬和多元化,有關出版業的優惠政策將會逐步惠及民營出版,民營出版的法律環境更加穩定、公平。

2. 國有與民營出版之間進一步融合

隨著國有出版單位體制改革的深入,國有出版單位也面臨著產權多元化、股權多元化的改革。在改革過程中,民營出版機構與國有出版單位之間有可能實現資本層面的合作,同時,國有出版單位也可能收購、控股、參股民營出版機構,此其一;其二,民營出版機構與國有出版單位進行選題合作、專案合作的範圍更加廣泛,民營出版機構或加盟國有出版單位,成為其組成部分,或為國有出版單位提供選題策劃、市場開拓服務;其三,國有出版單位與民營出版機構之間在數位出版領域的合作更加緊密,國有出版單位元的內容優勢與民營機構的技術優勢結合,共同助推數位出版產業進一步發展。

3. 民營出版業的分化與轉型加劇

　　未來中國出版業的總體趨勢是集團化、專業化、國際化、數位化,民營出版作為中國出版業的一部分也不能例外。民營出版也面臨重組與分化的挑戰,大型民營出版機構的集團化步伐加快,對小型民營出版機構的擠壓加劇,部分小型民營出版機構或聯合應對,或退出市場;與此同時,隨著中國出版市場的日漸成熟,分工的細化,編印發一條龍式民營出版公司也面臨專業化拆分,專業化是生存發展的必由之路;另外,民營出版機構的數位化轉型也在所難免。

千禧年來的中國出版教育

自 1983 年 9 月武漢大學圖書館學系創辦圖書發行管理學專業,1984 年 9 月北京大學、南開大學和復旦大學建立編輯學本科專業起,中國的出版教育終於在改革開放後開始起步。近 30 年來,中國大陸有 68 所高校開設了編輯出版學本科專業。在編輯出版學專業本科教育蓬勃發展的基礎上,研究生教育也在碩士和博士兩個層面陸續展開並取得了很大的成就,為出版界培養了大量急需的高素質人才。在出版教育發展的同時,也暴露出一些妨礙該專業進一步發展、亟待解決的問題。

一、編輯出版學本科教育基本情況

1983 年,武漢大學與新華書店總店創辦圖書發行管理學專業,成為中國編輯出版學本科教育的開端。目前,中國編輯出版學本科教育已有 30 年的發展歷史。據統計,大陸地區共有 68 所高校開辦了編輯出版學本科專業。這些高校分佈在 25 個省、自治區和直轄市。具體情況見表 1。

表 1　我國開設編輯出版學本科教育高校基本情況

學校	院系	專業名稱	地區
北京大學	新聞傳播學院	編輯出版學	北京
中國人民大學[157]	新聞學院	編輯出版學	北京
北京印刷學院	新聞出版學院	編輯出版學、傳播學 (數位出版)	北京

---

[157] 中國人民大學編輯出版學本科專業 2007 年起停止招生。

(續表)

學校	院系	專業名稱	地區
中國傳媒大學	電視與新聞學院	編輯出版學(新媒體編輯方向)、編輯出版學(媒介融合方向)	北京
南開大學	文學院	編輯出版學	天津
河北大學	新聞傳播學院	編輯出版學	河北
河北經貿大學	人文學院	編輯出版學	河北
河北大學工商學院	人文學部	編輯出版學	河北
山西師範大學	文學院	編輯出版學	山西
內蒙古大學	蒙古學學院	編輯出版學	內蒙古
	文學與新聞傳播學院	編輯出版學	
內蒙古民族大學	蒙古學學院	編輯出版學	內蒙古
遼寧大學	歷史學院	編輯出版學	遼寧
吉林師範大學	歷史文化學院	編輯出版學	吉林
吉林工程技術師範學院	文化傳媒學院	編輯出版學	吉林
吉林藝術學院	音樂學院	音樂學專業(音樂編輯與出版方向)	吉林
吉林華僑外國語學院	漢學院(原國際交流學院)	編輯出版學	吉林
黑龍江大學	資訊管理學院	編輯出版學	黑龍江
上海理工大學	出版印刷與藝術設計學院	編輯出版學	上海
華東師範大學	傳播學院	編輯出版學	上海
上海師範大學	人文與傳播學院	編輯出版學	上海
南京大學	資訊管理學院出版科學系	編輯出版學	江蘇
南京師範大學	文學院	漢語言文學(圖書編輯方向)	江蘇
中國傳媒大學南廣學院	新聞傳播學院	編輯出版學	江蘇
浙江大學	傳媒與國際文化學院	編輯出版學	浙江
杭州電子科技大學	人文學院	編輯出版學	浙江
浙江工商大學	人文與傳播學院	編輯出版學	浙江
浙江萬裏學院	文化與傳播學院	編輯出版學	浙江
浙江傳媒學院	新聞與文化傳播學院	編輯出版學	浙江
浙江工商大學杭州商學院	人文系	編輯出版學	浙江

學校	院系	專業名稱	地區
浙江越秀外國語學院	網路傳播學院	編輯出版學	浙江
安徽大學	新聞傳播學院	編輯出版學	安徽
漳州師範學院	新聞傳播系	編輯出版學	福建
中國海洋大學	文學與新聞傳播學院	編輯出版學	山東
青島科技大學	傳播與動漫學院	編輯出版學	山東
臨沂大學	文學院文化產業管理系	編輯出版學	山東
山東經濟學院	文學與藝術學院	編輯出版學	山東
山東工藝美術學院	人文藝術學院	編輯出版學	山東
山東工商學院	政法學院	編輯出版學	山東
河南大學	新聞與傳播學院	編輯出版學	河南
武漢大學	資訊管理學院 出版科學系	編輯出版學、數位出版	湖北
武漢理工大學	文法學院	編輯出版學	湖北
湖北民族學院	文學與傳媒學院	編輯出版學	湖北
湖北第二師範學院	文學院	編輯出版學	湖北
武漢理工大學華夏學院	人文與藝術系	編輯出版學	湖北
湖北民族學院科技學院	文學與傳媒學院	編輯出版學	湖北
湘潭大學	公共管理學院	編輯出版學	湖南
湖南師範大學	新聞與傳播學院	編輯出版學	湖南
衡陽師範學院	中文系	編輯出版學	湖南
衡陽師範學院南嶽學院	中文系	編輯出版學	湖南
湖南商學院	中國語言文學學院	編輯出版學	湖南
湖南商學院北津學院	中文系	編輯出版學	湖南
南昌工程學院	人文與藝術學院	編輯出版學	江西
汕頭大學	長江新聞與傳播學院	編輯出版學專業 (出版策劃與經營方 向、數位出版方向)	廣東
華南理工大學	新聞與傳播學院	編輯出版學(網路傳播 與電子出版方向)	廣東
廣東海洋大學	文學院	編輯出版學	廣東
華南師範大學	文學院	編輯出版學	廣東
北京師範大學珠海分校	文學院	編輯出版學 (傳播編輯方向)	廣東
廣西師範大學	文學院	編輯出版學	廣西
廣西民族大學	文學院	編輯出版學	廣西
廣西民族大學 相思湖學院	人文社會科學系	編輯出版學	廣西

（續表）

學校	院系	專業名稱	地區
四川大學	文學與新聞學院	編輯出版學	四川
昆明理工大學	文學院	編輯出版學	雲南
雲南民族大學	民族文化學院	編輯出版學	雲南
陝西師範大學	新聞與傳播學院	編輯出版學	陝西
西北政法大學	新聞傳播學院	編輯出版學	陝西
西安歐亞學院	新聞與傳播學院	編輯出版學	陝西
青海師範大學	人文學院中國語言文學系	編輯出版學	青海
新疆大學	人文學院	漢語言文學(編輯出版發行方向)	新疆

（一）編輯出版學本科教育的規模和分佈

68 所高校的編輯出版學本科專業,分佈在 25 個省、自治區和直轄市。其中,浙江省設置編輯出版學專業的高校有 7 個,數量最多。山東省、湖北省、湖南省有 6 所高校設置編輯出版學專業,廣東省有 5 所,北京市和吉林省有 4 所。中國大陸尚有 6 個省級行政區沒有高校設置編輯出版學專業,它們是海南省、重慶市、貴州省、西藏自治區、甘肅省、寧夏回族自治區。

根據以上統計資料,大陸地區編輯出版專業在地域分佈上集中於東部和中部地區。沿海省份開設該專業的高校數量較多,這與該地區的經濟發展水準、文化教育水準、出版發行單位規模等因素有直接關系。

從編輯出版學專業所在院系來看,在這 68 所高校中,共有 28 所高校的編輯出版學專業設置在新聞傳播院系,有 27 所高校設置在文學相關院系,有 3 所高校的編輯出版學專業設置在資訊管理學院。大多數高校的編輯出版學專業分佈在文學、新聞傳播院系。

近年來,中國數位出版產業發展迅速,數位出版業產值已超過傳統出版產業。數位出版產業的迅速發展,對出版高等教育提出了新的要求與挑戰。培養一批熟悉專業出版知識,並且掌握現代數位出版技術和善於經營管理的複合型人才,是中國出版界當前刻不容緩的任務。在此背景下,北京印刷學院設置了傳播學(數位出版)專業。該專業面向數位媒體及相關領域,主動適應國家文化、經濟建設和社會發展對複合型人才的需要,培養具有現代科學文化藝術基本素養,掌握數位媒體編輯加工基本技術,具備數位媒體出版、傳播技能,瞭解數位媒體產業運作規律的應用型高級專門人才。[158] 2012 年,武漢大學資訊管理學院成功申報了數位出版本科專業,專業代碼為 050308S。[159]

(二) 編輯出版學本科專業的課程設置與培養模式

在設置編輯出版學本科專業的高校中,既有北京大學、南京大學等綜合性高校,也有吉林師範大學、南京師範大學、上海師範大學等師範類院校,武漢理工大學、華南理工大學等理工科院校,河北大學工商學院、中國傳媒大學南廣學院、北京師範大學珠海分校、西安歐亞學院等民辦高校。由於所在高校、歸屬院系等方面的不同,各高校編輯出版學本科專業的課程設置不一致。我們通過對各高校課程設置的調查,認為編輯出版學本科專業有新聞傳播類、中文類和資訊管理類三種課程設置模式。現選取北京大學、廣西師範大學和武漢大學這三所代表性高校作詳細分析。

北京大學編輯出版學專業創辦於 1985 年,最初設在中文系,是中國最早的同類專業之一,2001 年由資訊管理系轉入新聞與傳播學院。20 年來積累了豐富的辦學經驗,正在逐步建立良好的教學條件及高素質的師資隊伍,形成了理論與實踐並重,重點培養出版經營管理和現代出版技術人才的特色與優勢。[160]廣

---

158 傳播學(數位出版)專業介紹.
     http://www.bigc.edu.cn/web/xwcb/jxxm/bks/bkzyjs/4919.htm.2012-03-25.
159 我院新增數位出版本科專業.
     http://sim.whu.edu.cn/board/show_board_news.php?board_news_id=2154.2012-03-25.
160 本科編輯出版學專業培養方案(Ver.09).http://sjc.pku.edu.cn/PlanBenEdit.aspx.2012-03-25.

西師範大學編輯出版學專業自 2005 年始隔年招生,以培養具備堅實的漢語言文學基礎知識和基本理論,同時具備編輯出版相關知識和相關理論,適應國家管理機關、新聞出版單位及其他企事業單位和高校宣傳、編輯工作的人才為目標。[161]武漢大學編輯出版學專業創辦於 1983 年,是國內最早的同類專業,擁有良好的教學條件及高素質的師資隊伍,積累了豐富的辦學經驗,形成了理論與實踐並重,強調學生市場意識和出版營銷技能的人才培養特色與優勢。[162]三所學校編輯出版學本科專業的課程設置情況如表 2 所示。

表 2　三所高校的專業課程設置一覽表

學校	所屬院系	專業必修課程	專業選修課程	專業類型
北京大學	新聞傳播學院	編輯出版概論、中國圖書出版史、期刊編輯實務、新聞編輯、市場營銷原理、市場調查、編輯實用語文寫作、出版經營管理、選題策劃與書刊編輯實務、電子出版技術、出版案例研討、媒介經營管理	媒體與文化、媒介經濟學、輿論學、新媒體與網路傳播、網路採編實務、媒體與國際關系、傳播倫理學、古籍資源與整理、中外出版業、近現代出版文化、出版營銷	新聞傳播類
廣西師範大學	文學院	現代漢語、文學概論、寫作、中國現代文學史、中國古代文學史、古代漢語、外國文學史、經典詩文誦讀、編輯出版概論、傳播學原理、新聞學原理、電子出版技術概論、圖書營銷學、版權法與出版法規、中國編輯出版史、古典文獻學	文藝學系列、中國古代文學系列、現當代文學系列、比較文學與世界文學系列、民族民間文學系列、現代漢語系列、古代漢語系列、寫作系列、計算機應用系列、文秘系列、編輯出版學系列等11 個系列	中文類

---

[161] 廣西師範大學文學院課程設置.
http://www.cllc.gxnu.edu.cn/jdnewsview.asp?id=730.2012-03-25.

[162] 資訊管理學院編輯出版學專業本科培養方案.
http://sim.whu.edu.cn/major/major_detail.php?major_id=20.2012-03-25.

學校	所屬院系	專業必修課程	專業選修課程	專業類型
武漢大學	資訊管理學院	出版學基礎、編輯學原理、數位出版導論、書業法律基礎、中國出版史、書業營銷學、出版經濟學、書業企業管理、世界書業導論、網路編輯、信息系統設計與應用、知識產權法、書業財務管理	出版文化學、高級語言程式設計、資料庫原理與應用、網頁設計和網站建設、統計分析系統SPSS、期刊編輯與製作、期刊廣告與發行、書業物流管理、出版物市場管理、對外圖書貿易、編校軟件應用、編輯出版專業英語、圖書裝幀設計、讀者學、文獻編纂實務	資訊管理類

由表 2 可見,三所高校編輯出版學專業的課程設置各有側重。北京大學編輯出版學專業隸屬於新聞傳播學院,課程設置偏向於傳播學,注重新聞傳播知識與能力的培養。在專業必修課程中開設了新聞編輯、市場調查、媒介經營管理等新聞傳播類課程,專業選修課程也設置了媒體與文化、媒介經濟學、輿論學、新媒體與網路傳播等新聞傳播類課程。

廣西師範大學編輯出版學專業課程設置偏向于文學,注重文學基礎知識和理論。在專業必修課程中開設了現代漢語、文學概論、寫作、中國現代文學史、中國古代文學史、古代漢語、外國文學史、經典詩文誦讀、古典文獻學等文學類課程。

武漢大學編輯出版學專業隸屬於資訊管理學院,注重數位出版能力培養,在專業必修課程中開設了數位出版導論、網路編輯、資訊系統設計與應用,專業選修課程也設置瞭高級語言程式設計、資料庫原理與應用、網頁設計和網站建設、統計分析系統 SPSS、編校軟件應用等資訊技術類課程。

由於編輯出版學本科專業所在院系不同,編輯出版學專業形成了多種課程體系和培養模式。這樣,不同學校的編輯出版學專業形成了自身的專業特色和優勢,如武漢大學編輯出版學專業注重出版營銷和數位出版,北京大學編輯出版學專業側重新聞傳播能力的培養,廣西師範大學編輯出版學專業注重語言文學功底等。

　　這種多元化的課程模式,有其優勢,易於讓編輯出版學專業學生獲得多學科背景。但應當強調的是,特色也好,多學科背景也好,都應當以編輯出版學專業的核心課程為前提。筆者認為,編輯出版學專業應將出版學基礎、編輯學、中國出版史、數位出版等課程作為編輯出版學專業的核心課程。在每個學校都設置核心課程的基礎上,鼓勵不同學校有所側重,形成多元化的辦學特色。在當今數位出版的大趨勢下,編輯出版學專業應該增加數位出版類課程的比重,注重數位出版人才的培養。

二、 出版研究生教育基本情況

　　雖然至今為止,出版學或編輯出版學這一學科仍未被國務院學位委員會列入《授予博士、碩士學位和培養研究生的學科、專業目錄》之中,但一些高校利用國家規定在一級學科授予權下可以自主設置博士、碩士研究生學科專業的政策,利用自己一級學科的優勢,自行設置了編輯出版學或與編輯出版學相關的研究生專業,推動了出版高等教育的發展。武漢大學(2002 年)、北京大學(2004 年)、南京大學(2006 年)在"圖書館、情報與檔案管理"一級學科下設置了"出版發行學"和"編輯出版學"研究生專業,中國傳媒大學(2003 年)和復旦大學(2003 年)在"新聞傳播學"一級學科下設置了"編輯出版(學)"研究生專業。其他一些高校在相關專業設置了出版專業研究生方向,開始培養出版專業方面的博、碩士研究生,使編輯出版教育邁上了一個新的臺階。

　　2010 年,國務院學位委員會批准設置了出版碩士專業學位,北京大學、南京大學、武漢大學、中國傳媒大學、復旦大學、南開大學、四川大學、河南大學、河北大學、安徽大學、湖南師範大學、華中科技大學、北京印刷學院、吉林師範大學 14 所高校獲得了首批出版碩士專業學位授予權。2011 年起開始招收出版專業碩士。出版碩士專業學位教育開闢了新的出版研究生教育模式。出版碩士專業學位能夠把出版理論與出版實踐結合起來,更好地推動出版產業的發展。

(一) 出版學博士研究生教育

據筆者查詢各高校網站,截至 2012 年 3 月,中國共有 6 所高校在 6 個辦學點招收編輯出版學或類似專業博士研究生。它們分別是北京大學、南京大學、武漢大學、中國傳媒大學、中國人民大學和南開大學(見表 3)。

表 3　國內高校編輯出版學或類似專業博士研究生教育
基本情況一覽表(*為自主設置專業)

序號	學校	辦學層次	所屬院系	所屬一級學科	專業名稱	研究方向
1	北京大學	博士	資訊管理系	圖書館、情報與檔案管理	*編輯出版學	現代出版業研究;出版產業與出版文化研究;文獻收藏與閱讀研究
2	南京大學	博士	資訊管理學院	圖書館、情報與檔案管理	*編輯出版學	出版理論與歷史;社會轉型與出版發展;出版經濟與管理;出版文化;數位出版;期刊出版研究
3	中國人民大學	博士	新聞學院	新聞傳播學	*傳媒經濟學	出版產業研究;數位化與出版轉型研究
4	武漢大學	博士	資訊管理學院	圖書館、情報與檔案管理	*出版發行學	出版學基礎理論與管理;圖書發行學;出版營銷管理;數位出版;編輯出版理論;中國編輯思想史研究;出版政策與法規;出版產業管理與版權貿易;期刊產業研究;傳媒企業管理;出版供應鏈與出版戰略;出版經濟與出版產業;英美出版業研究;中國近現代出版史;閱讀史與閱讀文化;網路傳播
5	中國傳媒大學	博士	電視與新聞學院	新聞傳播學	*編輯出版	編輯出版學
6	南開大學	博士	商學院信息資源管理系	圖書館、情報與檔案管理	圖書館學	出版管理

出版教育博士點的建立,是出版教育取得的重要成果。這些博士點的建立,為中國出版業和出版教育界培養了一批高素質的管理人才和教學科研人才。需要說明的是,上述高校設立的博士點,多是利用國家規定的在一級學科授予權下可以自主設置學科專業的政策而自行設置的,因此,專業名稱也就不統一。

(二) 出版學學術碩士研究生教育

在出版學本科教育發展的同時,一些高校就開始在相關專業下培養編輯出版研究方向的碩士生。如北京大學、南京大學、武漢大學等在圖書館學研究生專業下培養過編輯出版研究方向的碩士生。其他一些高校在新聞學、傳播學、中國現當代文學等相近專業碩士點下培養過編輯出版研究方向的碩士生。目前,出版學碩士研究生教育存在利用一級學科碩士授予權自主設置和在相關研究生專業培養兩種情況。

從各高校網站上看,截至 2012 年 3 月,中國共有 41 所高校在 45 個辦學點招收編輯出版學或類似專業碩士研究生。[163]這 45 個辦學點所屬的院系、一級學科、二級學科、招收專業名稱和專業研究方向的詳細情況見表 4。

---

[163] 肖東發教授等在 2005 年 7 月統計時,發現中國培養編輯出版學方向的研究生辦學點有 31 個。肖東發、楊琳:《抓住歷史機遇促進編輯學的建設和發展》,《中國出版》2005 年第 12 期,第 34—35 頁。李建偉教授等在 2006 年調查時,將博、碩士點一並統計,發現中國招收編輯出版專業研究生的高等院校有 35 所、38 個辦學點。見李建偉、張錦華:《我國編輯出版專業研究生教育現狀研究》,《河南大學學報(社會科學版)》2007 年第 2 期,第 167—173 頁。

表4　中國高校編輯出版學或類似專業學術碩士研究生
教育基本情況一覽表(*為自主設置專業)

序號	學校	所屬院系	辦學層次	所屬一級學科	所屬二級學科	招收專業名稱	專業研究方向
1	北京大學	信息管理系	碩士	圖書館、情報與檔案管理	*編輯出版學	*編輯出版學	現代出版業研究;出版產業研究;文獻與出版史研究;數位出版研究;閱讀文化研究
		新聞與傳播學院	碩士	新聞傳播學	傳播學	傳播學	編輯出版學
2	北京師範大學	文學院	碩士	新聞傳播學	傳播學	傳播學	編輯出版
3	北京印刷學院	新聞出版學院	碩士	新聞傳播學	傳播學	傳播學	數位傳播;書刊編輯學;出版產業研究
4	中國傳媒大學	電視與新聞學院	碩士	新聞傳播學	*編輯出版學	編輯出版學	編輯出版理論;出版經營與管理;電子出版編輯
5	中國人民大學	新聞學院	碩士	新聞傳播學	*傳媒經濟學	傳媒經濟學	數位化與出版轉型
6	復旦大學	新聞學院	碩士	新聞傳播學	傳播學	傳播學	編輯出版
7	華東師範大學	傳播學院	碩士	新聞傳播學	傳播學	傳播學	文化理論與編輯出版實務
8	上海理工大學	出版印刷與藝術設計學院	碩士	新聞傳播學	傳播學	傳播學	數位出版與傳播
9	上海師範大學	人文與傳播學院	碩士	新聞傳播學	傳播學	傳播學	編輯出版學
10	第二軍醫大學	科研部	碩士	圖書館、情報與檔案管理	情報學	情報學	醫學期刊編輯出版
11	同濟大學	傳播與藝術學院	碩士	新聞傳播學	傳播學	傳播學	新興科技與出版研究
12	南開大學	商學院	碩士	圖書館、情報與檔案管理	圖書館學	圖書館學	圖書與出版管理
		文學院	碩士	中國語言文學	*高級應用語言文學	*高級應用語言文學	高級寫作與編輯

(續表)

序號	學校	所屬院系	辦學層次	所屬一級學科	所屬二級學科	招收專業名稱	專業研究方向
13	武漢大學	資訊管理學院	碩士	圖書館、情報與檔案管理	*出版發行學	出版發行學	出版基礎理論與管理;編輯理論與實踐;數位出版研究;出版營銷研究;出版管理研究;出版經濟研究;期刊研究;版權研究;國外出版業研究;出版史與出版文化研究
14	華中科技大學	新聞與信息傳播學院	碩士	新聞傳播學	傳播學	傳播學	編輯出版
15	武漢理工大學	文法學院	碩士	新聞傳播學	傳播學	傳播學	編輯出版學
16	河南大學	新聞與傳播學院	碩士	新聞傳播學	新聞學	新聞學	編輯出版理論與實務;圖書出版產業
17	南京大學	信息管理學院	碩士	圖書館、情報與檔案管理	*編輯出版學	編輯出版學	編輯出版理論;編輯出版實務;編輯出版數位化;外國編輯出版;編輯出版史
18	南京師範大學	新聞與傳播學院	碩士	新聞傳播學	新聞學	新聞學	編輯出版
19	蘭州大學	新聞與傳播學院	碩士	新聞傳播學	傳播學	傳播學	編輯出版學
20	華南師範大學	文學院	碩士	中國語言文學	文藝學	文藝學	出版與文學
21	河北大學	新聞傳播學院	碩士	新聞傳播學	傳播學	傳播學	編輯出版
22	廣西民族大學	文學院	碩士	中國語言文學	語言學及應用語言學	語言學及應用語言學	編輯出版與語言應用
23	安徽大學	新聞與傳播學院	碩士	新聞傳播學	傳播學	傳播學	圖書報刊編輯
24	山西大學	文學院	碩士	新聞傳播學	傳播學	傳播學	編輯出版與廣告學
25	湖南師範大學	新聞與傳播學院	碩士	新聞傳播學	傳播學	傳播學	編輯出版學
26	陝西師範大學	新聞與傳播學院	碩士	新聞傳播學	傳播學	傳播學	編輯出版學;出版與文化產業
27	四川大學	文學與新聞學院	碩士	新聞傳播學	傳播學	傳播學	編輯出版研究

序號	學校	所屬院系	辦學層次	所屬一級學科	所屬二級學科	招收專業名稱	專業研究方向
28	重慶大學	文學與新聞傳媒學院	碩士	新聞傳播學	新聞學	新聞學	數位出版研究
29	西南大學	新聞傳媒學院	碩士	新聞傳播學	傳播學	傳播學	編輯出版
		漢語言文獻研究所	碩士	中國語言文學	中國古典文獻學	中國古典文獻學	古籍整理與出版
30	西南交通大學	藝術與傳播學院	碩士	新聞傳播學	傳播學	傳播學	編輯出版
31	內蒙古大學	蒙古學學院	碩士	新聞傳播學	新聞學	新聞學	蒙古族出版史
		文學與新聞傳播學院	碩士	新聞傳播學	傳播學	傳播學	新媒體與數位出版
32	中央財經大學	文化與傳媒學院	碩士	新聞傳播學	*媒體經濟	媒體經濟	出版經濟研究
33	江南大學	物聯網工程學院	碩士	輕工技術與工程	*印刷工程與媒體技術	印刷工程與媒體技術	電子出版原理與多媒體技術
34	東北師範大學	文學院	碩士	新聞傳播學	傳播學	傳播學	平面媒體(出版)傳播
35	黑龍江大學	資訊管理學院	碩士	圖書館、情報與檔案管理	圖書館學	圖書館學	文獻與出版研究
36	山東大學	文學與新聞傳播學院	碩士	新聞傳播學	傳播	傳播學	出版發行
37	廈門大學	公共事務學院	碩士	公共管理	*知識產權與出版管理	知識產權與出版管理	出版事業管理
38	蘇州大學	鳳凰傳媒學院	碩士	新聞傳播學	傳播學	傳播學	編輯與出版
39	湘潭大學	公共管理學院	碩士	圖書館、情報與檔案管理	圖書館學	圖書館學	網路出版
40	福建師範大學	傳播學院	碩士	新聞傳播學	傳播學	傳播學	編輯出版研究
41	華中師範大學	文學院	碩士	新聞傳播學	傳播學	傳播學	編輯出版

注:表3、表4中的資訊均採自各院校研究生院主頁所頒佈的2012年研究生招生簡章或專業招生目錄,並參考專業所在院系主頁。

(三) 出版碩士專業學位教育

2010 年,國務院學位委員會批準設置了出版碩士專業學位,北京大學、南京大學、武漢大學、中國傳媒大學、復旦大學、南開大學、四川大學、河南大學、河北大學、安徽大學、湖南師範大學、華中科技大學、北京印刷學院、吉林師範大學 14 所高校獲得了首批出版碩士專業學位授予權,列入 2011 年全國研究生統一招生專業目錄進行招生。

從各高校網站上看,2012 年共有 10 所高校招收了出版碩士專業學位的學生。

表5　中國高校出版碩士專業學位元教育基本情況一覽表

序號	學校	所屬院系	辦學層次	招收專業名稱	專業研究方向
1	南京大學	資訊管理學院	碩士	出版碩士	圖書出版、報刊出版、音像及電子出版、網路編輯和出版、出版營銷、出版經營與管理
2	武漢大學	資訊管理學院	碩士	出版碩士	
3	北京印刷學院	新聞出版學院	碩士	出版碩士	編輯出版、出版產業與管理、跨媒體與數位出版技術
4	吉林師範大學	傳媒學院	碩士	出版碩士	
5	南開大學	文學院	碩士	出版碩士	現代出版業務、出版經營與管理、出版物營銷
6	河南大學	新聞與傳播學院	碩士	出版碩士	
7	四川大學	文學與新聞學院	碩士	出版碩士	
8	河北大學	新聞傳播學院	碩士	出版碩士	版權貿易、編輯出版業務、出版經營與管理
9	安徽大學	新聞傳播學院	碩士	出版碩士	
10	湖南師範大學	新聞與傳播學院	碩士	出版碩士	出版學

由表 5 可以看出,設置出版碩士專業學位的高校以綜合類高校和師範類高校為主。各高校出版專業碩士的招生隸屬於資訊管理學院、新聞傳播學院、新聞出版學院、傳媒學院、文學院、文學與新聞學院等院系。由於歸屬院系和師資結構等方面的差異,各學校的出版碩士研究方向不同。南京大學出版碩士研究方向為圖書出版、報刊出版、音像及電子出版、網路編輯和出版、出版營銷、出版經營與管理。北京印刷學院出版碩士研究方向為編輯出版、出版產業與管理、跨媒體與數位出版技術。

有學者認為,在呈現"媒介融合"的數位時代,編輯出版專業人才培養要基於"大出版"視角,包括實踐型出版人才和研究型出版人才。[164]的確,出版碩士專業學位的人才培養應當秉持"大出版"理念,尤其應該重視實踐能力的培養。課程設置上,應開設"大出版"類的課程,包括策劃、行銷、管理、印刷、數位出版等。另外,出版專業碩士可以實行校內和校外雙導師的指導模式。校內導師主要是高校教師,負責指導學生的理論課程學習,畢業論文選題等;校外導師主要聘請國內外出版業界的精英人士擔任,負責具體指導學生的實習工作等,優化學生的實踐學習。

出版碩士專業學位旨在培養實務型人才,以在職學習為主,滿足出版業界人員提升自身素養的需要,這無疑是當下中國出版學碩士培養體系的新的途徑,將更好地滿足社會對出版人才的需求。

三、中國出版教育存在的主要問題

在看到出版教育取得的成績的同時,我們也必須正視存在的問題,這樣才能使中國的出版學教育更上一層樓。

(一) 出版教育的學科歸屬不明朗

1. 博士點專業學科歸屬

從表 3 可以看出,國內 6 所高校所進行的編輯出版學(或類似專業)博士研究生教育沒有統一的專業名稱和學科名稱,所依託的一級學科分別是"圖書館、情報與檔案管理"或"新聞傳播學"。同時,這 6 個博士點的專業名稱也各不相同,

---

[164] 肖東發、李武:《基於"大出版"視角培養出版人才——北京大學編輯出版專業研究生教育的案例分析》,《中國出版》2009 年 8 月(下),第 3 頁。

分別涉及"編輯出版"、"編輯出版學"、"傳媒經濟學"、"出版發行學"、"圖書館學"等5種不同的稱謂,因此,博士點專業學科的歸屬是今後應當解決的問題。

2. 學術碩士學科歸屬

表 4 顯示,中國編輯出版學專業的碩士研究生教育也沒有統一的專業名稱。除一些高校利用一級學科優勢自設的學科專業外,主要掛靠在國務院學位委員會頒佈的《授予博士、碩士學位和培養研究生的學科、專業目錄》裏的一些二級學科之下進行(見表 6)。在這些二級學科之下開設編輯出版或類似專業方向,涉及的專業名稱非常不統一,主要有傳播學、新聞學、編輯出版學(編輯出版、出版發行學)、圖書館學、傳媒經濟學(媒體經濟)、語言學及應用語言學(高級應用語言學)、中國古典文獻學、情報學、知識產權與出版管理、文藝學、印刷工程與媒體技術等,可謂五花八門。

表6　中國高校編輯出版學或類似專業碩士研究生教育學科專業歸屬情況一覽表

專業	數量(個)	比例
傳播學	25	55.56%
新聞學	4	8.89%
編輯出版學 (編輯出版、出版發行學)	4	8.89%
圖書館學	3	6.67%
傳媒經濟學(媒體經濟)	2	4.44%
語言學及應用語言學 (高級應用語言學)	2	4.44%
中國古典文獻學	1	2.22%
情報學	1	2.22%
智慧財產權與出版管理	1	2.22%
文藝學	1	2.22%
印刷工程與媒體技術	1	2.22%
合　計	45	100%

(二) 出版本科和研究生專業隸屬院系差異較大

專業隸屬何院系雖然屬於各自學校的內政,但基本上應該按照學科屬性來進行歸併,且須隸屬於相同或相近的一級學科,這樣才有助於學科的發展。但出版專業隸屬的院系差異較大,對專業發展不利。

1. 出版博士學位隸屬院系情況

在表 3 所示的 6 所高校 6 個編輯出版學或類似專業的博士研究生辦學點中,屬於資訊管理系、資訊管理學院或資訊資源管理系,所屬一級學科為圖書館、情報與檔案管理的有 4 個,占總數的 66.7%;屬於新聞與傳播學院(新聞學院、電視與新聞學院),所屬一級學科為新聞傳播學的有 2 個,占總數的 33.3%。這説明,由於《授予博士、碩士學位和培養研究生的學科、專業目錄》裏沒有明確的規定,中國該專業博士研究生教育的實施主體很難統一和一致,集中於資訊管理系(學院)和新聞與傳播學院(或類似學院)。

2. 出版碩士學位隸屬院系情況

根據表 4 的統計,目前中國 41 所高校開辦的招收編輯出版學或類似專業碩士研究生的 45 個辦學點分別歸屬於 45 個院系部門,其中歸屬新聞與傳播院系(包括新聞傳播學院、新聞學院、傳播學院、電視與新聞學院、傳播與藝術學院、新聞與信息傳播學院、文學與新聞學院、藝術與傳播學院、新聞傳媒學院、文學與新聞傳媒學院、人文與傳播學院、文化與傳播學院、鳳凰傳媒學院)的有 24 個,占總數的 53.33%;歸屬文學院系(包括文法學院、人文學院)的有 8 個,占總數的 17.78%;歸屬於資訊管理院系(資訊管理學院、資訊資源管理系)的有 5 個,占總數的 11.11%;歸屬於公共事務學院(公共管理學院)的有 2 個,占總數的 4.44%;歸屬於漢語言文獻研究所、新聞出版學院、出版印刷與藝術設計學院、物聯網工程學院、蒙古學學院、科研部的分別有 1 個,各占總數的 2.22%(見表 7)。

表 7　中國高校編輯出版學或類似專業碩士研究生教育院系歸屬情況一覽表

所屬院系	數量(個)	比例
新聞與傳播院系(包括新聞傳播學院、新聞學院、傳播學院、電視與新聞學院、傳播與藝術學院、新聞與信息傳播學院、文學與新聞學院、藝術與傳播學院、新聞傳媒學院、文學與新聞傳媒學院、人文與傳播學院、文化與傳播學院鳳凰傳媒學院)	24	53.33%
文學院系(包括文法學院、人文學院)	8	17.78%
資訊管理院系(資訊管理學院、資訊資源管理系)	5	11.11%
公共事務學院(公共管理學院)	2	4.44%
漢語言文獻研究所	1	2.22%
新聞出版學院	1	2.22%
出版印刷與藝術設計學院	1	2.22%
物聯網工程學院	1	2.22%
蒙古學學院	1	2.22%
科研部	1	2.22%
小　　　計	45	100%

3. 編輯出版學本科專業隸屬院系情況

從編輯出版學專業所在院系來看,在這 68 所高校 69 個辦學點中,共有 28 所高校的編輯出版學專業設置在新聞傳播院系,包括新聞學院、新聞傳播學院、文化傳媒學院、人文與傳播學院、文學與新聞學院等;有 27 所高校設置在文學院、人文學院、中文系、人文藝術學院或人文社會科學系等文學院系;有 3 所高校的編輯出版學專業設置在資訊管理學院。內蒙古大學、內蒙古民族大學和雲南民族大學,由於處在少數民族地區,編輯出版學專業設置在蒙古學學院和民族文化學院。值得一提的是,北京印刷學院和上海理工大學的編輯出版學專業設置在專門的出版學院。可見,中國編輯出版學本科專業的院系歸屬不一致。具體院系歸屬情況見表 8。

表 8　中國高校編輯出版學本科教育院系歸屬情況一覽表

所屬院系	數量(個)	比例
新聞與傳播院系(包括新聞與傳播學院、新聞傳播學院、新聞學院、傳播學院、電視與新聞學院、文學與新聞傳播學院、傳播與藝術學院、新聞與信息傳播學院、傳媒與國際文化學院、文學與新聞學院、藝術與傳播學院、新聞傳媒學院、文學與傳媒學院、人文與傳播學院、網路傳播學院、傳播與動漫學院、長江新聞與傳播學院、鳳凰傳媒學院)	28	40.58%
文學院系(包括文學院、人文學院、中文系、人文藝術學院、文法學院、文學與藝術學院或人文社會科學系)	27	39.13%
資訊管理學院	3	4.35%
蒙古學學院	2	2.9%
歷史學院(歷史學院、歷史文化學院)	2	2.9%
出版學院(新聞出版學院、出版印刷與藝術設計學院)	2	2.9%
公共管理學院	1	1.45%
政法學院	1	1.45%
音樂學院	1	1.45%
漢學院(原國際交流學院)	1	1.45%
民族文化學院	1	1.45%
小　　　計	69	100%

(三) 課程設置有待完善

　　由於所在高校、歸屬院系等方面的不同,各高校編輯出版學本科專業的課程設置不一致。筆者通過對 68 所高校編輯出版學本科專業課程設置的調查,認為編輯出版學本科專業有新聞傳播類、中文類和資訊管理類三種課程設置模式。新聞傳播類的課程設置偏向於新聞傳播學,注重新聞傳播知識與能力的培養。中文類的課程設置偏向於文學,注重文學基礎知識和理論,在專業必修課程中一般都開設有現代漢語、文學概論、古代漢語、外國文學史等文學類課程。資訊管理類的課程設置注重數位出版能力培養,在專業必修課程中開設了數位出版導論、網路編輯、資訊系統設計與應用,專業選修課程也設置瞭高級語言程式設計、資料庫原理與應用、網頁設計和網站建設、統計分析系統SPSS、編校軟件應用等信息技術類課程。

　　雖然中國已有 41 所高校涉足編輯出版學碩士研究生教育,但實施編輯出版學碩士研究生教育時間較長、形成一定的教學規模並具有自己特色的並不算多。與美國等世界先進國家的出版研究生教育相比,中國出版研究生教育課程設置的差距較大。如美國位於紐約的紐約大學、佩斯大學和位於波士頓的愛默森學院設有出版學碩士研究生專業,出版研究生教育已比較成熟且頗具規模。[165]但中國高校的出版研究生專業,由於設置在不同的一級學科之下,開設的課程尚不能集中反映出版研究生專業的基本特徵。根據潘文年的研究,"美國的佩斯大學和紐約大學出版學碩士必修課的課程設置相關度較高,分別達到 1 和0.92,這意味著這兩所大學的出版學碩士研究生教育設置的必修課程絕大多數都是出版學的核心課程,與出版學研究有著相當的關聯;大陸地區的 5 所大學(武漢大學、南京大學、北京印刷學院、河南大學和四川大學)""出版學碩士必修課的課程設置相關度相對較低","尤其是四川大學"、"南京大學""必修課課程相關度均低於 0.7",這說明這幾所"高校的出版學碩士研究生必修課課程設置中,都開設了比例不等的非出版類專業課程,不管出於何種原因,這都在一定程度上沖淡了出版學碩士研究生教育的主題。""總體上說,美國的兩所大學(紐約大學和佩斯大學)的課程設置都比較強調實踐性和可操作性,力求培養出來的人才能很好地適應出版業的實際需要,因此,這兩所大學的課程設置比較側重於出版應用類課程的開設。這類課程的開設比例很高,占兩校開課總數的平均百分比為72.2%,平均每所高校開設的出版應用類課程 14.8 門;基礎與理論課開設的門數最少,平均只有 1 門,所占的比例也最小,平均僅 4.9%。"相對而言,中國大陸 5所大學"則比較側重於出版理論知識的傳授,此類課程的開設門數和所占比例都較大",平均開設出版理論類課程近 12.1 門,占開課總數的平均百分比為 62.2%;

165　張志強.萬婧:《美國出版研究生教育述略》,《編輯學刊》2005 年第 6 期,第 4—8 頁。

出版應用類課程平均開設了 **6.63** 門,占開課總數的平均百分比為 **34.04%**,這和美國的兩所大學形成了鮮明的對比。[166]因此,課程設置特別是必修課課程設置的專業相關度,是今後課程改革必須要高度關注的問題。

四、發展中國出版教育的建議

針對編輯出版學本科和研究生教育存在的問題,筆者認為應該進一步推動出版研究生教育的發展、促進出版專業歸屬院系統一、增加數位出版和實踐課程比重。通過這些途徑,來解決出版教育中的問題,推動出版教育的健康發展。

(一) 進一步推動出版研究生教育的發展

在出版改革不斷深化、出版產業不斷發展的基礎上,編輯出版學研究生教育也達到了相當的規模,為業界培養了大量的高素質人才,滿足了產業發展的需要。6 所高校招收編輯出版學或類似專業博士研究生,41 所高校在 45 個辦學點招收編輯出版學或類似專業碩士研究生,都説明出版研究生教育呈現出良好的發展態勢和勃勃生機。這一總體規模和態勢迫切要求編輯出版學研究生教育摒棄掛靠型教學模式,在自己獨立的學科下進行招生和培養,以獨立的姿態為業界培養高素質人才。

通過對中國編輯出版學研究生教育的分析,我們認為,解決中國出版研究生教育存在問題的關鍵,是將出版學研究生專業列入國務院學位委員會《授予博士、碩士學位和培養研究生的學科、專業目錄》。《授予博士、碩士學位和培養研究生的學科、專業目錄》是國家對研究生教育進行管理的依據,也是各

---

[166] 潘文年:《大陸、臺灣和美國八所大學出版學碩士研究生教育課程設置比較分析》,《教育資料與圖書館學》2007 年第 44 卷第 4 期,第 473—490 頁。

高校設立研究生專業、進行學科建設的依據。中國的一些專家學者也曾就這一問題提出過建議,中國開設出版教育的大學還聯名發出過呼籲,但這一問題始終沒有得到解決。只有將出版學專業列入國家的《授予博士、碩士學位和培養研究生的學科、專業目錄》,才能真正推動和促進出版學專業的發展。

(二) 促進出版專業歸屬院系統一

出版學本科和研究生教育的實施主體多種多樣,院系歸屬五花八門。編輯出版學本科專業設置在新聞學院、新聞傳播學院、文化傳媒學院、人文與傳播學院、文學與新聞學院、文學院、人文學院、中文系、人文藝術學院、人文社會科學系、資訊管理學院等不同院系。碩士研究生教育的院系歸屬更為分散,目前中國 41 所高校開辦的招收編輯出版學或類似專業碩士研究生的 45 個辦學點,分別歸屬於新聞傳播院系、文學院系、資訊管理院系、新聞出版學院、出版印刷與藝術設計學院、蒙古學學院、科研部、漢語言文獻研究所等。博士研究生教育分散在資訊管理院系和新聞傳播院系。這說明,目前中國編輯出版學教育在院系歸屬上過於分散,這必然導致出版教學資源的嚴重浪費,不利於出版學科的長遠發展。同時,也容易導致編輯出版學招生、培養上的混亂,無法形成統一的培養方案和培養目標,在培養方式和培養手段上也必然是大相徑庭,最終影響出版人才的培養質量和專業水準,不利於為業界培養和輸送高素質人才,不利於中國出版業的長遠發展。

出版教育歸屬院系的不同,主要是歷史上學科淵源不同。一些高校編輯出版學專業在中文學科的基礎上發展而來,另一些高校在新聞傳播學或者圖書館學的基礎上發展而來。不同的學科淵源,形成每個高校不同的院系歸屬。筆者認為,實現出版教育所屬院系的統一,需要教育行政部門和高校的共同努力。只有通過行政的力量,才能促進編輯出版學教學資源的整合。各高校編輯出版學院系也應共同協商,將編輯出版學本科專業歸屬到哪一個院系更好,或者是獨立成專門的出版院系。由於出版研究生教育是掛靠在不同的一級學科下招生,出版研究生教育的歸屬院系整合起來也相對困難。

(三) 增加數位出版和實踐課程比重

　　通過對中國高校出版本科和研究生教育課程設置的分析,可以發現中國高校編輯出版學教育的課程設置不一致。由於編輯出版學本科教育歸屬院系不同,課程設置有著較大差異。由於出版研究生教育所依託的學科不同,課程設置也是千差萬別,課程設置的隨意性很大。筆者認為,建立統一、科學的專業核心課程體系,是目前出版教育急需解決的問題。

　　多數高校的編輯出版學專業設置在新聞傳播院系和文學院系,課程設置著重培養學生的寫作能力和媒介素養,突出專業的文化性與傳播性。這樣的課程結構過於單一,學生的專業優勢模糊,已經不能滿足當前數位出版的新趨勢。面對數位出版技術的迅速發展,編輯出版學專業應增加數位出版相關課程的比重,加強數位出版教材和數位出版實驗室建設。數位出版類課程應該成為出版學專業課程體系中的核心課程,課程設置不應局限於數位出版概論,應該具體到數位出版具體環節的業務處理。

　　目前,中國編輯出版學專業實踐教學比重偏低。出版學是一門應用性的社會科學,但中國出版教育一直輕視實踐教學,注重理論課程,忽略學生實踐能力的培養。在新的課程體系建設中,中國編輯出版學專業應該大幅度增加學生實習的學分,在理論教學中要強化學生出版實踐意識,變單一形式的理論教學為以出版實踐為核心的實踐教學。出版學課程設置立足於職業需要,授課方式應該靈活多樣。除了傳統出版教學方式以外,出版專業課程應採用專題討論會、案例教學、實地考察以及舉辦出版論壇等方式,加強學生實踐能力的培養。出版專業應請出版業界人士到高校舉辦講座,使學生對出版產業有更全面的瞭解。

千禧年來的中國出版學研究

2000 年到 2011 年是中國出版業大變革、大發展、大轉型、大突破的時期,文化體制改革推動出版機構的市場化進程,數位技術創新在顛覆傳統紙媒統治地位的同時也給出版業帶來很多機遇。作為回應,理論界對實踐中的新生事物及其演進規律進行了積極探索,湧現出一系列值得重視的研究成果。

一、千禧年來的出版學研究:資料分析

根據學界普遍認可的研究主題分類,我們以年度為界限(1 月 1 日到 12 月 31 日),對出版學的研究成果(論文和專著)進行統計分析,對 2000 年至 2011 年出版學研究中的代表性成果進行系統梳理,進而歸納要點,總結得失。

筆者在 CNKI 資料庫通過關鍵字"出版學"或"出版理論"檢索整理了出版學基礎理論的論文數量如表 1 所示,同時通過中國國家圖書館 OPAC 系統檢索題名中包含"出版學"的專著,經過人工剔除誤差資料後得到同領域專著資料如表 1 所示。由表中資料可以發現,出版學基礎理論學術論文的年度邊際增量相對穩定,而專著數量則不太一致,主要是因為許多研究成果以系列書的形式出版,所以某些年份的數量會較高。

表 1　出版學基礎理論方面的研究成果

年份	論文	專著
2000	11	1
2001	21	0
2002	17	1
2003	33	10
2004	32	4

(續表)

年份	論文	專著
2005	36	9
2006	27	10
2007	32	14
2008	28	4
2009	38	1
2010	39	8
2011	28	3
總計	342	65

　　筆者在 CNKI 資料庫通過關鍵字"出版史"或"圖書出版史"檢索整理了閱讀文化與出版史方面的論文數量如表 2 所示,同時通過中國國家圖書館 OPAC 系統檢索題名中包含"出版史"的專著,統計出該領域專著的資料如表 2 所示。由表中資料可以發現,出版史方面的論文數量邊際變化平穩,這與該領域研究範式成熟、研究隊伍人數大致穩定等原因有關;而專著數量則比較平衡,2003 年、2008 年和 2011 年專著數量較多是因為有幾套叢書同一年出版的緣故。

表 2　出版史方面的研究成果

年份	論文	專著
2000	13	5
2001	16	8
2002	20	6
2003	19	35
2004	17	5
2005	16	1
2006	16	3
2007	17	7
2008	17	15
2009	19	8
2010	20	4
2011	15	19
總計	205	116

　　筆者在 CNKI 資料庫中用關鍵字"編輯學"檢索編輯工作理論與實踐方面的論文,經過統計形成表 3,同時在中國國家圖書館 OPAC 系統檢索了題名中包括"編輯學"一詞的專著數目。統計結果顯示,編輯工作理論與實踐研究成果總體變化趨勢比較平緩,不同年度之間專著數量基本持平,而論文數量則略有減少,這與編輯研究比較成熟以及其他學術熱點分散注意力等原因有關。

表 3　編輯學方面的研究成果

年份	論文	專著
2000	151	6
2001	173	8
2002	153	4
2003	158	5
2004	123	12
2005	90	3
2006	103	4
2007	107	7
2008	83	7
2009	134	5
2010	119	8
2011	80	7
總計	1474	76

　　筆者在 CNKI 資料庫通過關鍵字"圖書印刷"或"數位印刷"或"按需印刷"檢索整理了出版物印製方面的論文數量如表 4 所示,同時通過中國國家圖書館 OPAC 系統檢索題名中包含"圖書印刷"或"數位印刷"或"按需印刷"的專著,統計出該領域專著的資料如表 4 所示。由表中資料可以發現,出版物印製方面的論文數量基本穩定,一直保持在 50 到 60 篇左右,而專著數量則略有波動,2005 年專著數量較多是因為有叢書在該年度出版。

表4　出版物印製方面的研究成果

年份	論文	專著
2000	46	0
2001	51	2
2002	61	0
2003	65	2
2004	58	0
2005	50	5
2006	57	1
2007	67	3
2008	62	1
2009	63	2
2010	66	1
2011	58	3
總計	704	20

筆者在 CNKI 資料庫通過關鍵字"圖書發行"或"圖書行銷"或"出版物行銷"檢索整理了出版物行銷方面的論文數量如表 5 所示,同時通過中國國家圖書館 OPAC 系統檢索題名中包含"圖書發行"或"圖書行銷"或"出版物行銷"的專著,統計出該領域專著的資料如表 5 所示。由表中資料可以發現,出版物行銷方面的論文數量有所下降,而專著數量則不太一致。

表5　出版物行銷方面的研究成果

年份	論文	專著
2000	40	5
2001	43	2
2002	46	1
2003	46	1
2004	45	3
2005	44	4
2006	38	0
2007	34	1
2008	31	2
2009	29	1
2010	28	1
2011	24	2
總計	448	23

　　筆者在 CNKI 資料庫通過關鍵字"出版產業"或"出版經營管理"檢索整理了出版經營管理方面的論文數量如表 6 所示,同時通過中國國家圖書館 OPAC 系統檢索題名中包含"出版管理"或"出版經營管理"或"出版業宏觀管理"的專著,統計出該領域專著的資料如表 6 所示。由表中資料可以發現,出版經營管理方面的論文數量增長速度較快,這與出版業的市場化改革有關,而專著數量則較少。

表 6　出版經營管理方面的研究成果

年份	論文	專著
2000	84	1
2001	105	1
2002	80	5
2003	150	1
2004	168	1
2005	130	3
2006	117	0
2007	191	1
2008	218	2
2009	302	1
2010	403	3
2011	411	3
總計	2 359	22

　　筆者在 CNKI 資料庫通過關鍵字"網路出版"或"數位出版"或"新媒體"檢索整理了數位出版與新媒體方面的論文數量如表 7 所示,同時通過中國國家圖書館 OPAC 系統檢索題名中包含"網路出版"或"數位出版"或"電子出版"或"互聯網出版"的專著,統計出該領域專著的資料如表 7 所示。由表中資料可以發現,數位出版與新媒體方面的研究論文數量增長速度很快,這與社會各界對新媒體的關注和投入有關,同時新媒體研究不僅是出版學關注的熱點議題,新聞傳播學、社會學等學科也對新媒體的發展投入了大量科研資源。因此,統計結果顯示該領域的論文數量比較龐大且增幅較高,有些年份甚至出現翻番現象,而專著數量則相對平衡,2008 年和 2011 年專著數量較多是因為有叢書在該年度出版的緣故。

表 7　數位出版與新媒體方面的研究成果

年份	論文	專著
2000	247	1
2001	409	0
2002	261	2
2003	348	3
2004	308	2
2005	369	1
2006	1053	2
2007	1607	5
2008	2266	6
2009	2612	2
2010	3107	3
2011	3986	6
總計	16573	33

　　以上是出版學研究文獻的增長與分佈的大致情況。概括而言,出版學研究起步於 1980 年代,起初研究者的視角主要限於出版社、新華書店和印刷機構的運作規律和利益關系的處理。2000 年之後,由於出版業的戲劇性變革,催生了許多新現象和新問題,對既有理論提出了嚴峻挑戰,因此,出版學研究相應地作出調整,比如引入經濟管理理論探尋盈利模式問題,再如應用傳播學的受眾分析方法來理解讀者的數位閱讀行為,等等。根據筆者在 CNKI 資料庫中文獻檢索的結果,從 2000 年到 2011 年間,文章篇名中出現"出版學"一詞的文獻共有 197 篇,文章篇名中出現"出版業"一詞的文獻有 2538 篇。筆者瀏覽了 50 篇論文的題目和摘要,發現除了極少數是書刊廣告或會議通知之外,其餘都屬於嚴肅的學術成果。在這些文獻中,既有關於出版學基礎理論、中外出版史、編輯工作、出版機構經營管理、出版物行銷、數位出版及新媒體的研究,也有關於產業融合、集團化與國際化、數位閱讀心理與行為等方面的探索,這些成果非常貼近實踐,具有鮮明的現實針對性。此外,數位環境下出版經營模式的創新,新媒體在出版行銷中的應用,出版企業和戰略夥伴的協同問題等也吸引了學者的廣泛興趣,部分研究成果見解獨到,對我國出版企業的轉型升級提供了有益的啟示。

二、出版學研究專著

出版學研究成果主要是以專著和論文的形式發表的,考慮到闡述的條理性,以下我們從出版學基礎理論、出版史、編輯學、出版物印製、出版物行銷、出版經營與管理、數位出版與新媒體七個方面切入,對已有專著進行介紹和簡評。

(一)出版學基礎理論方面的代表性專著

在出版學基礎理論方面,代表性的著作主要有餘敏的《出版學》(中國書籍出版社 2002 年 5 月版),張志強的《現代出版學》(蘇州大學出版社 2003 年 12 月版),羅紫初、吳贇、王秋林合著的《出版學基礎》(山西人民出版社 2005 年 8 月版),師曾志的《現代出版學》(北京大學出版社 2006 年 5 月版),張天定的《圖書出版學》(河南大學出版社 2006 年 11 月版),易圖強的《出版學概論》(湖南師範大學出版社 2008 年 3 月版),羅紫初的《編輯出版學導論》(湖南大學出版社 2008 年 8 月版),以及汪啟明的《出版通論》(四川大學出版社 2008 年版)。以上著作主要從出版學原理的角度出發,結合產業變革的實際,探討了人類出版活動的歷史、規律和發展趨勢。雖然各個學者的切入視角和分析重點會有所差別,但是對於出版學的基本概念、出版活動的基本規律、出版工作的業務流程、新技術環境下出版業的演變趨勢等問題都進行了系統的分析和闡述,而且在若干問題上已經形成了共識。比如,上述學者都承認出版活動既有商業性質,又具有文化屬性,因此要兼顧盈利和社會效益兩種目標。此外,李新祥的《出版傳播學》(浙江大學出版社 2007 年版)借鑒了傳播學的理論框架對出版學原理進行了系統的解讀,周蔚華的《出版產業研究》(中國人民大學出版社 2005 年版)則運用產業經濟學、信息經濟學和新聞傳播理論對出版產業的運作規律進行了探索,倉理新的《書籍傳播與社會發展——出版產業的文化社會學研究》(首都師範大學出版社 2007 年版)引入社會學理論,將出版活動作為一種社會文化現象進行了獨特的解讀。

(二) 出版史方面的代表性專著

在出版史研究方面,代表性的著作主要有肖東發的《中國圖書出版印刷史論》(北京大學出版社 2001 年版)。該書主要包含印刷術誕生前的圖書出版活動,活字印刷的起源和發展,寺院刻書和佛經雕印、官刻書、私刻書和書院刻書,以及中國印刷術的向外流佈情況等內容。肖東發的《從甲骨文到 E-Publications:跨越三千年的中國出版》(外文出版社 2009 年版),分別由同一出版社在同一年份出版了英文版和德文版。這本書以出版介質和出版方式為切入點,以經典作品、重點出版機構和重要人物為中心,將三千年中國出版歷史分為甲骨竹帛時代、紙寫本時代、手工印刷時代、機械印刷時代和 21 世紀"大出版"時代等幾個階段。此外還描述了中國當代出版業的發展現狀,當代出版與他國的交流及中國出版業對世界出版業的貢獻。整部書比較客觀地反映了中國出版文化和中華文明的發展全景與豐富內涵。肖東發的《中國編輯出版史》(遼海出版社 2005 年第 2 版)講述了每個歷史時期編輯出版活動的發展歷程,主要涉及文化背景、編纂機構、編輯活動、著名人物及代表性成果、圖書生產技術及形式制度、圖書的流通發行等。黃鎮偉的《中國編輯出版史》(蘇州大學出版社 2003 年版)和吳永貴、李明傑主編的《中國出版史(上、下)》(湖南大學出版社 2008 年版)兩本教材也是出版史研究中的值得重視的成果。在新世紀的第一個 10 年中,出版史研究不僅表現出更多的史學意識、更新的切入視角,而且史料的挖掘程度也更加深入,比如更多學者開始將民國出版史研究與現實的市場運作機制引入和技術創新成果應用結合起來考察,期望從歷史的回顧中獲得更多有益的啟示。這種觀照現實的學術自覺在出版史研究中是值得提倡的,否則單純地從時間和技術變化的角度切入,會淪為單純的史料整理。

南京大學的張志強教授在其專著《20 世紀中國的出版研究》(廣西教育出版社 2004 年版)中對近百年來中國出版研究的基本情況進行了全面細緻的梳理,回顧了中國(含港澳臺地區)出版學學科由產生、曲折發展到革新轉型的整個歷程。這部專著系統梳理了 20 世紀以來出版學研究的全貌,對於學者們把握近 10 年來的出版學學術史具有重要意義。出版活動歷史悠久,但是作為一門嚴肅學科存在的時間卻不長,學術史的整理有助於我們站在更高遠的格局中俯瞰學科演變進化的圖景,而且有助於將出版學與其他相關學科進行比較,能幫助研究者發現學科發展中存在的問題並為其提供對策建議。

(三) 編輯學方面的代表性專著

在編輯學研究方面,代表著作有張積玉先生的《編輯學新論》(中國社會科學出版社 2003 年版)以及姬建敏教授的《編輯心理論》(河南大學出版社 2004 年版)等書,受到了學界同仁廣泛關注和好評。其中,張積玉的《編輯學新論》主要以編輯活動為邏輯起點,探討了編輯本質、編輯社會、編輯文化、編輯傳播、編輯主題等 12 個關鍵的理論問題,全面探討了編輯活動的基本規律。姬建敏的《編輯心理論》則主要運用普通心理學、認知心理學和管理心理學的理論框架,對編輯心理過程、心理規律、編輯個性心理和編輯心理修養等問題進行了系統研究。從心理學的角度分析編輯活動的規律,這種角度的選擇具有較高的原創性。邵益文和周蔚華的《普通編輯學》(中國人民大學出版社 2011 年版)根據媒介發展的最新趨勢,歸納了編輯活動的基本規律,論述了編輯活動的本質、特徵、原則、主客體、一般過程等重要問題,並對編輯與品質、編輯與市場等問題進行了闡述和分析。從圖書標題看,兩位作者顯然是把編輯活動的普遍規律作為研究目標。在網路編輯方面,彭蘭的《網路新聞編輯教程》(武漢大學出版社 2007 年版)結合網路媒體發展的趨勢,對網路新聞的選擇、加工、整合和延展進行了前瞻性分析,並對實踐中可採用的編輯技巧和編輯工具進行了系統介紹。在出版企業越來越多地引入數位技術,在互聯網上開展經營活動的趨勢下,這種探討和歸納無疑是必要而及時的。

(四) 出版物印製方面的代表性專著

在出版物印製方面,代表性的專著有周連芳的《印刷基礎及管理(修訂本)》(遼海出版社 2002 年版)。該書內容豐富,包括圖書印刷的基本知識、排版技術和管理、製版技術和管理、書刊印刷技術和管理、裝訂技術和裝訂管理等。這本書被很多高等院校指定為教材,但是由於時代的限制,對於電子出版技術、按需印刷技術和數位出版技術等新興技術尚未論及。修香成主編的《印刷基礎理論與操作實務:印前篇》、《印刷基礎理論與操作實務:印刷篇》、《印刷基礎理論與操作實務:印後篇》(印刷工業出版社 2007 年版)是為印刷行業技術人才教育編寫的一套教材,分別介紹了當前出版業印前、印刷、印後三道工序的現狀與技術水準,強調了基本概念和操作技能,內容翔實實用。當然,其內容仍然局限於傳統印刷類出版物的製作工藝方面,而且除了圖書之外還涉及其他印刷品的加工製作。陶曉鵬先生翻譯、美國羅森塔爾著的《按需印刷:國際圖書印刷與營銷新途徑》(清華大學出版社 2009 年版)一書,介紹了按需印刷技術的發展狀況以及它給出版業帶來的衝擊和機遇,探討了出版經營者如何把紙質書庫存轉變為數位庫存,利用該技術實施自主出版,以及 POD 技術帶來的中間環節的刪減、成本的降低、行銷效率的提高等一系列產業新變化。該書的特徵在於不僅將按需印刷看成是一個工藝變革,而且著眼於這種新技術給整個產業帶來的創新契機以及它未來的走向,這種視角是值得後來者借鑒的。劉全香編著的《數位印刷技術及應用》(印刷工業出版社 2011 年版)一書系統闡述了數位印刷的基本原理、數位印刷系統的工作原理及其特點,描述了數位印刷工藝的基本流程和關鍵方法,對數位印刷的色彩管理原理與方法、數位印刷的用紙與油墨、數位印刷質量控制方法與手段以及數位印刷技術的經典案例等進行了全面介紹。數位印刷技術及其管理實踐是隨著環境和科技水準不斷更新的,數位印刷方面的轉變應該反映業界的創新狀況,同時考慮到技術人員、高校師生、管理者閱讀訴求的差異,此類專著在文字表述、內容側重、章節佈局方面還應該考慮多元化的選擇。

(五) 出版物行銷方面的代表性專著

由於歷史原因,出版物行銷在早期被學者稱為"圖書發行",但是"發行"一詞有濃厚的計劃經濟色彩,而且僅僅相當於商品的分銷環節,無法將其他出版物行銷戰略和戰術方面的探討囊括進去,因此,筆者在本報告中將統一使用出版物行銷的名稱,在具體綜述中將全面梳理相關的代表性成果。

出版物行銷方面的代表性著作有方卿的《圖書營銷管理》(復旦大學出版社 2004 年版),方卿、姚永春的《圖書營銷學教程》(湖南大學出版社 2008 年版),劉擁軍的《現代圖書營銷學》(蘇州大學出版社 2003 年版),趙東曉的《出版營銷學》(中國人民大學出版社 2010 年版)等。這些著作都對市場營銷管理的基本框架有所借鑒,同時在行銷思路和策略的闡述、案例的選取方面,照顧到了出版領域行銷行為的特殊性。宮承波、要力石合著的《出版策劃》(中國廣播電視出版社 2007 年版)從選擇策劃、作者策劃、內容策劃、形式策劃、行銷策劃、系列策劃和產業鏈策劃等方面論證了圖書出版活動的創新規律。雖然作者強調的是創意、創造和創新(即策劃),但是該書中分析的內容與出版行銷結合緊密,也可以歸入出版行銷專著的範疇。出版行銷學方面的專著主要借鑒市場行銷的經典分析框架,從營銷環境分析、閱讀市場細分、目標市場選擇、戰略定位、行銷策略組合(即 4Ps)的角度出發,探討出版物行銷的基本理念和具體方法。現有的出版行銷學專著中對於市場行銷學的借鑒痕跡過濃,對於出版行銷領域的獨特問題缺乏有深度的探討。比如,讀者在消費出版物過程中的心理和行為特徵,與讀者在日用品等領域的消費心理和消費行為兩者並不相同,因此,直接運用其他領域對消費者研究的結論來分析出版物市場是不合理的。此外,數位出版的發展正在穩步推進,而讀者的數位閱讀心理、數位消費行為、綫上閱聽習慣等分支領域的研究還沒有展開,這不能不說是一種遺憾。可以預見的是只要方法得當,上述領域的研究者一定能夠取得新的成果。

(六) 出版經營管理方面的代表性專著

在出版經營管理領域,代表性的著作有黃先蓉的《出版物市場管理概論》(武漢大學出版社 2005 年版)。這部專著分別對政府出版物市場管理的概念、類型、原則、方法、手段、管理體制進行暸解釋,並從管理對象的角度分別闡述了政府對市場主體、客體和市場行為的管理方式,最後還分析了 WTO 規則下我國出版物市場管理的變化趨勢。黃先蓉的《出版法規及其應用》(蘇州大學出版社 2005 年版)主要介紹了中國社會主義出版法律規範及其應用,探討了出版活動中的違法行為及其對應的法律責任。餘敏的《國外出版業宏觀管理體系研究》(中國書籍出版社 2004 年版)一書由國外出版業宏觀管理體系研究的主報告和美、加、英、法、德、俄等八個不同國家的專題報告組成,分析了各國不同的歷史、政治和人文背景及形式各異的管理方式和管理方法,材料的梳理全面、深入,具有較強的資料價值。朱靜雯的《現代書業企業管理》(蘇州大學出版社 2003 年版)對出版企業的管理體制、戰略管理、組織管理和人力資源管理等問題進行了闡述。該書借鑒了企業管理領域的基本概念和框架,由此可以推斷:在作者看來轉型後的出版企業應該與一般的工商企業具有較高的相似性。吳贇的《文化與經濟的博弈——出版經濟學理論研究》(中國社會科學出版社 2009 年版)一書採用主流經濟學的研究範式,對出版物產品、出版機構、出版物供給與需求、閱讀消費行為、出版市場的壟斷與競爭、政府對出版業的規制以及出版產業政策等內容進行系統、深入的分析,對於出版經濟學分支學科的建立做出了較大的貢獻。

(七) 數位出版與新媒體方面的代表性專著

在數位出版和新媒體研究方面,對手機、互聯網等新媒體與出版活動之間關系的研究日益成為學者關注的焦點,也取得了一些令人矚目的成果。其中代表性的著作有匡文波的《電子與網絡出版教程》(中國人民大學出版社 2008 年版)。該書整合了計算機科學、新聞傳播學、情報學、出版發行學等多個學科的知識,對電子出版進行多維度的分析,結合案例講解了電子出版物製作的常用技術和軟件。匡文波的《手機媒體概論》(中國人民大學出版社 2006 年版)對手機這種新興媒體的概念、特徵、多種應用方式和未來發展趨勢,手機媒體的經營策略、手機媒體的負效應及管理創新等問題進行了全面的考察。作者還指出只有在 3G 實現大規模商用之後,手機出版才能獲得實質性發展。該書是國內較早地系統研究手機出版的代表作。上海世紀出版集團的陳昕先生根據考察美國數位出版產業的見聞所著的《美國數字出版考察報告》(上海人民出版社 2008 年版)一書對中美數位發展瓶頸和核心問題的觀察和分析相當深刻,對理論界和實業界都有很高的借鑒意義。周蔚華等人所著的《數字傳播與出版轉型》(北京大學出版社 2011 年版)著重討論了數位出版技術給書報刊等出版媒體帶來的影響,提出了出版業實現轉型的具體對策,分析了盈利模式、出版管理和版權保護等數位出版發展中會遇到的核心問題。黃孝章、張志林和陳丹的《數字出版產業發展研究》(知識產權出版社 2011 年版)一書對數位出版從概念界定、發展歷程、現狀和問題,數位出版對傳統出版的影響,外部環境對數位出版的作用,各個細分領域的發展狀況,中國數位出版發展模式及未來趨勢等進行了系統的研究。該書涉及的問題較廣,其中的有些見解非常獨特,具有較高的參考價值。

以上提及的只是近年來中國出版學研究中具有典型意義的專著,其中數位出版和產業化研究屬於學者們關注的熱點,而編輯工作理論與實踐研究、出版史等方向的研究則相對成熟,因此,從成果的邊際增量看要略少於其他領域。出版學基礎理論研究關注的焦點在於學科範式受到數位技術和新媒體發展的挑戰,許多新的出版形態和商務模式值得我們投入更多時間精力去歸納、解釋和預測。因此,對本學科根本問題的探索仍然需要引起學界同仁的高度重視。

三、出版學研究論文

由於論文發表週期比圖書出版週期短得多,因此,出版學研究的成果主要體現在論文方面。由於公開發表的論文數量較多,品質參差不齊,為方便梳理總結,本報告主要以 CSSCI 源刊為主,選擇這些刊物中一些代表性的成果進行簡要介紹和評析。由於出版業市場化、數位化、國際化發展,以及民營書商異軍突起、文化體制改革的推進、傳媒集團上市等多種變革力量的驅動,出版學研究明顯呈現出繁榮的景象。從主題角度來看,論文選題可謂相當多元,幾乎每個新興的實踐現象都受到知識界的關注。已有研究的切入角度非常多元,很多學者根據自身學科知識背景對業內的新現象進行了深入剖析,比較常見的分析視角有歷史學、社會學、經濟學、行銷學、管理學、傳播學、法學等,這種多元拓展路徑既與出版領域新現象湧現較快,自身學科範式彈性不足而必須藉助"外援"有關,又與出版現象演變本身復雜的動因機制有關。為了闡述方便,我們根據研究對象和研究方法的不同,將出版學研究成果大致分為出版學基礎理論、出版史、編輯學、出版物印製、出版物行銷、出版經營與管理、數位出版與新媒體等七大主題,對已有的代表性論文進行介紹和簡評。

(一) 出版學基礎理論方面的代表性論文

在出版學基礎理論方面,武漢大學的羅紫初教授在《論出版學的學科體系》[167]一文中闡述了自己對建立出版學學科體系的觀點,他認為出版學的相關學科有傳播學、文化學、經濟學、新聞學、圖書館學、市場行銷學等,而出版學的分支學科必須滿足如下條件:既有相對獨立性,又與出版學研究對象緊密相關,並且能對人類整體性地認識出版現象有所貢獻。羅紫初教授還主張根據出版物產品類型、出版活動的性質、出版活動的形成條件以及理論研究內容的性質等構架出版學學科體系模式。該成果借鑒了相關學科的理論框架,系統地闡述了出版學研究可以採用的幾種可行方案,對後續研究具有較高的啟示意義。南京大學資訊管理學院的張志強教授通過嚴格的文獻考證指出,"出版學"的概念最早由中國文獻學家楊家駱在《圖書年鑒》一書中提出,在改革開放之後中國有一批專家學者呼籲重建出版學,國內的出版學研究得以開展,日本人清水英夫是國外最早提出"出版學"的研究者。該文還回顧了中國學者和老一輩出版家在出版學學科構建方面所作的積極嘗試,重點介紹了其中具有代表性的葉再生、彭建炎、袁亮、羅紫初等前輩的觀點,並對出版學研究中存在的重要論爭進行了總結歸納。該文從"出版學"概念產生及流變的角度入手,分析了出版學研究的演進軌跡,是中國第一篇系統地從時間維度出發研究出版學發展脈絡

[167] 羅紫初:《論出版學的學科體系》,《出版發行研究》2004 年第 7 期。

的學術成果。[168]劉辰在《試論出版基礎理論建設》一文中指出,"出版基礎理論研究,在知識論的層次上,應該尋求從一定的角度和理論的高度去解釋和評價"出版活動與政治、經濟、文化、科技、社會環境的"聯繫和變化,包括結構的、功能的、效益的"。[169]韓國學者李鐘國撰文介紹了韓國學界的出版學研究情況,並對今後出版學研究的方向該如何把握的問題闡述了自己的看法。[170]苗遂奇在《現代出版學爭芻議》一文中提出,"現代出版學是對現代出版及其傳播活動的整體屬性、功能和規律進行綜合研究的一門學科",現代出版的屬性主要表現為文化、產業、工程和科技四個方面,出版的功能則表現為存儲文化、傳播文化、創新文化和塑造人類社會等諸多方面,出版活動應該遵循文化創造與傳播規律、產業運作與市場規律、科技創新與審美規律等。[171]李新祥提出按照出版物形態設置應用出版學子學科的主張,即在出版學這個母學科之下,設置理論出版學、出版史、圖書出版學、期刊出版學、報紙出版學、音像與電子出版學、網路與手機出版學七個子學科。他認為這種設計一方面可以避免子學科間的交叉重復,另一方面又有利於提高出版教育的有效性。[172]王建輝認為"現代出版"的內涵大別於傳統出版,現代出版是指"以多種現代媒體為手段的內容提供,其特徵是以市場經濟為基本前提,以高新技術作為物質基礎,以大出版大市場為生產形態,以多媒體的共同發展為運行載體,以知識管理為產業原則,以國際規則為發展參考的出版"。王建輝的研究著眼於產業轉型升級中經營者應該對技術創新、市場化趨勢、多媒體融合、知識共用和國際化發展等時代背景做出的回應,描繪的是一種理想狀態下的現代出版業願景,可以為出版企業的管理創

---

[168] 張志強:《"出版學"概念的歷史考察》,《編輯學刊》2001 年第 2 期。

[169] 劉辰:《試論出版基礎理論建設》,《出版科學》2002 年第 1 期。

[170] (韓)李鐘國:《韓國出版學研究的回顧與張望》,《出版發行學研究》2002 年第 5 期。

[171] 苗遂奇:《現代出版學芻議》,《大學出版》2009 年第 3 期。

[172] 李新祥:《試論出版學的學科體系》,《科技與出版》2009 年第 11 期。

新提供參考。[173]王鵬濤對出版活動中的核心規律進行了深入思考,總結了出版物需求量的多因決定規律、出版物需求形成的過程規律和條件規律、出版物消費需求的不可逆性規律、出版物消費需求量的彈性變化規律、出版物消費需求量隨邊際效用遞減而遞減的規律、出版物市場供求平衡規律和出版物市場競爭規律、出版業與社會同步發展的規律、出版產業內部協調發展規律、文化積累與文化傳播兼顧平衡規律以及出版資源科學開發的規律等 12 種規律,並指出了每種規律對出版經營創新的啓示。[174]

此外,研究方法如何創新的問題引起了學者的普遍關注。吳贇[175]建議出版學研究自發地採用多種方法,比如比較研究、調查研究、系統研究、歷史分析、思辨推理、定量研究方法等可以結合使用,此外還可以吸收新的技術方法。學者們需要密切關注新興的互聯網研究方法,出版學研究可以採用網站(頁)問卷調查方法、電子郵件調查方法等。吳贇還特別強調方法的綜合互補,"出版學研究應加強不同研究方法的互補,描述性研究和解釋性研究互補,思辨研究與實證研究互補,定性研究與定量研究互補"。徐昇國等研究者突出了個案研究法在出版學研究中的重要意義,陳燕和康寧則專門闡述了編輯學研究中引入個案研究法的問題。個案研究的對象非常廣泛,包括編輯從業人員和機構、編輯工作的各個環節,以及生產運營、某一個編輯問題、某種新的現象、特殊事件的深層次的個案分析。[176]不難預見,有關方法論的探討會持續下去,特別是實證研究、定量研究、個案訪談等方法的創造性應用可以提升出版學研究的規範化程度,讓出版學真正成為一門"社會科學",能得到國內外學術界和社會公眾的認同,方便國內同仁與西方學者就共同關心的課題展開對話與合作。

---

[173]　王建輝:《現代出版的內涵》,《出版科學》2000 年第 4 期。

[174]　王鵬濤:《出版活動基本規律之我見》,《大學出版》2008 年第 5 期。

[175]　吳贇:《關於深化出版學研究的幾個問題》,《圖書情報知識》2003 年第 4 期。

[176]　徐昇國、孫魯燕、劉蘭肖:《2004 年出版科研大掃描》,《出版科學》2005 年第 3 期。

（二）出版史方面的代表性論文

在出版史方面,代表性的成果有:王餘光、吳永貴、陳幼華、徐麗芳、汪濤等學者對 20 世紀以來一百年內暢銷書發展演變的大致脈絡進行了系統梳理,該文不僅按照主題分門別類地介紹了若干種圖書暢銷的時代背景、出版史料,還對這些書籍的社會影響、文化意義進行了細緻點評。眾所周知,暢銷書閱讀人群數量巨大,輻射面廣,而且其之所以能引爆流行,往往與作者(譯者)意見領袖的社會身份有關,故而文化意義和學術影響不容忽視。此外暢銷書還離不開當時社會環境、民眾心態以及政治經濟文化趨勢的推動,更和當時的時尚趣味動向有著緊密聯繫,因此,對於暢銷書百年歷史的回眸和剖析就有著特殊的意義。[177]武漢大學的吳永貴教授回顧了 2000 年到 2005 年中國出版史研究的概況,認為出版史研究在史料匯撰、園地建設、方誌出版、通史工程啓動四個方面取得了顯著成效,列舉了史學意識增強、研究領域擴寬、文化視野關照、現實意識滲透、近現當代出版史研究升溫、政府資助力量加大等六種值得關注的現象,還分析了史料挖掘有待深入、個案研究需要加強、巨集觀概括尚顯薄弱、研究規劃可更長進、學風問題存在隱憂等五方面不足。[178]華中師範大學的範軍先生對 2006 年到 2010 年中國出版史的研究進行了階段性概括,總結出了這一時段出版史研究的五個維度:臺港澳地區中國出版史研究、中國出版史方面的內部出版物、以中國出版史為主題的社科基金專案、中國出版史方向的博士學位論文、有關中國出版史的重要學術會議。範軍先生認為上述五個維度的研究成果的學術意義不亞於公開發表的論文和專著,應該受到學界的充分重視,

---

[177] 參見王餘光、吳永貴:《中國暢銷書百年回眸(一)》,《出版廣角》2000 年第 10 期;王餘光、陳幼華:《中國暢銷書百年回眸(二)》,《出版廣角》2000 年第 11 期;王餘光、徐麗芳:《中國暢銷書百年回眸(三)》,《出版廣角》2000 年第 12 期;王餘光、汪濤:《中國暢銷書百年回眸(四)》,《出版廣角》2001 年第 2 期;王餘光、汪濤:《中國暢銷書百年回眸(五)》,《出版廣角》2001 年第 3 期。

[178] 吳永貴:《2000—2005 年中國出版史研究綜述》,《出版科學》2006 年第 6 期。

至於港臺學者的研究,鑒於其獨有特點和價值,更應受到同行重視。[179]南京大學的張志強教授介紹了1925年到21世紀初期海外中國出版史的研究情況,該文將80年來的海外出版史研究分為早期(1925—1949)、中期(1949—2000)和近期(2000年之後)三個階段,以英文研究者和研究成果為主,同時兼及其他語種。最後該文還總結了海外中國出版史研究的主要特徵,即從早期的中國印刷史研究轉向探討出版與社會、經濟、文化的互動等多維關系,尤其是藉助文化權利、公共領域等概念重新架構中國出版史研究,將成為海外該領域的主流。中國出版史海外研究的歸納對於中國該領域科研工作的規劃、實施具有重要的參考價值,而且對於中國學者開展國際合作和高端學術對話具有指導意義。[180]此外,中國一些學者還對商務印書館、中華書局以及民國出版企業的廣告策略、民營出版企業的發展等問題進行了個案研究。如吳永貴撰文分析了清末在社會外力和技術、經濟力量的促動下,石印書局、點石齋書局、同文書局和拜石山房等民營出版機構逐步崛起,它們從事變法維新書刊、翻譯著作、教科書和小說的出版,以獲取利潤為根本,在時代文化發展中起到了不容忽視的作用,成為近代文化的重要組成部分。[181]另外,他還關注並分析了中國出版業的近現代轉型及其與思想文化近代化轉型的互動關系[182],以及抗戰期間中國出版業在大後方的發展[183]。出版史研究取得了豐碩成果,而且抗戰期間延安地區的出版

---

[179] 範軍:《中國出版史研究綜述(2006—2010)的五個維度》,《濟南大學學報(社會科學版)》2011年第3期。

[180] 張志強:《海外中國出版史研究概述》,《中國出版》2006年第12期。

[181] 吳永貴:《論清末民營出版業的崛起及其意義》,《陝西師範大學學報(哲學社會科學版)》2008年第5期。

[182] 吳永貴:《論我國出版業近代化轉型的內外部因素》,《濟南大學學報(社會科學版)》2008年第3期。

[182] 吳永貴:《五四新思潮下的幾項出版變革》,《出版發行研究》2009年第1期。

[183] 吳永貴:《抗戰期間我國出版業的後方大轉移》,《出版科學》2008年第2期。

業發展等課題也得到一定程度的開展,但是仍然存在重復性研究過多、視角雷同、泛泛而談等問題。

(三) 編輯學方面的代表性論文

姬建敏在《我國第一部編輯學著作簡論》一文中認為,1949 年 4 月廣東國民大學新聞學系教授李次民在廣州自由出版社出版的《編輯學》是中國最早的一部編輯學著作,該書從新聞學、新聞編輯入手探討了編輯學的基本問題,為構建編輯學體系開了一個好頭,具有重要的紀念價值。[184]姬建敏在《我國編輯學研究 60 年回眸》一文中對中國編輯學研究 60 年的歷史進行了細緻的梳理,指出學術同仁應該在中國編輯學會宣導的"大文化、大媒體、大編輯"思想的指導下,構建能涵蓋多種媒體運作規律的普通編輯學學科體系。姬建敏教授在規律性地對一定時段內編輯學研究進行回顧歸納之外,還對編輯人員心理活動及心理健康等課題進行了研究。[185]闕道隆先生在 2001 年發表了《編輯學理論綱要(上、下)》兩篇論文,一共分為 13 章,全面總結了二十年來中國編輯學的研究成果,簡要論述了編輯學的研究物件、性質和學科地位、學科體系以及編輯理論的內容和架構,闡述了編輯活動、編輯規律、編輯價值等基本範疇,探討了編輯與讀者、作者、傳媒、社會之間的關系。該文是 21 世紀初期編輯學理論界最為系統的一篇文獻綜述,為新技術和新背景下編輯學研究的繼續開展奠定了良好的基礎。[186]闕道隆先生在《試論編輯基本規律》一文中提出,在文化創造和傳播過程中編輯與社會相互作用的規律是編輯活動的基本規律,它全面地反映了編輯活動深刻的本質關系,具有豐富的內涵,是最高層次的編輯規律。[187]李經女士的《編輯學原理初探》一文提出了她對編輯學原理的獨特看法,歸納出

---

[184]　姬建敏:《我國第一部編輯學著作簡論》,《出版發行研究》2010 年第 10 期。

[185]　姬建敏:《我國編輯學研究 60 年回眸》,《中國出版》2010 年第 5 期。

[186]　闕道隆:《編輯學理論綱要(上、下)》,《出版科學》2001 年第 3、4 期。

[187]　闕道隆:《試論編輯基本規律》,《出版科學》2002 年第 3 期。

了仲介過濾原理(對編輯工作的形象概括)、資訊整合原理(對編輯工作功用的概括)和符號再現原理(對編輯工作本質的概括)。[188]《中國編輯》雜誌在 2007年邀請邵益文、闕道隆、王振鐸和吳飛四位專家學者就構建普通編輯學的問題進行了探討。其中,邵益文先生回顧了分類編輯學(圖書編輯學、報紙編輯學、期刊編輯學、網路編輯學等)的發展狀況,以及中國編輯出版教育的基本情況,認為盡快建立普通編輯學既有必要也有可能。闕道隆教授則從普通編輯學的涵義、普通編輯學與分支編輯學的關系、普通編輯學的應用價值、普通編輯學的前景以及普通編輯學可採用的理論模式等角度分析和預測了普通編輯學可能的發展方向。王振鐸教授認為普通編輯學是基礎性學科而非應用性學科,應該研究編輯活動在其歷史發展和現實運行中的規律,同時建立普通編輯學還應該正確地處理編輯學與出版學之間的關系。吳飛教授則對照傳播學的發展指出了普通編輯學建構過程中可能存在的幾種困難,而且針對性地提出瞭解決的路徑。[189]吳贇對編輯學和出版學兩個學科的關系進行了對比分析,他認為辯證兩個學科的關系應該從各自的研究物件出發,注意研究的邏輯起點和核心概念的內涵,兩個學科之間存在交叉、互補、滲透、融合的發展趨勢,從建立普通編輯學的角度看,編輯學的發展應該與出版學、傳播學、新聞學、廣播電視藝術學、電影學等相鄰學科協同發展。[190]從以上述評可以看出,編輯學研究在遇到產業變革、體制改革和技術革命的前提下呈現出一派繁榮的景象,不同學者藉助各自的知識背景和研究工具,對編輯活動的基本規律進行了深入的分析,對於出版物乃至其他文化產品的生產、優化、傳播活動進行了宏觀層面的關照,產生了一批值得重視的理論成果。展望未來,在數位技術環境下,編輯作為出

---

[188]　李經:《編輯學原理初探》,《編輯學報》2002 年第 6 期。

[189]　邵益文、闕道隆、王振鐸、吳飛:《構建普通編輯學:任重而道遠》,《中國編輯》2007 年第 5 期。

[190]　吳贇:《對編輯學與出版學關系的再思考》,《中國出版》2009 年第 2 期。

版物生產和傳播的核心環節如何發揮好文化仲介的作用,如何提高內容優選過濾的效率等問題,仍然有待學界同仁進一步去探索和思考。

(四) 出版物印製方面的代表性論文

印製是出版經營活動中唯一的工藝製造環節,它關系到出版物質量的高低和讀者需求的滿足,既受技術因素的影響,又是一門境界有待不斷提升的藝術,歷來受到學界的普遍重視。這方面的代表性觀點有:姚明基認為圖書印刷質量的優劣直接影響到作者、編輯、裝幀設計者等人主觀意圖的實現,而要提高圖書印刷質量,就需要注意根據印件選擇適配的紙張,科學地考察和選擇印刷廠,合理選擇裝訂工藝等。[191]可見,姚明基的研究秉承的是"大印刷"的觀念,除了書刊印裝技術問題的妥善處理之外,還考慮到整個出版活動的全域,尤其是觀照了不同業務環節的配合和讀者的利益訴求,這是印刷學研究必須關注的要點之一。早在 2002 年,李國雄就展望了中國數位印刷業的發展前景,在分析數位印刷技術市場優勢的基礎上,介紹了國外數位印刷技術的進展,並對數位印刷技術的發展趨勢進行了預測,對中國該領域的創新方向提出了若干建議。[192]李國雄的研究從新技術提升經營效率的角度入手,這種思路啟示我們,任何工藝改進都必須有效地開拓企業的營收空間,否則這種工藝被業界采納的可能性就不高,因此,在數位出版研究中,技術創新成果的商業轉化才是學者應該關注的重點。在彩色印刷越來越多地被應用到書刊廣告中的前提下,胡維友介紹了數位印刷中的靜電數位印刷過程(充電、曝光、顯影、轉移、定影、清洗等)、數位彩色無水膠印、彩色噴墨和鐳射印刷,並分析了電子油墨的優勢和噴墨墨水的應用情況。[193]熊偉認為數位印刷技術是按需印刷最為關鍵的技術支撐,按需印刷的優勢在於小批量的印刷市場,而要獲得規模效應,必須實施多品種經營的策略,按需印刷

---

[191] 姚明基:《提高圖書印刷質量的幾種方法》,《出版與印刷》2001 年第 1 期。

[192] 李國雄:《我國數位印刷的發展前景》,《廣東印刷》2002 年第 5 期。

[193] 胡維友:《彩色數位印刷工藝》,《印刷世界》2005 年第 7 期。

與按需出版是同源共生的關系,兩者應該加快互動合作的步伐。[194]此外,熊偉還總結了按需印刷的十大內涵:即時印刷、遠程印刷、按量印刷、個性印刷、可選印刷、數位印刷、閃電印刷、綠色印刷、永續印刷和零庫存印刷等,對於學界存在的片面技術主義的認知誤區進行了深入批判,辯證地分析了按需印刷在技術上的可行性以及經濟上的局限性,指出按需印刷與傳統印刷應該互補互助、共演共進,最後還特別辨析了按需印刷與按需出版兩個概念之間的異同,並對按需技術的發展路徑提出了可供參考的建議。[195]熊偉的研究理清了學界常見的認知偏差,對於按需印刷技術在出版業的應用提出了獨到見解,值得理論和實業界參考借鑒。陳彥認為雖然發達國家的數碼印刷發展興盛,但是如果無視中國市場環境的特點而盲目樂觀,那麼對數碼印刷在中國的健康發展無疑是不利的,陳彥從發展現狀、發展趨勢和發展建議三個方面分析了數碼印刷在中國發展的現狀和前景。[196]陳彥的研究報告特別重視數碼印刷與互聯網聯姻之後對於個性化需求的滿足所帶來的商業契機,強調了市場細分和品牌管理等行銷策略在數位印刷市場培育與開發中的關鍵性作用,對於政府部門制定相關政策以規範行業管理等提出了前瞻性的建議,同時還強調了"快印連鎖店+數碼印刷工廠"模式在設備和市場等資源共用方面的積極意義。吳光遠和錢軍浩則認為數碼印刷代表著印刷業的未來方向,而想要成功發展數碼印刷,順應數位化的歷史潮流,則需要重視性價比、服務平臺和定制化三種要素。究其本質而言,性價比、附加服務和個性化定制其實都是顧客導向(市場導向)的行銷哲學在數碼印刷經營中的應用,可見以市場需求為本,才能保證數碼印刷得到健康發展,為出版業的數位化轉型做出更大貢獻。[197]

---

[194] 熊偉:《按需印刷的內涵、意義與發展方向》,《科技與出版》2005 年第 6 期。

[195] 熊偉:《走出按需印刷的幾個認知誤區:按需印刷幾個基本問題的辯證》,《印刷雜誌》2006 年第 5 期。

[196] 陳彥:《數碼印刷在中國的發展現狀和前景分析》,《數碼印刷》2008 年第 12 期。

[197] 吳光遠、錢軍浩:《數碼印刷:順勢而下,以變取勝》,《數碼印刷》2011 年第 7 期。

（五）出版物行銷方面的代表性論文

在出版物行銷方面,現有研究大多借鑒經典行銷理論 4Ps(產品、價格、管道、促銷)分析框架,因此,我們將按照產品、定價、分銷、促銷的順序來綜述已有的成果。

在出版物產品研究方面,代表性成果主要包括以下幾種。蘇雨恒認為近年來出版物的品種規模方面雖然不斷增長,但是品質水準並沒有大幅度提升,低水準重復的品牌居多,精品圖書比例偏低,編校品質存在問題的出版物數量居高不下。究其原因,是由於整個出版業還沒有實現從粗放型經濟增長方式向科學發展方式轉變,當然這與出版社經營管理水準欠佳也有直接聯繫。產品質量是市場行銷成功的基石,探討出版物質量是我國出版企業行銷管理創新的重要課題,從與國際出版傳媒集團對比分析的結果看,國內出版企業的品質管理確實需要全盤檢討和改進。[198]蘇雨恒的研究指出了問題的重要性及其成因,但是並沒有給出治理對策。在產品組合方面,齊蔚霞認為應該樹立出版物產品的整體觀念,圍繞核心產品層全方位開發系列產品,在形式產品、期望產品、延伸產品和潛在產品方面進行綜合性開發。出版物產品的整體性概念實質上是要出版企業充分地重視讀者地位的提升,爭取創造和讓渡最優價值給讀者,同時從資源配置優化角度看,出版企業完全可以通過選題的多元開發提升行銷管理的整體績效。從產品創新數量角度分析,出版業每年上市的新產品數非常多,因此,出版物產品開發是出版行銷創新的關鍵。[199]根據黃玥的研究,目前中國出版業跟風現象嚴重,低水準重復和照搬照鈔嚴重地影響著中國出版人的開拓和創新精神,跟風追逐市場熱點是出版法律、法規不健全的表現,顯示出經營者市場意識和策劃創意不足。[200]萬海剛則認為"心理上擔心失敗、行為上缺乏長期規劃和創新

---

[198] 蘇雨恒:《加強質量管理,推動產業升級與業務轉型:關於出版物質量問題與對策的思考》,《中國編輯》2009 年第 2 期。

[199] 齊蔚霞:《出版社要從產品整體概念角度開發圖書產品》,《編輯之友》2007 年第 5 期。

[200] 黃玥:《關於出版物"跟風"現象的調查與思考》,《科技與創業月刊》2006 年第 10 期。

模式單一"是制約中國出版產品創新的三大原因。[201]他們都建議要遏制跟風習氣,必須努力完善出版法律法規,糾正不良競爭行為,加強人才培養力度,尤其是要引進策劃人才,改革出版創新機制,建立出版物全程策劃機制。針對實踐中產品同質化現象嚴重的問題,雷鳴、劉非凡認為,讀者的感知價值在新產品研發中的作用非常關鍵,出版企業在研發過程中,必須在讀者感知價值的各個因素中突出側重點,使產品具有明顯的特徵,這樣才有利於提高讀者感知價值。只有清楚地掌握讀者感知"利得因素"和"利失因素",才能有針對性地將出版物順利地轉化為讀者感知價值。這樣,產品才會得到讀者的青睞,選題跟風問題也會得到解決。[202]從閱讀心理和消費行為的角度切入研究行銷組合是目前學界的一大熱點,出版行銷領域的研究者應該積極借鑒消費者行為學、用戶研究、體驗行銷、社會心理學等學科的成果,積極開展閱讀消費研究,為出版行銷創新提供更多更有價值的指導。

　　出版物定價問題是出版行銷學關注的第二個重點。價格不僅關系到讀者的購買和閱讀行為,而且會影響出版企業的營收和長遠發展,在中國,部分出版物(如教材)還與保證公民受教育權等社會議題高度相關,因此關於書價是否過高、定價的影響因素等一直是出版行銷領域眾說紛紜的話題。曹小傑、胡麗麗等人對 1988 年到 1999 年中國圖書的銷量、定價、印張數和平均每印張單價等作了對比分析,斷定"圖書利潤的增長主要是依靠提高單位印張價格來實現的"。他們還將書價與同期零售物價指數趨勢綫相比,指出 12 年來圖書每印張單價在不斷攀升,最後得出總結論,認為中國書價偏高,嚴重失範。[203]這種歷史性考察和不同產品間橫向比較的研究範式看似科學,但是卻忽視了中國圖書業長期實施"保本微利"政策對書價抑制的事實。關於圖書價格也有持相反觀點的

201　萬海剛:《談圖書產品創新不足的內部原因和解決途徑》,《中國出版》2007 年第 5 期。

202　雷鳴、劉非凡:《論讀者感知價值與圖書產品的開發策略》,《編輯之友》2009 年第 8 期。

203　曹小傑:《圖書定價失範狀況探析》,《出版發行研究》2006 年第 11 期。

-353-

學者,他們認為中國的書價目前沒有所謂的虛高問題,比如王蘇平、潘正安、張青就以科技類出版物為例證明中國書價其實不高。他們的調查顯示,盡管中國科技圖書的定價約為大眾圖書定價的兩倍,但是與歐美發達國家的 4 倍到 10 倍相比,中國科技圖書定價顯然偏低。[204]對於書價的看法差異常常與立論者的觀察角度和價值立場有關,郭丹、繆婕等人分別認為,以讀者為代表的社會公眾普遍認為當前中國書價偏高,其理由有:其一,書價與過去幾年相比增長不少;其二,"高定價、低折扣"的做法本身就反映了書價"水分多";其三,大量讀者認為圖書價值不配高定價;其四,市場上出現部分"天價書",明顯不符合價值規律。而以出版發行商為代表的業內人士則認為書價不高,理由包括:中國的書價比國外低很多;相對消費者收入增長而言,圖書環比增長不高;讀者不瞭解圖書成本的構成,實際成本比讀者想像的高。業內人士抱怨利潤微薄,與讀者對書價的不信任是圖書定價中遇到的最嚴重的問題。[205]那麼,到底是什麼在決定出版物價格呢?桂梅歸納了中國出版物價格的決定因素,它們是成本、發行折扣、印數、收益、價值、價格彈性和出版政策。[206]劉瑞東注意到"讀者認知"對出版物價格的影響,認為出版物定價必須關照讀者對價格的主觀感知,根據偏好的不同可以將讀者分為價格敏感型、專家偏好型、內容關注型、理性判斷型。定價關系到讀者的購閱成本,對書價問題的關注體現了在買方市場格局中,出版企業對於讀者利益訴求的重視和關懷。[207]在數位技術不斷發展的前提下,電子出版物和網路出版物定價問題受到越來越多的關注。美國佩斯大學的練小川教授認為電子書價格引起的交易雙方的對峙更為嚴峻,唯一有效的定價策略是"以價格為基礎的成本管理"。實質上是以讀者可接受的價格來倒推生產經營成本,即以需求

---

[204] 王蘇平、潘正安:《我國科技圖書定價要與國際接軌》,《科技與出版》2008 年第 10 期。

[205] 郭丹:《把脈關於圖書定價的爭議》,《消費導刊》2008 年第 2 期。繆婕:《圖書定價高低的換位思考》,《商業營銷》2008 年第 8 期。

[206] 桂梅:《圖書定價的七大因素分析》,《價格月刊》2006 年第 11 期。

[207] 劉瑞東:《讀者認可價格下的圖書營銷策略》,《出版發行研究》2006 年第 10 期。

來確定生產。[208]潘幼喬對中文電子書定價提出了具體方案,包括詢問定價、差異定價、"會員制"定價、集體議價、捆綁定價、智能定價、個性化定價等策略。[209]潘幼喬的方案顯示出新型出版物定價的動態性、針對性和多因決定性,符合數位環境下出版行銷精細化、復雜化的發展趨勢。

　　出版物分銷是出版行銷研究關注的第三個重點。管道管理一方面要保證分銷效率,讓讀者方便地獲得所需商品,另一方面則要設法避免管道成員的利益衝突造成的不良影響。該領域的代表性觀點有:張志林、包蘊慧認為在國有、民營和國外發行機構多元競爭的背景下,應該強調技術在整合管道中的關鍵作用,出版發行行業整合管道應該"技術與標準先行,資訊流整合為先",然後從終端開始,以中盤為核心,輔以政策保證和體制改革的驅動力,完成整個出版行業管道的整合。[210]至於發行管道衝突問題,李宏葵認為其原因大致可分為宏觀和微觀兩類,宏觀方面主要是體制和市場環境的限制;微觀方面則是由於出版企業管道管理不善,整個產業供應鏈運營效率不高所致。[211]在圖書發行領域,竄貨、退貨和呆壞賬等問題相當嚴重且長期存在,影響行業的健康發展,黃茂林認為,出版企業與分銷商之間的關係應該從交易型轉變為關聯式,以戰略夥伴的方式對待管道成員可以有效化解管道衝突。[212]而謝桂生則認為要採取定期評估管道成員、建立合理的價格(折扣)體系、保持資訊順暢等具體策略。[213]在網路時代,網上書店的發展為出版物分銷做出了重要貢獻,改進了圖書發行的效率,網路書店在索價、產品展示、反應速度和物流配送等方面都具有獨特優勢,對傳統書店造成了威脅,雙方競爭將長期存在。黎宏河敏銳地指出,雖然網路書店前景光

[208]　練小川:《電子圖書的定價難題》,《出版參考》2009 年第 5 期。

[209]　潘幼喬:《中文電子圖書的營銷策略研究》,《科技情報開發與經濟》2008 年第 15 期。

[210]　張志林、包蘊慧:《圖書發行管道整合的路徑選擇》,《出版發行研究》2007 年第 9 期。

[211]　李宏葵:《出版物發行管道衝突原因探析》,《出版發行研究》2008 年第 7 期。

[212]　黃茂林:《三個節點溝通圖書流通管道》,《出版發行研究》2007 年第 12 期。

[213]　謝桂生:《圖書發行管道的目標、矛盾以及管理對策》,《大學出版》2007 年第 10 期。

明,但是網路書店的發展空間也受到若干因素的制約,網路書店想進一步發展,必須做到一方面滿足讀者需求,為其提供"快、簡、全、實、獨"的服務,另一方面還要兼顧出版社利益,與處於價值鏈上游的出版社建立雙贏的利益聯合體。目前的現狀是,網路書店尚無法滿足讀者日益增長的需求,也沒有和出版社建立良好合作關系。[214]此外,農村地區的圖書發行工作、高校教材分銷管道等特殊問題也得到了學者的關注。在數位時代,由於書籍載體的革命性變化,分銷工作的重點將發生變化,實物產品的傳遞將變成電子文檔的下載,隨之伴生的電子支付、個人隱私等問題將成為該領域的熱點話題。

　　出版物促銷策略是出版行銷研究關注的第四個重點。促銷環節在出版行銷中佔據重要地位,它的成功與否關乎讀者對行銷組合價值高低的判斷和品牌忠誠度的提升。近年來,隨著市場機制的引入和行銷能力的增強,出版企業在促銷宣傳方面不僅手段多元,而且不斷借鑒其他行業的經驗,進行改造創新。在該領域,代表性的論文成果如下。目前,業界採用的廣告形式有店面廣告、戶外廣告、平面媒體廣告、書訊書目宣傳、會展廣告等。《中國圖書商報》組織的一項讀者調查顯示,62%的讀者認可書店廣告,書店中電梯邊的海報招貼廣告最引人注目,讀者最關心的是新書廣告,其次是打折促銷類廣告。[215]陶明遠認為STM 出版(科學、技術和醫學類出版)與大眾出版在需求彈性和市場範圍方面存在較大差異,相應地在廣告推銷方面應該突出直接包郵、郵件、目錄冊、卡片盒或卡片集、專業會展、書評和圖書館市場推介等工具的使用。[216]陶明遠研究的雖然是歐美圖書市場,但是對於行銷日益精細化的中國專業出版類企業而言,依然具有較高的借鑒意義。在賣場佈置方面,《中國圖書商報》的調查表明停車位、休息椅和餐廳等設施、室內空氣質量、衛生間環境、安全出口、

---

[214]　黎宏河:《網路書店:未來並非坦途》,《中國文化報》2007 年 8 月 6 日。

[215]　昱琴、秀中、溫君:《新形勢下出版業廣告營銷系列之三:出版社該如何在書店做廣告》,《中國圖書商報》2009 年 5 月 15 日。

[216]　陶明遠:《歐美 STM 圖書市場穩定營銷有方》,《中國圖書商報》2002 年 2 月 5 日。

採光效果、導購標誌、圖書分類牌等八項細節會影響到讀者的購買行為。[217]除了廣告和推銷之外,公共關系和營業推廣也是常用的促銷手段,出版企業不僅需要與終端讀者、經銷商建立合作關系,而且還必須妥善地處理好與公眾、社會組織、新聞媒體、政府部門等利益相關者的關系,贏得他們的支持和配合。根據《中國圖書商報》的調查,近年來一些商業媒體逐漸開始嫻熟地使用貿易展覽、會議、論壇等公關手段贏得相關機構的好感。而雜誌出版商則通過創刊酒會、展覽、會議、客戶見面會、節日宴會、論壇、評選(榜單)等方式來經營公共關系,時尚消費類雜誌則喜歡採用時尚 Party、週年慶典、比賽、人物評選等方式影響相關群體的態度。隨著媒介混融的深入發展,出版企業的公共關系和營業推廣活動可以從雜誌和商業媒體的成功做法中獲得啓發。網路的成熟使得出版企業的促銷活動逐步互聯網化,經營者更多地利用網路平臺來與讀者進行溝通,博客、微博、手機和社交媒體等都被用於行銷領域,有效地提升了經營者與終端讀者之間的溝通效率。[218]屈辰晨總結了搜索引擎、即時聊天工具、自辦 web 2.0 網站、手機無綫媒體、社區、博客等網路行銷工具的特點及優勢。[219]屈辰晨還特別關注了網路社群行銷在書業的應用,他指出圖書社群行銷將是促進出版業"從一個注意力充裕但內容不足的世界轉向一個內容過剩但注意力不足的世界"的過程中,建立注意力聲譽、實現實體價值突破的絕佳方式。而要做好網路社群行銷需要遵守以下幾點"戒律":牢記關鍵人物法則、不能忽視資訊的附加值、重視目標讀者的忠誠度培育。[220]此外,還有學者探討了博客、微博、手機等新媒體行銷工具在出版物促銷、讀者調研、品牌忠誠培養等活動中的作用,各個出版企業應該綜合考慮戰略目標、資源實力和業務內涵等因素,在系統規劃的基礎上積極嘗試並利用這些新媒體提高行銷績效,改進

---

[217] 米山:《基層門店營銷的 8 個"硬"細節》,《中國圖書商報》2007 年 12 月 14 日。

[218] 曉雪:《活動營銷"四兩撥千斤"》,《中國圖書商報》2006 年 4 月 11 日。

[219] 屈辰晨:《圖書營銷新模式悄然到來》,《出版參考》2006 年第 7 期。

[220] 屈辰晨:《社群營銷的戒律》,《中國圖書商報》2008 年 9 月 5 日。

讀者的體驗。在新媒體不斷湧現並被用戶逐步接受的前提下,探討新興傳播方式在出版行銷中的應用就益發顯得重要了。出版行銷研究借鑒了經典行銷的框架,雖然取得了一定的成績,但是也存在機械模仿、分析膚淺、創新乏力等問題。

(六)出版經營管理方面的代表性論文

在出版經營管理方面,學者們在考察西方出版業發達國家管理經驗的基礎上,結合中國出版業體制改革和數位技術革命的實際,建構了一系列富有價值的理論框架。代表性的論文成果如下。于友先認為出版業具有文化和商業兩重屬性,因此出版社既要追求商業利潤,又要追求文化效益,為文化找市場或以市場促進文化發展是一個問題的兩個方面,因此,在組織結構分工協同方面,發行部門和編輯部門承擔的任務各有側重,但是又必須接受高層的宏觀調控,實現兩個效益兼顧的目標。[221]于友先的分析實際上是將產業目標分解到了單體的出版機構,然後分析組織內部如何有效地分工與配合以實現兩個效益兼顧的目標,而當每個單體企業都能實現兩種屬性的統一時,整個產業健康發展的目標就自然達成了。李祥洲分析了西方國家出版業宏觀管理體系,認為國外出版企業曾經實施多種出版管理制度,比如內容審查制度、特許證制度以及保證金制度等,18 世紀後,隨著出版自由制度的產生和推廣,各國陸續開始實行登記制,並隨之產生、形成了與登記制相配套的宏觀管理調控體系,包括法律管理體系、經濟調控管理體系以及行業協會管理體系等。這種管理模式既有成功之處也存在很多問題,中國的文化體制改革應該選擇性地加以借鑒。[222]黃先蓉、趙禮壽和劉玲武對我國出版政策體系的階段性演變特徵進行了梳理,評估了政策的實施效果,認為新中國成立至今,出版政策體系大致經歷了計劃經濟的出版政策體系、計劃經濟過渡到市場經濟的出版政策體系、逐步建立市場經濟的出版政策體系、

---

[221] 于友先:《論出版產業的兩重屬性與宏觀管理》,《編輯之友》2003 年第 4 期。

[222] 李祥洲:《國外出版業宏觀管理體系探析》,《出版科學》2004 年第 5 期。

完善市場經濟的出版政策體系等幾個階段,並且每個階段都有其獨特的政策出臺背景、政策體系的特點,且實施效果也各有不同。[223]這種劃分方法突出經濟資源配置方式轉換對於出版業的影響,具有新制度主義經濟學分析框架的影子,但是對於政府主導作用、國外傳媒業宏觀管理體制的經驗等分析比較欠缺。數位技術環境對出版產業的轉型升級產生著重大影響,相應地出版產業的健康發展離不開科學產業政策的引導,黃先蓉、趙禮壽和甘慧君認為要發揮數位技術改進資源配置的方式,政府部門必須制定與技術變革相適應的產業政策。具體而言,政府部門考慮出版業演變在產業結構政策、產業組織政策、產業技術政策和產業佈局政策等方面的政策需求,然後有針對性地推動出版產業政策方面的調整優化。[224]這種從產業政策需求出發的視角,隱含的假設是:政府部門制定的產業政策應該為出版產業數位化轉型服務,這種對服務意識的強調在同類研究中尤為突出。面對數位化轉型,黃先蓉、劉菡認為,中國政府管理部門應該在版權保護、盈利模式、管理體制等方面持續創新,並在法律法規和技術標準等方面加強制度建設,以推動數位出版產業健康發展。[225]各國政府及其他相關組織在監管本國出版業時,都會出臺一系列政策促進出版業發展,黃先蓉、黃媛和趙禮壽從經濟的角度入手,對中國出版產業政策的制定機構、財稅政策、金融政策和外貿政策等進行了比較。[226]姚同梅和黃先蓉分析了我國出版業宏觀管理手段方面存在的問題,提出整合行政管理、法律管理、經濟調控和行業協會管理四種管理手段,完善和強化出版宏觀管理保障機制的思路和措施。[227]黃

223　黃先蓉、趙禮壽、劉玲武:《出版政策體系階段演進及其效果評估:1949—2010》,《重慶社會科學》2011 年第 7 期。

224　黃先蓉、趙禮壽、甘慧君:《數位技術環境下出版產業政策需求研究》,《出版發行研究》2011 年第 7 期。

225　黃先蓉、劉菡:《傳統出版業數位化轉型的政策需求與制度、模式創新》,《中國編輯》2011 年第 1 期。

226　黃先蓉、黃媛、趙禮壽:《中外出版政策比較研究》,《出版科學》2011 年第 2 期。

227　姚同梅、黃先蓉:《我國出版宏觀管理的保障機制研究》,《出版科學》2008 年第 5 期。

先蓉、趙禮壽和阮靜借鑒產業經濟學理論中"市場失靈理論"、"後發優勢理論"、"結構轉換理論"等產業政策價值取向理論的長處,指出中國政府應該在維護整體經濟社會利益的前提下,採用間接的、系統的幹預手段去推動出版產業的和諧發展,並探討了出版產業政策制定過程中應堅守的原則。[228]

（七）數位出版與新媒體方面的代表性論文

在數位出版和新媒體研究方面,學者的注意力主要集中在技術平臺的建構與應用、讀者閱讀習慣遷移、網路行銷範式變化等方面,湧現出了一些有創見的研究成果,比如匡文波對於手機出版的研究。匡文波認為手機媒體隨著資訊技術的成熟會變為迷你型電腦和網路媒體的延伸,手機傳播可以將人際傳播與大眾傳播融為一體,手機傳播的實踐使部分經典傳播理論失去瞭解釋力,必須重新建構理論範式,同時手機用戶具有不同於其他媒體用戶的特徵。[229]早在 2005 年,謝新洲就指出網路出版的前景廣闊,但是仍然存在幾個制約性問題:出版主體不明、版權保護不力、費用和收益不足、閱讀方式不適、技術與標準不一以及保存收藏困難等。未來的網路出版會出現如下幾個走向:出現著作權集中管理組織、網路出版物價格會上漲、存儲介質多樣化發展、出現一批囊括多家出版社產品的"超級出版商"、出版週期越來越短等。[230]徐麗芳在 2005 年系統分析了數位出版的概念、內涵和形態問題[231],五年之後又對國內外新的數位出版物形式,比如電子書、數位期刊、博客、手機出版物、維基等媒介的形式、呈現方式和具體功能進行分析,梳理了 2006 年到 2010 年國內外各類型數位出

---

[228] 黃先蓉、趙禮壽、阮靜:《出版產業政策的價值取向與原則的制定》,《中國出版》2011 年第 6 期。

[229] 匡文波:《手機媒體的傳播學思考》,《國際新聞界》2006 年第 7 期。

[230] 謝新洲:《網絡出版面臨的問題與未來走向》,《傳媒》2005 年第 7 期。

[231] 徐麗芳:《數字出版:概念與形態》,《出版發行研究》2005 年第 7 期。

版物的研究進展,指出了方法論方面具有獨到之處或者結論富於洞見的若干研究成果。[232]這種全景式的考察和回顧對於學界深入分析數位出版的發展態勢、提煉浮現中的新型產業鏈、歸納數位出版運營的內在規律等都能起到基本的支持作用。在數位轉型成為全球出版業共識的情境下,何孟潔、張志林和孫佳迪在梳理中國數位出版業態的基礎上,借鑒企業成長理論等相關分析框架,建立瞭解讀數位出版業成長性的兩維框架,即從企業成長角度分析影響數位出版成長方向、成長速度的內生因素,從產業融合角度探討影響數位出版產業成長的外部因素,進而探討了中國數位出版業成長的動力機制、約束條件及應對舉措。[233]該研究以企業成長和產業融合兩個維度的整合為思路,具有較高的原創性,而且還契合傳媒業管道整合與內容集成化呈現的發展趨勢,對其他研究具有一定的參考意義。由於中國新聞業和出版業在傳統時代是分開經營、分開管理的,這不僅與國際傳媒業的成功經驗相悖,而且不符合人類內容獲取、消遣娛樂的內在規律。張志林對全媒體出版(Federated Media Publishing)的概念進行深入剖析,指出全媒體出版應該從整合行銷的角度去理解和應用,即要以受傳者為重心,通過覆蓋多種媒介,傳播表達同一內容,以最適合受傳者接受的方式提供資訊服務。出版企業應該順應產業融合的動向,運用數位出版技術推動全媒體出版整合行銷,以實現內容的跨媒體、跨平臺、跨界的出版傳播。作者還預見全媒體出版模式在未來應該常態化,故而我們應該擁抱變化,學習和接受新事物。整合行銷傳播(IMC)的理念應用在出版業就是要求我們徹底轉變態度,從讀者立場出發考慮問題,整合各種媒介形式,形成傳播合力,有效提升傳播和行銷效果,全媒體出版的探討對出版企業在新媒體時代的生存和發展具有重要的啟發意義。[234]張立對中國出版產業的發展趨勢和對策進行了研究,他認為中國數

---

232 徐麗芳、方卿、鄒莉、叢挺:《數字出版物研究綜述》,《出版科學》2010 年第 5 期。

233 何孟潔、張志林、孫佳迪:《數字出版業成長性探析》,《北京印刷學院學報》2010 年第 2 期。

234 張志林:《全媒體出版的概念理解與前瞻》,《今日印刷》2010 年第 8 期。

位出版產業的收入規模和品種數量將會持續快速增長,傳統出版單位元元會加速轉型,內容資源的重組和整合越來越盛行,原創性網站會迅速崛起,內容創作更多地在網路平臺上完成,手機將會演變成移動媒體,出版軟件將會從流程管理為主向內容管理為主轉變,數位印刷機的使用將更為普遍。順應上述趨勢,他提出對策如下:積極探索新的盈利模式,加強投入產出規劃;鼓勵出版企業進行體制、機制創新,與數位技術公司實現戰略聯盟;積極進行出版流程再造,打造出版產業數位化全流程系統;建議出版集團加大數位化業務投入,加大資源整合力度;探索分級分類的數位出版管理模式;數位出版應向新型的基於互聯網與知識管理的知識服務業轉變。[235]張立的研究視野宏闊,廣泛地論及數位出版發展所涉及的各類問題,部分觀點已經被產業界證明是可行的,當然由於技術實踐水準的限制,作者並未論及移動互聯網、社交媒體、雲計算等技術創新對整個產業的影響及出版產業的應對思路。目前,數位出版發展的重點有二:一是利用數位技術增強內容呈現效果;二是整合資源重新塑造新的商業模式,實現傳播和服務效果的最優化。這兩個問題都與產業鏈整合有關,劉燦姣、黃立雄認為數位出版價值鏈具有主體的獨立性、環節的依存性、價值的差異性和媒介的融合性等特點,目前政策體制不健全、產業鏈沒有理順、技術標準不統一、版權保護不力、缺乏有效盈利模式等問題嚴重阻礙著中國數位出版的發展,為此,中國數位出版產業要在內容、管道、技術和資本等方面實現整合,以實現產業的健康、快速發展。[236]產業鏈整合是目前中國出版業發展遇到的核心問題之一,由於數位出版產業尚未成型,因此,產業整合既需要單體企業之間的協調,尤其是不同經營者利益衝突的妥善處理,又需要政府部門在產業政策和管理體制方面不斷創新。因此,產業鏈整合是一個相當宏大的課題,它必須以用戶需求調查和市場格局考察為基礎,進行多維度的觀照和分析。由於技術革新速度較快,數位出版和新媒

---

[235]　張立:《我國數字出版產業的發展趨勢及對策分析》,《出版發行研究》2008 年第 10 期。

[236]　劉燦姣、黃立雄:《論數位出版產業鏈的整合》,《中國出版》2009 年第 6 期。

體領域的研究命題會相應地發生變化,但是對於讀者(閱聽用戶)心理和行為的關注,產業鏈中價值創造和分配機制的研究等將成為該領域的重點議題。

至於出版教育方面的成果在本報告相關章節會有專門闡述,這裏不再展開。值得一提的是,由於政府部門已經制定了專業研究生學位的長期發展戰略,因此,可以預見在未來幾年內有關出版專業碩士教育得失的總結性文章會大量湧現。

總體而言,出版學研究成果的規模、成果和動向,都能夠反映出理論界對產業變革的密切觀照和深入思索,這種問題導向的學術自覺是值得肯定的,但是在研究方法、理論框架、思考角度等方面,部分文獻還存在著種種缺陷,需要在以後的研究中加以解決。

四、千禧年來出版學研究中存在的主要問題及對策

(一) 研究中存在的主要問題

2000 年以來的出版學研究盡管取得了一定成果,但是也存在不少問題,簡析如下:

1. 出版學研究存在"扎堆逐熱"的浮躁現象

對於新興問題很多學者在積累不夠或缺乏必要準備的前提下,就徑直介入且急於發表見解,這是學風虛浮不實的表現。尤其是一些名校教授,由於其在課題資源競爭方面具有天然優勢,因此對於出版學中一些時興的熱點問題,常常就會在沒有認真思考和缺乏基本常識的情況下輕易發表"高見",撈到"浮油"之後馬上"華麗轉身",並沒有長期深入研究學科基本問題的打算,這種不實的學風不值得提倡。出版學研究需要具有不同知識背景的人來共同探討,但是前提是任何學者必須具有嚴謹踏實的態度,功利的做法只能帶來學術垃圾和後人的不屑。余英時先生曾經說過,"治學最重要的秘訣在於敬業",希望學界同仁以此共勉,能

夠以更為嚴肅的態度開展出版學研究,對產業演變進行冷峻的觀察和深刻的思考,對時代性的課題給出自己獨特的回答。

2. 學科基礎理論和前沿問題需要投入更多精力去深入開掘

出版學的傳統理論範式在數位技術、市場化、產業融合、跨國發展等趨勢的衝擊下遭遇到了嚴重的危機,對於某些新興問題不僅無法解釋而且難以預測其演進動向,為此加強出版學學科基礎理論的研究,重新探討基本理論框架是否合理等問題,就變得極為重要。至於新情境下的前沿問題更是出版學研究者不能迴避的學術責任,數位技術和新媒體的興盛帶來的讀者閱讀心理和閱讀行為的轉變,閱讀消費結構的變化帶來的影響等一系列新的現象都是出版學研究必須考察的重要問題。基礎理論研究和前沿問題應該結合起來,即利用實踐前沿的調查資料分析人類閱讀行為普遍存在的需求、期望、困境和出路。

3. 跨學科、跨區域、跨國別的合作研究亟待開展

出版產業中的許多新興問題由於涉及若干學術領域,因此需要利用多個學科的理論框架和研究方法來綜合性地加以剖析,比如讀者的數位化閱讀就與新媒體傳播、社會心理學、消費者行為學、人機交互設計、用戶研究等學科有關,單一地從某一個學科出發,無法完整地掌握數位化閱讀現象中蘊含的深層規律,因此,研究者需要進行跨學科的協同研究。至於跨區域和跨國別的合作,主要是由於網路技術尤其是移動互聯網技術的發展,使得整個出版產業的發展突破了地理空間上的障礙,可以在全球範圍內開展行銷活動,與各國經營者進行競爭與合作,加上國外出版傳媒的變革早於國內,經驗更為豐富,因此,跨越地理空間的科研合作就顯得尤為必要了。

4. 國家對出版領域的科研資助力度有待加強, 學術界與產業界的合作還應當進一步加強

出版學研究的健康發展離不開政府部門的資助和管理,出版學屬於新興學科,學科歷史不長,但是新鮮的事物和問題層出不窮,創新空間巨大,因此,需要政

府有關部門的規劃和引導。此外,出版學研究還必須結合產業創新的實際。高等院校和科研院所應該與產業界實現合作,一方面積極地為出版企業的經營提供戰略諮詢服務,另一方面學院派研究者可以通過合作深入產業實際,在第一綫考察出版企業經營方案的執行效果,探討其成功之處和存在的問題,進而提出自己的看法和改進對策。所以,出版學研究應該堅持該學科注重應用性的傳統,在與政府部門、企業的合作中實現學科範式的轉變和突破。

5. 部分成果的規範性存在問題,研究方法和工具的使用存在嚴重缺陷

研究成果的發表主要是為了在學術共同體中交流,因此,無論什麼學科的研究成果都必須恪守公認的學術規範。然而,筆者在搜集資料時發現,出版學領域許多專著和論文並沒有嚴格遵守文獻著錄格式的統一要求,要麼自行其是,要麼殘缺不全。這種不嚴肅的態度容易導致投機行為的產生,而且也會影響到出版學獲得應有的社會認同。在研究方法和研究工具方面,許多結論缺乏深刻的分析和資料支撐,隨意發表議論、經驗總結式的文章、領導講話式的空喊口號屢見不鮮,缺乏從現象描述走向理論建構的學術自覺。從長遠看,出版學研究者應該共同努力,在理論範式、學術規範、研究方法和研究工具方面形成一套獨特的體系,唯此方能推動出版學研究的健康發展,驅動出版學研究者真正能深入到本質層面去分析問題和解決問題,讓出版學獲得應有的社會地位。

(二) 未來出版學研究實現突破的對策建議

根據上述幾類問題的分析,筆者認為出版學研究要實現突破,必須要從研究工具、資料共用、跨領域合作、國際交流、政府資助和引導等方面進行創新。

1. 多合作,多整合

國內外各類研究者應該通過多種途徑、多種方式實現合作,整合不同知識背景的長處,協同努力突破出版學研究中的根本性問題。比如,隨著媒介融合、

跨界交融的盛行,不同媒介編輯學和分支編輯學的研究固然更為重要,但是編輯出版學理論和基本規律的研究並不會自然而然地走向成熟,整合經典出版學理論,提煉各類媒體編輯規律,建構具有普遍指導意義的普通編輯學的任務更為艱巨,需要學者們投入更多的時間和精力。比較而言,管理學原理的研究就是在管理過程理論(計劃、組織、領導、控制)基本框架的基礎上,吸收了新興管理理論的精華,不斷調整更新的基礎上走向成熟的。因此,這種整合多個支持性學科、動態歸納提高的模式對於出版學而言是有參考價值的。

2. 尋找新的研究點

結合數位出版和新媒體運作經驗及發展動向,及時開展數位閱讀消費心理、移動閱讀與出版、網路編輯學、數位出版行銷、新媒體運行機理等前沿領域的研究工作。數位化和媒介融合是出版產業發展的重要趨向,研究者應該對新興的傳播技術和傳播方式保持高度的敏感,通過與產業界的合作考察新興領域的動向,總結產業演進的本質規律。筆者認為,戰略管理中的產業鏈協同、流程再造、價值創新等理論對反思出版業數位化中存在的問題和未來的出路具有重要的意義,建議學界同仁在實證調研的基礎上,借鑑和參考管理學理論的前沿成果,為中國出版業的數位化和新媒體的融合出謀劃策。

3. 共同努力建立專業案例庫和資料庫

搜集、統計、整理中國出版業發展的基本資料和經典案例,並將可靠的資料實現共用,避免個體學者或不同機構之間重復統計造成的精力浪費和標準混亂。出版學研究的進步不僅要關注產業變革、技術創新的前沿,同時還要加強本領域內學者個人之間、學術團隊之間、高等院校和研究機構之間的合作。經典案例庫和行業統計資料的匯總集成能夠提高學術探索工作的效率,而且能夠為出版教育提供高品質的教學素材,比如提升案例教學法的實踐效果等,提高人才培養的質量。

4. 爭取政府部門和產業界的支持

在出版學研究中我們既需要倡導學術自由原則,又需要結合現實需要,分析產業轉型升級過程中遇到的關鍵而緊迫的問題,特別是要借鑒西方發達國家出版業的經驗,為中國出版業的市場化、數位化、國際化發展出謀劃策。在資助方式方面,優先投入人力和資源進行產業佈局調整、價值鏈重構、資本運營創新、多媒體融合、出版業"走出去"、業務流程再造、數位出版創新等重點課題的研究。可以借鑒其他學科的成功經驗,結合研究機構、研究者個人和所在地區的特點,綜合考慮之後給出資助方案,並且要對資助專案的成果進行檢查和考核,以保證學術資助活動的效率和公平。

5. 鼓勵青年學者與國際專家進行實質性的交流與合作

設立基金資助青年學者出國考察、參加國際學術會議等。青年學者是出版學研究最為重要的生力軍,面對數位技術和市場化運營等新趨勢的衝擊,青年學者特有的敏感和視角能為相關問題的研究開創嶄新的局面。因此,建議政府相關部門應該規劃青年學者的資助計劃,通過各種途徑籌集資金,幫助青年學者與國外高端專家合作開展課題研究,比如可以和某些大型出版傳媒集團的博士後流動站合作,由政府、企業和高校三家聯手資助有潛力的青年學者開展高端合作研究。在資助的優先順序方面,我們建議重點突出有關傳媒集團並購經驗、數位出版行銷創新、新媒體發展趨勢考察等方面的課題。

6. 組織專家科學規劃出版學學科總體佈局

在確立優先資助領域的基礎上,鼓勵學者自由開展研究,以自身的知識基礎為起點,充分發揮個體創造性,實現出版學研究的跨越式發展。出版學學科的發展需要政府管理部門和高端學者合作進行科學規劃,周密地設計該學科的發展戰略,特別是要突出新興問題在學科佈局中的分量,在優先資助領域的選擇上主要以效率為考慮問題的側重點,綜合運用多種措施鼓勵學者進行基礎性創新。此外,相關管理部門應該留出一定數額的資金支持學者根據個人志趣和知識積累自由開展研究,尤其是要鼓勵學者發揮創造力,在前沿領域進行自由探索,集中熱情和精力於某一領域,實現實質性的突破和創新,引領國內外出版學研究的前進方向。

總之,新的技術條件與時代背景為出版學研究提出了許多新命題,學術界同仁應該結合自己的知識積累和興趣偏好,專注於學科內的某個領域,經過長期努力之後推出對理論界和實務界都能產生積極意義的成果。

千禧年來的香港地區出版

　　香港作為一個中西交匯的國際化大都市,它的出版文化也深刻反映出溝通中西的作用及價值。自 1882 年香港出現了第一家出版社以來[237],香港出版業一直都在自己獨有的生存空間中頑強成長著。香港具有特殊的政治、文化、社會和地域條件,有先進的通訊網路、廣闊的海外關系,有足夠的創作空間,並積累了相當數量的視野開闊、有創意的出版人力資源,能夠以創意作為附加值,不斷地做出一些優質的作品,再加上完善的出版運作體系,使得香港享有華文出版世界中的獨特地位。時至今日,香港已經躋身世界四大印刷中心之一,出版印刷業在香港製造產業中位居前列,成為僅次於內地和臺灣地區的全球第三大華文出版市場。

　　隨著香港 1997 年回歸祖國並經歷 1998 年亞洲金融危機的洗禮,特別是進入千禧年,香港出版業遭遇了大大小小的困難,但同時也湧現出一個個新的機遇。總體而言,千禧年以來,香港出版行業發展蓬勃。出版機構數量有所增加,主要是非純文學、依循商業規則運作的出版社多了,部分出版機構還特別針對分眾市場。出版物也趨向多樣化和多元化,題材繁雜,各具精彩。過去出版社出版圖書偏重文學類,而近年出版的圖書,既有文藝創作,也不乏投資理財、商業管理、個人健康、生活趣味、社會政治時事分析和評論等題材。雖然報紙和期刊由於互聯網和數位出版的衝擊,種類有減少的趨勢,但編輯能力顯著提升並積極尋求轉型。另一方面,出版物零售的餅做大了,中型、大型書店數量增加,具有香港特色的小型"二樓書店"依舊運作,與之互為補充,外資書店也開始起步,大大

---

[237]　薛辰:《香港出版中西文化的熔爐》,《新華書目報》2011 年 8 月 8 日。

小小的報攤網點覆蓋更加齊全。當然,與歐美和中國內地、臺灣地區一樣,香港出版業也面臨互聯網和新出版模式的挑戰,開始積極進行數位出版轉型。

一、出版政策與環境

（一）出版管理體制

香港沒有專門設立的出版管理機構,千禧年來香港繼續奉行自由開放的出版政策,除了香港特區政府康樂及文化事務署下轄的書刊註冊組負責圖書註冊、國際標準書號的核發以及電影、報刊及物品管理辦事處負責報刊的註冊以外,並無直接的出版管理機構。

香港也並未制定專門的新聞出版法,但在歷年香港立法局制定的法例中,有些輔助性或附屬性的條例規則涉及新聞出版。比如香港法例 142 章《書刊註冊條例》、268 章《本地報刊註冊條例》、544 章《防止盜用版權條例》、21 章《誹謗條例》等,這些條例和規則在千禧年以來歷經多次修訂,現在更加完善。

跟內地書刊出版單位"審批制"不一樣的是,香港地區的書刊出版管理制度為"登記制",即在香港開設出版社或者其他出版機構,只須像開設其他商業機構一樣,辦理商業登記手續,填寫一份表格,領取一張商業登記証便可以營業,無需任何審定。出版物無須呈交任何官方機關檢查。但是據香港法例 142 章《書刊註冊條例》規定,出版人有"每本新書刊送交民政事務局局長"的義務。它的目的在於"登記及保存在香港首次印刷、製造或出版之書刊之樣本"。該條款規定:"任何新書刊的出版人,須於該書刊在香港出版、印刷、製作或以其他方式製成後 1 個月內,將該書刊 5 本連同附屬該書刊的所有地圖、圖片或其他刻印,免費送交民政事務局局長;該等書刊須予妥當釘裝、縫綫或縫制,並須以印刷或製作該書刊及其任何地圖、圖片或其他刻印所用的最佳紙張製作而成。"[238]民政事務局局長則根據規定將接受的新書刊備存於註冊紀錄冊,並將該書刊的一本送予香港大會堂圖書館或它所批準的其他圖書館。而對於報刊的註冊和管理還有一些特殊的規定。如香港法例 268 章《本地報刊註冊條例》就本地報刊及通訊社的註冊、報刊發行人牌照的發出及相關事宜制定了條文。子條例《報刊註冊及發行規例》[239]規定所有本地報刊均須按照規定進行註冊。報刊需要向註冊主任提交詳情並進行核証,並由註冊主任備存,作為本地報刊註冊紀錄冊,進行註冊須繳付費用 905 港元,並按期繳納年費。同時規定報刊只可由獲註冊主任發給牌照的報刊發行人發行經銷,但向公眾零售報刊不會因本條規定而須領有牌照。子條例《印刷檔(管制)規例》[240]對於印刷管理做了一些較為細緻的規定,比如第二條規定:所有印刷檔均須以英文或中文字體清楚印上承印人的名稱及詳細地址,並在其前面加上"承印"或"承印人"的中文或英文字樣。

香港的書號管理制度。香港於 1976 年引入國際標準書號 ISBN 系統,千禧年以來香港書號的核發和管理部門一直都是香港特區政府康樂及文化事務署下轄的書刊註冊組。書刊註冊組還負責將出版社出版的樣書進行審核、註冊備案。香港書號的核發程式相對內地而言比較簡單,在香港特區合法註冊成立的出版社,憑相關商業登記証等文件可向書刊註冊組提交書號申請,而個人出版

---

[238] 香港立法局.香港《書刊註冊條例》.
http://www.legislation.gov.hk/blis_pdf.nsf/6799165D2FEE3FA94825755E0033E532/7B
ED712C50E23A05482575EE0044A120/$FILE/CAP_142_c_gb.pdf.2012-09-03/2010-
09-26, 2012-09-30.

[239] 香港立法局.香港《報刊註冊及發行規例》.
http://www.legislation.gov.hk/blis_pdf.nsf/CurAllChinDoc/4F4C6D2053ED503E482575E
E0054E914/$FILE/CAP_268B_c_b5.pdf.2012-09-03/2012-09-26.

[240] 香港立法局.香港《印刷文件(管制)規例》.
http://www.legislation.gov.hk/blis_pdf.nsf/6799165D2FEE3FA94825755E0033E532/DF
6F61229BE96D41482575EE0054F39D/$FILE/CAP_268C_c_gb.pdf.2012-09-03/2012-
09-26.

則可以憑藉香港身份証直接申請書號。千禧年以來康樂及文化事務署每季度在政府憲報上都會公佈已向政府報備的正式出版物(即已納入 ISBN、ISSN 系統的)的目錄。因此,在一本書上印上書號和條碼還不能算是正式出版物,還必須由出版商交樣書向政府備案。而期刊部分,香港目前暫時沒有國際標準期刊號系統(ISSN)的代理機構,出版商如果需要為報紙、雜誌申請國際標準期刊號,可以直接與國際標準期刊號組織(ISSN)聯繫。

(二) 版權保護

香港立法局於 1886 年 7 月 12 日所通過的《承印人與出版人條例》及 1888 年 4 月 2 日所通過的《殖民地書籍註冊條例》奠定了香港對出版業法律管制的基礎,並成為日後法例修訂的依據。英國 1956 年版權法於 1972 年 12 月 12 日開始適用於香港,成為香港現行版權制度的基礎。香港現行的《版權條例》於 1996 年 6 月 27 日生效。千禧年以來《版權條例》經歷了多次增刪和修訂,如 2007 年 7 月生效的版權修訂條例規範了平行進口版權作品輸出和引進,規定:有關作品在世界任何地方發表後 15 個月內,任何人士經銷或輸入任何平行進口版權作品(計算器軟件產品除外)作經銷用途,均須承擔刑事責任。這一條例進一步打擊了盜版和侵權,對香港出版業界起到了正面的作用。最新版的《版權條例》修訂草案為《2011 年版權(修訂)條例草案》。《版權條例》對於規範出版市場和出版行為,維護著作權人、出版人和讀者的利益起到了非常重要的作用。

香港現行的《版權條例》規定:"作品要在香港取得版權保護,毋須辦理任何手續。各地作者的作品,或在世界各地首次發表的作品,都可在香港受到版權保護。"[241]香港加入了世界智慧財產權組織(WIPO)和世界貿易組織(WTO),所以

---

[241] 香港智慧財產權署.香港的版權法.
http://www.ipd.gov.hk/sc/pub_press/publications/hk.htm.2010-07-16/2012-09-26.

不少國際版權公約以及國際條約均適用於香港,如《伯爾尼公約》、《日內瓦唱片公約》、《世界智慧財產權組織版權條約》等。香港海關負責執行侵犯版權的刑事法例。

《版權條例》被列為香港法例的第 528 章,該條例對於版權的侵權行為和版權的限制都有詳細規定。版權的侵權行為主要表現為:"(1) 未經版權所有人許可而復製版權作品或出版、改編發放復製品、租賃作品、向公眾提供復製品、廣播、公演版權作品。(2) 未獲作品的版權擁有人的特許,將該作品的復製品輸入或輸出香港,而且輸入或輸出該復製品並非供自己私人和家居使用。"[242] 對版權的限制包括:"(1) 合理使用:指在利用版權作品時,毋需經版權所有人許可,也不需要支付版稅,而且不構成侵權的特定行為。合理使用包括下列幾種情形:為研究或為私人學習而利用作品;在批評或評論文章中引用版權作品;批評、評論及新聞報導中利用作品;附帶地包括版權材料。(2) 教育用途:一般指為編寫教材或擬定考試題目等用途而復製或改編作品,但有嚴格的範圍限制。(3) 圖書館或檔案館的利用。(4) 公共行政。包括司法程式中的使用等。(5) 對已出版的文學、戲劇作品的特定使用。(6) 法定許可。"[243]

(三) 外部環境

如前文所述,香港沒有專門設立的出版管理機構,所以香港出版業的發展很少受到行政政策的影響,更多的是靠行業自律。但是出版行業作為香港地區經

---

[242] 香港立法局.香港《版權條例》.
http://www.legislation.gov.hk/blis_pdf.nsf/6799165D2FEE3FA94825755E0033E532/9849EA415F543AAA482575EF0014C04F/$FILE/CAP_528_c_gb.pdf.2012-09-03/2012-09-26.

[243] 香港立法局.香港《版權條例》.
http://www.legislation.gov.hk/blis_pdf.nsf/6799165D2FEE3FA94825755E0033E532/9849EA415F543AAA482575EF0014C04F/$FILE/CAP_528_c_gb.pdf.2012-09-03/2012-09-26.

濟的一個重要部門,必然會受到整個經濟大環境的影響,比如物價上漲導致出版成本增加、經濟不景氣導致購買力不足等等。另外,佔據香港出版重要份額的教育出版則受香港特區政府教育改革以及其他教育政策的影響較大。概括而言,香港出版業的發展主要受到稅收政策、市場環境、經濟環境以及教育政策等外部環境的影響。

1. 稅收政策

香港是一個稅項少、稅率低的自由港。目前其稅收主要為三大類:利得稅、薪俸稅(個人所得稅)和物業稅,香港並不徵收增值稅、銷售稅或資本增值稅,且只有在香港賺取的收入才須課稅。出版業同其他產業一樣交納 15%的利得稅。出版物進出口免稅。千禧年以來香港繼續維持較低的稅率,這保証了出版業能在經營成本很高的香港生存並發展,而出版物進出口免稅一方面促進了香港本土出版的對外輸出,尤其是世界華文市場的輸入,香港一度成為世界最重要的華文出版中心,近年來隨著內地和臺灣出版崛起和快速發展,香港出版的優勢漸失;另一方面,也促進了內地、臺灣以及世界各地的出版物輸入香港。這種開放和交融也非常好地體現了香港出版的最大特色:中西交匯,一個融匯了香港本地出版、內地出版、臺灣出版和國外出版的融合體。

2. 市場環境

香港出版長期以來受經營成本過高及市場狹小問題的困擾。香港人口只有 700 多萬,不及臺灣人口總數的三分之一,跟內地 13 多億人口的市場相比,更是小巫見大巫,所以香港不論是在出版物品種還是在出版市場上都無法跟內地或臺灣比較。香港出版市場由自由經濟決定,內地及臺灣書籍的出版、發行、零售會持續湧入香港出版市場,來者不拒,而香港書籍進入內地或臺灣市場則較為困難,這跟固有的政策限制和壁壘有關,也跟香港出版的本土化特色有關。近十年來,雖然香港政府實施一系列中文教育政策,香港市民也開始逐漸接受簡體字,但多數人還是習慣繁體字,香港出版的圖書還是採用繁體字,大量的繁體字圖書依賴於臺灣引進,而且其銷量遠遠超過了內地運來的簡體字圖書。所以説,雖然香港回歸後簡體字的流行開拓了一部分香港出版市場,但是簡體字圖書依賴於內地進口,而繁體字圖書又被臺灣書籍所佔領,這導致香港本地出版企業的市場更加狹小。另一方面,香港出版也在積極開拓海外市場和英語出版市場。香港出版很早就開始了它的海外擴展探索,千禧年來香港出版人加快了香港出版的國際化部署和海外擴展步伐。與國際大型出版機構進行合作、版權貿易,並將香港書店經營門市的成功經驗推廣到新加坡、馬來西亞乃至北美洲的紐約、華盛頓、溫哥華等地,開設連鎖分店,逐步建立全球性行銷網路格局。此外隨著香港國際化程度的進一步加深,市民更加看重英語教育和英語培訓,英文圖書賣得紅火,市場繼續擴大。1997 年香港回歸祖國,中國加入 WTO,內地出版市場開始逐漸開放,香港出版人也憑藉自身的出版優勢抓住了這樣的機遇,積極投入大陸新市場的開闢。

3. 經濟環境

　　雖然表面上看文化事業與金融市場以及經濟環境的關系不算太密切,但是它們之間的間接聯繫卻非常密切。經濟環境不僅僅對於出版市場有直接影響,也會通過房價、租金、印刷、物流等因素影響到出版業的發展。2003 年的 SARS 病疫使得香港經濟遭遇了近一二十年沒有遇到的困難,連帶出版業也受到了不同程度的打擊。盡管香港出版界團結一致沉著應對,也只是使 2003 年勉強維持到 2002 年的水準。2008 年的金融危機給香港帶來的失業率上升、收入下降、資產縮水、購買力下降,也直接影響到了書店和出版社的運作,陸續出現了"二樓書店"倒閉的現象。金融市場的不樂觀,成本的增加,書價的上揚,使得書店在選書,出版社在選題方面愈加謹慎小心。而最近幾年來,人民幣昇值使得內地圖書的銷售不看好;香港樓價居高不下,房屋店面租金一路上揚,使得書店的經營更加困難;國際原油價格上漲,導致運輸費用大幅增加,圖書成本也隨之抬高等,這種種因素都給書店、出版業界帶來了沉重的打擊。

4. 教育政策

　　教育出版一直都是香港出版的重要組成部分,在很大程度上會受到教育政策的影響。進入千禧年以來,香港教育出版市場進一步萎縮,一個非常重要的原因是香港學生人口持續下降。而與此同時,因為教育改革以及教育政策的搖擺不定,教育出版近十年來遭遇種種困難,主要是競爭壓力和出版風險更大。2003年香港教育部門要求教材教具高度資訊科技化,但卻因經濟不景氣,書價在社會輿論壓力下難以調高,連續兩年凍結,加上多媒體製作的成本高昂,改版多而生命力短,教科書書商利潤大幅削減。香港教育出版商已經不僅僅是學校教科書、教參以及教材的提供商,根據教育改革的進行,教育出版商已經慢慢地由內容提供商轉變為服務提供商。出版社須相應地提供更多元化及立體化的服務。具體來説,出版社除須出版傳統的教材及教參書以外,同時亦要提供不同形式的電子教材,包括光盤及網站如網上評估系統、閱讀網、網路學習網站等,而且出版社還須分別為學生和教師定期更新內容。至於為教師及學生設計的培訓課程更是不可或缺,有時又需定期派員到學校進行互動交流。作為服務提供商,教育出版商的投資及開發成本大增,回報減少,風險激增。2009 年香港施行新學制,各出版社配合課程改革和教育改革,開發一系列新產品,這對於香港教育出版來説既是機遇也是挑戰。

二、書刊出版

　　香港的出版統計不夠完善,暫時還沒有出版產業的政府統計,也沒有出版產業的行業統計。與此相關的官方統計為"紙品、印刷及出版業"或者"紙製品、印刷及已儲錄資料媒體的復製"[244]的行業統計,這個統計從製造業的角度將出版

---

[244] "紙品、印刷及出版業"行業分類參照《香港標準行業分類 1.1 版》。從 2009 年開始,香港行業分類開始實行《香港標準行業分類 2.0 版》,香港特區政府統計處的《工業生產按年度調

物視為工業產品,重視的是印刷和復製,不能完全反映出版行業的發展速度和規模。但我們從香港出版行業機構數量、行業從業人數、書刊登記數等相關統計資料中也可以窺見千禧年以來香港出版發展的基本脈絡和一般趨勢。

(一) 概況

從 2000 年到 2011 年香港"出版"[245]行業機構數和就業人數的統計表(如表 1 所示)我們可以看出,2000 年至 2011 年香港出版機構數和行業從業人數並不是呈現持續增長的態勢,中間也經歷了一些往復和曲折。但從總體上看,近十年來香港的出版機構數和行業從業人數還是呈現增長的趨勢。因為香港是一個資本高度流通和自由的國際港,人才、資本進出出版業非常方便,再加上在香港成立出版社手續簡單,只需在公司註冊署進行簡單的商業登記就可以,所以伴隨著外部環境和出版產業發展的變化,出版行業機構數會出現較大幅度的波動。再者香港政府和行業各界都非常重視出版業以及文化創意產業的發展,一些新的舉措和促進政策開始實施;出版人也在努力進行轉型和調整以適應新的出版形勢和出版趨勢,並積極開拓新市場;而香港民眾較高的閱讀需求和閱讀素養也在一定程度上保證了香港出版業的發展。千禧年以來,香港的老牌出版機構如商務、三聯、中華書局繼續調整發展,並且形成了一些較具規模的出版零售集團、出版傳媒集團、教育圖書出版社和國際出版社。此外香港近十年來還新成立了為數不少的小型出版機構,其中一部分是境外出版機構在香港設立的分支機構,另一部分則是獨立出版人。這些小型出版機構的出現,極大地豐富了香港的出版題材和出版種類,使得香港出版業進入多元化發展時代。

查報告》不再統計"紙品、印刷及出版業"行業,取而代之的為"紙製品、印刷及已儲錄資料媒體的復製"行業。

[245] "出版"涵蓋《香港標準行業分類 2.0 版》中的"581 書籍、期刊的出版及其他出版服務"和"582 軟件出版"。

表1　2000—2011 年香港"出版"行業機構數和就業人數統計表[246]

年度	2000	2001	2002	2003	2004	2005	2006	2007	2008	2009	2010	2011
機構數目	1129	1305	1419	1402	1510	1513	1419	1534	1335	1483	1534	1596
就業人數	19116	18691	19116	20042	18909	19932	21036	21518	21218	20685	20364	20622

資料來源:香港特區政府統計處(按行業主類劃分的機構單位數目、就業人數及職位空缺數目統計表)

(二) 圖書出版

　　"2009 年在香港書刊註冊組申請書號,正式在香港出版的書刊共有 11637 種(中文書 9303 種,英文書 2334 種);2010 年截至 11 月 30 日為止,則有 11690 種(中文書 9332 種,英文書 2358 種)。"[247]根據這一統計和表 2 的統計資料,2002 年至 2010 年香港正式出版圖書種數呈現拋物綫式的發展,在 2006 年增長到頂峰之後,開始逐年下滑,到 2010 年 11 月底下滑到 11690 種,接近 2002 年的水準。而另一項統計資料"簽發國際標準書號數量"則與表 1 中出版行業機構數的數量相對應,呈現出逐年遞增的發展趨勢。這兩項主要資料表明香港近年來正式圖書出版品種開始減少,但減少的幅度不大,而所設立的出版機構數和簽發的國際標準書號數量卻在增加。這在某種程度上也證明瞭,一方面近年來香港出版業由於物價上漲、租金上調、成本增加而造成的生存環境之困難,正式出版的圖書品種開始減少;另一方面伴隨著兩岸三地開放交流更加頻繁,國外、中國內地和臺灣地區的出版機構紛紛在香港設立分支機構,進軍或深入開發香港出版市場,以及獨立出版人的出現,使得香港出版業的競爭日趨激烈。

---

[246]　所選取的資料是"書籍、期刊的出版及其他出版服務"和"軟件出版"兩類 2000—2011 年歷年 12 月的統計資料。

[247]　高玉華:《2010 年香港出版現況》,《全國新書資訊月刊》2010 年第 1 期,第 108—112 頁。

表 2　2002–2010 年香港圖書登記數和簽發國際標準書號數

年度	2002	2003	2004	2005	2006	2007—2008	2008—2009	2009—2010
圖書登記冊數	11900	13075	13885	14603	14842	13919	12767	13763
簽發國際標準書號	517	669	709	708	717	691	825	886

資料來源:香港特區政府康樂及文化事務署 2002 年至 2010 年歷年年報

　　香港的圖書出版體系進入 21 世紀以來發展更加完整,按照被廣泛認可的"三範疇"分類方法,香港的圖書出版涵蓋了一般圖書出版、教育圖書出版和專業圖書出版(如表 3 如示)。其中一般圖書出版又按照國際慣例分為非文學類圖書(非虛構類圖書)和文學類圖書(虛構類圖書)兩類。教育類圖書出版作為香港出版的重要組成部分,分為中小學教科書及參考書、大專教科書及參考書出版。專業類圖書則涵蓋了 STM[248]、會計、投資等類型的圖書。

　　據統計:"香港圖書終端市場,也即最終消費者的購買量,每年大約(不計雜誌)在 5 億美元,即 40 億港元左右。這 40 億港元的市場蛋糕中,其中 20 億為中小學教參書。剩下的 20 億之中,約 3 億為漫畫(包括引進日本的漫畫單行本及本地創作的定期、不定期結集),3 億為大專參考書,其餘的約 14 億便是面向社會大眾的其他書籍。這 14 多億的其他書籍,包括來自內地、臺灣地區及香港本土的出版物,以及海外的英文書。"[249]

表 3　香港圖書出版分類表

一般圖書出版	非文學圖書
	文學圖書
教育類圖書出版	中小學教科書及參考書
	大專教科書及參考書
專業類圖書出版	STM、會計、投資、金融、法律

---

[248]　S(Science), T(Technology), M(Medicine).

[249]　《香港圖書出版市場規模及總量》,《中國新聞出版報》2007 年 9 月 19 日。

千禧年後兩岸四地出版業發展報告

1. 一般圖書出版

千禧年以來香港的一般圖書出版以著重實用性、休閒性的商品型圖書為主,而基礎文化類較薄弱。出版社一般採取出書小型化政策,廣種薄收,大型投資則比較少見。所以香港的文學類圖書市場一向比較狹窄,而競爭又十分激烈,各文學出版社的裝幀設計愈具心思,也越來越講究行銷手法,麥兜、金庸等是香港文學類出版中最活躍的原創點。而非文學類書則更受香港民眾的歡迎,主要包括:生活實用圖書、財經致富圖書、旅遊指南圖書、思想哲理圖書、社科人文圖書等。比如 2003 年 SARS 帶來的重視健康的思維,香港刮起了一股健康養生書暢銷熱潮;香港飲食文化發達,所以香港食譜類圖書也很具有口碑;雖然工商管理類圖書在香港一直暢銷,但是 2007 年開始的美國次貸危機,還是促使香港的財經類圖書又火了一把。

2. 教育圖書出版

教育圖書市場是高度本地化的,跟隨政府的教育制度而變化。影響教育類圖書出版的兩個重要因素是學生人數和教育政策。進入千禧年以來,香港教育圖書市場進一步縮減,主要原因就是香港學生人口持續下降,而學校新增科目卻不多;另一方面,教育主管部門的要求和教育政策導致教育類圖書出版成本加大、風險增加。比如頻繁的課程改革,導致出版機構需要不停地投入大量人力物力進行配套教材和教參的編輯出版。2003 年,教育部門要求教材教具高度資訊科技化,出版機構必須加大支持網站和服務的投資力度;2009 年,新學制"三三四"開始實行,教科書和教輔書市場又一次洗牌,機遇和挑戰並存。

3. 專業圖書出版

由於香港的國際化程度很高,再加上香港地域狹小,所以在香港沒有形成產業化的專業出版。但是香港的專業出版形成了自己的特色:"一些國際專業出版社或集團在香港當地有出版業務,重點是出版有關香港、中國內地以及亞洲其他各國法律、稅務的專業書籍。例如 Sweet and Maxwell,是 Thomson

Corporation 法律分部的子公司,其香港分社成立已有十多年的歷史,每年出版五六十種書籍,都是有關亞洲國家商法、財產法、船舶運輸、智慧財產權法律的專著。香港大學出版社的學術出版構成香港專業出版的重要部分,香港大學出版社、香港中文大學出版社及香港城市大學出版社都各有特色,幾家大學出版社都同時以中、英文出版,其中英語出版物還在歐美主流市場有一定銷量。並且香港的大學出版社的書稿評定、出版社運作模式、稿件的來源,也都跟國外出版社比較相近。"[250]

(三) 期刊出版

根據香港特區政府康樂及文化事務署每年發佈的年報統計資料顯示(如表4 所示),2002 年至 2010 年香港期刊登記數量並沒有明顯的變化,登記數量在2004 年增長到高點之後從 2005 年開始緩慢減少;與此對應的是,截至 2012 年9 月 21 日,香港特區政府電影、報刊及物品管理辦事處的統計資料顯示,香港註冊報紙數量為 48 種,註冊期刊數量為 678 種。同時結合表 5 的資料,我們可以發現,從 2002 年到 2010 年,註冊期刊種數呈現一個較為明顯的減少趨勢,而註冊報紙種數波動不大。這證明香港近十年來期刊和報紙出版市場變化不大,但期刊出版數量和註冊期刊份數有所減少。

表4　2002—2010 年香港期刊登記數

年度	2002	2003	2004	2005	2006	2007—2008	2008—2009	2009—2010
期刊登記期數	12923	13427	14630	14163	13924	13648	13484	12226

資料來源:香港特區政府康樂及文化事務署 2002—2010 年歷年年報

---

[250] 柳斌傑:《中國圖書年鑒(2004)》,湖北人民出版社 2004 年版,第 58 頁。

表 5　2002—2010 年香港期刊報章註冊份數統計表[251]

	2002	2003	2004	2005	2006	2007	2008	2009	2010
註冊期刊份數	754	864	799	722	699	689	N.A.	N.A.	N.A.
註冊報章份數	52	52	46	49	49	44	N.A.	N.A.	N.A.

資料來源:香港特區政府電影、報刊及物品管理辦事處

香港的期刊出版市場以週刊為主導,這意味著香港期刊出版的編輯能力近十年來有了非常大的提升。"香港因為人口的限制期刊銷量有限,週刊最高銷量也只有每期十四五萬本左右,還只有少數幾種'港式'娛樂新聞生活情報綜合雜誌才能有此銷量;其他類別按銷量依次是計算機電玩類、消費情報、女性生活類與嗜好類雜誌。"[252]所以在香港期刊市場中,佔有主導地位的是女性時尚雜誌和年輕人雜誌。這些期刊以廣告為主要內容,採用圖錄式手法介紹消費產品和時尚趨勢,成本低發行量大,印刷精美,以廣告作為主要收入來源,並且這類期刊中幾份大刊基本上瓜分了香港期刊市場。而時事政論期刊的經營則比較艱苦,學術期刊不成比例,精美的、大型的、內容有深度的期刊已經不復存在。

三、數位出版

香港出版業在數位出版方面起步發展較早,但一直以來也沒有取得質的飛躍。縱觀 2000 年以來香港數位出版的發展,大致經歷了兩個比較明顯的發展時期。

第一個發展階段是以電子出版物為主,雖然這個時期網路出版和 eBook 等已經興起,但香港那個時期閱讀 eBook 的人仍屬少數,電子書閱讀器也不夠普及,大眾的閱讀習慣還沒有改變,所以出版機構均採取觀望態度。但是因為香港政

---

[251] 香港《本地報刊註冊條例》規定,凡載有新聞、資訊、評論的刊物,如出版時間每次相隔不超過六個月,即須註冊;但學術性期刊、歷書、漫畫和連環畫、圖片集、商業廣告和傳單等印刷品,可獲得豁免。

[252] 柳斌傑:《中國圖書年鑒(2004)》,湖北人民出版社 2004 年版,第 56 頁。

府進行教育改革,推行多媒體教材,所以以 CD-ROM 為載體的電子出版物盛行了一段時間。與此同時,教學配套的一些數位內容學習網站開始興起,但由於盜版的盛行和電子出版物高昂的製作成本,到後來陳列展銷的地方不斷萎縮,最後只能以郵購方式存在,或變為紙張出版物的附屬品而已。很多獨立出版的 CD-ROM 也僅為教科書出版社的教學光盤或者學術研究用的光盤。

第二個發展階段是以網路出版和電子書為主。這一階段的發展是伴隨著亞馬遜 kindle 模式的風行、蘋果 iPad 的快速發展和娛樂化閱讀的流行而興起的。隨著閱讀習慣的改變,碎片化、娛樂性、消遣性的閱讀越來越流行,這孕育了網路小說、網路漫畫和網路遊戲的蓬勃發展。如 2005 年正式啟動的盛大.點擊書(Digibook)專案。這個專案是香港玉皇旗下的漫畫帝國網與上海盛大合作的多媒體出版平臺。同時,近年來香港 eBook 的發展速度雖然沒有內地快,但是也取得了一定的突破,如 2008 年香港盲人輔導會推出全港首個"點字電子書借閱"及"網上預約系統";香港教育局也宣佈成立"課本及電子學習資源發展專責小組"。

現在,香港出版各界都越來越認識到數位出版潮流不可阻擋,紛紛進行數位出版的探索,上馬數位出版專案。主要分為兩個發展方向:網路學習平臺和eBook。一直以來教育出版在香港出版業中佔有非常重要的地位,教育出版的數位化轉型起步較早,現在很多香港教育出版機構在努力探索更加完善和多功能的網路學習平臺,如博文教育(亞洲)有限公司推出的 eClass 平臺、商務印書館兩套分別供中學生和小學生使用的網上閱讀的中文平臺等,香港現代教育網路亦針對網上教學提供內容和技術支援。而另一方面,對 eBook 的探索和努力也在繼續,如 2010 年香港書展為電子書設立專區,並作專題深入研討。香港各大書店也紛紛爭先公佈電子書的出版計劃,如三聯 2010 年宣佈分批推出電子書。

四、出版物印刷

　　香港是全球四大印刷中心之一,印刷業作為香港三大支柱產業之一,在香港社會經濟文化發展中扮演著重要的角色。高度發達的香港印刷業為香港出版業的發展提供了強有力的保障,香港本地出版物的印刷質量非常精美,質量一流。但是相對的,香港本地出版物由於印刷成本高昂,出版物定價普遍較高。所以從內地和臺灣地區引進的出版物由於價格優勢,在香港出版物市場中佔有一席之地。

　　出版物印刷作為香港印刷業重要的組成部分,並沒有獨立的相關政府統計和行業統計,一直以來印刷業都是作為製造業中的六大產業之一進行核算和統計。從印刷業的產值、印刷業機構數量、從業人數以及印刷業出口貿易額等相關統計資料中,我們也能從側面瞭解香港出版物印刷的基本情況。進入千禧年以來,香港印刷業經歷了原料上漲、工資上調等一系列不利因素的影響以及2008 年金融危機的衝擊。十餘年來,香港印刷業有發展也有挫折,總體上來說發展較為平穩,歷年的增長和衰退幅度都不大。根據香港《標準行業分類 2.0版》,印刷業(印刷以及儲錄資料媒體的復製)被歸在製造業大類中。印刷業在香港製造業中佔有重要地位,根據統計(如表 6 所示),2005 年至 2010 年香港印刷業銷售收入和增加值有升有降,但所占製造業整體的比重呈現穩中有升的發展趨勢。

表 6　2005－2010 年香港“紙製品、印刷及已儲錄資料媒體的復製”行業產值統計表[253]

年度	2005	2006	2007	2008	2009	2010
銷售及其他收入(百萬港元)	19198	18791	16148	19043	16407	18124
製造業總銷售及其他收入(百萬港元)	174942	182600	163788	182246	168129	205038
所占比重(%)	10.97	10.29	9.86	10.45	9.76	8.84
增加價值(百萬港元)	6356	5516	5979	5573	5071	5222
製造業增加價值(百萬港元)	40422	40969	35338	33780	32129	34961
所占比重(%)	15.72	13.46	16.92	16.50	15.78	14.94

資料來源:香港特區政府統計處(按選定行業大類劃分的所有製造業機構單位的主要統計數位)

　　印刷業是香港吸納就業人數最多的行業之一,2000 年(如表 7 所示)以來,印刷業吸納就業人數占製造業總就業人數的比例都維持在 14%—16%。從表 7 中我們可以看出,2000 年以來香港印刷業的機構數量呈現逐年減少的趨勢,對應的就業人數也在減少,這跟大量的香港印刷企業北上開廠有關。隨著 1997 年香港回歸祖國,內地進一步對香港開放,很多香港印刷企業被內地低廉的勞動力成本所吸引,紛紛將廠房北撤,形成了“前店後廠”的模式。但是我們從表 7 中也可以看到,2011 年香港“印刷及已儲錄資料媒體的復製”行業機構數量在經歷了近 10 年的減少後開始增長,出現這一現象的原因在於人民幣升值,內地開廠的勞動力成本、原料成本及運輸成本都大幅增加,所以本港印刷開始呈現復興的跡象。

---

[253]　行業分類參照《香港標準行業分類 2.0 版》。

表7 2000—2011年香港"印刷及已儲錄資料媒體的復製"機構數目就業人數統計表[254]

年度	機構數目	就業人數	製造業總就業人數	就業人數占比(%)
2000	4075	28405	207816	13.67%
2001	3996	28957	184176	15.72%
2002	3788	24449	165606	14.76%
2003	3364	23564	150555	15.65%
2004	3248	22134	150186	14.74%
2005	3094	21491	148396	14.48%
2006	3140	21631	139547	15.50%
2007	3125	21282	135709	15.68%
2008	3069	20153	130602	15.43%
2009	3022	19835	124907	15.88%
2010	2793	19432	117590	16.53%
2011	2934	17983	110379	16.29%

資料來源:香港政府統計處(按行業主類劃分的機構單位數目、就業人數及職位空缺數目統計表)

與世界其他三大印刷中心不一樣的是,香港由於它獨特的地理位置和經濟模式,其印刷業主營出口業務。印刷出口是香港出口貿易最重要的行業之一,2011 年"紙及紙製品和印刷以及儲錄資料媒體的復製"行業在香港十大出口行業中排名第二,僅次於"化學品及化學產品"。根據表 8 我們能夠看出,從 2005 年到 2011 年香港印刷業出口呈現出非常明顯的"衰退—低谷—復蘇"的形態:在 2005 年至 2008 年間,香港印刷出口總額持續減少;2009 年由於席捲全球的金融海嘯對香港經濟的影響開始放大,出版物印刷和商業印刷需求減少,香港印刷出口總額降到穀底;隨後 2010 年到現在,隨著金融危機影響的慢慢消退和全球經濟的復蘇,香港印刷出口也開始慢慢復興,出口總額呈現增長的趨勢。

表8 2005—2011 香港"紙及紙製品和印刷以及儲錄資料媒體的復製"行業出口統計表[255]

年度	2005	2006	2007	2008	2009	2010	2011
出口總額 (百萬港元)	6401.8	5642.3	5025.0	4671.0	3646.9	4248.7	4593.6

資料來源:香港特區政府統計處(按產品所屬工業劃分的港產品出口統計數位)

---

[254] 行業分類參照《香港標準行業分類 2.0 版》;所選取的資料是 2000—2011 年歷年 12 月的統計資料。

[255] 行業分類參照《香港標準行業分類 2.0 版》。

五、出版物流通

　　國際化無疑是香港出版業最大的特點之一。進入千禧年,香港出版業繼續它的國際化特色,尤其是在流通領域,香港的中轉站角色愈發明顯和突出。香港小是小,但特有的政治背景、經濟條件及地理環境使香港出版業具有無與倫比的優勢。香港不僅是圖書貿易的一大中轉站,也是一個重要的出口港,香港構建了完善和發達的出版物國際流通體系:"香港現有書刊進出口代理商 100 多家,主要經營外國出版物的進口和轉口業務。英、美等出版大國的出版集團在港設有子公司,經營向亞洲銷售出版物的業務;中國大陸與臺灣的出版機構亦在香港設立分支部門,從事出版書刊的進出口業務。香港出版物的主要進口來源是英國、美國、日本和包括臺灣省在內的中國其他地區,主要銷往英國、澳大利亞、新加坡以及中國大陸和臺灣地區"[256];同時香港書商還在北美、東南亞等華人聚居地區積極開拓華文圖書零售市場。

　　香港出版物的本地流通網路同樣也很發達。2000 年以來香港的書刊流通網路進一步完善,在只有 1 萬多平方公里和 700 多萬人口的土地上構建了書店、報攤、臨時銷售、機構銷售、圖書館採購、網上銷售、郵購等多管道、多方位的立體流通模式(見表 9)。"書店與書報攤仍然是香港的兩大主要零售管道。臨時書刊銷售場地的興起是亞洲金融風暴以後的事情,但其中也有高低兩個層次。郵購等直銷形式在香港所占比例不大。"[257]

---

[256]　陳才俊:《香港圖書出版業的歷史發展與現代啟示》,《學術研究》2004 年第 9 期,第 106—110 頁。

[257]　柳斌傑:《中國圖書年鑒(2004)》,湖北人民出版社 2004 年版,第 54 頁。

表 9　香港本地圖書報刊流通網路[258]

分類	明細	舉例
書店	連鎖書店	三聯、中華、商務、大眾、天地、辰沖、葉一堂 (PAGEONE)、Bookazine、Dymocks
	獨立書店	"二樓書店"、專業書店
報攤		大約有 1000 家固定報攤,300 個流動報攤,此外還有約 1000 個各種便利店也有報刊零售
臨時銷售場	商場書展	
	學校書展	
	大型書展	香港書展
	特賣場	
機構消費	企業、學校集體采購	
圖書館采購	政府圖書館	供貨合約招標
	各級學校圖書館	有招標與非招標兩種
郵購		
網上訂購		香港書城(http://www.hkbookcity.com/) 商務網上書店(http://www.cp1897.com.hk/)
電子傳遞	按需印刷(POD)	商務網上書店(http://www.cp1897.com.hk/)

　　除去機構消費和圖書館采購的批量銷售,香港圖書的零售主要是通過分佈在全港數以千計的大中小型書店和圖書銷售點進行的。香港是一個書店報攤密度非常高的地區,大大小小的書店布滿了本來就不大的香港。千禧年以來香港的大、中型書店數量有所增加。大型連鎖書店,以其豐富的圖書品種、較大的閱覽空間、完備的企業化管理在香港獨樹一幟。原來在香港經營幾十年的聯合出版集團屬下的三個圖書零售系統——三聯、中華和商務保持活躍,十餘年來不停擴展,分店從 20 多家增加到 40 多家,銷售的圖書品種也大幅度提升。外來的大型書店如大眾書局陸續擴展分店,PAGEONE 穩占英文書店和設計圖書市場,來自澳洲的 Dymocks 連鎖授權書店與《南華早報》(SCMP)集團合作,開拓香港的英文圖書市場。此外內地和臺灣地區的大型書城也紛紛進軍香港

258　柳斌傑:《中國圖書年鑒(2004)》,湖北人民出版社 2004 年版,第 54 頁。

出版市場,如新華書城和城邦書店。中小型書店亦稱為獨立書店,一般專營某類或某幾類圖書,以特色取勝,有的還兼營文具,在港數量最多,分佈最廣。同時具有香港特色的小型"二樓書店"(也叫"樓上書店")作為大型綜合書店的補充依舊運作,各占市場,堅持專門書店的特色。近年來由於租金上漲、成本增加、銷量降低等因素的影響,陸續出現"二樓書店"倒閉的現象,其經營逐漸陷入困境。圖書銷售點則是指設於地鐵站的連鎖便利書店、超級市場或百貨公司中的商場書店以及遍佈街頭的書攤。

"中文雜誌的主要銷售通道依次是報攤、便利店、雜誌屋。訂閱是極為少見的,全靠讀者見書買書。這就形成了雜誌的封面必須適應陳列,設計誇張醒目,雜誌的名稱必須在上部(否則就在雜誌架上被遮蓋)等特點。英文、日文雜誌基本上是進口,本土出版鳳毛麟角。外文雜誌的訂閱比例稍高,但零售仍是主要形式。外文雜誌的銷售點主要是外文書店,部分外文雜誌在中文報攤也有出售。英文雜誌的銷售傾向與中文雜誌大不相同,是以政治經濟為主,生活實用為輔。不過日文雜誌的銷售也是以生活實用為主。"[259]

香港書展。香港書展由香港貿易發展局主辦,是亞洲最大型的書展之一。每年一度的香港書展是香港出版業的盛事,吸引了來自香港、臺灣地區、中國內地以及世界各地的出版商、圖書銷售商、發行商、作家及讀者參與,為亞洲出版尤其是兩岸三地的出版界提供了一個新書推廣的平臺。經過千禧年來十多年的發展,香港書展也在經歷著成長和變化,到現在香港書展已經成為亞洲參觀人數最多的書展之一,發展成為集版權交易、零售、新書推廣、展覽參觀、論壇等為一體的綜合性大型書展。2011 年,共有 526 家商號參加香港書展,其中約 100 家來自外地,大會吸引了 950000 人到場參觀。

網路書店。進入 21 世紀,出版物流通領域發生了較大的變化,一個革命性的事件就是網路書店的興起。以美國亞馬遜為代表的網路書店,代表了一種新

---

[259] 關永圻:《香港十年之出版》,《中華讀書報》2007 年 6 月 27 日。

的出版物流通方式,對傳統出版物流通尤其是實體書店產生了巨大的衝擊。相比較內地和臺灣網路書店的紅火,香港的網路書店暫時還未成氣候,顯得不溫不火,幾家網路書店多維持在推廣宣傳層面,營業額不大,對實體書店影響有限。因為香港幅員狹小,人口相當集中,不管是商業區還是住宅區,都有大大小小的書店和報攤,讀者總會在公司、學校或住家附近找到書店,要買書實在是輕而易舉。再加上每年香港的新書品種有限,差不多幾千種,實體書店足夠容納,且香港發達的發行流通體系可以保証即使書店沒有現貨,只要讀者提出訂書而出版社又有存貨,書店便可在兩三天內滿足讀者需求。

六、出版產業發展趨勢

(一) 產業進一步整合和融合

　　香港出版業在進入 21 世紀以後,加快了產業整合和融合的步伐。盡管囿於香港出版市場狹小,香港還未形成國際性的綜合出版集團,目前的出版機構還是以中小型規模為主,但香港出版企業很早就進行了兼併融合的探索。首先這使得出版上游的內容生產部門能夠有能力承擔大型專案的開發及行銷策劃,並可以積極運作數位出版專案。其次在出版下游的出版發行管道得以共建、物流體系得以共用、零售系統得以合併,使得出版物生產銷售過程中的資金流、資訊流和物流能夠更加方便快捷地傳遞。比如 1988 年成立的香港聯合出版集團,在進入千禧年以來積極整合集團旗下的出版、印刷、發行、零售、物流等部門,試圖發揮整個圖書產業鏈最大的效益及優勢。再者香港不少出版社已經開始在業務搆架方面進行跨媒體整合,如商務印書館和朗文香港教育合作,推出 Wi-5 Infinity 8100 流動辭典機。產業的融合和升級已然成為香港出版未來發展的一個重要趨勢,通過產業深度合作和整合可以將出版資源優化,發揮集團化、產業化、合作化、多元化以及跨界經營的優勢,更好地開拓出版市場。

(二) 數位出版轉型進一步加快

香港數位出版的起步並不晚,但是因為種種因素的影響,香港現在數位出版的發展步伐不僅沒有趕上世界數位出版發展的步伐,甚至還被近年來崛起的內地數位出版所趕超。越來越多的香港出版人認識到數位出版潮流不可逆轉,在亞馬遜 Kindle 模式、蘋果 iPad 模式和 Google 數位圖書館模式的刺激下,紛紛加快了數位出版轉型和探索的步伐,主要是電子書出版和多媒體出版的探索。"香港書展 2010 年首次設立'電子書及數位出版'展區,漢王、聯合出版集團、明報等 20 多家參展商展出最新的電子書及數位閱讀器。香港各大書店也爭先公佈電子書出版計劃,唯恐落後於前人。如三聯宣佈分批推出電子書,天窗出版社則以時尚生活類電子書出戰。"[260]"香港書展 2011 年為迎合電子書日趨普及的大勢,特別為電子出版業設立兩個專區,吸引 32 家商號參展,較去年增加 60%,並同期舉行國際出版論壇,主題是《出版電子化的新機遇》。2010 年,香港出版超過 1000 本電子書。由 3 家香港出版機構與香港貿發局攜手合辦的電子書閱讀平臺,自 2011 年 6 月底起錄得逾 18000 次下載。"[261]此外多媒體出版方面,多家教育出版社推出和完善多媒體學習網站。盡管香港數位出版和電子書現在發展得還不夠成熟,但隨著電子閱讀設備的普及,香港教育多媒體和電子化改革的繼續推進以及香港出版人的積極探索,未來數位出版將會成為香港出版一個新的亮點。

---

[260] 高玉華:《2010 年香港出版現況》,《"全國"新書資訊月刊》2010 年第 1 期,第 108—112 頁。

[261] 香港貿易發展局.香港出版業概況.http://hong-kong-economy-research.hktdc.com/business-news/article/%E9%A6%99%E6%B8%AF%E8%A1%8C%E4%B8%9A%E6%A6%82%E5%86%B5/%E9%A6%99%E6%B8%AF%E5%87%BA%E7%89%88%E4%B8%9A%E6%A6%82%E5%86%B5/hkip/sc/1/1X000000/1X006NW7.htm.2011-08-29/2012-09-29.

（三）出版產業的內容屬性進一步凸顯

在香港特區政府統計處的統計中,出版相關的統計是"印刷及已儲錄資料媒體的復製"行業的統計,該分類把"出版"歸類為"印刷、出版及有關行業",可以看齣目前在官方的統計中出版依舊屬於印刷業的一個附屬,沒有獨立的產業地位。但事實上出版業應該是內容產業,應該強調的是它的內容屬性而不是它的載體屬性(印刷),所以出版業更多的是內容產業而不是製造業。香港政府也越來越意識到出版產業的內容屬性,開始提出一系列促進內容創意產業發展的舉措。"提出了包括文化及創意產業、醫療產業、教育產業等在內的香港六大優勢產業,而文化及創意產業主要包括:廣告;建築;藝術品、古董及手工藝品;設計;電影、視像及音樂;表演藝術;出版;軟件、計算機遊戲及互動媒體;電視與電臺。"[262]雖然短期內還無法將工業製造業生產興盛年代形成的《香港標準產業分類》(HSIC)進行大的改變,但目前香港出版業的普遍看法是香港出版仍具創意方面的優勢,應該將出版業納入到整個內容產業的角度來進行跨產業運作。一個典型的例子就是漫畫"麥兜"系列已成為了動漫電影的主角,電影取得了巨大成功,從而帶動了圖書、文具、服飾等周邊產品的熱銷。

（四）出版市場進一步開拓

由於香港本土出版市場很小,所以香港出版人一直以來都在積極維護出版本土市場並開拓外部市場,用香港出版總會陳萬雄的話講就是:"一是更加注重本土性,免受外來力量的幹擾;二是更加注重跨地域性和國際性,關照並領先整個華文市場。"首先是教育出版市場的開拓,香港的教育出版面臨著學制改革和教學模式改變的巨大機遇和挑戰,如果出版人能夠抓住這個機遇並化解挑戰,將極大地提升香港教育出版的發展。其次是英文圖書市場的開拓。香港的本地英文

---

[262] 香港特區政府統計處.香港四個主要行業六項便勢產業(概念及方法).
http://www.censtatd.gov.hk/hkstat/sub/sc80_tc.jsp.2012-09-28/2012-09-29.

圖書市場極具潛力,教育及兒童書的銷售不斷增長。配合有實力的跨地域圖書批發系統,香港有能力發展成為亞洲英文圖書批發中心,不單滿足不斷增長的內需市場,而且還可將發行力量及網路擴展至香港以外的多個亞洲地區。最後是香港出版"走出去"的發展,一面走到內地、臺灣,一面是走到海外。內地市場的巨大潛力已成為全球的焦點。香港出版商處於有利地位,可以將中國內地的資訊輸往世界各地,同時近幾年不少香港出版社在臺灣市場上也有良好的收穫。而走向海外,主要是海外華文圖書市場的開拓和與海外出版機構的合作出版,例如香港中文大學出版社近年來除與國內大學出版社合作外,還跟眾多歐美出版社合作出版,讓香港出版更有效地走進國際市場。

千禧年來的澳門地區出版

作為一個領土只有 30 平方公里、人口不足 56 萬,卻有著 400 多年出版歷史的城市,澳門的特殊性不言而喻。據有關史料記載,澳門印刷業始於明朝中葉,由外國傳教士將改良後的活字印刷術從歐洲帶入澳門,如利瑪竇、羅明堅在澳門合編的《葡華字典》即為中國最早用活字印刷的字典之一。但是,很長時間以來,盡管作為溝通東西方文化的最早門戶之一,澳門的出版業發展卻十分緩慢,直到 20 世紀 80 年代如雨後春筍般湧現出一批本地出版社,才令出版業初見起色。進入 90 年代,由於澳門政府積極促進本地教育文化的發展,促使澳門的出版業有了很大提升,亦為圖書出版拓展了市場空間。

澳門 12 年來共出版了 7172 種圖書,可見近年來澳門出版業發展相當迅速,以下為澳門回歸以來出版業發展的重點回顧。

一、出版數量及出版單位分析

(一) 出版業平穩發展,政府出版主導圖書市場

2000—2011 年,澳門出版的圖書、期刊、特刊等出版品共計 7172 種。從圖 1 可以看出,澳門出版品的數量在 12 年間未有較大增長,平均維持在每年 600 種左右,唯獨在 2004 年達到 711 種,正因當時適逢澳門回歸五週年大慶,不同社團及作者相繼出版回顧、慶祝之專集,使得 2004 年澳門出版品數量出現一次難得的小高潮。

自 2010 年始,在互聯網高速發展的影響下,部分出版社努力推動本地圖書電子化,將已出版的書籍、雜誌等轉化為手機電子書,如 2010 年 9 月,澳門和記

電訊公司夥拍香港電子書籍庫光波 24 書網,推出多媒體流動電子書平臺 3Books,它涵蓋了經典書、暢銷書、雜誌及相集等,還加入網頁連續功能,支援多媒體影音播放,讓讀者實時將好書分享至各大社交網路平臺(月付費 38 元澳門幣可無限次瀏覽 2000 本圖書及雜誌);2010 年底澳門原力出版社與香港夢想書城正式合作,在免費的"夢想書城"App 內建立澳門區圖書,讓 IOS 系統的手機和平板計算機都可以在世界各地下載澳門書籍;澳門政府也積極推動電子閱讀,電子圖書的興起導致澳門傳統的出版品數量有明顯下降,幾乎與 2000 年持平。

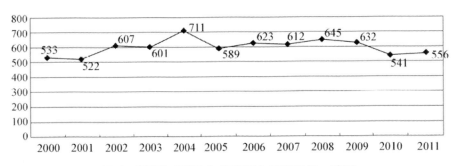

圖 1　2000–2011 年澳門歷年出版數量一覽圖

　　經筆者搜集整理,澳門本地出版單位共計 896 個(參見圖 2),當中以社團數量為最(424 個),約占所有出版單位的 47.32%。與中國內地、香港和臺灣地區的政治文化不同,澳門是一個社團文化的政治社會,全澳約有 3000 多個註冊社團。這種現象也反映在澳門出版市場上,約有 14%的社團以不同的方式出版了 1727 種出版品,占 12 年間出版品總量的 24.08%;盡管澳門政府出版單位只有 84 個,占社團數量的 20%,但其出版品數量(3528 種)卻佔據了出版品總量的半壁江山(49.19%),可見政府部門在某種程度上主導了澳門的出版市場;第三位為私人出版單位,共 258 個,其中包括私人出版社、商業公司、公共事業機構等,出版品達 1551 種,占出版品總量的 21.63%;第四為學校出版單位,全澳有約 100

所中小幼學校,接近一半的學校(45 所)共出版書刊 253 種,占出版品總量的 3.53%;最後為個人自資出版單位,共 85 個(113 種),占總量的 1.58%。

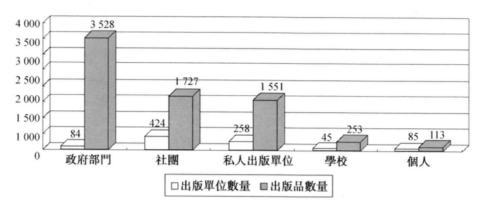

圖2　2000–2011 年澳門出版單位統計圖(筆者收集整理)

1. 政府出版

　　眾所周知,一般意義上的政府出版物是指政府各部門及其下屬機構出版的、具有官方性質的文獻,因此又稱為"官方出版物",大致可分兩類:一類是行政檔,如會議記錄、司法資料、規章制度、調查統計等;另一類是科技文獻,如研究報告、科普資料、技術政策檔等。政府出版物是一種既特殊又重要的文獻資源,更是一個國家或地區體現社會各個方面的重要資料來源之一,歷來為各國政府或地區的新聞出版部門和圖書館界所重視。

　　圖 3 為政府出版單位前 20 位排行表。從中可以看出,政府出版單位以澳門民政總署出版量最多,共 475 種;次為統計暨普查局 392 種;澳門大學和澳門理工學院作為澳門地區規模最大的兩所公立高校,擁有一定的學術出版物做支撐(本澳公立高校亦屬政府單位,故此列入),分別出版了 322 種和 276 種,分列第三、第四位;第五為教育暨青年局 174 種。前五位出版單位的出版品總量即占所有政府部門出版數量的 46.46%。其他政府單位出版量差別不大,平均約 70 種左右。

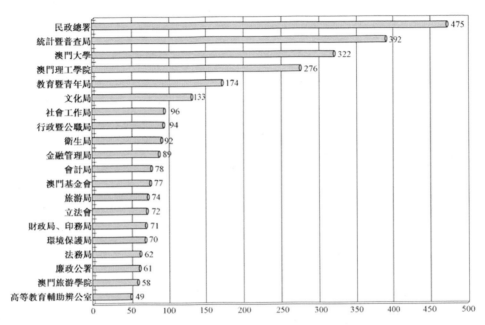

圖 3　2000–2011 年前 20 位政府出版單位排行

2. 社團出版

　　澳門社團歷史悠久、數目之多,可謂世上獨一無二。澳門是一個國際化都市,華人、葡萄牙人、歐洲人、馬來人聚居在這個彈丸之地,成為西洋文化與東方文化融合交匯處。相對於同時期世界絕大多數尚處在封建專制中的地區而言,澳門卻凸顯其開放和接納的優勢,正是這種社會氛圍,民間社會團體才得以在澳門廣泛興起。自 19 世紀後至 20 世紀初始,鏡湖醫院慈善會(1871 年)、澳門同善堂(1892 年)、澳門中華總商會(1913 年)相繼誕生,據不完全統計,目前澳門地區社團數量超過 4000 個,其中具有澳門身份證明可註冊的已逾 3000 個。澳門社團是本澳政治、經濟、社會等各方面發展所衍生的產物,因此澳門也素有"小政府大社會"之稱。

　　圖 4 為 12 年間前 20 位社團出版單位列表,他們致力於從文化、社會和經濟等方面向國際社會推廣澳門。澳門的澳門國際研究所是影響最大的國際性

非盈利社團機構,其出版物如基督之城系列、論壇文集、論澳論己、千禧今天、馬賽克系列等等在澳門各書店均有銷售,12 年間共出版了 58 種出版物;次為聖公會港澳教區(45 種),該教區前身為中華聖公會華南教區(前稱港粵),現已被香港聖公會教省取代,是港澳地區最主要的基督教會之一;作為澳門各行業工會聯合組織的澳門工會聯合會位居第三(41 種),目前工聯屬下的基層工會已有 50 個左右;第四為澳門故事協會,其作品以不同形式出版,並派發到各學校、圖書館及其他公共服務團體以作教育及推廣文學創作之用。前 4 位社團之出版品數量較其他單位有明顯差距。

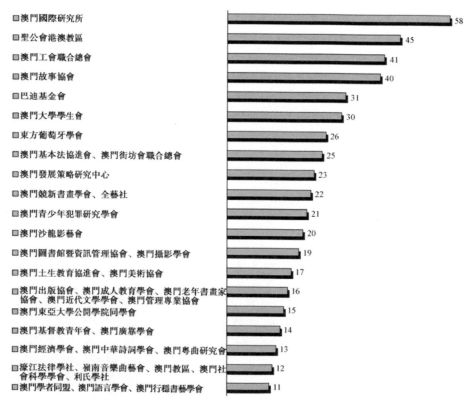

圖4　2000–2011 年前 20 位社團出版單位排行

3. 私人公司出版

　　圖 5 為 2000—2011 年前 15 位私人公司排行表。以國際港澳出版社有限公司及新紀元國際出版社各 93 種並列第一位,前者為綜合性單位,以人文社科類較有特色,輔以其他,出版範疇廣闊,內容豐富多樣;後者為巴哈伊國際出版社(BPI)的下屬機構,主要出版反映巴哈伊原則和觀點的繁簡體中文圖書,亦代理 BIP 英文書籍的銷售及版權貿易。澳門出版社有限公司以 87 種位居第二,主要為美術、書法、繪畫及文學類書籍,如《廣東美術館年鑒》、《中國當代書畫名家》等。第三為澳門日報出版社,76 種。作為澳門銷量最多、最有影響的中文日報——《澳門日報》另設有出版單位, 澳門日報出版社近年推出了

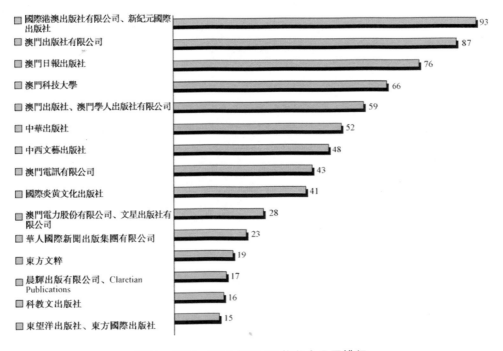

圖 5　2000—2011 年前 15 位私人公司排行

不少優秀的文學作品,如《澳門文學論集》,以及慶祝《澳門日報》創刊五十週年出版《澳門手冊》、《澳門市區圖》等。第四為澳門科技大學(66 種),為澳門最大的私立高校,以出版學術著作為主。澳門出版社和澳門學人出版社有限公司以 59 種並列第五位,前者以"積累澳門文化藝術創作成果,開拓澳門出版業新途,促進澳門與內地文化交流"為宗旨,出版了不少本澳小說、詩詞選集、旅遊及經濟類書目,如《澳門四百年詩選》、《澳門小說選》等,還致力於繁榮粵劇事業,共出版粵劇書刊二十餘種,成為該社出版業務的一大特色;後者主營字畫、出版、印刷等,出版物以人文社科類居多。

4. 高校出版

圖 6 為澳門 10 所高校的出版量分析,以澳門大學為最多,達 336 種;次為澳門理工學院(283 種);第三為澳門科技大學(66 種)。其出版特點為傳統規模較大的學校,長年累積了一定的師資隊伍以及學生組織等資源,出版數量亦相對較強,出版物大部分均以學術專著為主,輔以校刊、學報及各類研究所出版物。

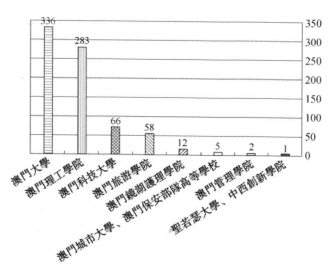

圖6　2000—2011 年 10 家大學出版排行

5. 學校出版

圖 7 為 2000—2011 年前 10 位學校出版排行表,首位為濠江中學 29 種,次為聖若瑟中學 25 種,第三為培正中學 21 種,第四為澳門勞工子弟學校 18 種,第五為粵華中學 10 種。澳門的中學有不少以宗教為依託,如天主教的聖若瑟中學,基督教的培正中學等,諸如紀念特刊、校刊以及偶爾推出一些具有宗教性質的出版品是這些學校較有特色的出版物類別,如培正中學的《培正校刊》等等。

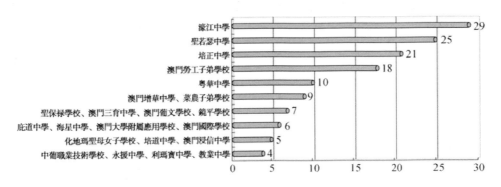

圖 7　2000—2011 年前 10 位學校出版排行

(二) 本地作者以政府及高校者眾,外地作者以宗教為依託

從出版品作者性質分析(參見圖 8),在筆者所統計的 7172 種出版品中,由於大部分為政府及社團出版物,故團體作者的出版數量有絕對優勢(3948 種),占 55.05%;澳門本地作者(1298 種)占 18.10%;外地個人作者(872 種)占 12.16%,其他作者占 14.70%。本地作者著作雖然較多,但與外地作者相差並不太大,作為歷史悠久的全球文化交流的開放門戶,歐洲和中國的各種文化在此薈萃,使澳門在文化交流產業上具有巨大發展潛力和全球化色彩,因此對外地作者亦有很大的吸引力。

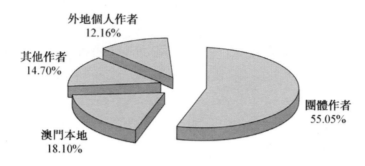

外地個人作者
12.16%

其他作者
14.70%

澳門本地
18.10%

團體作者
55.05%

圖 8　2000－2011 年出版作者統計圖(筆者收集整理後的分析)

1. 本地作者

　　圖 9 為 2000—2011 年本地作者出版排行表前 5 位,其中尤為突出的是以澳洲籍澳門大學教師客遠文出版作品最多,共 34 種;次為已故澳門記者陳煒恒的個人結集;第三位並列有 5 位,分別為澳門基金會主席吳志良及金國平兩位的歷史著作,黎祖智的澳門與葡國的政論,李立基的澳門法律專著,及 Crerar Azita 的兒童英語教材; 第四位為著名新聞記者及出版人林昶的兩岸政論書系;第五有 3 位,分別為澳門基督徒文字協會會長、《時代月報》(澳門歷史最悠久的福音報)總編輯王大為的傳教類著作,陳欣欣的本澳政治社會和青少年犯罪問題研究,以及教育家劉羨冰的教育類專著。

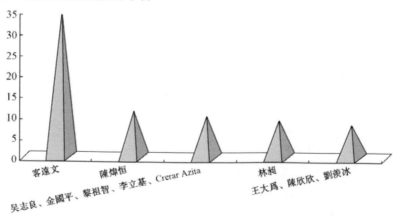

客遠文　　陳煒恒　　　　　　　　　　　　　　林昶

吳志良、金國平、黎祖智、李立基、Crerar Azita　　　王大為、陳欣欣、劉羨冰

圖 9　2000－2011 年本地作者出版排行前 5 位

2. 外地作者

圖 10 為 2000—2011 年外地作者出版排行表。以巴哈歐拉·阿博都巴哈的巴哈伊教(也稱"大同教")教義書刊為最多(25 種),巴哈歐拉是巴哈伊著作的唯一權威解釋人,其作品被認為是巴哈伊聖作的權威詮釋。次為致力於兒童早期教育近 40 年的 Addis Fryback 女士(18 種),她擅長研究兒童早期道德和品格教育,曾為本澳、中國內地、泰國、印度、巴基斯坦和哥倫比亞等地區的幼兒園老師提供過培訓;位居第四的是非物質文化遺產、民間文學和民俗學領域專家葉春生教授;位居第三的 Lee Anthony A.與第五的李紹白均為巴哈伊教的推介者,在巴哈伊文獻的譯介方面多有建樹,其譯作深受學者和教友喜愛。巴哈伊教大量的文獻多以英文、阿拉伯文和波斯文為載體,20 世紀至今已有少量文獻譯為漢語,但是目前仍然滿足不了學術界和宗教界對巴哈伊教研究、瞭解和學習的需要。學術界早已發出系統譯介巴哈伊文獻的呼聲,相信未來會有更多相關論著面世。

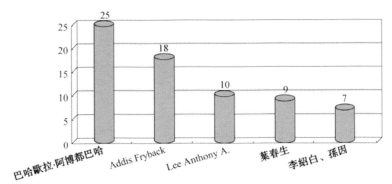

圖 10　2000—2011 年外地作者出版排行前 5 位

3. 個人出版

由創作者自行出版而不經過出版社的出版模式被稱為個人山版。對於個人出版來說,圖書貴精不貴多,雖然從銷量來看這種出版模式在出版產業中占的比例並不大,但是它已存在了數個世紀,且因複印機、桌面出版系統、隨選列印等出版技術的進步而日益活躍。DIY 運動、部落格等文化現象也對個人出版的進展有所貢獻。[263]

在港澳地區,個人出版也是一種自費出版,能夠滿足作者著書立説的需求,是港澳出版業的特色之一(參見圖 11)。個人出資,以個人名義申請 ISBN,不通過出版社,而是找圖書公司出版,這種方式操作起來比較方便。由於出版量遠比政府以及民間社團來得少,當中以 João Correia dos Reis 及餘杏民(各 5 種)為最多,次為 Geoffrey Charles Gunn 及李亞美(4 種),第三為李玉馨(3 種)。

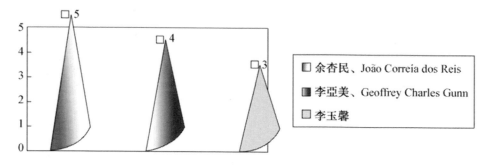

圖 11　2000—2011 年前 3 位個人出版排行

(三) 多語種出版仍為特色,社會科學及藝術類出版物穩居前列

1. 出版物語種分析

雖然外資公司不斷進駐澳門,政府各部門亦對本澳社會經濟研究非常重視,但圖書出版仍以中文書(4075 種)為主。同時,澳門自回歸之後一直積極推動中葡雙語的語言政策,故葡文書數量略高於英文書,分別為 506 種和 453 種。表 1 為 2000—2011 年同本出版品包含不同語種的統計表[264]。從表中可知,同一本

---

[263]　參見百度百科:http://baike.baidu.com/view/724508.html.2012-06-23.

[264]　意指同一本出版品內包含不同的語種。

出版品內使用語種越多,其數量則越少。中、葡、英三種語言在澳門最為常用,因此中、葡、英三語著作超過了中葡和中英雙語著作,分別為 837 種、697 種及 534 種,如《珠澳合作開發橫琴專題研究:澳門如何參與》(2010)、《澳門產業結構優化與適度多元化研究》(2006)等為三語著作。英語作品集中在文學創作及語言學習方面,葡語作品主要為藝術及法律出版品,純外語著作有 1003 種,外語人才有較強勁的表現。

表1　2000–2011 年同本出版物內包含不同語種之統計表

語種	出版數量	語種	出版數量
中	4075	中、英、其他	1
中、葡、英	837	中、英、法	1
中、葡	697	中、英、捷克	1
中、英	534	中、意	1
葡	506	中、葡、英、法	1
英	453	中、葡、英、法、西	1
葡、英	25	中、葡、英、普	1
西	12	中、葡、英、意	1
中、葡、英、法	10	日	1
中、英、日	3	英、法	1
中、葡、英、西	3	德	1
中、葡、英、日	2	/	/
法	2	/	/
英、日	2	總計	7172

除多語種混合出版以外,為了節省翻譯的時間,部分出版單位元(主要為政府部門)分別以中葡英各語種單獨出版。另有一組資料可作說明:經統計,在已知的 786 種出版品中,有 248 種葡文書另有中文版本,約 79 種葡文書同時有中文版和英文版;約 232 種中文書另有葡文版本,約 90 種中文書同時有葡文版和英文版,約 40 種另有英文版,等等。至於從外文翻譯出版的著作只有 80 種,主要為葡文文學及宗教作品譯本。多語種出版使澳門的出版在華文地區中頗具特色,也正因如此,本地更加需要多語種編輯的人才。

2. 出版物內容分析

　　按中國圖書分類法進行分類(見表 2 及圖 12),在 7172 種圖書中,以社會科學類圖書為最多,共 3012 種,占總體的 42.00%;次為藝術類,共 1293 種,占 18.03%;第三為應用科學類,共 819 種,占 11.42%。最少出版的圖書則為哲學和外國史地類,分別為 53 種及 87 種。表 2 為 2000—2011 年澳門圖書分類統計表,從中可見澳門以社會科學類出版為主導方向,並輔以藝術類圖書帶動整個出版市場發展。

表 2　2000—2011 年圖書分類統計表(按中國圖書分類法分)

年份	總類	哲學	宗教	自然科學	應用科學	社會科學	中國史地	外國史地	語言文學	藝術	總計
2000	18	5	21	11	61	236	45	5	49	82	533
2001	11	2	15	10	58	244	31	3	68	80	522
2002	23	4	19	12	64	245	27	7	88	118	607
2003	21	7	24	19	91	242	31	8	56	102	601
2004	22	7	33	12	81	270	53	9	95	129	711
2005	22	3	15	6	68	248	47	16	54	110	589
2006	28	12	15	8	82	240	31	14	94	99	623
2007	28	2	30	11	74	243	37	12	58	117	612
2008	28	3	20	9	54	284	37	4	82	124	645
2009	19	5	31	13	47	287	42	4	62	122	632
2010	12	2	17	14	47	233	42	3	37	132	539
2011	9	1	13	56	92	238	22	2	45	78	556
總計	241	53	253	181	819	3012	445	87	788	1293	7172

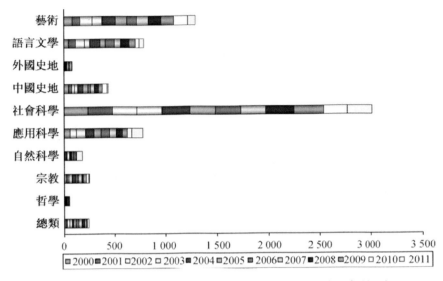

圖 12　2000–2011 年圖書分類統計圖(按中國圖書分類法分)

如按照圖書的主題進行分析(參見圖 13),以藝術類為最多,共 1293 種;次為公共行政類,為 709 種;第三為經濟類 671 種。前 10 位出版數量均超過 200 冊。在 7172 種圖書中,約有 4900 種題材與澳門相關,可見出版品內容過於本土化,缺乏對國際視野及論題方面的探討,令澳門出版市場往海外發展受到一定程度的限制。

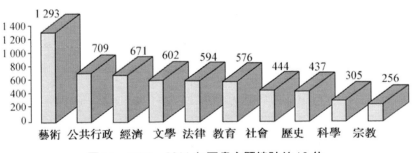

圖 13　2000—2011 年圖書主題統計前 10 位

2008 年國家頒佈《珠江三角洲地區改革發展規劃綱要》,首次提出要把澳門建設成為"世界旅遊休閒中心",而 2011 年中央政府最新出臺的《"十二五"規劃綱要》中也明確支持以"休閒旅遊"為核心發展其他產業,這為澳門經濟今後的發展指明了方向[265]。從表 2 中可見藝術類圖書的出版數量遙遙領先於其他圖書,此乃國家及澳門政府大力發展文化創意產業所致。2010 年澳門特區政府正式啟動文化產業工作,並研究設立"文化創意產業基金",結合政策的制定和實質的支持,務實推動澳門的文化創意產業之發展。根據國家文化創意產業的相關政策,澳門對本地文化創意產業作了重點發展的劃分,包括視覺藝術、設計、電影錄像、流行音樂、表演藝術、出版、服裝及動漫八大專案。世界各地藝術家紛紛來澳舉行各類活動,如畫展、書法展、攝影展、陶藝展等,同時出版相應的畫冊、書法集、攝影集等,藝術類圖書的出版數量由此大幅增加。作為遠東最早的傳教中心,宗教類圖書一直保有穩定的出版數量,除了論著最多的巴哈伊教外,另有天主教、基督教、伊斯蘭教、佛教、道教等各類宗教著作在此匯聚,使得宗教類圖書力壓旅遊類和博彩類擠進前 10 位。

二、澳門的期刊及報紙

澳門是西方印刷術最早傳入中國的城市。早在 1833 年,基督教傳教士馬禮遜創辦的不定期中文刊物《雜聞篇》,是最早以金屬活字印刷術印刷的中文期刊,也是在中國境內最早出版的中文期刊,同時是澳門歷史上最早出版的中文期刊。澳門出版的期刊壽命大都非常短暫,部分創刊一至兩期後便告停刊。政府或部分社團機構出版的期刊,因為資金充裕,又有專職人員負責,所以刊期較為穩定及可持續出版。1986 年,澳門社會科學學會成立並出版學報《濠鏡》,在澳門社會科學發展史上成為學術期刊的奠基石;1987 年,澳門文化局的前身澳

---

[265]　世界旅遊休閒中心:《澳門經濟新增長點》,《時代經貿》2011 年第 6 期。

門文化學會,採用季刊形式分別以中葡雙語創辦了《文化雜誌》,主要刊載歷史、藝術、文化和宗教等領域的文章,至今已發展為中文版及國際版兩刊,亦是中國社會科學引文索引(CSSCI)的來源期刊;1988 年由澳門東亞大學澳門研究中心創辦的綜合性刊物《澳門研究》亦為 CSSCI 資料來源的學術期刊,是澳門人文社會科學領域較具權威且為人關注的刊物。[266]由此可見,澳門的期刊在 20 世紀 80 年代便取得了不錯的成績。

回歸以前,澳門出版的報紙及期刊約有 109 種,題材以澳門旅遊、時事及機構通訊為主。回歸前澳門已有日報 11 份:《澳門日報》、《華僑報》、《大眾報》、《市民日報》、《星報》、《正報》、《現代澳門日報》、《華澳日報》、《句號報》(葡文)、《澳門論壇日報》(葡文)、《澳門今日》(葡文)。回歸後,共有 3 份新日報出版,主要是應市場需求,加上外地來澳工作的人員增加,其中兩份更以英文出版,包括:《澳門郵報》(英文)、《澳門每日時報》(英文)、《濠江日報》,另有一份《今日澳門》為香港《新報》在澳門發行的報紙。14 份報紙的發行量為每日約 23 萬份。週報方面,則有《訊報》、《澳門脈搏》、《澳門文娛報》、《時事新聞報》、《體育週報》、《澳門觀察報》、《澳門早報》、《澳門商報》及葡文的《號角報》等。而學術期刊有 70 多種,內容以文史研究、法律、經濟、教育等類別為主。

自回歸以來至 2011 年,澳門的期刊處於穩步發展階段,進步的空間依然很大。在 11 年間澳門創刊的報紙及期刊有 501 種,包括不定期刊物、季刊、月刊、週刊、雙週刊及日報等。從圖 14 可見 2000 年、2002 年以及 2008 年創刊的期刊較多;圖 15 為期刊內容分析表,可發現大部分期刊為通訊性的刊物,共 266 種,占總體的 53.09%,由於內容更為豐富,更貼近時政和民生百態,因此有助於擴大本澳讀者群體。次為休閒性及知識性期刊,共 115 種,占 22.95%,學術性期刊為 74 種,廣告性期刊 40 種,日報 5 種及招生簡章 1 種。總的來說,目前較

---

[266]　吳志良:《澳門社會科學期刊的歷史發展》,《行政》2008 年第 4 期,第 904 頁。

重要的報刊有報紙 10 種及期刊 30 種,題材以澳門旅遊、時事為主。而學術期刊有 100 多種,內容以文史研究、法律、經濟、教育等類別為主。部分澳門高校亦有自己的學報以及某些專業領域的研究刊物,如由澳門理工學院 2002 年創刊的《中西文化研究》,澳門科技大學 2007 年創刊的《澳門科技大學學報》,以及澳門理工學院"一國兩制"研究中心 2009 年 7 月創刊的《"一國兩制"研究》(季刊),等等。

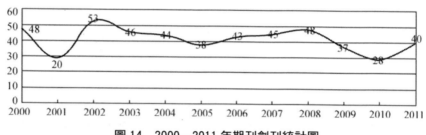

圖 14　2000—2011 年期刊創刊統計圖

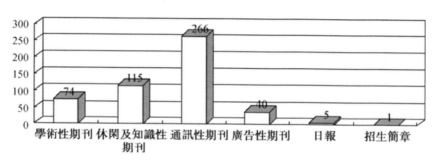

圖 15　2000—2011 年創刊期刊內容分析圖

三、出版業界的交流

澳門每年的三次大型書展,分別在 5 月、7 月及 11 月舉行,5 月、7 月的書展分別由澳門出版協會及一書齋舉辦,每次均展出逾萬種圖書。平均每次入場人數約有二萬人次,主要客源為圖書館及個人讀者。而在 11 月舉行的書展是由澳門出版協會主辦,臺灣圖書出版事業協會合辦,書展展出臺灣出版物及教育用品逾千種。2003 年澳門舉辦第九屆兩岸華文出版聯誼會,會上建議澳門成立出版專業社團,2004 年澳門出版協會正式成立。之後每年均赴中國內地、香港和臺灣參加出版聯誼會年會活動,得以與兩岸三地的行業人員交流和溝通,促進彼此間的瞭解。

2007 年澳門出版協會與澳門大學出版中心合辦第十二次兩岸華文出版聯誼會,同年該會為推動澳門出版事業的發展,主辦第一屆封面設計比賽及活躍圖書出版獎。2008 年澳門業界首次參加了 2008 香港國際書展,分別有澳門動漫協會及澳門大學與澳門出版協會的攤位各 1 個。2009 年澳門業界赴北京參加第十四屆華文出版聯誼會,同年澳門出版業界首次參加德國法蘭克福書展,展出澳門出版品百多種,筆者在會上發言概述澳門出版業現況。

而在 2010 年 4 月,澳門出版協會、澳門大學出版中心、東亞出版人會議合辦了第十次東亞出版人會議,此次會議共有來自海峽兩岸暨香港、澳門以及日本、韓國的出版人四十多位參加;7 月參加在香港舉行的亞洲出版年會,並在香港國際書展中增加至兩個展位。

在專業培訓方面,2010 年澳門出版協會與臺灣輔仁大學澳門校友會開設了一門"圖書出版編輯與發行"課程,分別邀請臺灣的出版人劉文忠先生、香港出版學會的導師來澳進行教學與分享工作心得,開創了關於澳門出版教育的先河。

同年,澳門文化局成立文化產業廳,期望能誘導文化產業的發展,而業界成立了澳門電子媒體業協會,標誌著澳門傳媒走向電子出版的新方向,體現出澳門出版業將可望有更多的交流與多方位的發展。澳門圖書館暨資訊管理協會及澳門大學加入臺灣的華藝電子書系統,開創了澳門圖書銷售以電子圖書為主要管道的新路向。澳門基金會亦聯同社會科學文獻出版社、廣東人民出版社及香港三聯書店合作,資助社團以及個人以澳門研究為題材的圖書著作出版,可見澳門與內地的出版合作漸趨頻繁。

四、書店業

澳門的書店以出售港、臺、澳版圖書為主,內地圖書由於有簡體字的障礙及港澳與內地售價差異甚大等因素的影響,只占中文圖書銷售總數不到 10%的比例。目前,澳門共有門市書店及代理公司 39 間,包括:澳門文化廣場(3 間分店)、宏達圖書中心(4 間分店)、澳門星光書店(2 間分店)、葡文書局、文采書店、邊度有書、一書齋、珠新圖書公司、科海圖書公司、資訊店、環球書局、光啟教育中心(原為海星教育中心)、悅書房、耶路撒冷書城、浸信書局、聖保祿書局、活力文化、新城市圖書中心、大眾書局、環亞圖書公司、樟容記書局、大豐啤令行、競成貿易行、ABC 計算機公司、學術專業圖書中心、Bookachina(2007)、創意文化(2007)、小河馬(2007)、Bloom(2007)、商務印書館澳門分館(2008)、澳門政府書店(2008)、知樂館(2008)、悅學越好有限公司(2010)等。而澳門星光書店在澳門理工學院開設了一家新分店,主要對象為遊客與大學生。二手書店約有 10 間,漫畫店約有 50 間,報刊批發商有 6 間。此外,澳門亦有便利店 30 間及書報攤 30 間分銷圖書及報刊。在澳門有八成的書店設於中區,形成澳門獨有的書店街。2009 年結業的書店有讀品書坊(2007) 及 Bloom(2007);2010 年結業的書店有在威尼斯人度假村開設的Time(2007)。另外澳門政府書店及民政總署設計了網上售書網站,努力打開外地市場。

澳門的書店一般都會舉辦專題書展,規模亦愈來愈大,在現代化的會議展覽廳每年都有三次較大型書市,一些中等規模的書展亦常在百貨商場或旅遊廣場舉行,為本澳居民購買圖書提供各種便利。

在代理市場方面,有牛津大學出版社、中澳圖書公司、香港教育出版社、朗文出版社、InfoAccess 及從珠海來澳開業的鳳凰書城,均專攻圖書館業務及學校教科書業務。

五、澳門出版業之優劣勢分析

(一) 優勢

澳門是東西文化雙向交流的最早基地,使得圖書出版業具有"以中為主,中、葡、英結合"的特點。除了政府的大力支持以及博彩旅遊酒店業的發達外,澳門緊靠中國內地及香港地區,出版政策自由寬鬆,這種環境為澳門出版業的發展提供了良好的土壤。具體而言,主要有以下幾個方面的優勢:

1. 政府提供財政支援出版書刊,鼓勵本地創作

根據表 2 的統計,由於本澳大部分出版物均為政府出版或由政府資助出版,出版機構或個人能夠得到有力的財政支援,這推動了出版業及印刷業的發展。

2. 旅遊經濟帶動多語種出版,有利於打開國際市場

作為近代中西文化交流最為重要的一個交匯點,澳門以其獨特的歷史風貌、融合歐亞特色的建築風格和歷史城區,每年吸引著來自世界各地上千萬的遊客,旅遊休閒業成為澳門經濟中最重要的組成部分。2010 年澳門入境旅客達 2500 萬人次,人均消費 1704.5 澳門幣,博彩業收入近 2000 億澳門幣,占澳門當年地區生產總值的 87.2%。[267]近年來澳門的博彩收益已經超越美國的拉斯維加斯,旅遊業也非常發達,更提出建設"世界休閒旅遊中心"的目標,其帶動的各項消費也非常可觀。這讓世界各地對研究澳門經濟、旅遊業發展及城市定位的興趣日漸濃厚,因此以澳門研究為主題的具有本地特色的出版物也較受歡迎,這直接推動了出版業的發展。

同時,隨著博彩業及酒店業的迅速壯大,大量歐美以及世界各地的外籍員工來澳工作,也使得外文書刊市場持續興旺。由於受到本澳歷史背景之影響,不少

---

[267] 世界旅遊休閒中心:《澳門經濟新增長點》,《時代經貿》2011 年第 6 期。

書刊以中、英、葡等多語種出版,與其他地區相比更顯示其獨特性,有利於打開國際圖書市場。

3. 地理優勢提供優渥資源,共用合作出版之良機

作為中國最早對外開放的門戶之一,澳門有著優越的地理位置。鄰近中國內地及香港地區,為本地私人出版社搭建了一條聯繫各地作者及開拓稿源之路,部分出版單位元(作者)與外地出版單位(作者)合作出版圖書,保証了新題材的引進,藉以擴大圖書市場的影響力。例如澳門基金會與廣東人民出版社,澳門教育暨青年局與人民教育出版社,澳門文化局與上海古籍出版社,澳門大學與上海古籍出版社、復旦大學出版社等不同的內地單位合作出版圖書。此外,由於澳門大部分印刷廠均在珠海設有分廠,大大降低成本,有利於增強市場的競爭力。

(二) 劣勢

由於地理空間狹小,市場規模有限,再者人口素質亦不高,澳門出版業的發展在某種程度上取決於資訊交流是否順暢,不瞭解各項資訊的最新進展,就無法把握好出版契機。澳門一方面與歐美有密切的聯繫,另一方面毗鄰香港和內地,資訊管道十分暢通,這種優勢本應該在圖書出版方面大展拳腳。但事實上,澳門在讓世界瞭解自己和澳門形象塑造方面還有待改進。總的來說,影響澳門出版業長遠發展的因素主要有以下幾個方面:

1. 欠缺必要的法律以及規範化條文的支撐

澳門專為本地區出版產業擬定的法律,即為 1990 年 8 月 6 日第 32/1990號澳門政府公報上刊登的第 7/90/M 號《出版法》[268],主要包含出版自由和資訊權、刊物的組織和出版登記等內容。另一部關於出版之法令,為《核准著作權

---

[268] 楊允中:《澳門特別行政區常用法律全書》,澳門理工學院一國兩制研究中心 2012 年版,第 119—123 頁。

及有關權利之制度》[269](第 43/99/M 號法令),刊登於 1999 年 8 月 16 日第 33/1999 號澳門政府公報,並經 11/2001 號法律修改後成立。該法令共分七章,包括文學及藝術之作品以及著作權、受保護作品之使用、著作權之相關權利、刑事違法行為及行政違法行為等內容。

相較於內地"一法七條例"[270]的詳細規定,除以上兩部法律法令外,享有較大言論自由的澳門圖書出版業尚未建立起比較完善的法律體系,對於本澳圖書市場持續、規範、有序發展極為不利。據統計,每年出版品中仍有近三分之一的書刊出版沒有申請國際標準書刊號碼,各地書商難以全面采購,影響本地出版物向外地市場的推廣;其次,圖書定價並沒有統一機制,加上外銷運費高,導致海外書商營運不利;再次,澳門並沒有一個統籌的單位元來代理全澳的出版物,各出版單位的出版物非常分散,既給政府統一管理出版產業帶來一定的難度,亦增加了出版成本,由於業界難以掌握行業資訊,更不利於學者及出版從業人員對本澳出版產業的宏觀調查與研究。

2. 缺乏競爭機制,內容及出版技術受限較重,制約本地圖書市場的發展

由於澳門閱讀人口不多,內銷市場局限,加上以政府出版物為主,且大部分以贈送形式分發,制約了本地的銷售市場。此外,出版物內容多偏向以澳門為題,對本澳之研究相對較為透徹,但同時也是弱點,加上圖書定價偏低,海外的運輸成本較其他地區高,導致海外書商營運成本高,局限了澳門以外的銷售市場。另外,出版製作技術及工藝仍相對落後,電子出版等技術仍在起步階段,加上內需市場小以及缺乏資金投入,按量印刷等較新技術根本無法普及。

---

[269] 同上,第 124—138 頁。

[270] "一法七條例"為《中華人民共和國著作權法》、《出版管理條例》、《音像製品管理條例》、《印刷業管理條例》、《計算機軟件保護條例》、《中華人民共和國著作權法實施條例》、《資訊網路傳播權保護條例》、《著作權集體管理條例》。

澳門圖書市場的收入除門市銷售以外,主要依靠舉辦書展以及促銷攤位、教科書銷售、圖書館及學校團體批量訂購等。據估計,每年澳門的圖書館花在本地購書經費上約為 1500 萬元人民幣,而書展及門市收益約為 500 萬元人民幣,教科書銷售約有 1.5 億元人民幣,合計總收益約為 1.7 億元人民幣。以澳門現約 56 萬人口算,平均每人每年花費的購書費約為 300 元人民幣。澳門出版單位每年在印刷方面等開支約 1000 萬人民幣。這些費用大部分由政府或基金會承擔,缺乏必要的良性競爭機制,不利於圖書市場的長遠發展,澳門出版行業的市場化進程還有很長的路要走。

3. 出版從業人員匱乏,專業素質亟待提高

據調查,2010 年共有 6 萬餘人從事博彩業,這個數位遠遠高於其他行業。博彩業的薪金較高且門檻較低,致使大量人力資源向其聚集,每年都有數千名澳門高中生因此輟學。由於博彩業對空間和人力等資源的佔有和消耗均較大,無形中限制了其他行業的市場規模和人員發展,這將導致澳門出現人才斷層的危機。傳統的製造業,以及需要高學歷或專業技術性人才的金融業、公共行政等其他行業比重過低,出版業亦不例外。

澳門圖書出版的從業者不足 2000 人,分別在近 300 個出版單位工作,其中有近四成為社團及業餘性質的出版人,另約有 500 人從事報刊的出版與編輯工作,以致從事圖書銷售的人員不足 300 人。澳門出版業界跟鄰近地區相比,大部分澳門的出版人均沒有接受過編輯、校對以及發行等相關的專業培訓,因此對書刊出版的品質與效率產生一定的影響。業界現有的出版技術與知識大多都是從工作中累積經驗,也有一部分編輯、製作以及後期加工方面的工作分別依靠內地、香港或國外的專業人員或出版機構提供協助與支援。人力資源的不足,加上印刷成本日益上漲,令出版成本增加,很大程度上阻礙了出版產業的發展。比如動漫產業除了人才匱乏外,市場和出版公司更為欠缺。另外比較關鍵的一點是,出版從業者薪酬普遍低於本澳公務員和社會平均薪酬水準,不僅影響其積極性,也難以吸引更多人才投身於圖書出版事業。

4. 政府大力推動文化產業,閱讀文化尤見濃厚

澳門教育暨青年局根據近年來中小幼學教學人員在非教學方面的工作日益增加,於 2007 年起推行學校專職人員資助計劃,設立若干名中小學教學協助的專職人員,其中包括:資訊科技教學人員、學校醫護人員、餘暇活動人員、閱讀推廣人員以及實驗室管理人員等,作用是減輕教學人員在非教學方面的工作。

其中閱讀推廣人員的設立理念早於 2004 年度行政長官的《施政報告》上就提出,"將閱讀納入教學規範,透過課程推廣閱讀風氣,培養學生終生閱讀的興趣及習慣"。據統計,2008—2009 學年全澳中小幼學校共計 163 所,聘用閱讀推廣人員有 80 名,2009—2010 學年全澳中小幼學校共計 167 所,聘用閱讀推廣人員有 83 名,即約澳門一半的學校已經參與此項計劃,因此學校方面對於閱讀推廣文化的重視可見一斑。除了獲得人力資源的配合外,每所學校每年還均可獲得澳門幣 3 萬元的購買圖書資金,學校圖書館可在本澳及鄰近地區各大書店購買藏書及期刊,亦間接地推動了學校與出版社之間的關係。可惜他們對本地出版物並不瞭解,一般只購買外地的出版物作為館藏。

六、未來圖書出版發展方向之建議

1. 促進相關出版法律及條文的完善,加強本澳圖書市場規範化管理

在澳門地區,要成立一個出版單位或機構的門檻並不高,這對本澳出版產業的起點帶來較大影響,相關法律條文的完善也成為下一步的努力方向。澳門新聞局曾於 2011 年 3 月至 5 月對《出版法》進行民意調查,期望收集和諮詢傳媒、社會大眾對修訂該法的意見,並作為草擬法律文本的參考;2012 年 2 月 21 日,澳門新聞局舉行座談會,聽取新聞界對《出版法》的修訂意見;2012 年 3 月 28 口,新聞局再次召開修訂澳門"出版法"的諮詢會議,公佈之前民意調查的初步意見與主要內容,進一步推動該法的制定進程。

對出版產業而言,應加大本澳出版物著作權保護,加強出版、印刷、發行管理,形成"有法可依、有法必依、執法必嚴、違法必究"的良性法律機制和市場競爭,提高作者保護能力和讀者抵制非法出版物能力,這必將有助於推動澳門出版業的發展;其次,加強出版單位申報國際標準書號的管理,簡化申請的流程,鼓勵從業者規範自身的出版活動;再次,建議成立統籌圖書單位元機制,全面代理澳門出版物業務,更有利於出版產業的規範化管理。

2. 把握社會及政府之發展意向,做好閱讀需求調查,為圖書內容提供必要依據

發展圖書出版業,須順應時代變革,瞭解社會及政府的發展意向,並積極推動本澳出版業界融入政府的發展策略中。應對澳門圖書市場進行全面調查,掌握現有市場之份額、特色以及閱讀對象等;同時,對各類型書展進行系統調查、統計及分析,以便統一整合與改善書展的模式,更切合讀者的閱讀需求,多出版優秀出版物,引導民眾閱讀傾向。

以澳門創業產業為例,2010 年政府推出文化創意產業的目標與發展藍圖,並加大資源投放,支持本澳的文化創作,研究加強保留具有卓著藝術貢獻、本土氣息的文化作品,豐富本澳的文化遺產內涵。到目前為止,廣告設計、平面設計、會展策劃、酒店服務等行業已形成一個較為成熟的內需市場,由此帶動相關圖書的問世。從目前來看,理論學術性出版物以內地著作居多,介紹本澳經濟產業情況等的統計資料以政府出版為主。應時代和社會之需要,做好圖書市場調查,把握讀者閱讀需求,是發展本澳出版業的重要途徑,亦能保証圖書的市場佔有額。

3. 進一步擴大港、珠、澳地區的交流與合作,加強同業界的聯繫和凝聚力,令同業經營者可享受規模經濟帶來的益處

內地作為最臨近澳門的地區,珠海以及珠江三角洲對於澳門今後出版業之發展有不小影響。澳門可以憑藉在圖書出版方面的地域和環境優勢,增加同內

地、香港乃至其他各地區之交流與合作,吸引優秀作者到澳門出版圖書,並藉助內地圖書市場擴大發行量,提高澳門在中國乃至世界的影響力;在本澳亦可加強出版物服務網點建設,最大程度地滿足小區民眾的閱讀需求。另外,拓寬出版單位對供貨商的議價空間,希望在不久的將來,出版單位能夠與行銷機構打造成全面的"供應—銷售鏈"模式,做到合作雙贏。規模經濟有助出版業成為文化產業強大的一員,也借此希望政府更為重視並進一步扶植出版業。同時,分工不明也影響著出版業的發展。澳門出版物有很大一部分均為政府和機構出版,顯得頗為分散且不具有代表性,筆者認為可嘗試建立一個隸屬於政府但又相對獨立的出版單位,全權經營這部分出版物的出版發行工作,明確相應分工,做好政府參謀,當好百姓喉舌。

管道過於單一,一直是澳門出版業的軟肋。要做到多管道並舉並非易事,尤其是在澳門這個彈丸之地。要發展出版必須重視圖書的發行,應不遺餘力地培育圖書市場行銷體系,使其體制、機構、管道、形式都日趨完善。除了出版社自辦發行管道、建立擁有一定市場份額的批發經銷中心外,也需要發展一定規模的書店,如星光書店及澳門文化廣場等。如果暫時無法做到獨營圖書,也可兼售其他商品,但商品類別應盡量與圖書種類契合,如在旅遊用品店出售旅遊、地理圖書,兒童用品及玩具店出售少兒圖書等。連鎖書店是推動澳門圖書市場的有力武器,但須建立由上到下的統一的經營核算體系。

4. 提升出版技術,提高從業人員的專業素質及薪酬待遇

自澳門回歸之後,十餘年來出版多元化趨勢愈見明顯,圖書種類增加,可是目前澳門出版業尚停留在初步發展階段,尤其是出版技術與世界先進國家相比仍有很大差距,出版社應通過引進較先進的出版製作技術等途徑,以出版優質圖書、精品圖書為己任,圖書之間要形成差異化,從而樹立本澳品牌意識和長期發展意識。在未來的日子裏,要更多地借鑒國外先進國家的經驗,並以培養出版從業人員的文化修養和專業素質為重點,包括編輯、排版、裝幀及版面設計、圖書行銷、發行等方面,因為唯有好好培養本地人才,澳門人才能承接起出版的使

命;再次,亦是關鍵性的,需盡快提高澳門圖書出版從業人員的薪酬待遇,為他們提供一個良好且富有前景的工作環境,鼓勵更多的優秀人才參與圖書出版領域,為本澳出版產業長遠發展獻策獻力。

5. 做好市場行銷,推動創意產業

澳門"中央圖書館"在 2001 年成立了 ISBN 中心,建立國際書號的登記制度,促使各出版單位進行出版物登記,使澳門出版物有一個展示的平臺。2004 年澳門出版協會成立,2009 年文化局成立了文化產業廳,2010 年起澳門基金會與文化局合作在香港、臺灣及其他各地舉辦重要的書展,展售澳門出版物。可是這一系列的活動缺乏有效的規劃與市場行銷的策略,澳門可借著博彩業與旅遊業在海外市場宣傳的機遇,制訂一套形象鮮明的出版行銷計劃,同時做好物流的安排,推動出版創意產業走出澳門。

澳門自回歸以來,宏觀上,各行各業於十年間均有一致向好的發展,而回歸後十年間的澳門出版,除了在數量上的增長以外,本澳的傳統圖書出版產業並沒有顯著的突破點;書店業基本上並沒有因為澳門每年有近三千萬的遊客湧入而令銷售業績大幅提升;一些專門為來澳遊客而出版的旅遊指南、地圖以及期刊,因為得到了澳門不同商號的贊助,在大量刊登各種廣告的支持下,均得到良好的業績。

可喜的是,在特區政府著重對本澳文化及創意產業進行大力推動的方針下,政府已向業界進行有關的諮詢活動,以為日後制訂有效的發展方案。相信在未來五年間,在政府的有力推動下,澳門出版業及圖書市場的發展一定會有美好的前景。

千禧年來的臺灣地區出版

　　圖書與雜誌出版業是所有"內容產業"的根本,在新時代數位科技的推波助瀾下,圖書雜誌出版成果之加值利用與推廣,也常成為"文化創意產業"的極佳素材。營造這些文化素材的出版產業,在傳統上,向來都極具地域特性。整體而言,臺灣圖書市場國際化之進展緩慢,出版集團之形成仍以橫向主題聯盟之功能為導向,外資之引進與國際並購仍未見實質發展,即使佈局中國大陸市場,仍充滿變量。以下茲就臺灣圖書、雜誌與期刊產業之環境、出版人才培育及未來願景分節敘明。

一、圖書出版產業

　　臺灣大部分出版產業結構始終存在以中小企業為主的大環境裏,以及出版商高度的地理集中特性和低創業資本的行業本質。這些世界共同特性都足以說明圖書出版之多元和復雜。若以 2000 年為例,據《"中華民國"89 年(2000)臺灣圖書雜誌出版市場研究報告》顯示,若以臺灣之非官方出版社凡出版 4 種以上之圖書始列入計算,則臺灣於 2000 年新書出版總數推估為 24385 種。此資料間接對照出版社於同年申請取得 ISBN 與 CIP 之圖書出版總數 40951 種(1999 年 10 月至 2001 年 2 月計 17 個月),平均每月新書出版量為 2409 種。換言之,即相當於臺灣自 2000 年起,一年就有約 28908 種新書之出版實力。此資料首次經由調查研究報告間接證實:即使依 ISBN 申請數推估臺灣一年新書出版種數,仍有相當參考價值,透過調查研究報告的佐証,增加了眾人對臺灣 ISBN 出版資料反推全臺新書出版種數可行性之信心。臺灣圖書出版種數之蓬勃增加已成為華文出版世界頗為人欽羨之成就。

　　回顧歷史,圖 1 為從 2000 年至 2010 年臺灣"國家"圖書館負責 ISBN 配發之出版品種數。然而,此資料亦透露了另一訊息:2000 年申請取得 ISBN 之圖書種數已達 34533 種,此資料又與 2000 年研究報告有明顯差異。原因即在於研究報告之調查對象限定為"年度出版量(以臺灣"國家"圖書館 ISBN 中心資料為準)在 4 種以上之圖書出版業者,且排除當局機關、學校及個人的出版品",此項標準也立下了往後臺灣圖書出版調查之常規。此外,由於"出版單位申請 ISBN 之時間可提前至圖書正式出版前三個月,且或有延誤出版之情事",因此,兩種資料必定存在誤差,也突顯了"正確"統計數的困難。

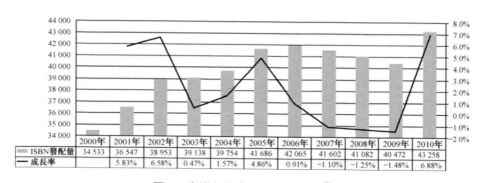

	2000年	2001年	2002年	2003年	2004年	2005年	2006年	2007年	2008年	2009年	2010年
ISBN發配量	34 533	36 547	38 953	39 138	39 754	41 686	42 065	41 602	41 082	40 472	43 258
成長率		5.83%	6.58%	0.47%	1.57%	4.86%	0.91%	-1.10%	-1.25%	-1.48%	6.88%

圖1　臺灣新書(ISBN)出版種數[271]

　　圖 2 為 2000 年至 2011 年書籍出版家數與成長率之統計,資料來自"財政部"的統計資料。圖中顯示臺灣圖書出版家數由 2001 年的 1247 家增至 2011 年的 1740 家,其增長幅度波動除 2003 年陡降外,大致維持在正負 1%之間。圖 2 顯示臺灣書籍出版家數自 2005 年以來即維持在 1700 家左右,似乎達到一定的穩定度。對照《"中華民國"89 年(2000)臺灣圖書雜誌出版市場研究報告》

[271]　資料來源:《"全國"新書出版資訊月刊》。《2007 圖書出版及行銷通路業經營概況調查》,第三章第二節,圖 3-3,http://www.gio.gov.tw/info/publish/2007market/html/D3-2.htm;以及根據《(2010 年)圖書出版產業調查報告》,第三章第二節,圖 3-3。
　　　http://www.gio.gov.tw/info/publish/2010survey/catalog3-2.html,2012-11-21.

與《"99 年"(2010)圖書出版產業調查報告》兩份報告,針對"新書 ISBN 碼申請量 4 本以上之非當局機關、非個人出版單位"之調查對象定義進行清查,僅分別取得 987 家與 1050 家圖書出版社,可據以進行調查分析。

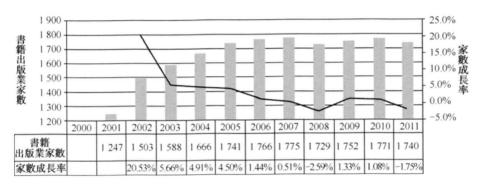

圖 2　2000—2011 年書籍出版業歷年家數變化[272]

自 1999 年出版法廢止後,"新聞局"不再負有出版登記之責,現今只要向"經濟部"商業司申請"公司登記"或"商業登記"之營業專案登記有"圖書發行"等相關業者,即被認定為廣義的"圖書出版社",而"財政部"之資料則反映了此特性,而為當年實際課征稅收之企業、公司進行資料登錄。圖 3 為 2000—2011 年書籍出版業營收變化,2011 年據"財政部"資料顯示,臺灣圖書出版營業總收入已達新臺幣 352.44 億元。

272　資料來源:"財政部"財政統計查詢資料庫.
　　http://web02.mof.gov.tw/njswww/WebProxy.aspx?sys=100&funid=defjspf2;《"96
　　年"(2007 年)臺灣雜誌出版產業調查研究》,第三章,表 3.1 雜誌出版業家數變化.
　　http://info.gio.gov.tw/public/Attachment/651514523658.pdf.2012-11-20.
　　《"中華民國"91 年(2002)圖書出版產業調查研究報告》,第三章,p16,
　　http://info.gio.gov.tw/public/Attachment/diy/3.pdf.2012-11-20.

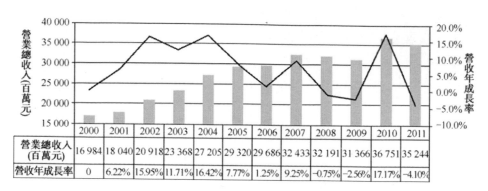

圖3 2000—2011年書籍出版業營收變化[273]

　　值得注意的是:出版產業歷年來執行的調查研究報告所獲得之出版產值與 "財政部"公佈出版營業總收入,兩者所反映的資料有相當大的差異。茲以《"99 年"(2010年)圖書出版產業調查報告》為例,其推估之產值方式為"圖書出版總 額"除以"販賣圖書收入占總收入之占比",進而得到 2010年臺灣圖書出版產值 (不含行銷通路業)為 277.9億新臺幣,此報告產值與圖 3"財政部"公佈之 367.51 億新臺幣相比,明顯存在落差。

　　近年來,在數位出版產業政策的發展上,臺灣自 2009年由主管民間產業發 展的當局相關單位推動五年的"數位出版產業發展策略及行動計劃"(2009— 2013),該計劃以"內需試煉,帶動產業發展"、"EP 同步,擴大出版內容"、"技術深 耕,打造產業生態"、"全民悅讀,建構知識平權"為推動策略,結合當局各部會的資 源與產業界的力量,目標在於促進整體數位出版及電子書產業發展。而身為出 版產業主管機關——臺灣"行政院新聞局"更增辦"數位出版產業前瞻研究補助 計劃"。"數位出版產業前瞻研究補助計劃"之分項計劃"數位出版創新應用典範

273 資料來源:"財政部"財政統計查詢資料庫.
http://web02.mof.gov.tw/njswww/WebProxy.aspx?sys=100&funid=defjspf2、《"96 年"(2007年)臺灣雜誌出版產業調查研究》,第三章,表 3.2 各類出版業營收變化, http://info.gio.gov.tw/public/Attachment/651514523658.pdf.2012-11-20.

體系計劃"系以當局提供補助經費,鼓勵出版業與同業或異業形成合作體系,透過具有數位出版實績的領導廠商(領頭羊)帶領傳統出版社(小羊),借由教育訓練等輔導方式進行傳統出版社之數位出版轉型,建立數位出版產業或電子書之創新應用典範,此亦為俗稱的臺灣"點火(Kindle)計劃"。此分項計劃協助每一傳統出版業者,至少發行五種完成電子書國際編碼(ISBN)登錄或 APP 應用軟件之數位出版品,並依臺灣《圖書館法》規定送存臺灣"國家"圖書館典藏,且無償授權至少一家公共圖書館館內閱讀。

由 2011 年度執行的"數位出版創新應用典範體系計劃"中,發現臺灣中小企業型態的圖書出版產業,本質既已缺乏充沛人力、資金,軟硬體設備的缺乏更形成傳統出版社開發電子書的困局,外在環境更因"讀者電子書閱讀習慣未養成"而有所滯礙,從而影響了傳統出版社投入電子書市場的意願。

二、雜誌出版產業

臺灣習慣將雜誌(magazine)泛稱為一般大眾通俗性定期刊物;而期刊(journal)則為內容多以學術與專業性論文為主體之定期刊物,茲就此定義論述之。據"經濟部"商業司資料顯示(如圖 4),臺灣 2011 年廣義的雜誌出版社高達 8675 家,從 2000 年至 2011 年期間,家數起伏頗大,大致可歸因於"雜誌(出版)社"一如"圖書出版社",其定義鬆散與統計標準不一,充其量應實稱為"雜誌出版單位"或"雜誌出版發行業者"。再者,出版產業進入門檻低,登記發行者眾。圖 4 所顯示的從 2000 年至 2011 年之雜誌出版家數即為此廣義之資料,2011 年雖已增至 8675 家,但實際常態經營運作者應遠遠不如此資料之預期,因為若就"財政部"所公佈之統計,顯示 2011 年雜誌出版家數僅為 1121 家(如圖 5);自 2004 年以來營業總收入已突破 200 億元新臺幣的規模,2011 年為 203.41 億萬新臺幣(見圖 6)。

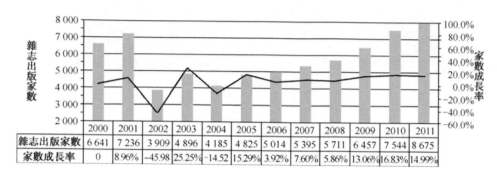

圖 4　2000—2011 年雜誌出版營業登記家數歷年趨勢(臺灣"經濟部")[274]

	2000	2001	2002	2003	2004	2005	2006	2007	2008	2009	2010	2011
雜志出版家數	6 641	7 236	3 909	4 896	4 185	4 825	5 014	5 395	5 711	6 457	7 544	8 675
家數成長率	0	8.96%	-45.98	25.25%	-14.52	15.29%	3.92%	7.60%	5.86%	13.06%	16.83%	14.99%

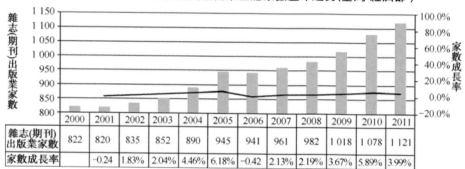

圖 5　2000—2011 年雜誌(期刊)出版業歷年家數變化(臺灣"財政部")[275]

	2000	2001	2002	2003	2004	2005	2006	2007	2008	2009	2010	2011
雜志(期刊)出版業家數	822	820	835	852	890	945	941	961	982	1 018	1 078	1 121
家數成長率		-0.24	1.83%	2.04%	4.46%	6.18%	-0.42	2.13%	2.19%	3.67%	5.89%	3.99%

---

[274]　資料來源:臺灣"行政院新聞局":《2011 出版年鑒》,臺北市:"行政院新聞局"2011 年版,第 340 頁。http://info.gio.gov.tw/Yearbook/100/c7.pdf;2011 年資料取自"行政院新聞局"."國情"簡介:出版事業.http://info.gio.gov.tw/ct.asp?xItem=19956&ctNode=2854&mp=21. 2012-11-20.

　　說明:全部資料轉引自臺灣"經濟部"商業司,統計標題為"營利事業登記"之營業專案含雜誌出版之家數,但仍存疑義。

[275]　資料來源:整理自臺灣"財政部"財政統計查詢資料庫.

http://web02.mof.gov.tw/njswww/WebProxy.aspx?sys=100&funid=defjspf2, 2012-11-20.

《"96 年"(2007 年)臺灣雜誌出版產業調查研究》,第三章,表 3.1 雜誌出版業家數變化

http://info.gio.gov.tw/public/Attachment/651514523658.pdf, 2012-11-20.

《"中華民國"91 年(2002 年)圖書出版產業調查研究報告》,第三章,p16,

http://info.gio.gov.tw/public/Attachment/diy/3.pdf, 2012-11-20.

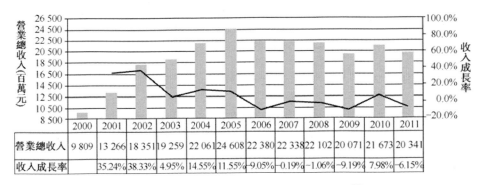

	2000	2001	2002	2003	2004	2005	2006	2007	2008	2009	2010	2011
營業總收入	9 809	13 266	18 351	19 259	22 061	24 608	22 380	22 338	22 102	20 071	21 673	20 341
收入成長率		35.24%	38.33%	4.95%	14.55%	11.55%	-9.05%	-0.19%	-1.06%	-9.19%	7.98%	-6.15%

圖6　2000–2011年雜誌出版業營收變化[276]

　　不同單位公佈的統計資料有極大的差異,其原因在於:在自由出版之情況下,業者只要向"經濟部"商業司申請營業專案登記有"雜誌發行"等之"營利事業登記"或後來之"公司登記"、"商業登記",同樣即被認定為廣義的"雜誌出版社"。"財政部"因稅務之責,亦有相關稅籍登記之實。然而,因實際營業稅收之產生,重點在於實質產生相關交易行為。整體而論,雖然"經濟部"的商業司所統計之歷年雜誌出版家數較為完整,但其統計標的為"登記"家數,資料尚包含企業之分公司、未持續營運或已解散之公司資料;反觀"財政部"財稅資料為記錄課征營業稅之基本資料,系根據當年實際課征稅收之企業、公司進行資料登錄,因此"財政部"財稅資料相較之下,應較為可信。由於"經濟部"與"財政部"之出版家數相差頗巨,故審視與運用資料時必須格外謹慎為要。

　　臺灣於 2006 年至 2011 年期間,共進行三次雜誌出版業調查研究,而在每一次的調查研究中,皆以特定方式篩選出研究母體進行抽樣分析。例如:2008年《"96 年"(2007 年)臺灣雜誌出版產業調查研究》發現只有 304 家實際定期

---

[276] 資料來源:整理自臺灣"財政部"財政統計查詢資料庫.
http://web02.mof.gov.tw/njswww/WebProxy.aspx?sys=100&funid=defjspf2;《"96年"(2007年)臺灣雜誌出版產業調查研究》,第三章,表 3.2 各類出版業營收變化.http://info.gio.gov.tw/public/Attachment/651514523658.pdf. 2012-11-20.

發行季刊、月刊或週刊等雜誌,故以此家數為主要研究母體。[277]而在《"100年"(2011年)臺灣雜誌出版產業調查研究》中,除了延續《"96年"(2007年)臺灣雜誌出版產業調查研究》對於研究母體的調查定義外,更鑒於坊間有非營利組織雖未申設登記《公司法》或《商業登記法》,確有發行暢銷雜誌之事,因此亦將符合此一條件之雜誌出版業者納入該次研究母體中,以求真實反映臺灣實際雜誌出版之經營狀況。而在該次的研究母體共有 318 家,對照臺灣"財政部"(見圖 5)於 2011 年登記的雜誌社為 1121 家,《"100年"(2011年)臺灣雜誌出版產業調查研究》顯然又作了更符合實際狀況的修正。[278]

在變動與差異性相當明顯的出版單位數量上,對讀者、業者或執行調查研究者而言,不免造成困擾。客觀而論,主管部門施政所產生之統計資料與產業調查所篩選之"活躍"資料,皆有其一定之價值,在提供不同意義和條件而展現特定需求答案之外,前者足以提供較持續的年度成長率分析;後者則較精確地提供趨近於市場實況之產業結構。

三、圖書雜誌產業與其他出版產業綜合比較

為便利綜覽臺灣其他廣義出版產業,本節將圖書與雜誌兩項產業基本資料之家數和營業額,連同新聞出版業等其他出版產業(如:有聲出版業、軟件出版業、未分類的其他出版業)之資料並列比較,表 1 與表 2 之出版家數與營業收入變化之資料來自臺灣"財政部"財稅資料,此為紀錄課征營業稅之基本資料,系目

---

[277] 2007 的雜誌調查研究在出版業者調查方面,其問卷調查對象以"具有經濟活動且有固定營收在 2007 年度出版雜誌之業者"為主,"雜誌出版業者"之操作型定義:"為用一定刊名,刊期在 7 日以上、3 月以下之期間,按期發行,並依臺灣《公司法》或《商業登記法》申設登記之雜誌事業";鑒於坊間有未需依《公司法》或《商業登記法》申設登記之非營利組織,亦發行暢銷雜誌,故再外加"符合前項調查定義,且發行暢銷雜誌之非營利組織",以提升調查之完整性。

[278] 臺灣"文化部"編:《"100年"(2011年)臺灣雜誌出版產業調查研究報告》,臺北市:"文化部"2012 年版,第 7 頁。

前各項公務調查資訊中最完整者,借由此二表,站在歷年來同樣立足點之基礎上作一比較,仍可以瞭解臺灣目前出版產業發展梗概,以及整體產業面貌。

表1　2000—2011年各出版業家數變化[279]（單位：家）

	2000	2001	2002	2003	2004	2005	2006	2007	2008	2009	2010	2011
新聞出版業	—	—	—	198	203	195	176	193	198	189	193	207
雜誌(期刊)出版業	822	820	835	852	890	945	941	961	982	1018	1078	1121
書籍出版業	—	1247	1503	1588	1666	1741	1766	1775	1729	1752	1771	1740
其他出版業	—			499	531	568	578	591	600	649	703	779
出版業總計				3137	3290	3449	3461	3520	3509	3608	3745	3847

---

[279]　資料來源:整理自臺灣"財政部"財政統計查詢資料庫.
http://web02.mof.gov.tw/njswww/WebProxy.aspx?sys=100&funid=defjspf2. 2012-11-20.

《"96年"(2007年)臺灣雜誌出版產業調查研究》,第三章,表3.1雜誌出版業家數變化.http://info.gio.gov.tw/public/Attachment/651514523658.pdf. 2012-11-20.

《"中華民國"91年(2002年)圖書出版產業調查研究報告》,第三章,p16,

http://info.gio.gov.tw/public/Attachment/diy/3.pdf. 2012-11-20.

說明:

1. 其他出版業包含有聲出版業、軟件出版業、未分類其他出版業。

2. 自2008年起,其他出版業另增加音樂書籍出版。

3. 臺灣"財政部"財政統計查詢資料庫僅保存2003—2011年資料,因此2000—2002年雜誌(期刊)出版業資料則參考《"96年"(2007年)臺灣雜誌出版產業調查研究》;而2001—2002年書籍出版業資料則參考《"中華民國"91年(2002年)圖書出版產業調查研究報告》。

表2 2000—2011年各出版業營收變化[280]單位:百萬元新臺幣

	2000	2001	2002	2003	2004	2005	2006	2007	2008	2009	2010	2011
新聞出版業	27739	19966	13964	14983	14683	10636	7503	8412	8565	6390	7951	9164
雜誌(期刊)出版業	9809	13266	18351	19259	22061	24608	22380	22338	22102	20071	21673	20341
書籍出版業	16984	18040	20918	23368	27205	29320	29686	32433	32191	31366	36751	35244
其他出版業	13974	12753	12847	15124	16106	13176	12079	8882	5663	5615	8055	11057
出版業銷售額總計	68506	64025	66080	72734	80055	77740	71648	72065	68521	63442	74430	75806

　　雜誌出版產業與圖書出版產業同樣具有高度的地理集中特性。就雜誌業而言,《"96年"(2007年)臺灣雜誌出版產業調查研究》顯示受訪業者多集中於臺北縣市共占90.9%,其中位於臺北市者占78.3%,臺北縣者占12.6%。雜誌出版家數與刊物種數上,部分亦呈現集團化現象,其中30.9%的受訪業者為集團成員,屬於某一集團內的母公司、子公司、分公司或相關企業等,集團化經營為雜誌社提高了面對上下游廠商的談判議價能力,也提供了廣告客戶跨雜誌的媒體采購效益。[281]然而,就整體來看,臺灣圖書與雜誌出版產業仍屬中小企業規模,根據2007年的雜誌出版產業調查報告,出版社兼營圖書與雜誌兩類出版品者幾近半數(49.7%)。除此之外,"有從事其他經營專案"的出版業者自2007年的

280　資料來源:整理自臺灣"財政部"財政統計查詢資料庫.
　　http://web02.mof.gov.tw/njswww/WebProxy.aspx?sys=100&funid=defjspf2. 2012-11-20.;
　　《"96年"(2007年)臺灣雜誌出版產業調查研究》,第三章,表3.2各類出版業營收變化.
　　http://info.gio.gov.tw/public/Attachment/651514523658.pdf. 2012-11-20.

　　說明:如表1所述

281　陳素蘭:《臺灣雜誌市場觀察報告》,《"96年"(2007年)臺灣雜誌出版產業調查研究》,臺北市:"新聞局"2008年版,第326—327頁。

57.1%上升至 2011 年的 60.4%,由此可見消費者需求日漸擴增,致使雜誌出版業者之業務朝多元化經營外,圖書與雜誌出版產業之份際亦值得玩味。[282]

　　若根據《"100 年"(2011 年)臺灣雜誌出版產業調查研究報告》資料顯示,臺灣雜誌刊物於 2011 年廣告收入占營收比為 35.8%,銷售收入占營收比為 42.7%,臺灣雜誌社年營收超過一億新臺幣的雜誌數量只占 12.9%,相較於 2007 年的 8%上升了 4.9 個百分點。[283]雖然"內容生產"是雜誌出版產業的核心,但是"營業規模太小,無法對上下游供貨商造成一定程度的影響,乃至在面對議價談判時,'內容生產者'的價值完全無法發揮,這是這個產業最最致命的弱點"。[284]上述顧慮可以從"數位出版與典藏產業"於臺灣數位內容市場規模中得到印証。表 3 總計 8 大數位內容產業分項,2001 年至 2008 年間"數位出版與典藏產業"規模,相較於其他大多數內容產業,顯得相當弱小,但自 2008 年以後,由於政府政策的整合和推動,積極擴大了市場規模;根據《臺灣數位內容產業年鑒 2011》資料顯示,數位出版與典藏產業產值自 2010 年的 493 億元成長 45.2%至 2011 年的 716 億元,其中數位出版產值約為 686 億元,相較於 2010 年成長了 46.68%。 在這當中,除了受惠於政府政策的支持和補助外,更是因消費者閱讀習慣逐漸改變,且電子書閱讀器廠商低價促銷所帶來的市場成長效應,在在均使得數位出版產業的現實基礎更為紮實。[285]

---

[282]　邱炯友:《結論與建議》,《"96 年"臺灣雜誌出版產業調查研究》,臺北市:"行政院新聞局"2008 年版,第 352—356 頁。

[282]　臺灣"文化部"編:《"100 年"(2011 年)臺灣雜誌出版產業調查研究報告》,臺北市:"文化部"2012 年版,第 26 頁。

[283]　同上,第 36—38 頁。

[284]　陳素蘭:《臺灣雜誌市場觀察報告》,《"96 年"(2007 年)臺灣雜誌出版產業調查研究》,臺北市:"新聞局"2008 年版,第 322 頁。

[285]　臺灣財團法人資訊工業策進會:《臺灣數位內容產業年鑒.2011》,臺北市:"工業局"數位內容產業推動辦公室 2011 年版,第 12—13 頁。

表3　臺灣數位內容市場規模[286]單位:億元新臺幣

專案/年	2001	2002	2003	2004	2005	2006	2007	2008	2009	2010	2011
總產值	1334	1537	1892	2525	2902	3412	3612	4004	4603	5225	6003
計算機動畫	39	28	30	19	19	21	22	29	40	43	45
數位遊戲	49	110	152	201	191	209	237	283	354	422	436
數位影音	308	287	308	326	344	368	400	410	420	451	594
行動應用服務	66	73	98	132	184	263	286	352	450	522	731
數位學習	4	30	49	40	65	94	99	130	153	266	332
數位出版與典藏	9	10	13	36	43	52	56	60	283	493	716
內容軟件	566	654	748	1205	1445	1690	1735	1920	1210	1355	1741
網路服務	293	345	494	566	611	715	777	820	1693	1673	1408

　　臺灣自 2002 年 1 月 1 日,正式加入世界貿易組織(World Trade Organization, WTO),迄 2012 年已滿 10 年,對於圖書進出口貿易以及版權交易等商業行為亦有所增加。根據臺灣"經濟部"國貿局對於圖書進出口的統計,臺灣圖書進口規模一直是遠大於出口金額的水準,近五年來以 2011 年最高,達 111.1 百萬美元;在過去十餘年間,雖然圖書每年進口額均保持在 100 百萬美元以上,但因 2009 年國際金融情勢混亂而使得該年度的圖書進口額跌幅大增,來年才逐漸復蘇及回穩(見圖 7)。此外,由表 4 統計資料顯示,近十年來臺灣系以亞洲圖書為主要進口對象,其中又以新加坡、日本及中國大陸、香港之圖書為主;但因歐美國家擁有英語為全球通用語言之優勢,而使得其圖書進口量亦佔有相當分量。

---

[286]　資料來源:2007、2008、2009、2010、2011 年臺灣數位內容產業年鑒。

　　說明:《2007 年臺灣數位內容產業年鑒》僅統計至 2001 年,因此無 2000 年資料。

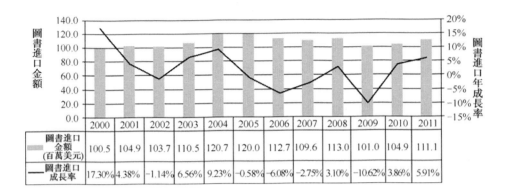

圖 7　2000–2011 年圖書進口金額歷年變化[287]

表 4　2000–2011 年臺灣圖書進口總額各洲排名[288]

排名	洲別	圖書進口總額(美元)
1	亞洲	535620450
2	北美洲	454858042
3	歐洲	294824050
4	其他	16977716
5	南美洲	4174471
6	大洋洲	3738223
7	中美洲	2021424
8	中東及近東	322116
9	非洲	72320
	總進口額	1312608812

　　再者,在兩岸經濟貿易與投資情勢日益熱絡下,連帶使得臺灣進口大陸地區出版品之數量逐年攀升。而出版管理機關基於現實考慮,為避免對臺灣出版界造成太大衝擊,而採取漸進式開放大陸圖書進口展售,因此自 2008 年起,每年大

---

[287]　資料來源:"國際貿易局"進出口貿易統計.http://cus93.trade.gov.tw/FSCI.2012-11-20.
　　　說明:其包含書籍、小冊、傳單及類似印刷品之進口金額,且不論是否單頁者均屬之。
[288]　同上。

陸圖書進口量開始逐漸呈現回穩狀態外,其進口冊數每年均達到 200 萬冊以上(見圖 8)。就整體來看,目前在臺灣出版市場上較被接受的大陸簡體字版圖書主要系以學術性居多,且又以大專院校專業學術用書為主;而值得一提的是,申請進口的學術性大陸簡體字版圖書占大陸進口圖書總值之 60%至 80%以上,由此可看出簡體字圖書於近年來已成為各領域學術專業人士重要的知識媒介。

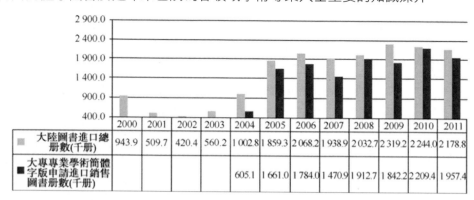

	2000	2001	2002	2003	2004	2005	2006	2007	2008	2009	2010	2011
大陸圖書進口總冊數(千冊)	943.9	509.7	420.4	560.2	1 002.8	1 859.3	2 068.2	1 938.9	2 032.7	2 319.2	2 244.0	2 178.8
大專專業學術簡體字版申請進口銷售圖書冊數(千冊)					605.1	1 661.0	1 784.0	1 470.9	1 912.7	1 842.2	2 209.4	1 957.4

圖 8　2000—2011 年臺灣進口大陸地區出版品冊數統計[289]

　　至於臺灣圖書出口方面,自 2005 年起,每年圖書出口金額均有所成長。雖然臺灣圖書進口規模一直遠大於出口金額的水準,近十年來以 2004 年最高,達120.7 百萬美元,是出口金額的 3.6 倍水準。但自 2005 年起開始逐年成長,尤其是在 2010 年出口金額大幅成長,而使得進口金額僅為當年出口金額的 1.7 倍左右。由此可見,臺灣圖書進軍海外市場逐漸有所斬獲(見圖 9)。近十年來,臺灣圖書以美國、馬來西亞、新加坡、日本及中國大陸、香港等地為主要輸出對象,但因香港日常書寫之文字系以繁體字為主、簡體字為輔,且在傳統觀念、文

---

[289]　資料來源:臺灣"文化部",《2012 出版年鑒》,臺北市:"文化部"2012 年版,第 343 頁。
http://www.moc.gov.tw/images/Yearbook/100/c7.html. 2012-11-20.

　　說明:2000—2003 年對於大專專業學術簡體字版申請進口銷售圖書冊數與 2004 年後之統計基礎不同,因此僅以 2004 年後之統計資料做比較。

化習俗以及宗教信仰等方面均與臺灣雷同,因此對於臺灣所出版的繁體字圖書需求量自然比其他地區來的多。此外,為考慮華文市場發展,臺灣出版社近年來不斷探究大陸市場發展的步驟與可能性,也積極促使兩岸出版交流頻繁;不僅透過參訪、書展、發行物流到版權貿易等方式進行交流,歷年來官方單位亦積極舉辦公開論壇,在版權及著作權等議題上進行討論,不難看出兩岸在出版交流和合作模式均開始向前邁進。

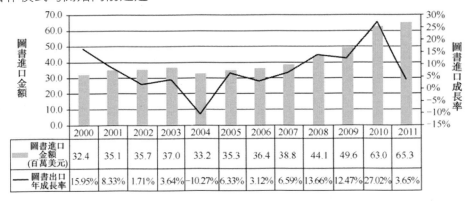

圖9　2000－2011 年圖書出口金額歷年變化[290]

臺灣出版媒體隨著國際資本來臺而加速發展,出版品的品牌、人才、經營技術等,也跟隨華人閱聽市場成熟而登上國際舞臺。當全世界媒體集團目光都集中在華人媒體市場之際,臺灣圖書雜誌媒體產業似乎也跟著邁向產業化和集團化的趨勢,這使得華人世界最大雜誌集團得以跨港臺而形成。隨著臺灣加入WTO,臺灣媒體競爭對手來自世界各國,但國際合作之機會也勢必隨之而來,挑戰自然就接踵而至。然而,留下的疑惑卻是:以中小企業經營型態為主的傳統出版產業的數位轉型與獲利,並無法達到全面與極大,唯有大型出版公司集團,以及具有資金與技術的資訊廠商,才有足夠的能力與機會馳騁於數位內容市場。臺

---

[290]　資料來源:"國際貿易局"進出口貿易統計.http://cus93.trade.gov.tw/FSCI/, 2012-11-20.

　　說明:其包含書籍、小冊、傳單及類似印刷品之進口金額,且不論是否單頁者均屬之。

灣出版業者普遍認定"人力不足"、"資金不足"、"技術不足"為未來發展數位出版之障礙,因此,也為其他有能力開發數位出版與閱讀平臺之資訊廠商提供了一個涉足出版市場的契機。

四、學術期刊出版產業

臺灣學術期刊總數,截至 2012 年約為 1400 多種。表 5 為臺灣學術期刊總量按傳統出版市場主題分類統計資料。

表 5　臺灣學術期刊總量[291]

類別	數量(本)	類別	數量(本)
000 總類	245	500 社會科學類	433
100 哲學類	59	600 中國史地類	51
200 宗教類	25	700 史地類	18
300 自然科學類	99	800 語文類	124
400 應用科學類	331	900 藝術類	95

總計:1480 本

(統計時間:截至 2012 年 3 月 31 日止)

臺灣主要或現行之學術期刊出版暨評鑑體系,較具規模與制度者包括:1994年至 2004 年,每年執行之"國科會獎助學術研究優良期刊"、1997 年起陸續執行之"學術研究期刊評比排序報告",以及 1999 年起,"國科會"陸續規劃之"臺灣社會科學引文索引(TSSCI)資料庫期刊"、"臺灣人文學引文索引與其核心期刊(THCI and THCI Core)資料庫期刊"、以及臺灣"國家圖書館"出版的"臺灣期刊

---

[291]　說明:1.以 2010 年 9 月依臺灣"國家"圖書館期刊指南出版系統 1438 種為基礎,再根據該系統所增加至 2012 年 3 月新出版刊數(新更刊名者及並刊者不在此列,停刊後又復刊者計 1筆)。

2.此處學術期刊之定義為(1)臺灣"國家"圖書館出版期刊指南系統中出版類型定義為"學術期刊"者;(2)大專院校出版之期刊(扣除社團、系友、校友會所發行刊物),被 ISI 收錄者,也包含其中。

3.此處未扣除已停刊者。

論文索引系統"等數種,這些資料庫之重心幾乎全置於人文社科學域期刊之上。然而,除了上述官方所運作之期刊資料庫之外,學術出版市場也出現民營之期刊資料庫產品,例如:

1. "中文電子期刊服務"(Chinese Electronic Periodical Services,簡稱 CEPS) 收錄自 1991 年起,臺灣、大陸地區出版之學術期刊,另也納入香港、馬來西亞等地區出版之中英文期刊,收錄範圍涵蓋人文學、自然科學、社會科學、應用科學、醫學與生命科學等五大領域,收錄內容又以 A&HCI、SCI、SSCI、EI、TSSCI、CSSCI、CA、Medline、中國科技引文、中文核心期刊要目總覽等各式指標作為選刊之依據。[292]

2. "學術引用文獻資料庫"(Academic Citation Index,簡稱 ACI),收錄自 1956 年起(2003 年以前未完整收錄),中國大陸、香港、臺灣地區出版之中英文期刊,其中涵蓋臺灣社會科學引文索引資料庫(TSSCI)之期刊、臺灣人文學引文索引核心期刊(THCI Core),以及臺灣地區出版的重要期刊等,目前已收錄超過 400 種學術期刊。收錄範圍以人文學及社會科學為主,所有期刊依主題可細分為教育、圖資、體育、歷史、社會、經濟、綜合、人類、心理、法律、哲學、政治、區域研究及地理學、管理、語言、藝術、傳播等學門。[293]

3. "HyRead 臺灣全文資料庫",收錄自 1974 年起,臺灣出版之學術電子期刊,目前已收錄超過 400 種電子期刊全文,100 多種 TSSCI、TSCI、THCI 核心期刊,收錄範圍涵蓋綜合、自然、人文、應用、社會、生醫等領域。[294]

4. "臺灣學術綫上"(Taiwan Academic Online,簡稱 TAO)已收錄超過 10 萬篇學術文獻,收錄內容種類包括學術專書、期刊、會議論文、學位論文及研究報告等,是一跨語文別、跨文獻類型之學術知識庫,TAO 期刊收錄主要仍以

---

[292] 華藝在線圖書館."CEPS 中文電子期刊資料庫". http://www.airitilibrary.com/about.aspx.2011-02-15.

[293] 學術引用文獻資料庫.http://www.airiti.com/ACI/.2011-02-22.

[294] 凌網科技."HyRead 臺灣全文資料庫". http://www.hyweb.com.tw/ct.asp?xItem=244&CtNode=405&mp=1.2011-03-15.

SCI、SSCI、A & HCI、EI、CA、Medline、TSSCI、"國科會"獎助優良期刊等各式指標為依據,收錄範圍涵蓋社會科學、人文學、自然科學、應用科學、醫學與生命科學等五大領域。[295]

　　事實上,前述各種期刊資料庫所收錄之期刊源差異性不大,同質性過高,乃為臺灣學術期刊資料庫產業的致命傷。此外,由於"學術期刊"之定義涉及所謂"學術內涵與形制"之認定,而學術資訊是否為公共資訊?是否與一般出版品同具經濟規模而產生市場價值?這些問題遠較一般出版品來得有爭議性,同樣導致種數與產值難以正確估計。

五、出版教育與趨勢

　　根據近六年來的圖書出版及雜誌出版產業之調查報告(見圖 10 及圖 11),其統計資料皆顯示出版業者所雇用的員工均系以擁有大學教育程度者所占比率為最高,而其中擁有"專科"學歷員工比例則是逐年下降。其原因乃為臺灣自 2000 年起,教育主管部門鼓勵大多數的專科學校改制成技術學院或科技大學外,更因大學教育普及化而使得業界所雇用的員工學歷有向大學學歷集中的趨勢。

---

[295] 智慧藏學習科技."關於 TAO 臺灣學術在線".http://tao.wordpedia.com/abouttao.aspx.2011-04-12.

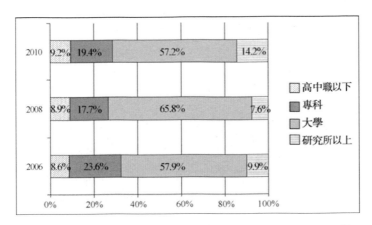

圖 10　臺灣圖書出版業者員工教育程度分組占比歷年比較[296]

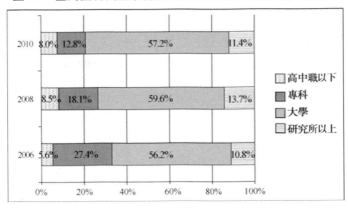

圖 11　臺灣雜誌出版業者員工教育程度分組占比歷年比較[297]

　　雖說圖書出版業與雜誌出版業歷年所調查的母體對象及數量均為不同性質,但仍可從中發現目前臺灣出版產業乃屬於高學歷需求之產業。[298]

---

[296]　資料來源:《2007 圖書出版及行銷通路業經營概況調查》、《"97 年"(2008 年)圖書出版產業調查》以及《"99 年"(2010 年)圖書出版產業調查報告》。

[297]　資料來源:《臺灣雜誌出版產業調查研究報告(2005)》、《"96 年"(2007 年)臺灣雜誌出版產業調查研究》以及《"100 年"(2011 年)臺灣雜誌出版產業調查研究報告》。

[298]　臺灣"文化部"編:《"100 年"(2011 年)臺灣雜誌出版產業調查研究報告》,臺北市:"文化部"2012 年版,第 49 頁。

　　臺灣出版產業專業人才的養成教育,可分為正規學校教育和非正規之專業研習等。在非正規之專業研習方面,除了若干經由大學開設之研討會、座談會和研習班之外,"新聞局"2000 年以來,陸續委託民間單位辦理出版專業人才培訓,2003 年至 2009 年期間亦委託政治大學公企中心承辦實務出版研習活動,包括:"數位出版研習營"、"出版業策略成本管理研習營"、"華文出版研習營"、"出版業整合與創新研習營"等。2010 年交由民間企業承辦"數位出版實務講座"和"國際漫畫研習營"系列。[299]

　　在正規教育部分,回顧臺灣 2000 年以降,大學系所,如圖書館與資訊科學(圖書資訊學)相關學系、印刷與圖文傳播相關學系、新聞與傳播學相關學系皆發展出版課程,這是繼專門的出版學系所或傳統文學系所之後,出版產業相當重要的從業人力資源。[300]上述這些系所學門,因非源自於出版專業系所,較缺乏完整周延之出版知識體系的建立,而大部分的課程設計乃在於求取與本科系各課程間的相互串聯和支持,例如:源自圖書館學、印刷學或傳播學等科系本質之拓展應用。1997 年南華大學設立"出版學研究所"為臺灣第一所以出版專業為主軸之大學系所,師資廣泛來自印刷、圖書資訊、管理等領域學者共同參與。

　　由於臺灣大學體系仍缺乏出版專業教育,除少數大型出版社或集團之外,臺灣出版業者亦大多為中小企業,難以進行出版產業專業經理人才培訓工作。因此,基於經營人才培育的重要性及建構出版產業經營管理知識分享的平臺與管道,新聞局自 2003 年至 2008 年委託政治大學辦理"出版高階經營管理碩士學分班",整合企業管理師資與出版業高階主管等專家,共同開設策略、營運、行銷、財務等出版實務課程,以強化出版專業人才培育機會。[301]

---

[299] "行政院新聞局"."出版人才培育專案歷年辦理成果".
http://info.gio.gov.tw/ct.asp?xItem=72206&ctNode=5048&mp=3. 2012-11-10.

[300] 邱炯友:《出版教育的學術與非學術》,《文訊》1997 年第 4 期,第 40—41 頁。

[301] "行政院新聞局".出版人才培育專案介紹.
http://info.gio.gov.tw/ct.asp?xItem=72205&ctNode=5048&mp=3. 2012-03-10.

在其他與出版研究相關之大學系所,為因應新興文創產業發展大環境下,更為積極對本身的課程架構重作審視,除了保有原系所本身應屬的學科領域特色之外,也融入各種因應數位內容典藏與出版新趨勢之課程,培育符合"數位內容產業"與"文化創意產業"之專業人才。表 6 列出臺灣主要開設出版專業相關課程之大學系所及近期之變動。

表6 臺灣主要開設出版專業相關課程之大學系所

創始年	大學名稱	系所名稱	隸屬學院	學位授予	備註
1968	文化大學	信息傳播學系	新聞暨傳播學院	學士碩士	原名"印刷工程學系";1983 年改為"造紙與印刷研究所";2002 年改為現名
1969	世新大學	圖文傳播暨數位出版學系	新聞傳播學院	學士碩士	原名"印刷攝影學系",1995 年更名"平面傳播科技學系",2004 年改為現名
1971	淡江大學	資訊與圖書館學系	文學院	學士碩士	原名"教育資料科學學系",2000 年改為今名。2012 年另成立"數位典藏與出版數位學習碩士在職專班"
1997	南華大學	文化創意事業管理學系	管理學院	碩士(2012 年 8 月起含學士班)	原"出版學研究所";2003 年更名為"出版事業管理研究所";2007 年更名為"出版與文化事業管理研究所";2012 年 8 月起改為現名
2003	政治大學	出版高階經營管理碩士學分班	政大公企中心	無(碩士學分)	開設於 2003—2008,由"新聞局"委託辦理
2012	淡江大學	數位出版與典藏數位學習碩士在職專班	文學院	碩士	專班簡稱"數位出版與典藏網碩專班"

建構於圖書館學認知下之"出版"研究子題也是近十五年來的事,但是以出版為設計主軸而形成單一學程模組(module)的課程科目整理仍有待積極發展。[302]就理論而言,新興的數位出版產業首重資訊內容的創造、加值、流通。

---

[302] 邱炯友:《媒體出版與圖書館學整合課程模組芻議:圖書與資訊研究》,《圖書與資訊學刊》1997 年第 20 期,第 46—52 頁。

因此在課程的設計上,以目前臺灣圖書館與資訊學相關系所為例,便思索整合下列趨勢議題與既有相關課程,而形成創新的課程內容,

例如:[303]

1. 素材(資訊資源)創造:資訊組織、編輯出版概論等。

2. 出版(資訊)加值:資料庫結構與管理、電子書科技與應用等。

3. 知識流通(商流、物流、資金流、資訊流):知識管理、數位典藏、圖書參考服務、資訊需求行為、數位營銷與資訊服務、數位內容授權與平臺管理等。

由於數位時代下的出版專業已成為科際整合之學門,上述課程內容將難以被任何一傳統大學系所獨攬。未來臺灣以出版為設計主軸而構成單一學程模組的課程組合,以及因數位出版之發展或迎合文化創意產業前景等因素,而新設或改組之部分大學系所,是否將因為教學與研究內容之轉移,而使原本較為單純的"出版產業研究"或"出版學研究"主題產生質變,這將是未來另一波值得觀察之重點。

六、結論:期許與建議

臺灣出版法規政策相較於祖國大陸,以及民眾閱讀消費習慣相較於歐美國家,顯然皆有不足之處,亟待政府與民間之共同決心與努力以克服窘境。在日漸強調創意精緻與數位出版商品之市場導向下,臺灣正致力於推動文化創意產業,其首務在於建立民眾與出版社對文化創意產業的認知與意識,這種意識的匯聚及行動的貫徹,將形成出版產業未來發展的新動力。在此網路科技時代中,唯有

---

[303] 邱炯友:《媒體出版與圖書館學整合課程模組芻議:圖書與資訊研究》,《圖書與資訊學刊》1997 年第 20 期,第 46—52 頁。

詳實擘畫文化出版政策,並積極營造優良產業投資環境,借由法令之完備合宜作為臺灣出版產業邁入新時代之引導基石,充分發揮其文化經濟屬性之優越價值地位。

　　在出版人才教育方面,學界與產業須以群策力量協助政府具體描繪未來出版教育與訓練藍圖,使出版實務人才、出版研究者與具出版志趣者,得以於良好之出版教育環境中,增進經營管理能力,以及開創專業領域和實現文化理想。未來在培育數位內容人才時,"出版業者"與"創作者"乃是極為重要之專案輔導對象與行業,尤其應針對文字創作者、美術創作者、設計者、編輯,以及出版業之製作者與行銷者等,有系統地規劃和舉辦兼具傳統與科技性之生產、管理、銷售等面向的出版教育訓練課程。就出版產業經營者目標而言,乃在尋找出版人"核心競爭力",使出版專業人員具有調動與運用各方面資源而產生的戰略優勢和潛能,它既是出版機構在圖書市場中的精神象徵,亦是出版機構參與市場競爭之制勝因素。

　　我們期許在出版產業上推動數位與網路化,以及鼓勵異業結合,以增加出版在文化創意產業中之多元加值與應用,提升整體文化出版之產值,並為臺灣建立海外出版舞臺。在保障文化出版自由之基礎下,出版產業已成為引領臺灣數位內容產業之基礎,也將是文化社會進步之核心與原動力。

千禧年來中國出版業大事記

（附港澳臺地區）

2000 年

1 月 1 日,中國版權保護信息網開通。該網是目前國內版權保護領域唯一的綜合性資訊網。

1 月 12 日,新聞出版署公佈首屆國家電子出版物獲獎名單,共有 35 種作品獲獎。其中國家電子出版物獎榮譽獎 5 種,國家電子出版物獎 10 種,國家電子出版物獎提名獎 20 種。

1 月 18 日,全國"掃黃"辦、財政部、公安部、新聞出版署、國家版權局聯合發出《對舉報"制黃"、"販黃"、侵權盜版和其他非法出版活動有功人員獎勵辦法》。

1 月 23 日,首屆國家期刊獎暨第二屆全國百種重點社科期刊獎頒獎大會在北京舉行。

1 月 23 日,首屆國家音像製品獎頒獎大會在北京舉行,社科、科技、文藝、教育四大類共 54 種音像製品獲獎。其中國家音像製品獎榮譽獎 1 種,國家音像製品獎 19 種,國家音像製品獎提名獎 34 種。

1 月 24 日,第六屆中國韜奮出版獎頒獎大會在北京舉行,江曾培等 11 位獲獎。

1 月 24—25 日中國出版工作者協會第四屆會員代表大會在北京舉行。于友先當選為協會主席、宋木文為名譽主席。會議通過了新一屆版協章程。

2 月 15 日,新聞出版署轉發《財政部、國家稅務總局關於宣傳文化單位出版物增值稅優惠政策的補充通知》。

2 月 21 日,新聞出版署發出《關於對新聞出版業利用社會資金和外資出版情況進行調查的通知》。

2 月 28—29 日,全國部分地區反盜版聯盟工作座談會在上海舉行。會議的主題是:進一步認識和深化反盜版聯盟工作,研究如何組建全國性反盜版聯盟。

2 月 29 日,國家版權局同意成立中國文字作品著作權協會。

3 月 2 日,新聞出版署、國家版權局、公安部、國家工商局聯合發出《關於開展集中打擊製作和銷售盜版 DVD 音像製品活動的緊急通知》。

3 月 2 日,新聞出版署發出《關於使用圖書條碼附加碼的通知》。

3 月 8 日,教育部、新聞出版署聯合發出《關於對貧困地區中小學生供應黑白版教科書的通知》。

3 月 10 日,新聞出版署、文化部聯合發出《關於切實防止出版銷售有嚴重政治問題的音像製品和清理低級庸俗、夾雜淫穢色情內容的彩封及包裝的音像製品的通知》。

3 月 17 日,文化部發出《關於音像製品網上經營活動有關問題的通知》。

3 月 27 日,新聞出版署發出《關於明確電子出版物屬於軟件征稅範圍的通知》。

3 月 28 日,北京日報報業集團成立。

3 月 29 日,新聞出版署發出《出版物條碼管理辦法》。

4 月 10 日,新聞出版署發出《關於規範涉外版權合作期刊封面標識的通知》。

4 月 11 日,新聞出版署批文,同意成立新聞出版署報刊服務中心。

4 月 17 日,新聞出版署發出《關於限定氣功、練功類音像製品的出版單位的通知》。

4 月 28 日,教育部、新聞出版署聯合發出《關於在高校管理體制改革中加強對高校出版社領導的通知》。

5 月 4—6 日,第八屆莫必斯多媒體光盤國際大獎賽在巴黎舉行。來自世界 20 多個國家的 50 部作品參賽。中國參賽的作品《宇宙之謎》獲教育獎,《中國書法大典》獲教育項鼓勵獎,《文淵閣四庫全書》獲文化鼓勵獎。

5 月 15 日,新聞出版署報刊司發出《關於加強小報小刊審讀工作的通知》。

5 月 23 日,團中央中國少年兒童新聞出版總社在北京成立。

5 月 26 日,國家版權局發出《國家版權局公告》(第 7 號令),對《計算機軟件著作權登記辦法》的有關條款進行修訂。

5 月 29 日,中宣部、新聞出版署聯合發出《關於建立違規違紀報刊警告制度的意見》。

5 月 30 日,北京市反盜版聯盟成立。

6 月 13 日,新聞出版署批文,決定撤銷改革出版社。

6 月 25 日,中國科學出版集團在北京成立。

6 月 25 日,浙江日報報業集團在杭州成立。

6 月 28 日,新聞出版署發出《關於進一步加強時事政治類、綜合文化生活類、資訊文摘類和學術理論類期刊管理的通知》。

6 月 30 日,新聞出版署發出《關於清理整頓軍事報刊的通知》。

7 月 7 日,新聞出版署發文,通報了全國查處"法輪功"類出版物非法印刷活動的有關情況,對於非法印刷活動的涉案企業分別給予了警告、罰款、停業整頓、吊銷許可証、取締等行政處罰。

7 月 13—14 日,中國書刊發行業協會非國有書業代表大會暨非國有書業經營研討會在北京舉行。

7 月 20—30 日,首屆中國西部書市在成都舉行。來自全國 27 個省、市、自治區的 371 家出版社、1200 餘家新華書店參展。

7 月 21 日,新聞出版署發出《關於加強對出版"地方廣告版"管理的通知》。

7 月 27 日,新聞出版署發出《出版物批發市場管理暫行辦法》、《關於進一步加強出版物發行管理的通知》。

8 月 30—9 月 3 日,第八屆北京國際圖書博覽會在北京舉行。博覽會期間由新聞山版署、國家版權局聯合舉辦了首次"中國圖書版權貿易成就展"。

9 月 1 日,新聞出版署發出《音像製品條碼實施細則》。

9 月 21 日,中共中央任命石宗源為新聞出版署黨組書記。10 月 5 日國務院任命石宗源為新聞出版署署長、國家版權局局長。

9 月 26 日,遼寧省反盜版聯盟成立。

9 月 28 日,新聞出版署發佈《關於堅決制止發表和出版政治觀點錯誤的文章和圖書的通知》。

9 月 30 日,國家版權局網站正式開通。

10 月 9 日,解放日報報業集團在上海成立。

10 月 12—22 日,第 11 屆全國書市在江蘇南京舉行。來自全國 34 個出版代表團、1500 餘家發行單位和電腦、電子網路單位參展。

10 月 17 日,新聞出版署、全國"掃黃"辦聯合發出《關於進一步加強報刊管理的意見》。

10 月 24 日,新聞出版署辦公室發出《關於對"網絡出版單位"和"網絡出版"界定的意見》。

10 月 31 日,第九屆全國人民代表大會常務委員會第十八次會議審議通過《中華人民共和國國家通用語言文字法》,自 2001 年 1 月 1 日起施行。國家通用語言文字法是中國歷史上第一部關於語言文字的法律。

11 月 2 日,新聞出版署、對外貿易經濟合作部聯合發出《關於中外合資合作光盤復製與生產企業設立及設備引進有關問題的通知》。

11 月 6 日,國務院新聞辦公室、信息產業部聯合發佈《互聯網站從事登載新聞業務管理暫行規定》。

11 月 8 日,國家計委、新聞出版署聯合發出《關於核定 2001 年秋季中小學教材價格有關問題的通知》。

11 月 10 日,新聞出版署發出《關於對新辦期刊實行試辦期制度的通知》。

11 月 22 日,國務院第 33 次常務會議審議並原則通過了《中華人民共和國著作權法修正案(草案)》,並提交全國人大。

11 月 22 日,最高人民法院審判委員會第 1144 次會議通過《最高人民法院關於審理涉及計算機網絡著作權糾紛案件適用法律若干問題的解釋》。

11 月 22 日,新聞出版署發出《關於加強光盤復製管理若干問題的通知》。

11 月 24 日,新聞出版署、公安部聯合發出《關於光盤生產源鑒定工作有關問題的通知》。

11 月 30 日,中國音像協會光盤工作委員會簽署了《中國光盤復製行業自律公約》。

12 月 15 日,新聞出版署發出《關於禁止收費約稿編印圖書和期刊的通知》。

12 月 18—20 日,全國報刊管理工作會議在安徽召開。會議總結全國報刊清理整頓、結構調整工作,研討報刊中存在的問題及加強管理的措施,落實建設"中國期刊方陣"的工作方案。

12 月 20 日,全國"掃黃打非"工作小組、文化部、新聞出版署、國家工商局聯合發出《關於取締、關閉、限期整治有關出版物市場的通知》。

12 月 20 日,浙江出版聯合集團成立。

12 月 22 日,第九屆全國人大常委會第十九次會議審議《中華人民共和國著作權法修正案(草案)》。國家版權局局長石宗源受國務院的委託在會上就修正案(草案)作了說明。

12 月 23 日,黑龍江省反盜版聯合會成立。

2001 年

1 月 8—12 日,2001 年北京圖書訂貨會在北京舉行。來自全國 560 餘家出版單位、500 餘家各地新華書店和民營書店的近萬人參加訂貨會。訂貨碼洋近 16 億元。

1 月 18 日,由新華書店總店、誠成文化投資集團股份有限公司和資訊產業部下屬單位中國通廣電子公司共同投資建立的"新華音像租賃發行有限公司"開辦的社區文化連鎖店"新華驛站"啟動儀式在北京舉行。

2 月 5 日,國家工商行政管理局、國家廣播電影電視總局、新聞出版署聯合發出《關於進一步加強大眾傳播媒介廣告宣傳管理的通知》。

2 月 8 日,國家藥品監督管理局、國家工商行政管理局、新聞出版署聯合發出《關於公佈允許刊播處方藥廣告的第一批醫藥專業媒體名單的通知》。

2 月 13 日,中國出版工作者協會少兒讀物工作委員會第十次會議暨國際兒童讀物聯盟中國分會(CBBY)理事會在浙江紹興舉行。

2 月 21 日,第十二屆中國圖書獎頒獎大會在北京舉行。由新聞出版署組織、全國 23 家出版社聯合出版的"鄧小平理論研究書系"獲榮譽獎;《鄧小平理論與社會主義的歷史命運》等思想性與藝術性、社會效益與經濟效益相結合的 149 種優秀圖書獲獎。

2 月 22 日,新聞出版署發出《關於嚴格審核期刊封面刊登黨和國家領導人圖片的通知》。

2 月 26 日,文化部辦公廳向各省、自治區、直轄市文化廳(局)、音像市場行政管理部門發出《關於啟用新版音像製品防偽標識的通知》。

3 月 5 日,第九屆全國人大第四次會議在北京舉行。國務院總理朱鎔基在政府工作報告中指出:進一步發展文學藝術、新聞出版、廣播影視等各項事業。堅持為人民服務、為社會主義服務的方向和百花齊放、百家爭鳴的方針,生產出更多更好的精神產品。整頓和規範文化市場,堅持不懈地開展"掃黃打非"鬥爭。

3 月 27—29 日,由國家版權局與世界智慧財產權組織聯合舉辦的"關於WCT(《版權條約》)與 WPPT(《表演和錄音製品條約》)及其對版權產業的影響亞太地區研討會"在廣州舉行。

4 月 10 日,教育部、新聞出版署聯合發出《關於推廣使用中小學經濟適用型教材的意見的通知》。

5 月 10—12 日,首次全國性社店存書調劑會在武漢舉行。來自全國各地的60 多家出版單位、200 餘家國有和民營書店參加調劑會。

5 月 14—15 日,全國光盤復製管理座談會在深圳舉行。

5 月 19—20 日,中國音像協會第一屆第二次會員代表大會在北京舉行。中國音像協會換屆選舉同時舉行,劉國雄連任中國音像協會會長,樸東生等 14 人為副會長。大會通過了新一屆中國音像協會章程。

6 月 1 日,中華人民共和國新聞出版總署掛牌。

6 月 7 日,國家計委、教育部、新聞出版總署聯合發出《關於印發中小學教材價格管理辦法的通知》。

6 月 7 日,新聞出版總署、教育部、國家質量監督檢驗檢疫總局聯合發出《中小學教科書幅面尺寸及版面通用標準》和《中小學教科書用紙、印刷質量標準和檢驗方法》的通知。

6 月 13 日,新聞出版總署向各省、自治區、直轄市新聞出版局,中央國家機關各部委,各民主黨派、群眾團體出版社主管部門,解放軍總政治部宣傳部,全國各出版社發出《關於重申禁止中國標準書號"一號多用"的通知》。

6 月 19 日,新聞出版總署發出《關於進一步加強記者証管理的通知》。

6 月 19 日,新聞出版總署發出《關於進一步加強和改進報刊審讀工作的通知》。

6 月 19—21 日,由新聞出版總署組織召開的新華書店連鎖經營研討會在深圳舉行。會議就新華書店如何通過連鎖經營的方式,加大發行資源的整合力度,如何在新世紀與新形勢下做大做強等問題進行了討論。

6 月 28 日,國家版權局、公安部、國家工商行政管理總局、全國"掃黃打非"工作小組辦公室聯合發出《關於禁止銷售盜版軟件的通告》。

7 月 3 日,新聞出版總署發出《關於印發<關於堅決制止報刊攤派切實做好當前減輕農民負擔工作實施方案>並開展專項檢查的通知》。

7 月 16 日,新聞出版總署發出《關於維護報紙正常發行秩序的通知》。

7 月 17—18 日,全國文藝出版社圖書發行聯合體在深圳成立。

8 月 7 日,人事部、新聞出版總署聯合發出《關於印發<出版專業技術人員職業資格考試暫行規定>和<出版專業技術人員職業資格考試實施辦法>的通知》。

8 月 14 日,新聞出版總署發出《關於對出版物使用互聯網資訊加強管理的通知》。

8 月 21 日,國務院重新修訂的《印刷業管理條例》頒佈實施。《條例》明確規定:新聞出版總署主管全國印刷業監管工作。1997 年 3 月 8 日國務院發佈的《印刷業管理條例》同時廢止。

8 月 22 日,新聞出版總署、公安部、國家工商行政管理總局、國家質量監督檢驗檢疫總局、全國"掃黃打非"工作小組辦公室聯合發出《關於整頓和規範印刷市場秩序的通知》。

8 月 24 日,新聞出版總署發出《關於加強教材發行管理工作的通知》。

8 月 29 日,國家版權局、國家發展計劃委員會、財政部、信息產業部聯合發出《關於政府部門應帶頭使用正版軟件的通知》。

8 月,中央"兩辦"發出《關於新聞出版廣播影視業改革的通知》的 17 號文件,對新聞出版業和廣播影視業改革問題進行佈置,有力地推動了新聞出版廣播影視業的改革。

9 月 15—25 日,第十二屆全國書市在雲南昆明舉辦。本屆書市分別在大理、玉溪、麗江、西雙版納設立分會場。

9 月 19 日,國家發展計劃委員會、財政部、新聞出版總署聯合發出《關於中小學教材印張中準價等有關事項的通知》。

9 月 28 日,新聞出版總署發出《關於中小學教材發行費用標準的通知》。

10 月 19 日,新聞出版總署、對外貿易經濟合作部聯合發出《關於不得進口二手光盤生產、復製設備的通知》。

10 月 21 日,中華蘇維埃共和國中央印刷廠舊址在江西瑞金修復揭牌。

10 月 25 日,新聞出版總署、農業部聯合發出《關於抓緊落實制定農村訂閱報刊費用限額切實減輕農民負擔的通知》。

10 月 26 日,新聞出版總署、海關總署聯合發出《關於不得委託境外企業加工光盤的通知》。

11 月 1—4 日,中國期刊展在北京舉行。"如何做大中國期刊的發行市場和廣告市場"、"中國期刊市場發展趨勢及中國期刊業國際化運營戰略"、"中國期刊發展趨勢"等研討會同時舉行。

11 月 5 日,新聞出版總署發出《關於禁止傳播有害資訊進一步規範出版秩序的通知》。

11 月 8 日,中國書刊發行獎在福州頒發。100 位"中國書刊發行獎"獲得者和 205 家"中國書刊發行行業雙優單位"受表彰。2001 年全國書刊發行業協會年會暨常務理事會同時舉行。

11 月 9 日,新聞出版總署發出第 15 號署長令《印刷業經營者資格條件暫行規定》。

11 月 12—14 日,由中國出版工作者協會主辦,中國出版工作者協會電子研究會承辦的第九屆莫必斯多媒體光盤國際大獎賽在北京舉行。來自法國、義大利、希臘、芬蘭、加拿大、美國、德國、西班牙、巴西、中國(包括香港和臺灣地區)等國家的 44 件多媒體光盤作品參賽。《中國皮影戲》獲得大獎,中國《國粹——京劇》獲得文化獎,中國《金庸群俠傳》(網路版)獲評委特別獎。

11 月 27 日,新聞出版總署、教育部聯合發出《關於<中小學教輔材料管理辦法>的實施意見》。

12 月 7 日,由中宣部、中央文明辦、新聞出版總署等 12 部門聯合發出《關於進一步深入開展文化科技衛生"三下鄉"活動的通知》。

12 月 19 日,新聞出版總署發出《關於公佈"中國期刊方陣"名單及加強期刊方陣建設的通知》。

12 月 21 日,國務院重新修訂的《計算機軟件保護條例》頒佈實施。條例自 2002 年 1 月 1 日起施行,1991 年 6 月 4 日國務院發佈的《計算機軟件保護條例》同時廢止。

12 月 25 日,國務院頒佈重新修訂的《出版管理條例》,自 2002 年 2 月 1 日起施行,1997 年 1 月 2 日國務院發佈的《出版管理條例》同時廢止。

12 月 25 日,國務院頒佈重新修訂的《音像製品管理條例》,自 2002 年 2 月 1 日起施行,1994 年 8 月 25 日國務院發佈的《音像製品管理條例》同時廢止。

12 月 27 日,第五屆國家圖書獎頒獎大會在北京舉行。《李大釗全集》、《中國古代書畫圖目》、《中華本草》等 11 種獲國家圖書獎榮譽獎;《馬寅初全集》、《新中國經濟史》、《湯用彤全集》等 31 種獲國家圖書獎;《鄧小平理論與中共黨史學》、《中國共產黨組織史資料(1921—1997)》、《中國少數民族革命史》等 88 種獲國家圖書獎提名獎。

12 月 30 日,新聞出版總署發出《關於不得擅自出版有關公開選拔領導幹部應試讀物的通知》。

12 月,中國加入世界貿易組織,並承諾在三年的時間內逐步開放出版物分銷,外資可以通過各種方式逐步進入書報刊的零售、批發等發行領域。

本年,法律出版社發行部改為具備現代企業制度和法人治理結構的公司,出版社是投資方,不久又進行了股份制改革,引入員工股。

2002 年

1 月 29 日,新聞出版總署與對外貿易經濟合作部聯合發佈《設立外商投資印刷企業暫行規定》,對設立外商投資印刷企業應當具備的條件和應當履行的申請、審批程式作出了明確規定。

3 月 14 日,天津經濟技術開發區人民法院對《騰格爾》CD 盜版侵權案作出一審判決:涉嫌盜版發行、製作、銷售《騰格爾》CD 的三個被告被判處向此案的原告——天津泰達音像發行中心支付 30 萬元的賠償金,並在《法制日報》、《中國新聞出版報》上刊登致歉聲明。

3 月 20 日,文化部頒佈了《音像製品批發、零售、出租管理辦法》(以下稱新《管理辦法》),自 2002 年 4 月 10 日起施行。1996 年 1 月 30 日文化部發佈的《音像製品批發、零售、出租和放映管理辦法》(以下稱原《管理辦法》)同時廢止。

3 月,王選院士榮獲"國家最高科學技術獎"。

4 月 3 日,新聞出版總署、公安部、國家工商總局、國家質檢總局、全國"掃黃"辦等五部門在京聯合召開全國整頓和規範印刷市場秩序工作領導小組會議。

4 月 10 日,中國出版集團成立大會在北京人民大會堂隆重舉行。

5 月 17 日,為貫徹落實《中央宣傳部、國家廣電總局、新聞出版總署關於深化新聞出版廣播影視業改革的若干意見》,新聞出版總署印發《關於貫徹落實<關於深化新聞出版廣播影視業改革的若干意見>的實施細則》及八個配套文件目錄。

5 月 24 日,第九屆北京國際圖書博覽會在整修一新的北京展覽館隆重開幕。5 月 28 日閉幕。

5 月,清華同方光盤股份有限公司、中國學術期刊(光盤版)電子雜誌社與國家光盤工程研究中心宣佈《中國優秀博碩士學位論文全文數據庫》(CDMD)研製成功,5 月 25 日在京舉行了首發儀式。

6 月 3 日,新聞出版總署印發《關於新聞出版業集團化建設的若干意見》。

6 月 3 日,新聞出版總署印發《關於印發<新聞出版行業領導崗位持証上崗實施辦法>的通知》。

6 月 3 日,新聞出版總署印發《出版專業技術人員職業資格管理暫行規定》。

6 月 11 日,新聞出版總署發出《關於加強對出版單位與境外出版機構聯合冠名管理的通知》,明確未經新聞出版總署批準,任何出版單位不得與境外出版機構在合作出版中聯合冠名。

6 月 17 日,文化部文化市場司正式在中國音像電影網開通了進口音像製品資料查詢系統。

6 月中旬,北京市通州區法院對被列入全國"掃黃打非"大案的盜版《大學英語》案作出一審判決。因侵犯著作權罪,盜版《大學英語》的委印人孟祥國被判處有期徒刑五年,沒收所有非法所得並處罰金五萬元。這是迄今為止涉及非法盜印的最嚴重的處罰。

6 月 27 日,新聞出版總署與資訊產業部聯合發佈了《互聯網出版管理暫行規定》,自 8 月 1 日起施行。

7 月 25 日,新聞出版總署印發《關於推進和規範出版物發行連鎖經營的若干意見》。

7 月 29 日,中央"兩辦"發佈 16 號檔,對文化改革進行全面部署,提出了加大集團化建設、加快政府職能轉變、加快市場流通體制改革和加快文化機構內部改革四大核心任務。

8 月 2 日,《中華人民共和國著作權法實施條例》公佈,自 2002 年 9 月 15 日起施行。原由國家版權局 1991 年 5 月 30 日發佈的《著作權法實施條例》同時作廢。

8 月 2 日,新聞出版總署發出《關於印發出版集團組建基本條件和審批程式的通知》、《關於印發發行集團組建基本條件和審批程式的通知》以及《關於印發報業集團組建基本條件和審批程式的通知》。

8 月 5 日,新聞出版總署發出《關於加強對進口出版物內容審查工作的通知》。

9 月 22 日,備受出版界關注的首次全國出版專業職業資格考試在北京、天津、重慶和全國各省會城市的 33 個考區同時開考。

10 月 15 日,《最高人民法院關於審理著作權民事糾紛案件適用法律若干問題的解釋》施行。該司法解釋規定:"出版者、製作者應當對其出版、製作有合法授權承擔舉証責任,發行者、出租者應當對其發行或者出租的復製品有合法來源承擔舉証責任。舉証不能的,依據著作權法第四十六條、第四十七條的相應規定承擔法律責任。"

11 月 27 日,新聞出版總署發出《關於進一步規範出版物訂貨、展銷活動的緊急通知》,要求各地新聞出版管理部門堅持嚴格審批制度,嚴屬打擊和查處此類展銷活動,致使"高定價、低折扣"圖書展銷活動之風得到有效遏制。

本年,新聞出版總署印發《關於新華書店(發行集團)股份制改造的若干意見》,股份制改造工作在全國新華書店全面展開。

本年,新聞出版總署批準了 4 家合資出版物分銷企業,其中包括《中國計算機報》與 TOM 網站合建的重慶計算機報經營有限公司,註冊資本 3000 萬元人民幣。

2003 年

1 月 6 日,中國新華書店協會在北京成立。

1 月 21 日,新聞出版總署作出決定,對《中國演員報》嚴重違規,出賣刊號,造成嚴重後果的案件發出行政處罰決議書,按照《出版管理條例》第六十條的規定,給予《中國演員報》以吊銷出版許可証的處罰。

3 月 17 日,新聞出版總署、對外貿易經濟合作部聯合頒佈《外商投資圖書、報紙、期刊分銷企業管理辦法》,標誌著我國的圖書、報紙、期刊分銷市場將向世貿組織成員國開放。

3 月 20 日,新聞出版總署發出《關於進一步加強圖書出版品質管理的通知》。

3 月 21 日根據《國務院關於機構設置的通知》(〔2003〕8 號),中華人民共和國新聞出版總署(國家版權局)改為國家新聞出版總署(國家版權局),其英文譯名相應發生變化,改後英文譯名為 General Administration of Press and Publication (National Copyright Administration)。

4 月 7 日,新聞出版總署對 1992 年制定並下發的《國家圖書獎評獎辦法》進行了修訂。修訂後的《辦法》明確規定,國家圖書獎由新聞出版總署主辦,為全國圖書評獎中的最高獎勵。

4 月 15 日,河北出版集團掛牌成立。

5 月 12 日,新聞出版總署印發《關於抓緊制定、及時報送出版物發行網點規劃的通知》,提出除合理限定大型書城(大型書城的營業面積標準由各地自定)之間的距離外,只要符合城建總體規劃,具備申辦條件,經營者在任何地段申辦發行網點均不應受到限制。

6 月 24 日,國家版權局下發《關於查繳盜版<十六大報告輔導讀本>等黨員幹部學習用書的通知》,要求各級版權行政管理部門對本地區的圖書市場進行緊急清查,發現銷售盜版《十六大報告輔導讀本》和《全國幹部培訓教材》等黨員幹部學習用書的,一律收繳,並予以嚴厲查處。

7 月 18 日,新聞出版總署和公安部聯合頒佈《印刷品承印管理規定》,自 2003 年 9 月 1 日起實施。

7 月 23 日,由新聞出版總署批準成立的全國性的遊戲出版行業組織——中國出版工作者協會遊戲工作委員會成立大會在北京國際飯店會議廳舉行。

7 月 24 日,新修訂的《著作權行政處罰實施辦法》頒佈,從 9 月 1 日起施行。

7 月,新聞出版總署公佈實施《出版物市場管理規定》,從 9 月 1 日起正式實施,取代此前於 1999 年 11 月新聞出版署發佈的《出版物市場管理暫行規定》。《規定》明確提出打破出版物發行領域國有新華書店的壟斷局面,對從事出版物零售和批發、總發行、全國連鎖等不再實行所有制限制,而是對資金等方面實行準入制度。

8 月 26 日,新聞出版總署廢止 70 件有關出版規章及規範性檔。

9 月 19 日,經新聞出版總署批準,國內首家獲得報刊發行權的民營企業——文德廣運發行集團在京組建成立。

10 月 1 日,中國書刊發行業協會重新修訂的《全國書刊發行行業公約》開始實行。

11 月 6 日,中關村圖書大廈正式營業。

12 月 3 日,新組建的二十一世紀圖書合資公司在京舉行新聞發佈會。經新聞出版總署與商務部批準,獲得全國連鎖經營執照的北京二十一世紀錦綉圖書連鎖有限公司(21 世紀圖書)進行增資擴股,與全球著名傳媒企業貝塔斯曼所屬的貝塔斯曼直接集團聯合組建中國第一家中外合資全國性圖書連鎖企業——北京貝塔斯曼二十一世紀圖書連鎖有限公司,貝塔斯曼直接集團擁有該公司 40%的股份。這成為中國書業第一起外貿並購案。

12 月 12 日吉林出版集團掛牌成立,同時事業單位改制為企業,並取得了國有資產授權經營。

12 月 19 日,國家版權局北京市版權局聯合在北京市亦莊經濟開發區舉行"全國打擊盜版軟件專項治理北京銷燬盜版製品儀式"。

12 月 22 日,由全國"掃黃""打非"工作小組辦公室主辦的中國掃黃打非網(www.shdf.gov.cn)正式開通。

12 月 23 日,新聞出版總署發出《關於進一步加強對涉及民族宗教問題出版物管理的通知》。

12 月 25 日,第六屆國家圖書獎頒獎大會在京舉行。本屆國家圖書獎共評選出榮譽獎 12 種、正式獎 30 種、提名獎 100 種,50 種抗擊非典圖書作為第六屆國家圖書獎特別獎同時受到表彰。

12 月 26 日,四川出版集團掛牌成立。

12 月 30 日,由新聞出版總署主辦的中國出版物發行管理網(www.cnempp.gov.cn)正式開通。

12 月 31 日,國務院辦公廳頒發《文化體制改革試點中支持文化產業發展的規定(試行)》和《文化體制改革試點中經營性文化事業單位轉制為企業的規定(試行)》(國辦發〔2003〕105 號)。

2004 年

1 月 13—14 日,新聞出版總署舉行首批互聯網出版機構負責人座談會。

2 月 6 日,中宣部、國務院糾風辦、新聞出版總署聯合發出《關於進一步規範黨政部門報刊征訂工作的通知》。

2 月 15 日,文化部決定啟用新版音像製品防偽標誌。

2 月 26 日,中華全國工商業聯合會書業商會成立大會在京召開。

2 月,中宣部、新聞出版總署聯合下發《關於對管辦分離和劃轉報刊加強管理的通知》。

5 月 20 日,中宣部、新聞出版總署發佈《關於進一步加強"三農"讀物出版發行工作的意見》,強調要多出版發行農民看得懂、用得上、買得起的讀物,為促進農民增加收入、統籌城鄉經濟社會發展服務。

5 月下旬,新聞出版總署發出通知,給予吉林攝影出版社等 21 家出版"高定價、低折扣"圖書的出版單位通報批評。

5 月 24 日,新聞出版總署和全國"掃黃打非"工作小組辦公室發出《關於開展對淫穢色情"口袋本"圖書、有害卡通畫冊和遊戲軟件專項治理的通知》。

6 月 17 日,新聞出版總署發佈第 22 號令,公佈《音像製品出版管理規定》,自 2004 年 8 月 1 日起施行。

6 月 30 日,教育部、新聞出版總署聯合發出《關於切實加強引進版教材圖書出版和使用管理的通知》。

7 月,全國"掃黃打非"工作小組辦公室、國家工商行政管理總局、新聞出版總署聯合下發通知,決定對城鄉集貿市場中銷售非法出版物的行為進行專項治理。

7 月 17 日,全國出版物發行標準化技術委員會成立大會在京舉行。

7 月,新聞出版總署、全國"掃黃打非"工作小組辦公室公佈首批被取締的《WTO 中國》等 30 個利用境外註冊刊號在境內非法出版、印刷、發行的期刊名單。

8 月,新聞出版總署、國家版權局聯合發出《關於落實國務院歸口審批電子和互聯網遊戲出版物決定的通知》,就電子和互聯網遊戲出版物出版著作權管理提出明確要求,進一步規範電子和互聯網遊戲出版市場。

9 月 10 日,新聞出版總署根據《音像製品管理條例》和《關於公安部光盤生產源鑒定中心行使行政、司法鑒定權有關問題的通知》的有關規定,發出了《關於加強蝕刻光盤來源識別碼管理的通知》,重申了蝕刻光盤來源識別碼及樣盤報送的有關規定。

10 月 18 日,新聞出版總署發出《關於進一步加強辭書出版管理的通知》,重申辭書出版必須嚴格履行圖書按專業分工出版的規定,尤其是單語或雙語辭書(辭典)的出版。

11 月 9 日,新聞出版總署音像電子和網絡出版管理司主辦的"治理音像出版業低俗之風"座談會在京召開。

11 月,新聞出版總署、全國"掃黃打非"工作小組辦公室聯合公佈了《人民權益報》等 60 種利用境外註冊刊號在境內非法出版的報刊名單,並宣佈予以取締。

12 月 3 日,國家版權局召開新聞發佈會,公佈對兩家光盤廠侵犯微軟著作權案件的處罰決定以及對《怪物史萊克 2》的查繳情況。

12 月 22 日,《關於辦理侵犯知識產權刑事案件具體應用法律若干問題的解釋》施行。該解釋第 5 條規定:以營利為目的,實施刑法第 217 條所列侵犯著作權行為之一,違法所得數額在 3 萬元以上的,屬於"違法所得數額較大";具有下列情形之一的(非法經營數額在 5 萬元以上的;未經著作權人許可,復製發行其文字作品、音樂、電影、電視、錄像作品、計算機軟件及其他作品,復製品數量合計在 1000 張(份)以上的;其他嚴重情節的情形),屬於"有其他嚴重情節",應當以侵犯著作權罪判處三年以下有期徒刑或者拘役,並處或者單處罰金;以營利為目的,實施刑法第 217 條所列侵犯著作權行為之一,違法所得數額在 15 萬元以上的,屬於"違法所得數額巨大";具有下列情形之一的(非法經營數額在 25 萬元以上的;未經著作權人許可,復製發行其文字作品、音樂、電影、電視、錄像作品、計算機軟件及其他作品,復製品數量合計在 5000 張(份)以上的;其他特別嚴重情節的情形),屬於"有其他特別嚴重情節",應當以侵犯著作權罪判處三年以上七年以下有期徒刑,並處罰金。新的司法解釋,降低了打擊著作權犯罪的金額標準和數量標準。

2005 年

1 月 19 日,由新聞出版總署人事教育司與北京師範大學聯合主辦的京師出版論壇暨北京師範大學出版科學研究院成立典禮在北京舉行。

2 月 16 日,中國音像協會發佈"中國音像反盜版北京宣言"。

2 月 18 日,為維護圖書出版市場的正常秩序,維護廣大消費者的權益,維護中國出版界的聲譽,新聞出版總署發佈《關於對含有虛假宣傳信息的圖書進行專項檢查的緊急通知》。

2 月 24 日,為了制止虛假圖書,提倡誠信原則,中國版協發出《制止虛假圖書,提倡誠實守信,多出精品》倡議書。

3 月 31 日,勞動和社會保障部正式向社會發佈了第三批 10 個新職業,網路編輯名列其中。

4 月 21 日,國務院新聞辦公室召開新聞發佈會,公佈了《中國知識產權保護的新進展》白皮書。

4 月 28 日,新聞出版總署、全國"掃黃打非"工作小組辦公室發出通知,要求各地依法取締《中外法制》等 60 種非法期刊。

5 月 18—28 日,第十五屆全國書市在天津國際會展中心舉行。

5 月,新聞出版總署公佈首批含有虛假資訊的圖書,機械工業出版社出版的《沒有任何藉口》、《麥肯錫卓越工作方法》,國際文化出版公司出版的《強者怎樣誕生》等 19 種圖書被列入名單。

6 月 10 日,新聞出版總署發出《關於建立出版物發行單位違規檔案的通知》,對違規發行單位將建立專項檔案。

6 月 27 日,《新聞出版總署主管社會團體管理暫行辦法》頒行。

7 月 8—10 口,首屆中國數位出版博覽會在北京舉行。在博覽會上,北京中文在綫文化發展有限公司、中國大百科全書出版社、中國作家出版集團等多家出版和網路機構、律師事務所及知名作家聯合發起成立了中文"在綫反盜版聯盟"。

7 月 14 日,國務院新聞辦公室與新聞出版總署聯合發佈《"中國圖書對外推廣計劃"實施辦法》,並公佈《2005 中國圖書對外推廣計劃推薦書目》,"中國圖書對外推廣計劃"正式啟動。

7 月 20 日,新聞出版總署、國務院新聞辦公室、商務部、國家工商行政管理總局、全國"掃黃打非"工作小組辦公室近日下發《關於清查取締非法外文報刊的通知》,要求各省(自治區、直轄市)新聞出版局、新聞辦公室、商務廳、工商行政管理局、"掃黃打非"工作領導小組辦公室等部門,依法查處取締非法報刊。

7 月,新聞出版總署公佈第二批偽書名單,哈爾濱出版社出版的《超級分析力訓練》等、企業管理出版社出版的《管理聖經》等 12 家出版社的 49 種圖書再次被列為偽書。

8 月 1 日,新聞出版總署、教育部、共青團中央、中央綜治委預防青少年違法犯罪工作領導小組辦公室、全國"掃黃打非"工作小組辦公室聯合在全國開展以未成年人為主要對象的有害出版物專項治理行動啟動。

8 月 24 日,中宣部、國務院糾風辦、新聞出版總署聯合發出《關於開展規範報刊發行秩序工作的通知》。

8 月 30 日,中國版協發出的《關於舉辦韜奮出版新人獎的通知》宣佈,根據中宣部《關於中華優秀出版物獎、韜奮出版新人獎的批復》,中國版協將從 2005 年 9 月份開始,舉辦"韜奮出版新人獎"評選活動。

9 月 1—5 日,第十二屆北京國際圖書博覽會在北京中國國際展覽中心舉行。

9 月 8 日,《圖書流通資訊交換規則》課題工作組在北京舉行第五次工作會議,備受圖書出版發行業矚目的圖書出版發行標準化的實施工作開始進入試點階段。

9 月 8 日,由新聞出版總署印刷復製管理司舉辦的光盤復製管理工作會議在上海舉行。

9 月 8 日,新聞出版總署發出通知,要求各地有關部門進一步規範人體美術和藝術寫真類音像製品出版。

10 月 22 日,全球首個大型同步出版專案——"重述神話"系列圖書在北京西單圖書大廈舉行了盛大首髮式。

10 月 29 日,首個"新聞出版總署印刷高技能人才培訓基地"在安徽省新聞出版職業技術學院揭牌。

11 月 1 日,上海市人民政府與新聞出版總署共建的上海理工大學出版印刷學院(上海出版印刷高等專科學校)的簽約儀式,在上海市政府貴賓廳舉行。

2006 年

1 月 8 日,中國新聞出版資訊網(www.cppinfo.com)正式開通,由新聞出版總署資訊中心主辦,提供出版行業各種資訊的發佈和查詢服務。

1 月 11 日,長江出版集團並購湖北海豚卡通有限公司,成為國有出版機構收購民營機構的首個案例。

1 月 18 日,讀者出版集團在蘭州掛牌成立。該集團以甘肅人民出版社為基礎、藉助《讀者》品牌優勢組建成立。

1 月 19 日,中國出版集團公司與河南出版集團正式簽署戰略合作協議,在圖書出版、管道建設、電子音像和新興媒體等方面開展長期合作,開創了出版集團跨地區合作的先河。

1月,湖北長江出版集團以480萬元投資入股40集電視連續劇《張居正》的拍攝,這是該集團首次實施跨行業發展,進軍影視業。

1月,中共中央、國務院發出《關於深化文化體制改革的若干意見》,對文化體制改革的必要性和緊迫性、指導思想、原則要求、目標任務等作出了明確指導。

2月13日,國家發改委經濟體制綜合改革司召開中小學教材招標投標試點工作座談會,第二輪中小學教材招投標試點工作開始啟動。

2月14日,第一屆"韜奮出版新人獎"揭曉,中國金融出版社王璐、遼寧科學技術出版社劉紅等20位出版人獲此殊榮。

3月10日,新聞出版總署發佈了《關於規範圖書出版單位辭書出版業務範圍的若干規定》,旨在提高圖書出版質量,規範辭書出版秩序,維護讀者權益。

3月13日,國內著名門戶網站"TOM綫上"(www.tom.com)宣佈並購中國最大原創文學網站"幻劍書盟"(www.hjsm.net),進軍網路文學市場。

3月15日,博客寫手秦濤委託律師在北京市海澱區人民法院起訴搜狐公司,這是國內首起博客著作權案。

4月7日,浙江教育出版社下屬國有全資的浙江教育書店以380萬元的價格,向民營資本出讓65%的股權,開浙江文化領域國有資產以公開拍賣方式出讓的先河。

4月,內蒙古遠方出版社因為買賣書號、一號多用、一號多賣,造成惡劣的社會影響,被新聞出版總署停業整頓6個月,社領導班子全部解聘。

4月,新聞出版總署出臺《關於規範圖書出版單位辭書出版業務範圍的若干規定》,自5月1日起正式實施。

5月1日,新聞出版總署發佈的《關於禁止出版發行"黃金書"等包裝奢華、定價昂貴圖書的通知》正式實施。

5 月 11 日,人民出版社由中國出版集團劃轉新聞出版總署管理劃轉交接儀式在京舉行,標誌著人民出版社從事業單位轉向了公益性出版機構。

5 月,經國家民政部批准,"中國圖書評論學會"正式成為由國家新聞出版總署主管的國家一級學會。中宣部《求是》雜誌社原社長高明光當選為會長。

5 月 26 日,上海新華發行集團召開新聞發佈會宣佈,收購華聯超市股份有限公司 45.06%的股份,並以此借殼上市。華聯超市將更名為上海新華傳媒股份有限公司,繼承新華傳媒的全部資產和業務。這將是中國出版發行類傳媒第一個上市的股份公司。

7 月 1 日,《資訊網絡傳播權保護條例》開始施行。

7 月 15 日,大型圖書零售賣場第三極書局正式亮相北京中關村。書局開業後,推出為期二天的"買 100 送 100"的優惠活動,引發圖書折扣大戰。

8 月 4 日,《全宋文》由上海辭書社和安徽教育出版社聯合出版,分 15 個大類,共 360 冊,總字數逾 1 億字。

9 月 13 日,中共中央辦公廳、國務院辦公廳印發《國家"十一五"時期文化發展規劃綱要》。《綱要》指出,要積極發展電子書、手機報刊、網路出版物等新興業態;培育一批具有較強競爭力和實力的出版企業集團;支援出版物發行企業開展跨地區、跨行業、跨所有制經營等。

9 月,由機械工業出版社投資創辦的大型綜合性圖書零售賣場北京百萬莊圖書大廈開業,從而揭開了國內首家由出版社投資創辦大型書城的新篇章。

10 月 13 日—10 月 15 日,第十四屆莫必斯多媒體光碟國際大獎賽在加拿大蒙特利爾市舉辦,由北京印刷學院研製、人民教育電子音像出版社出版的多媒體作品《盛世鐘韻》獲得大獎賽最高獎項。

11 月 6 日,深圳書城中心城開業,是當時世界上經營面積最大的書城。

11 月 31 日,新聞出版總署發出《關於進一步做好出版發行領域不正當交易行為自查自糾工作的通知》,要求各地、各單位圍繞自查自糾的重點環節和商業賄賂的易發、多發部位進行專項治理。

12 月 4 日,內蒙古新華發行集團股份有限公司在內蒙古政府禮堂掛牌成立,這是內蒙古自治區首家以資產為紐帶的大型文化產業集團。

12 月 11 日,中國出版工作者協會舉辦的首屆中華優秀出版物獎揭曉。《當代資本主義新變化》等 50 種圖書獲得圖書獎、《西方美學範疇史》等 30 種圖書獲得圖書獎提名獎;《對專業出版核心競爭力的認識》等 55 篇論文獲得論文獎;《黃帝內經》等 19 種作品獲得音像獎、《中國名著半小時》等 13 種作品獲得音像獎提名獎;《想像》等 14 種作品獲得電子出版物獎、《中國名畫家》等 10 種作品獲得電子出版物獎提名獎;《完美世界》等 7 種作品獲得遊戲出版物獎。

12 月 21 日,陝西出版傳媒集團有限責任公司正式掛牌成立。

2007 年

1 月 1 日,財政部、國家稅務總局聯合印發《關於宣傳文化增值稅和營業稅優惠政策的通知》。2007 年 1 月 1 日起,音像製品和電子出版物的增值稅稅率由 17% 下調至 13%。

1 月 1 日,新版《中國標準書號》正式實施,由原來的 10 位升至 13 位。

1 月 22 日,江蘇新華發行集團與海南新華書店系統戰略合作意向書籤約儀式在海口舉行。此次合作,將是我國國有圖書發行業首次實現跨地區合作。

1 月,《大中華文庫》(漢英對照)啟動全球發行。該文庫是首次系統全面地向世界推出中國古籍整理和翻譯的重大文化工程,計劃在兩年內翻譯出版 105 種古代文史哲著作。

3 月 13 日,新聞出版總署、中央文明辦、國家發展改革委等八個部委正式印發《農家書屋工程實施意見》,從 2007 年開始,在全國範圍內實施"農家書屋"工程。

3 月 16 日,美國的蘭登書屋入駐上海的大眾書局。大眾書局蘭登書屋專區實現了外版圖書國際、國內同步發行,中國讀者能在第一時間購買到最新的外版圖書。

3 月,百度圖書搜索上綫。與百度合作的圖書累計達到 1500 萬種以上,科技期刊文獻達到 13000 餘種,使百度擁有了全球最大的中文圖書可檢索數量。

4 月 17 日,中國青年出版社總社倫敦分社在倫敦市中心舉行開業酒會,該社進軍英國市場。

4 月 18 日,《中華人民共和國海關進出境印刷品及音像製品監管辦法》公佈,6 月 1 日起實施。

4 月 24 日,新聞出版總署召開黨組擴大會議宣佈,中央決定調整新聞出版總署主要領導,柳斌傑任總署黨組書記、署長和國家版權局局長。

4 月 5 日,最高人民法院、最高人民檢察院聯合出臺新的辦理侵犯智慧財產權刑事案件司法解釋,進一步加大智慧財產權的刑事司法保護力度。新的司法解釋明顯降低了侵犯著作權罪的數量門檻。根據這一司法解釋,以營利為目的,未經著作權人許可,復製發行其文字作品、音樂、電影、電視、錄影作品、電腦軟件及其他作品,復製品數量合計在 500 張(份)以上的,屬於刑法第 217 條規定的"有其他嚴重情節";復製品數量在 2500 張(份)以上的,屬於刑法第 217 條規定的"有其他特別嚴重情節"。新司法解釋規定的以上兩個侵犯著作權罪的數量,較之 2004 年出臺的司法解釋縮減了一半。

5 月 30 日,北大方正集團打造的數位出版物發行平臺——愛讀愛看網(http://www.idoican.com.cn)開通。該網擁有電子書和數位報兩個資源庫,其中有全國 450 多家出版社的正版電子書 30 多萬種,全國 70 多家報社(集團)的數位報紙 200 多份。

5 月 30 日,四川新華文軒連鎖股份有限公司在香港聯合交易所正式掛牌上市,成為國內首家在港上市的圖書發行企業。

6 月 9 日,《世界智慧財產權組織版權條約》和《世界智慧財產權組織表演和錄音製品條約》在中國正式生效。

7 月 16 日,河南省各級新華書店劃歸河南出版集團直接管理。

7 月,新聞出版總署主辦的首屆"三個一百"原創出版工程最終確定 254 種圖書入選。

8 月 1 日,《中國新聞週刊》日文版創刊紀念會在北京人民大會堂舉行。《中國新聞週刊》日文版於 5 月 26 日正式在日本創刊,創刊號銷量突破 4.2 萬冊,是首家在日本擁有正式刊號並通過主流發行管道參與期刊市場競爭的中國時政類刊物。

9 月 1 日,中國出版集團公司協同下屬中國出版對外貿易總公司,分別與法國博杜安出版公司和澳大利亞多元文化出版社簽訂協議,在巴黎和悉尼註冊成立合資出版社。兩家合資出版社將使用"中國出版(巴黎)有限公司"(CPG International-Paris)和"中國出版(悉尼)有限公司"(CPG International-Sydney)的名稱。

10 月 9 日,湖北長江出版傳媒集團有限公司掛牌。

10 月,"新華書店"被認定為馳名商標。

11 月,由原深圳發行集團和海天出版社整合組建而成的深圳出版發行集團宣告成立。

11 月,李鳴生、張抗抗、張平、盧躍剛、王宏申、邱華棟和徐坤等 7 位中國文壇頗有影響的知名作家聯手將北京書生公司告上法庭,起訴該公司涉嫌侵犯這 7 位作家總字數 1600 多萬字作品的著作權。

12 月 7 日,新聞出版總署對江西出版集團重組中國和平出版社事宜作出批復,原則同意中國宋慶齡基金會與江西出版總社共同合作將中國和平出版社重組並改制為中國和平出版社有限責任公司的方案。

12 月 17 日,中國出版集團公司及下屬的中國出版對外貿易總公司和澳洲多元文化出版社三方合資成立的"中國出版(悉尼)有限公司"舉行揭牌儀式。

12 月 21 日,遼寧出版傳媒股份有限公司在上海證券交易所上市,成為國內首家將編輯業務和經營業務整體上市的公司。

2008 年

1 月 24 日,《上海大辭典》由上海辭書出版社出版,是迄今為止編纂出版的規模最大、總字數逾 700 萬字的關於上海的大型綜合性工具書。

1 月,廣東省新聞出版局增設數位出版管理處,成為中國第一個數位出版行政管理機構。

2 月 25 日,遼寧出版傳媒股份有限公司獲准設立企業博士後科研基地,成為中國出版界首家獲此資格的企業。

2 月 27 日,首屆中國出版政府獎頒獎典禮在京舉行。《韋加寧手外科手術圖譜》等 100 部出版物、湖南新華印刷集團等 50 個出版單位、毛鳳昆等 50 位優秀人物獲獎。

3 月 6 日,新聞出版總署發出《關於開展以教輔讀物為重點的專項質量檢查活動的通知》,對於在檢查中發現的不合格圖書要嚴格依據《出版管理條例》和《圖書質量管理規定》予以行政處罰。

　　3 月 13 日,《狼圖騰》英文版全球首發式在北京故宮舉行,由長江出版集團和企鵝出版集團聯合舉辦,在 110 個國家和地區同步發行。

　　3 月 17 日,新聞出版總署公佈《電子出版物出版管理規定》和《音像製品製作管理規定》,於 4 月 15 日起施行。

　　4 月 8 日,海南、江蘇兩省新華書店集團簽署戰略合作協定,全國發行產業首家跨省區合作專案正式啟動。

　　4 月 22 日,中國出版集團數位傳媒有限公司在北京成立。

　　4 月 24 日,我國第一個少數民族語言智慧財產權服務平臺——中國蒙文智慧財產權服務平臺正式開通。

　　5 月 1 日,《圖書出版管理規定》正式實施,對圖書出版單位設立條件和程式、圖書的出版、監督管理、法律責任等作了細化、明確的規定。

　　5 月 9 日,由江蘇、海南兩省新華書店集團合資組建的海南鳳凰新華發行有限責任公司在海南省海口市掛牌,這是我國出版業首個跨地區戰略重組的大型發行企業。

　　5 月 26 日,西藏出版發行物流中心正式開業並投入使用,填補了西藏沒有一座現代書城的空白。

　　5 月 28 日,中國音像著作權集體管理協會在京召開成立大會,審議並通過了《中國音像著作權集體管理協會章程》。

　　6 月 1 日,《出版專業技術人員職業資格管理規定》正式實施,明確規定,國家對在圖書、非新聞性期刊、音像、電子、網路出版單位內承擔內容加工整理、裝幀和版式設計等工作的編輯人員和校對人員,以及在報紙、新聞性期刊出版單位從事校對工作的專業技術人員實行職業資格制度,對職業資格實行登記註冊管理。

6 月 7 日,人民衛生出版社美國編輯部成立儀式在美國康涅狄格州謝爾頓市舉行。

6 月 13 日,北京貝塔斯曼二十一世紀圖書連鎖有限公司宣佈將終止其全國範圍內 36 家貝塔斯曼書友會的連鎖書店業務,7 月 31 日前全部關閉。7 月 3 日,貝塔斯曼集團中國總部宣佈,停止上海貝塔斯曼文化實業有限公司在華的全部業務。貝塔斯曼書友會全綫撤出中國市場。

6 月 27 日,山東省新華書店整體改造為山東新華書店集團有限公司並正式掛牌。

6 月,新聞出版總署發出《關於進一步規範出版單位配合本版出版物出版電子出版物的管理的通知》。

7 月 4 日,上海盛大網路發展有限公司宣佈成立盛大文學有限公司。三家著名原創文學網站——起點中文網、晉江原創網、紅袖添香網成為其下屬的全資公司和投資公司。

7 月 16 日,新聞出版總署與上海市人民政府簽署《新聞出版總署、上海市人民政府部市合作框架協議》,首個國家數位出版基地落戶上海。

7 月,新聞出版總署下發對經營性圖書出版單位進行首次等級評估工作的通知,連續兩個評估期被警示且不具備辦社條件的,將被取消出版資格。

8 月 1 日,新華書店在美國紐約法拉盛開設的第一家海外分店剪綵開業。分店總營業面積 500 平方米,經銷各類出版物 3 萬多種。

8 月,經新聞出版總署批準,福建省海潮攝影藝術出版社更名為海峽書局出版社有限公司(簡稱海峽書局),以對臺出版、發行、交流、合作為主要功能。

10 月 24 日,經國家版權局、民政部正式批準成立的中國文字著作權協會在京舉行成立大會。該協會主要對文字作品復製權、資訊網路傳播權、廣播權、表演權等作者難以單獨行使或控制的權利進行集體管理,同時負責教科書以及報刊轉載作品等"法定許可"情形下著作權使用費的收轉工作。

11 月 5 日,四川出版集團有限責任公司在成都正式掛牌成立。

11 月 18 日,時代出版傳媒股份有限公司成立暨上市大會在安徽合肥舉行,是新聞出版領域真正意義上主業整體上市的第一家公司。

11 月 18 日,家庭期刊集團轉制為家庭期刊集團有限公司掛牌儀式在廣州舉行,成為廣東省首家實現整體轉制的期刊單位。

11 月 21 日,中國攝影著作權協會成立大會在北京舉行。

11 月,天津市新華書店、天津古籍書店和天津外文書店共同出資組建的天津新華發行有限責任公司正式揭牌。全國新華書店系統轉企改制任務基本完成。

12 月 21 日,國內首家上市的遼寧出版傳媒股份有限公司更名為“北方聯合出版傳媒(集團)股份有限公司”。

12 月 25 日,中國出版工作者協會主辦的第二屆中華優秀出版物獎揭曉。《星火燎原·未刊稿》(10 冊)等 50 部圖書獲圖書獎,《大戰略之戰:整體戰》等 80 部圖書獲圖書提名獎,同時還揭曉了全國優秀出版科研論文獎、音像出版物獎等其他獎項。

12 月 28 日,貴州新華文軒發行有限責任公司正式掛牌成立,由其建設經營的貴州書城也正式開業。

2009 年

1 月 1 日,中國出版集團公司下屬的中國圖書進出口(集團)總公司和中國出版對外貿易總公司完成戰略重組,對外統一使用“中國圖書進出口(集團)總公司”的名稱開展業務。

1 月 8 日,書號實名申領全面推開啟動儀式在新聞出版總署舉行,從 4 月 1 日起全部實行書號網上實名申領。

2 月 28 日,新華書店(聖地亞哥)正式掛牌營業,這是第二家使用新華書店品牌在海外經營大陸圖書的書店,營業面積 300 多平方米,主要經營中國大陸出版的圖書以及各類音像製品。

2 月,教育部網站公佈教育部辦公廳發出的《對高校出版社轉制工作規程的通知》,高校出版社轉制後,要建立現代企業法人治理結構;依據法定程式設立董事會、監事會;校領導不宜兼任董事長。

2 月,廣東省出版集團數字出版有限公司正式成立。該公司由廣東省出版集團有限公司、廣東教育出版社、廣東海燕電子音像出版社共同出資組建。

2 月,四川出版集團旗下天地出版社聯合四川民族出版社,推出了《中國農村文庫》藏文版,填補了藏文"三農"圖書出版的空白。

2 月,200 多位藥學和醫學專家傾力奉獻的《馬丁代爾藥物大典》中文版由化學工業出版社出版,全書逾 1000 萬字,收錄 5500 餘種藥物專論、12.8 萬種製劑、4 萬多篇參考文獻,涉及 660 餘種疾病。

3 月 18 日,青島出版集團正式揭牌成立。

4 月 6 日,新聞出版總署出臺《關於進一步推進新聞出版體制改革的指導意見》,對當前新聞出版體制改革的指導思想、原則要求、目標任務提出明確要求,並就體制改革的政策保障、組織領導做出部署。《指導意見》明確將"非公有出版工作室"定位為"新聞出版產業的重要組成部分"、"新興出版生產力",並且提出要"在特定的出版資源配置平臺上,為非公有出版工作室在圖書策劃、組稿、編輯等方面提供服務"。

4 月 16 日,中國大百科全書出版社出版的《中國大百科全書(第二版)》(32卷)在全國公開發行,正文 30 卷,索引 2 卷,共收條目 6 萬個,約 6000 萬字。

4 月 18 日,鳳凰數碼印務有限公司在南京成立,鳳凰出版傳媒集團開始進軍按需出版市場。

4 月,財政部、國家稅務總局公佈《關於文化體制改革中經營性文化事業單位轉制為企業的若干稅收優惠政策的通知》,對經營性文化事業單位轉制中資產評估增值涉及的企業所得稅,以及資產劃轉或轉讓涉及的增值稅、營業稅等給予適當的優惠政策。

5 月 8 日,首個國家級版權交易系統在國際版權交易中心正式開通,北京版權產業融資平臺也同步啟動。

5 月 18 日,黑龍江出版集團有限公司成立大會暨集團公司揭牌儀式在哈爾濱舉行。

5 月 28 日,北京出版集團有限責任公司掛牌成立,標誌著北京出版社出版集團改制成企業。

5 月,新聞出版總署發佈《新聞出版總署立法程式規定》和《新聞出版總署廢止第四批規範性檔的決定》,國家版權局發佈《著作權行政處罰實施辦法》和《國家版權局廢止第三批規章、規範性文件的決定》。

6 月 1 日,《當代中國》大型叢書海外版正式面世。該叢書全套 152 卷 210 冊,總計 1 億字,插圖 3 萬幅。

6 月 19 日,中國出版(首爾)有限公司(木蘭出版社)成立簽約儀式在京舉行,由中國出版集團公司、中圖(集團)總公司、韓國熊津出版集團共同出資成立。

7 月 6 日,《中國新文學大系》第五輯(1976—2000)30 卷由上海文藝出版集團上海文藝出版社編纂完成,全部出齊,全面展示了中國新文學在 20 世紀最後近 25 年的優秀成果。

7 月 14 日,《中國家譜總目》由上海古籍出版社出版。全書 1200 萬字、共 10 冊,收錄了中國家譜 52401 種、計 608 個姓氏,是迄今為止收錄中國家譜最多、著錄內容最豐富的專題性聯合目錄。

7 月 22 日,國務院總理溫家寶主持召開國務院常務會議,討論並原則通過《文化產業振興規劃》。

7 月 30 日,中國出版集團公司與美國按需圖書公司按需印刷合作協定簽字儀式在京舉行,中國出版集團全面進軍按需印刷領域。

7 月,新聞出版總署下發《關於促進我國音像業健康有序發展的若干意見》,明確了我國音像業的發展方向,以及音像出版單位在實現"三個一批"改革過程中進行兼並重組、融資、跨行業整合合作的音像產業政策。

7 月,根據《出版管理條例》和《音像製品管理條例》的有關規定,新聞出版總署制定《復製管理辦法》,於 8 月 1 日起實施。1996 年 2 月 1 日發佈的《音像製品復製管理辦法》同時廢止。

8 月 9 日,原人民文學出版社副牌社"外國文學出版社"更名為以出版少兒讀物為主的"天天出版社",標誌著中國出版集團公司開始進軍少兒圖書市場。

8 月 12 日,新聞出版總署與中國銀行股份有限公司在北京簽署了《支持新聞出版業發展戰略合作備忘錄》,雙方正式建立起長期戰略合作關系。

8 月,新聞出版總署開展的首次全國經營性圖書出版單位等級評估工作結束,擬被評為一級的"百佳"圖書出版單位名單進行公示,標誌著我國出版業評估制度已經正式建立。

9 月 9 日,黃河出版傳媒集團有限公司成立。

9 月 11 日,新聞出版總署公佈了中央各部門各單位出版社第一批轉制名單,包括中國電影出版社、中國攝影出版社等 101 家出版社。

9 月 21 日,新版《辭海》發行。此次新修訂的《辭海》共收錄了 1.8 萬餘個單字字頭、12.7 萬多條詞目、2300 餘萬字,1.6 萬餘幅圖片,新增收了常用或流行的近現代漢語和網路用語等條目。

9 月,中原出版傳媒集團和大象出版社舉行大型影印叢書《民國史料叢刊》的新書首發式。該叢刊從 10 萬餘種民國版中文圖書中分類選編 2194 種影印出版,包括政治、經濟、社會、史地、文教 5 類 30 目、1128 冊。

10 月 20 日,中國圖書進出口(集團)總公司在歐洲的第一家新華書店在倫敦開業。

11 月 26 日,新聞出版總署舉辦全國百佳圖書出版單位命名大會,100 家出版社在首次全國經營性圖書出版單位等級評估中獲得一級稱號。

12 月 8 日,浙江出版聯合集團數字傳媒有限公司掛牌。該公司將與 IT 廠商、互聯網、無綫移動等進行融合,實現數位內容的集成化服務和運營。

12 月 9 日,方正集團與上海張江集團簽署合作協議,將共同投資 2.85 億元組建"中國數字出版技術有限公司",並正式入駐張江國家數位出版基地。

12 月 10 日,內蒙古出版集團有限公司成立揭牌儀式在呼和浩特舉行。

12 月 17 日,杭州出版集團有限公司成立。

12 月 24 日,讀者出版傳媒股份有限公司在蘭州舉行成立大會。

12 月 31 日,中國出版集團公司與寧夏回族自治區人民政府簽署對黃河出版傳媒集團有限公司進行聯合重組的協議。

12 月,胡愈之等 22 人獲評"新中國 60 年傑出出版家",王仿子等 100 人獲"新中國 60 年百名優秀出版人物"稱號。

12 月,王濤任中國出版集團公司黨組書記、副總裁,李朋義不再擔任中國出版集團公司黨組書記、副總裁職務。

2010 年

1 月 4 日,新聞出版總署發佈《關於進一步推動新聞出版產業發展的指導意見》,對未來新聞出版業發展的主要目標、發展重點和發展措施進行了描述,對非公有資本參與新聞出版產業的方式和管道進行了細化。

1 月 8 日,《圖書公平交易規則》正式出臺,規定一年內新書在實體店銷售不得打折,網上書店賣新書則不得低於 8.5 折。該規則出臺後引起社會強烈反應,一些群體表示抗議。

1 月 18 日,安徽新華傳媒股份有限公司 A 股股票在上海證券交易所成功上市,成為全國發行行業在主板市場首發上市的"第一股"。

1 月 20 日,北京最大的民營書店——第三極,因經營不善,資不抵債,宣告停業。

1 月 28 日,新聞出版總署與中國農業銀行股份有限公司簽署《全面戰略合作協議》,中國農業銀行將在未來 3 年內對新聞出版行業提供總額不低於人民幣 500 億元的意向性信用額度。

2 月 3 日,廣東數字出版產業聯合會在廣州宣告成立,是國內第一個數位出版社團組織。

2 月 10 日,國務院總理溫家寶主持召開國務院常務會議,討論並原則通過《中華人民共和國著作權法修正案(草案)》。2 月 26 日,第十一屆全國人民代表大會常務委員會第十三次會議通過了修正案。

2 月,盛大文學出資控股文學網站小說閱讀網。

3 月 25 日,時代出版傳媒公司通過 ISO9001:2008 質量管理體系審核,這是國內首家通過該項認証的大型文化企業和出版傳媒上市公司。

3 月 31 日,盛大文學正式宣佈收購瀟湘書院。

3 月,新聞出版總署下發《關於印發新聞出版體制改革工作要點的通知》。

3 月,經過 10 年修訂,《漢語大字典》第二版由四川出版集團四川辭書出版社和湖北長江出版集團崇文書局共同出版。

4 月 22 日,中國民主法制出版社轉企改制暨加入中國出版集團公司交接儀式在北京舉行。全國人大常委會辦公廳和中國出版集團公司代表簽署有關交接檔,並交換有關協定。

4 月 24 日,商務印書館(成都)有限責任公司在成都舉行揭牌儀式,該公司以圖書選題策劃、版權貿易和圖書發行為主營業務,兼及舉辦各類教育培訓業務。

4 月,中國人民銀行、中宣部、財政部、文化部、國家廣電總局、新聞出版總署、銀監會、証監會和保監會等 9 部門聯合發佈了《關於金融支持文化產業振興和發展繁榮的指導意見》,是近年來金融支持文化產業發展繁榮的第一個宏觀金融政策指導檔。

5 月 28 日,華文出版社加入中國出版集團公司改制重組簽約儀式在北京舉行,華文出版社加入中國出版集團公司。

6 月 1 日,盛大公司"一人一書(OPOB)基金"在北京成立,盛大網路宣佈為該基金逐年分批註資 1 億美元,用於補貼硬體企業和版權內容,同時與"雲中數位圖書館"合作,以推動正版數位圖書的建設與發展。

6 月 22 日,新聞出版總署發佈《民族文字出版專項資金資助專案管理暫行辦法》,對民族文字出版專項資金資助專案的立項、申報、評審、結項、驗收等方面工作進行了全面的規範,自 2011 年 1 月 1 日起施行。

6 月 22 日,文化部正式出臺《網絡遊戲管理暫行辦法》,自 8 月 1 日起施行,這是第一部專門針對網路遊戲進行管理和規範的部門規章。

6 月 23 日,四川新華文軒連鎖股份有限公司以總價 12.55 億元人民幣收購四川出版集團 15 家全資子公司的全部股權。

6 月,浙江教育出版社與廣東教育出版社聯合出版的《王國維全集》(20 卷)在浙江首發,全書集王國維著作、譯作、書信日記、詩文題跋和古籍校注之大成,計 840 餘萬字。

7 月 20 日,中國出版集團公司、中國圖書進出口(集團)總公司與日本大型出版經銷商東販株式會社、中國媒體株式會社共同出資成立的中國出版東販株式會社在日本東京宣告成立。

7 月 21 日,新聞出版總署與中國電信集團公司在京簽署《推動數字出版產業發展戰略合作備忘錄》,雙方透過多方合作大力促進我國數位出版產業的發展。

8 月 3 日,數位閱讀平臺讀覽天下正式入駐 iPad,這是我國入駐 iPad 的首個正版電子雜誌平臺。

8 月 3 日,新聞出版總署與國家開發銀行在京簽署《支持新聞出版產業發展合作備忘錄》,雙方建立長期戰略合作,以中長期融資助力我國新聞出版產業的發展。

8 月 23 日,盛大發佈公告,其電子書硬體產品 Bambook 正式發售的零售價格為 999 元,開始接受預定,正式上市時間為 9 月 28 日,引發國內電子閱讀器的降價風潮。

8 月 30 日,中國出版工作者協會網站發佈《關於發佈圖書交易規則的通知》,發佈了修改後的《圖書交易規則》。原《規則》中"限折令"一章全部刪除。

9 月 8 日,安徽時代出版傳媒集團收購拉脫維亞 S&G 印刷公司,開中國和拉脫維亞經濟文化產業界合作先河。

9 月 16 日,《讀者》雜誌在深圳發佈首款按人類閱讀習慣設計的電紙書 DZ60B,該款電紙書採用平面大圓角的設計、EPUB 檔格式,並實現了觸摸翻頁功能。

9 月 17 日,新聞出版總署出臺《關於加快我國數字出版產業發展的若干意見》,規定了數字出版產業發展的總體目標、主要任務和保障措施,描畫數位出版產業發展的藍圖。

9 月 26 日,時代出版傳媒集團舉行影視合作專案簽約儀式,現場共簽約 9 個合作專案,成為國內第一家進軍影視業的出版上市企業。

9 月 27 日,北方聯合出版傳媒(集團)股份有限公司發佈公告,稱擬收購遼寧省內市、縣(市、區)新華書店控股權。全省 62 家市、縣(市、區)新華書店今年年底前將全部完成公司制改造並整合進入北方聯合出版傳媒(集團)股份有限公司。

9 月 28 日,山東大學負責編撰的兩漢現存文獻總匯《兩漢全書》正式出版。

9 月 29 日,第三屆中華優秀出版物獎評選揭曉,《辭海》等出版物分獲各類獎項。

9 月 30 日,經中央機構編制委員會辦公室批復同意,全國唯一的國家級出版科學研究機構、成立於 1985 年的中國出版科學研究所更名為中國新聞出版研究院。

10 月 9 日,《新聞出版總署關於發展電子書產業的意見》正式發佈。《意見》闡釋了電子書產業發展的重要意義、指導思想和基本原則、重點任務和保障措施。

10 月 11 日,中南出版傳媒集團股份有限公司開始啟動 IPO(首次公開募股),並於 28 日正式登陸上海證券交易所。

10 月 26 日,湖南天舟科教文化股份有限公司首發申請獲通過。12 月 15 日,正式登陸深市創業板,公開發行 1900 萬股,成為中國"民營出版傳媒第一股"。

10 月,新聞出版總署下發《關於加強養生保健類出版物管理的通知》,就養生保健類出版物的出版資質、品質監控作出相關規範。

11 月 11 日,中國圖書進出口(集團)總公司在海外開辦的第六家、在紐約開辦的第三家新華書店——曼哈頓新華書店正式開業,該店營業面積 500 多平方米。

11 月 11 日,京東圖書頻道悄然上綫,試運行銷售的圖書商品涵蓋文藝、社科、經管勵志、教育考試、科技、生活、少兒等 7 大品類 39 個大分類超過 10 萬種。

11 月 23 日,新聞出版總署下發《關於進一步規範出版物文字使用的通知》,要求出版媒體和出版單位嚴格執行《出版物漢字使用管理規定》。

11 月,新聞出版總署向中國出版集團數字傳媒有限公司、漢王科技股份有限公司等首批 21 家企業頒發電子書相關業務資質證書。

12 月 1 日,由讀者出版集團主辦的《讀者》雜誌在臺灣發行試刊號,成為大陸第一本進入臺灣發行的雜誌。

12 月 8 日,當當網在紐約證券交易所掛牌上市。

12 月 18 日,中國教育出版傳媒集團有限公司在京掛牌成立。該集團公司以圖書、期刊、音像製品、電子出版物、數位出版物出版和銷售為主業,屬中央國有大型文化企業。

12 月 26 日,中國文字著作權協會與中華語文著作權集體管理協會在京簽署相互代表協議。

12 月,全國首個倉儲式數位作品出版平臺在重慶上綫運營,該平臺由重慶維普資訊有限公司打造完成並上綫運營,旨在構建一個用戶自主、公開的出版電子商務平臺。

2011 年

1 月 5 日,浙江出版聯合集團召開"貫通電子書產業鏈"新聞發佈會,正式發佈自主品牌的博庫手持閱讀器,並啟動"博庫書城網"電子書銷售平臺。

1 月 11 日,新聞出版總署下發《關於印發<數字印刷管理辦法>的通知》,《數字印刷管理辦法》於 2011 年 2 月 1 日起開始實施。

1 月 15 日,第一份主要面向海峽兩岸廣大醫藥衛生科研工作者的醫藥科技類期刊——《中國醫藥科學》雜誌在京創刊。

1 月 16 日,中國人力資源和社會保障出版集團成立大會在京舉行。

1 月 29 日,全國"掃黃打非"工作小組辦公室發出《關於組織開展打擊盜版工具書專項行動的通知》,決定於 2 月至 3 月在全國開展打擊盜版工具書專項行動。

2 月 10 日,京東商城旗下的音像頻道與"綫上讀書"頻道正式同步上綫。

2 月 16 日,新聞出版總署和中國工商銀行在北京簽署戰略合作協定,中國工商銀行將為新聞出版行業的發展提供包括融資、投資銀行、財務顧問、現金管理、企業年金等在內的全方位金融服務。

3 月 11 日,新聞出版總署下發《關於進一步加強出版單位總編輯工作的意見》,對總編輯崗位設置、總編輯任職條件、總編輯工作職責等提出了具體要求。

3 月 18 日,第二屆中國出版政府獎頒獎典禮在北京舉行。《馬克思恩格斯文集》等出版物獲得各類獎項,上海科學技術出版社等單位和個人獲先進出版單位獎和優秀出版人物獎。

3 月 19 日,國務院公佈新修訂的《出版管理條例》和《音像製品管理條例》,自公佈之日起施行。

3 月 28 日,江蘇鳳凰出版傳媒股份有限公司在寧成立,鳳凰出版傳媒集團公司是股份公司的控股單位。

3 月,新聞出版總署公佈《出版物市場管理規定》,此前新聞出版總署和有關部門頒佈的《出版物市場管理規定》、《音像製品批發、零售、出租管理辦法》、《外商投資圖書、報紙、期刊分銷企業管理辦法》和《中外合作音像製品分銷企業管理辦法》及有關補充規定同時廢止,規定施行前與規定不一致的其他規定不再執行。

4 月 6 日,中國教育出版傳媒股份有限公司在北京成立,採用"集團公司+股份公司"的模式組建,集團公司與股份公司同步組建、共同發展。

4 月 8 日,上海文藝出版集團與上海新華傳媒連鎖有限公司簽訂《數位出版戰略合作框架協定》,標誌著分別以出版、發行為主的兩大集團,將攜手進軍數位出版。

4 月 16 日,《讀者》雜誌在甘肅蘭州推出第三代電紙書,採用第三代珍珠屏,應用全球領先的揮動感應技術,包含了電磁觸控、手寫批註、塗鴉、揮動翻頁等新功能。

4 月 20 日,新聞出版總署公佈《新聞出版業"十二五"時期發展規劃》,對今後 5 年新聞出版業科學發展進行了總體佈局。

4 月 25 日,"建銀國際文化產業股權投資基金"正式啟動,是首支以廣播、影視、出版行業作為重點投資方向的文化產業基金,基金規模 20 億元人民幣,投資範圍涵蓋出版、電影、廣播電視、網路遊戲、動漫產業等。

4 月,上海市政府簽發《關於促進本市數字出版產業發展的若干意見》,從宏觀政策、財政扶持、政府采購、稅收優惠、智慧財產權保護、投融資、資質認定和人力資源等領域,推動上海數位出版產業發展。

5 月 5—6 日,中國出版協會第六次會員代表大會在北京舉行。本次會議經民政部批準,"中國出版工作者協會"更名為"中國出版協會",協會主席、副主席相應更改為理事長、副理事長。本次會議也是中國版協換屆大會,新聞出版總署署長柳斌傑當選第六屆中國出版協會理事長。

5 月 8 日,中國新聞出版傳媒集團有限公司成立大會暨揭牌儀式在北京人民大會堂舉行。中國新聞出版報社整體轉製成中國新聞出版傳媒集團有限公司。

5 月 10 日,歷時一年多的盛大文學訴百度侵權案宣判。上海市盧灣區法院一審判決,百度公司存在間接侵權和直接侵權行為,賠償盛大文學經濟損失人民幣 50 萬元以及合理費用人民幣 44500 元。

5 月 18 日,《中國大百科全書》資料庫出版發佈會在中國大百科全書出版社舉行。該資料庫是目前國內唯一的百科全書式的,具有權威性、系統性、準確性和完整性的可升級性知識集成型資源資料庫。

5 月 25 日,據中國証監會發佈的公告,北京盛通印刷股份有限公司首發申請獲通過,這是國內首個獲准上市的民營出版物印刷企業。

5 月,新聞出版總署正式發佈《新聞出版業"十二五"時期發展規劃》,明確了新聞出版業"十二五"時期發展的主要指標。

6 月 1 日,京東商城宣佈正式啟動"原創作者版稅補貼計劃"。據此方案,京東商城將把所售紙質圖書銷售額的 3%直接支付給作者本人。該補貼計劃暫定運營三年,採取作者主動登記、京東商城審核、季度結算的方式。

6 月 3 日,上海世紀出版集團、上海文藝出版集團重組工作會議在上海舉行,此次兩家集團重組後,上海世紀出版股份有限公司、上海文藝出版集團有限公司、上海人民出版社有限公司等將作為獨立法人企業歸屬於上海世紀出版集團。

7 月 4 日,《新華字典》第 11 版首次實行全球同步上市。新版字典除了傳統的普通本和雙色本外,還特別針對邊遠貧困地區推出了價格低廉的平裝本。

7 月 5 日,新聞出版總署與中國移動在北京簽署《共同推進數字出版產業發展戰略合作備忘錄》,並同時發佈"新青年掌上讀書計劃"。

7 月 5 日,新聞出版總署公佈《別讓不懂營養學的醫生害了你》、《特效穴位使用手冊》等 24 種編校品質不合格的養生保健類圖書,要求出版單位元將其全部收回並銷燬,並同時向社會公佈了包括科學出版社、人民衛生出版社、中國中醫藥出版社等在內的 53 傢俱備養生保健類出版資質的出版單位名單。

7 月 6 日,首只國家級文化產業投資基金——中國文化產業投資基金在北京成立。該基金由財政部、中銀國際控股有限公司、中國國際電視總公司和深圳國際文化產業博覽交易會有限公司共同發起,目標總規模為 200 億元人民幣,主要以股權投資方式,投資新聞出版發行、廣播電影電視、文化藝術、網路文化、文化休閒及其他相關行業領域,以引導示範和帶動社會資金投資文化產業,推動文化產業的振興和發展。

7 月 11 日,上海文匯出版社、太白文藝出版社、藍獅子、億部文化等 46 家版權機構先後與百度文庫達成協議,在百度文庫旗下的百度書店中推出"一折購書"活動,參與銷售的正版電子書數量超過 1 萬本。

7 月 19 日,中國科技出版傳媒集團有限公司暨中國科技出版傳媒股份有限公司在北京正式成立。集團公司由科學出版社、人民郵電出版社和電子工業出版社聯合組建,力爭成為集圖書、期刊、文獻資訊與服務、網路出版、進出口、印刷等為一體,國內一流、有國際競爭力的科技出版"航母"。

8 月 17 日,新聞出版總署下發《關於進一步加強中小學教輔材料出版發行管理的通知》,從出版、發行、印刷復製、品質、價格、市場等方面明確了規範管理要求。

8 月 25 日,作家出版社宣佈,向天下霸唱等 80 餘位作家共支付百萬元數位出版版稅,是傳統出版社首次大規模向作家支付數位出版"稿費"。

9 月 1 日,英國出版科技集團宣佈其主要技術和服務品牌正式入駐中國,技術主要包括全球數位圖書館平臺、網路出版系統平臺、多平臺出版管理系統以及全球機構市場行銷服務等。

9 月 1 日,浙江出版聯合集團宣佈將與日本電話電報株式會社(NTT)旗下子公司太陽大海開展手機漫畫業務合作。

9 月 29 日,華中國家數位出版基地揭牌暨基地總部(華中智穀)奠基儀式在武漢舉行,這是全國第四家、華中地區首家國家級數位出版基地。

9 月 29 日,亞馬遜"中國書店"合作專案啟動儀式在京舉行。這是由中國國際圖書貿易集團有限公司和美國亞馬遜公司共同合作的專案,也是中國出版物國際營銷管道拓展工程的子專案。亞馬遜"中國書店"今年 8 月投入試運行,目前已有千餘種中國圖書上線。

9 月,歷經 40 年的《中華民國史》(36 冊)由中華書局全部出齊。全書共計 2100 萬字,是一部整體反映民國歷史全貌的通史。

10 月 24 日,江蘇鳳凰出版傳媒股份有限公司首次公開招股計劃獲通過,將成為傳播與文化板塊的第 22 家上市企業。以營業收入計算,鳳凰傳媒上市後將成為傳媒板塊的最大成員。

10 月 27 日,全球電子商務龍頭亞馬遜在中國崑山建成面積達 12 萬平方米的運營中心,這是它在本土以外建立的最大運營中心。同時,卓越亞馬遜正式更名為"亞馬遜中國",啟用新 LOGO 及短功能變數名稱。

11 月 10—11 日,全國數位出版工作會議在安徽合肥舉行,這是新聞出版總署組織召開的首次數位出版工作會議。

11 月 12 日,《中國大百科全書》(漢文第二版簡明版)發行儀式暨維吾爾文、哈薩克斯坦文版翻譯啟動儀式在新疆維吾爾自治區新華書店國際圖書城舉行。這是新疆第一次使用少數民族文字翻譯出版百科全書。

11 月 15 日,中南國家數位出版基地揭牌儀式在長沙舉行。

11 月 15 日,全國"掃黃打非"工作小組辦公室與中國科學院在京簽署《關於開展互聯網"掃黃打非"技術保障戰略合作協議》,雙方將在全國"掃黃打非"資訊管理系統研究、新技術背景下"掃黃打非"手段研究、網路出版物傳播監測管理、網路出版物發現與識別判定技術研究、網路非法傳播取証技術研究等方面進行合作。

11 月 27 日,首個醫學與養生保健出版專家委員會成立。該委員會由江蘇鳳凰出版傳媒股份有限公司牽頭主辦,首批 55 位委員皆是來自江蘇省內多個重點醫學院校和大型醫院的權威醫學專家。

11 月 28 日,山東出版傳媒股份有限公司正式掛牌成立,該公司由山東出版集團經股份制改造而成。

11 月 29 日,大型文化工程《清史》出版簽約儀式在京舉行。國家清史辦決定將《清史》交由人民出版社出版。

11 月 30 日,江蘇鳳凰出版傳媒股份有限公司正式登陸上海證券交易所,新股首發 5.09 億股,發行價為每股 8.8 元,發行市盈率 63.40 倍。

11 月,黑龍江出版集團在烏蘇裏斯克設立俄羅斯中國文化中心,主要展示集團旗下出版單位出品的圖書、報刊、音像製品以及其他印刷製品等文化產品。

12 月 2 日,中原大地傳媒股份有限公司在深圳證券交易所正式復牌上市,該公司的控股股東是中原出版傳媒投資控股集團公司。

12 月 6 日,設在中國圖書進出口(集團)總公司北京總部的中國首家進口出版物專用保稅庫正式啟用。首批入庫的圖書主要以大學教材教輔類以及科技、財經類圖書為主。

12 月 17 日,韜奮基金會第四屆理事大會在京召開,基金會選舉產生了新一屆領導機構。聶震寧當選韜奮基金會第四屆理事會理事長。

12 月 20 日,燕山大學出版社有限公司成立大會暨揭牌儀式在燕山大學舉行。燕山大學出版社是新聞出版總署自 2008 年以來批准成立的唯一一家出版社,也是河北省繼河北大學出版社之後的第二家高校出版社。

12 月 28 日,中國出版傳媒股份有限公司成立大會暨掛牌儀式在京舉行,該公司由中國出版集團公司、中國聯合網絡通信集團有限公司、中國文化產業投資基金及學習出版社共同發起成立。

12 月,新聞出版總署發佈《國家印刷復製示範企業管理辦法》,2012 年 1 月 1 日起施行。

2012 年

1 月 6 日,由中國電力報社轉企改制組建而成的中國電力傳媒集團在京揭牌成立。

1 月 6 日,中國首家專業版權評估中心——中國人民大學國家版權貿易基地版權評估中心成立儀式在北京舉行。

1 月 7 日,中國圖書評論學會第二次會員代表大會在京召開,選舉產生了新一屆理事會。鄔書林當選中國圖書評論學會第二屆會長。

1 月 8 日,中華書局百年慶祝活動"新的百年,我們一起出發——出版界同慶中華書局百年華誕峰會"在北京舉行。

1 月 9 日,新聞出版總署出臺《關於加快我國新聞出版業走出去的若干意見》,對新聞出版業走出去的"十二五"末主要目標提出了量化標準。

1 月,國家發展改革委和商務部聯合印發《外商投資產業指導目錄(2011 年修訂)》,新《目錄》自 2012 年 1 月 30 日起施行。部分印刷機相關條目被列入鼓勵類和限制類目錄。

2 月 1 日,文化部出臺的《文化市場綜合行政執法管理辦法》正式施行。

2 月 13 日,新聞出版總署發出通知,決定在 2012 年春季開學前後,組織一次中小學教輔材料出版發行工作專項檢查,重點檢查出版中小學教輔材料的出版單位是否符合資質管理要求,是否存在買賣書號、買賣刊號、買賣版號和一號多用等違法違規行為,教輔類報刊是否嚴格按照批準的業務範圍出版,非教輔類報刊是否超越業務範圍刊登教輔內容,以及根據他人享有著作權的教材編寫出版中小學教輔材料,是否依法取得著作權人的授權等問題。

2 月 15 日,《國家"十二五"時期文化改革發展規劃綱要》公佈,到 2015 年,我國文化改革發展的目標主要包括:社會主義核心價值體系建設不斷推進,文化體制改革重點任務基本完成,覆蓋全社會的公共文化服務體系基本建立,文化產業增加值占國民經濟比重顯著提升,公有制為主體、多種所有制共同發展的文化產業格局逐步形成,國家文化軟實力和國際競爭力顯著提升等。

2 月 16 日,中國 ISRC(國際標準錄音製品編碼)中心揭牌儀式舉行。該中心將通過對 ISRC 編碼的分配,實現相關製品在網路環境下的有效檢索、版權資訊確認以及檢測和版權費用結算認証等。該中心是新聞出版總署批準設立的中國標準錄音製品編碼(GB/T 13396—2009)國家標準的執行機構,由中國版權保護中心建設和管理。

2 月 23 日,商務部網站公佈新修訂的《文化產品和服務出口指導目錄》,目錄包括新聞出版類、廣播影視類、文化藝術類及綜合服務類等。其中,新聞出版類包括期刊資料庫服務、電子書出口、傳統出版物境外發行、出版單位版權輸出等。

2 月 24 日,新聞出版總署發佈《關於加快出版傳媒集團改革發展的指導意見》,對出版傳媒集團的兼併重組及跨地區、跨行業、跨所有制、跨國界經營發展進一步提出鼓勵扶持政策。

3 月 1 日,《出版物發行術語》正式發佈實施。這是出版物發行領域的第一個國家標準。

3 月 11 日,國家對外文化貿易基地暨北京國際文化貿易服務中心在北京天竺綜合保稅區奠基,這是國內首個"文化保稅區",有利於降低文化企業"走出去"成本,增強國際競爭力。

3 月 15 日,鳳凰出版傳媒集團發佈公告,集團將出資 7726.5 萬元通過下屬子公司江蘇鳳凰職業教育圖書有限公司收購廈門創壹軟件有限公司 51%股權,實現對該公司的控股,並加快集團的數位化轉型和推進職業教材數位化。

3 月 26 日,"ST 源發 600757"正式更名為"長江傳媒"。至此,長江出版傳媒股份有限公司上市的所有法定程式順利完成,成為地方出版集團又一家出版上市公司。

3 月,新聞出版總署下發通知,將開展圖書品質專項檢查,重點檢查科技圖書和文化歷史類圖書,並將 2012 年確定為"出版物品質規範年"。

4 月 7 日,安徽電子音像出版社更名為時代新媒體出版社有限責任公司,將以"新媒體、新技術、新業態、新產業鏈"為經營方向,以手機出版、網路出版和應用出版為三大主攻方向。

4 月 11 日,中國新聞出版傳媒集團有限公司與安徽新華傳媒股份有限公司在合肥簽署《戰略合作協定》。雙方將發揮各自優勢,共同推動經新聞出版總署已立項批復的"中國數字發行運營平臺"專案落戶安徽並實現產業化。

4 月 18 日,鳳凰出版傳媒集團在海外成立的首家實體企業——鳳凰傳媒國際(倫敦)有限公司在倫敦舉行揭牌暨數碼印刷基地啟動儀式。鳳凰出版傳媒利用北大方正的技術,在英國埃塞克斯郡建立數碼印刷基地,並拓展版權貿易、中國文化出版和創意產業等領域的業務。

4 月 23 日,國家出版基金規劃管理辦公室頒佈《國家出版基金資助專案績效管理暫行辦法》,這是國家出版基金為規範和加強資助專案管理,提高資助經費使用效益而採取的重要舉措。

4 月 29 日,杭州國家數位出版產業基地授牌儀式舉行。該基地由國家新聞出版總署批復建立並授牌,是目前國內唯一的一個以城市為單位元的國字型數位出版基地。

5 月 8 日,中國出版集團公司與吉林出版集團有限責任公司在北京舉行"中國出版集團公司與吉林出版集團有限責任公司戰略合作暨中吉聯合文化傳媒(北京)有限公司成立儀式",雙方簽署戰略合作協定,將從整合內容資源、數位出版、物流合作、國際合作、印刷材料購銷、人才培訓等 6 個方面根據各自優勢進行戰略合作和互惠支持。

5 月 10 日,新聞出版總署對 50 家涉及登載(傳播)42 部淫穢色情網路出版物的網站進行了查處,這些網站提供了淫穢色情網路出版物的綫上閱讀服務。

5 月 15 日,中國文字著作權協會近 30 位會員的 200 餘部經典作品正式接入中國移動手機閱讀基地。該協會將根據實際銷售情況,以季度或半年為週期向作者支付數位出版稿酬。

5 月 18 日,數位出版公司易博士集團發佈首款基於"賽倫紙"的高清屏電子書閱讀器。該款 4.3 英寸的閱讀器採用國產"賽倫紙"電子墨水屏,也是目前最為輕薄的電子書閱讀器。

5 月 24 日,新華文軒出版傳媒股份有限公司與中國國際出版集團旗下新世界出版社在成都簽訂戰略合作協定,實施走出去戰略合作協定和圖書供銷合作協定,共同努力打通地方出版企業走出去管道。

5 月 29 日,中國出版集團公司、中國教育出版傳媒集團有限公司、中國科技出版傳媒集團有限公司聯合主辦、北京中文綫上數字出版股份有限公司承辦的首屆數位出版大會亮相第一屆中國(北京)國際服務貿易交易會(簡稱"京交會")。首屆數位出版大會通過主旨演講、共同宣言、合作簽約等形式,共議國內外數位出版商業模式的創新成果和新機遇,構築國際化高端交流與合作平臺,推進中國數位出版走出去。

5 月,時代出版傳媒股份有限公司、英國 OPUS 傳媒集團與姚明就《姚明 OPUS》出版專案在上海簽訂正式合作協定。《姚明 OPUS》一書將摘錄姚明青少年生活片段及籃球生涯精彩經歷,採取圖文並茂,以圖為主、文字為輔的形式呈現,並採用中英文對照形式,由時代出版傳媒公司與英國 OPUS 傳媒集團共同投資、共同出版,在中、英兩國同步推出,全球市場推廣發行。

6 月 6 日,西安國家數位出版基地、西安國家印刷包裝產業基地揭牌儀式在西安舉行。西安國家數位出版基地是經新聞出版總署批準組建的第九個國家級數位出版基地。

6 月 12 日,新聞出版總署對 62 家涉及登載(傳播)淫穢色情網路出版物的網站進行查處,這些網站系 2012 年度第二批登載(傳播)淫穢色情網路出版物的網站。

6 月 28 日,新聞出版總署發佈《關於支持民間資本參與出版經營活動的實施細則》,支持民間資本投資設立的文化企業,以選題策劃、內容提供、專案合作、作為國有出版企業一個部門等方式,參與科技、財經、教輔、音樂藝術、少兒讀物等專業圖書的出版經營活動;支持民間資本通過國有出版傳媒上市企業在證券市場融資參與出版經營活動,支持國有出版傳媒企業通過上市融資的方式吸收民間資本,實現對民間資本的有序開放。與此同時,實行採編與經營"兩分開"後的黨報黨刊出版單位,亦可在報刊出版單位國有資本控股 51%以上的前提下,允許民間資本投資參股報刊出版單位的發行、廣告等業務,提高市場佔有率。

6 月 28 日,全國新聞出版標準化技術委員會成立大會在北京召開。標委會將負責書、報、刊、音像電子出版物、數位出版物、網路出版物領域的國家標準制修訂工作,是由國家標準化管理委員會直接管理的一級國家標準化技術委員會。

7 月 2 日,新聞出版總署與中國聯通集團公司在北京簽署《推進數字出版產業發展戰略合作備忘錄》,雙方建立戰略合作關系,支持中國聯通沃閱讀運營中心開展數位閱讀平臺的建設和運營,同時中國聯通將積極支持中國新聞出版業結構調整、產業升級和發展方式轉變,雙方將攜手加快推進數位出版產業發展。

7 月 3 日,新聞出版總署與中國進出口銀行在北京簽署《關於扶持培育新聞出版業走出去重點企業、重點專案的合作協定》。根據協定,中國進出口銀行將在今後 5 年合作期內為中國新聞出版企業提供不低於 200 億元人民幣或等值外匯融資支持,打造新聞出版走出去重點企業和重點專案的融資平臺,扶持和推動新聞出版企業走出去。

7 月 25 日,當當網正式發佈電子書閱讀器產品"都看"。26 日,在當當網上進行獨家預售,首批 1 萬臺預售價 499 元。"都看"搭載了 Wifi 及 3G 上網功能,可以直接聯網當當書城購買電子書。另外,還配備了紅外感應翻頁、語音輸入、微博分享書評等功能。

7 月 26 日,中國首個數位出版產業體驗中心落成典禮在上海張江國家數位出版基地隆重舉行。該體驗中心由上海張江國家數位出版基地攜手方正信產集團共同設計建造,面積近 2000 多平方米,是中國第一家系統展示數位出版技術的基地展廳。

7 月 30 日,新聞出版總署制定出臺了《關於報刊編輯部體制改革的實施辦法》,對經新聞出版總署批准從事報刊出版活動、獲得國內統一連續出版物號、但不具有獨立法人資格的報刊編輯部體制改革作出部署。辦法規定,原則上不再保留報刊編輯部體制,應轉企改制的報刊出版單位所屬的報刊編輯部,一律隨隸屬單位進行轉企改制。

7 月,山東出版傳媒股份有限公司投資設立的山東數位出版傳媒有限公司成立。這是一家集音像製品、電子出版物及網路出版、發行於一體的綜合性出版公司。

8 月 1 日,新聞出版總署下發《關於調整"十二五"國家重點圖書、音像、電子出版物出版規劃的通知》。通知指出,"十二五"國家重點圖書、音像、電子出版物出版規劃專案由 2030 種增至 2578 種,其中圖書由 1730 種增至 2244 種,音像電子出版物由 300 種增至 334 種。

8 月 29 日,100 種中國圖書"走出去"簽約暨 CN TIMES INC.揭牌儀式在北京舉行。CN TIMES INC.暨中國時代出版公司是由北京時代華語圖書股份有限公司在美國紐約投資成立的全資出版公司,面向全球出版發行英文紙質書和電子書,公司重點是引進中國圖書"走進美國"、出版發行英文版中國圖書。

9 月 14 日,中國首家新聞出版策劃中心在武漢揭牌成立。該中心以一批專家學者為智囊團,在重大出版選題等方面提供智力支援。

9 月 17 日,海澱法院對韓寒、郝群(筆名慕容雪村)、韓璦蓮(筆名何馬)起訴北京百度網訊科技有限公司關於百度文庫侵犯著作權的 14 起案件進行了集中宣判,一審判決百度共賠償經濟損失及合理開支 17.3 萬元,對韓寒等作家提出的關閉百度文庫、賠禮道歉等訴訟請求未予支持。此案宣判後,在上訴期內雙方均未提起上訴,一審判決生效。

9 月 19 日,北京市二中院開庭審理中國大百科全書出版社訴蘋果公司侵犯著作權案。9 月 27 日,一審判決認定蘋果侵權成立,賠償中國大百科全書出版社經濟損失 52 萬元。

9 月 26 日,由新聞出版總署和天津市人民政府共同主辦的首屆中國國際新聞出版技術裝備博覽會在天津開幕,以"新媒體、新技術、新平臺"為主題,展覽和活動面積達 7 萬平方米,參展企業 560 多家。

9 月 27 日,全國農家書屋工程建設總結大會在天津舉行。2012 年 8 月,新聞出版總署宣佈,農家書屋工程全面竣工,投入財政資金 120 多億元、社會資金 60 多億元,共建成農家書屋 60 萬家,覆蓋了全國有基本條件的行政村,比計劃提前 3 年完成。

9 月,新聞出版總署下發了《關於進一步加強學術著作出版規範的通知》,再次明確了學術著作的內涵,強調了引文、注釋、參考文獻、索引等學術規範的重要性,對於出版單位如何加強規範學術著作出版等也做出了明確要求。

10 月 11 日,瑞典文學院諾貝爾獎評審委員會在斯德哥爾摩宣佈,中國作家莫言獲 2012 年諾貝爾文學獎,獲獎理由是"人與幻覺現實主義的融合"。莫言成為首個獲得諾貝爾文學獎的中國籍作家。

10 月 12 日,江蘇國家數位出版基地"展示中心"、"體驗中心"和"雲計算中心"在南京揭牌啟用,總面積達 1096 平方米,總投資 1300 萬元。

10 月 19 日,"中國京劇百部經典英譯系列"首輯(10 部)新書發佈會在北京舉行。該系列叢書由中國人民大學與北京外國語大學共同編寫、中國人民大學出版社與外語教學與研究出版社共同出版,首輯共出版 10 本,採用中英文對照方式,其內容包括劇目賞析導讀、文學劇本、曲譜(含五綫譜和簡譜)、穿戴譜等,佐以大量劇照與圖樣,充分將文字説明視覺化,推動中華文化走向世界。

10 月 24 日,《中國出版家》編委會在北京舉行第一次編委會會議,全面啟動《中國出版家》的編輯出版工作。

10 月 25 日,盛大文學"維護著作權人權益白皮書聯合發佈會"在北京舉行。會上,盛大文學與百度、搜狗、奇虎 360、騰訊搜搜四家搜索引擎公司簽署《維護著作權人合法權益聯合備忘錄》,聯手抵禦網路文學盜版。

10 月 30 日,廣西新華書店集團股份有限公司正式掛牌成立。

11 月 6 日,新聞出版總署與中國交通銀行在北京簽署《支持新聞出版業發展戰略合作協定》。根據協定,交通銀行將支援各地分支機構積極對接各地出版傳媒集團,提供金融支援和服務,將在未來 3 年內為我國新聞出版業提供 500 億元的意向性融資支援。

11 月 7 日,新聞出版總署公佈《"十二五"少數民族語言文字出版規劃》。根據規劃,新聞出版總署將在國家出版基金、少數民族文字專項資金等評審工作中對規劃專項予以重點關注和支持。

11 月 14 日,《讀者》雜誌出版藏文版創刊號,每季度首月 15 日出版,80%的內容來自《讀者》雜誌漢語內容的精選和翻譯,其餘內容為藏族作家的原創作品。

11 月 15 日,蘇寧易購正式上綫電子書頻道,並同時推出覆蓋 IOS、Android 和 PC 終端的電子書閱讀應用,首批共引進電子書近 5 萬冊,涵蓋傳統的人文、社科、教育、生活等品類以及時下流行的原創文學品種。蘇寧易購成為繼當當、京東、淘寶之後進軍電子書市場的又一電商平臺。

11 月 22 日,國內移動運營商下屬的首家文化公司天翼閱讀文化傳播有限公司在杭州正式揭牌。其前身為成立於 2010 年 9 月的中國電信天翼閱讀基地,目前天翼閱讀平臺擁有圖書規模近 20 萬餘冊,8 大主流類型的品牌雜誌近 2 萬餘冊,9 大主流類型的知名漫畫近 1 萬餘冊,以及 19 個資訊類型的資源。

11 月 30 日,當當網宣佈獲得莫言作品電子書的獨家授權。包括《檀香刑》、《紅高粱》、《蛙》、《生死疲勞》等作品在內的莫言文集全套 20 本電子書將在當當網獨家銷售,價格約為紙質書的三到五折。

11 月,兩項出版物流國家標準《出版物物流介面作業規範》和《出版物物流退貨作業規範》正式出臺,填補了國內出版物物流作業方面標準的空白。

11 月,時代出版傳媒股份有限公司技術中心獲批入選國家認定企業技術中心,成為全國首家獲得"國家認定企業技術中心"殊榮的文化企業。

12 月 1 日,時代出版傳媒股份有限公司正式設立"數位出版工程技術研究中心",將全面提升其數位出版的技術水準。

12 月 5 日,鳳凰文化貿易集團公司加拿大辦事處在加拿大溫哥華掛牌成立。這是鳳凰出版傳媒集團在北美的首家辦事處。

12 月 8 日,鳳凰出版傳媒集團在智利聖地亞哥掛牌成立鳳凰瀚融國際股份有限公司,這是鳳凰出版傳媒集團在南美成立的首家境外機構,也是該集團第二家境外實體企業。

12 月 8 日,長江三峽集團傳媒有限公司正式揭牌。由《中國三峽工程報》、《中國三峽》雜誌和《中國三峽建設年鑒》三家出版單位共同組建而成。

12 月 10 日,《漢語大詞典》(第二版)編纂出版正式啟動,根據計劃 2015 年出版第二版第一冊,預計 2020 年完成全書 25 冊、約 6000 萬字的編纂出版工作。

12 月 11 日,莫言精裝版文集和莫言作品蘋果平臺電子書同時全球首發。莫言作品全媒體版權由北京精典博維公司獲得,是目前最全也是唯一正版授權的莫言電子書平臺。

12 月 13 日,亞馬遜中國網站上綫 Kindle 電子書店(測試版),同時推出免費的 Kindle 閱讀軟件和電子書下載,並支援網上銀行以及支付寶等第三方支付賬戶支付。

12 月 24 日,北京市第一中級人民法院終審判定北京國學時代文化傳播股份有限公司侵犯中華書局點校本《二十四史》及《清史稿》著作權。

12 月 27 日,北京市第二中級人民法院再次對蘋果公司被訴侵犯資訊網路傳播權的 8 起案件進行一審宣判。蘋果公司在 8 起案件中全部敗訴,被判賠償李承鵬等 8 位作家經濟損失及合理費用共計 103.5 萬元。

12 月 28 日,甘肅飛天傳媒股份有限公司和甘肅新華印刷集團有限公司正式揭牌。飛天傳媒由甘肅新華書店集團作為主要發起者成立,定位為大型文化商貿流通企業。甘肅新華印刷集團由蘭州新華印刷廠、甘肅新華印刷廠、天水新華印刷廠共同發起組建,著力打造印刷、房地產、物流三大板塊。

12 月 28 日,華中國家版權交易中心在武漢正式運營,是繼北京之後,經國家版權局批準建立的全國第二家、華中地區唯一國家級版權交易中心。

12 月,國內最大的互聯網學習平臺滬江網宣佈:滬江部落註冊會員突破 1500 萬;滬江移動端用戶也逼近 1500 萬,日 PV 超過 1000 萬。這意味著平均每 50 個人中就有一個滬江用戶,標誌著我國綫上教育進入快速發展期。

12 月,現存漢文古籍總目錄《中國古籍總目》由中華書局和上海古籍出版社出齊 26 卷。該總目收錄中國古籍約 20 萬種,分經、史、子、集、叢書等 5

部,反映了中國主要圖書館及部分海外圖書館現存漢文古籍的品種、版本及收藏現狀。

12 月,為進一步規範和管理網路出版,加強新聞出版行業標準化,新聞出版總署會同有關部門對《互聯網出版管理暫行規定》等規章進行了修訂,起草了《網路出版服務管理辦法》(修訂徵求意見稿)。

附:千禧年來港澳臺地區出版業大事記

2000 年

1 月 17 日,《澳門首份環境狀況報告(一九九九)》發行。該報告從土地面積、人口、經濟指標及主要行業的變化情況,分析了澳門地區的社會經濟特徵,闡述環境問題與經濟發展的緊密關系。

2 月 15 日,臺灣首家網路原生報《明日報》正式上綫。《明日報》由 PC home 集團與《新新聞》雜誌投資 1.4 億臺幣共同創辦,是臺灣第一家沒有傳統媒體作為支撐的"網路原生報"。

2 月 16 日至 21 日,第八屆臺北國際書展在臺北世貿館順利舉行,主題為"人文與科技的對話",參觀人數達 40 萬人次,銷售額在 2 億元新臺幣以上,為歷屆之最。並新增世貿二館展區,為電子書與漫畫專區。

6 月 30 日,澳門國際標準書號中心成立。該中心負責國際標準書號(ISBN)、國際標準刊號(ISSN)及國際標準錄音錄像代碼(ISRC)等系統在澳門特區的推廣工作,協助澳門地區出版業者共同參與國際標準的系統的建設。

7 月 2 日,由澳門基金會出版、澳門文化廣場有限公司擔任總發行的《澳門回歸大事記》在澳門出版發行。該書完整記錄了澳門回歸祖國的歷程。全書分三個部分:中葡兩國政府解決澳門問題的主要過程;中國政府對解決澳門問題的立場、方針及實施經過;過渡時期澳門社會發生的其他大事。

7 月 4 日,香港教育統籌局宣佈取消學能測驗,一夜之間與學能測驗相關的推理練習書籍成"廢紙",出版商估計損失 600 萬港幣,但對書店的影響不大。學能測驗全稱為香港學業能力測驗(Hong Kong Academic Aptitude Test,HKAAT),為香港教育署於 1978 年至 2000 年配合香港中學學位分配辦法舉行的測驗,與香港中學會考和香港高級程度會考並稱為香港三大公開考試。

7 月 12 日,香港十間書局聯手組成"文教廣場"網站,同一天,香港"商務網上書店"(CP1897.com)宣佈上綫"中學教科書銷售區",香港教科書市場進入網上"戰國時代"。香港教科書市場一直都是各書店爭奪的重點,書商們各出奇招,另辟蹊徑,希望通過銷售教科書而在教科書市場上分一杯羹。

8 月 1 日,香港最大網上書店博學堂由於股東未能就注資問題達成共識宣告倒閉。擁有 100 名員工、10 萬名訂戶的博學堂成立於 1997 年,是香港第一家網上書店,號稱香港"亞馬遜"。博學堂在網上服務全球華人,銷售兩岸三地出版物;同時亦為各書店提供專業圖書供應服務;另外,博學堂是香港特區政府及職業訓練局、康樂及文化事務署的中文圖書合約商,並為學校提供分科專業推薦和專業分類、編目。

8 月 8 日,澳門經濟局和警方公開銷毀約 80 萬張查獲的盜版光碟,價值約 400 萬澳門元。

12 月 1 日,澳門特別行政區經濟局查獲懷疑用作製造盜版光碟母盤的生產綫。這是澳門首次發現有製造盜版光碟母盤的生產綫。過去,澳門曾多次破獲製造盜版光碟的地下工場,但未發現有製造盜版光碟母盤的生產綫。

本年,臺灣智慧藏學習科技公司成立,負責研發、製作大型知識庫及電子書產品,創立建構全臺第一個專業經營的"綫上百科全書"。2002 年先推出"綫上中國大百科全書"、"光華雜誌中英對照知識庫";2003 年又推出"科學人雜誌中英對照知識庫"、"綫上大英百科全書",完成"Wordpedia.com 百科全書網"的初步服務架構。

本年,臺灣心靈勵志類及生死學類書籍受關注。9.21 大地震後,心靈勵志類及生死學類書籍受到矚目,市場上此類圖書銷售火爆。經典傳訊、張老師文化、創意力文化、發鼓文化等多家出版社推出與災民心靈康復有關的書籍;同時過去立緒出版的《擁抱憂傷》、遠流出版的《與孩子談死亡》等書再度受到關注。

2001 年

3 月 6 日,臺灣誠品書店在成立 12 週年慶典上宣佈"誠品全球網路"(www.eslitebooks.com)開站及誠品物流上綫,將為讀者提供 80 萬種中外文書籍的資料庫與搜索機制。成為繼金石堂書店、新學友書局之後,第三家涉足虛擬網路書店經營的大型連鎖書店。

4 月 1 日,香港《2000 年智慧財產權(雜項修訂)條例》正式實施。新條例在對擁有和使用盜版軟件而構成犯罪的犯罪事實認定方面作出了更嚴格的規定,這標誌著香港在智慧財產權保護方面有了更加嚴格的法律標準。但由於社會各界反對聲大,香港工商局向立法會提出暫停實施的動議。香港出版總會聯合業界團體成立了專責小組,做了大量解釋、説服、諮詢工作,反對無限期凍結。最終,立法會確定了《條例》暫停執行的期限,並讓社會各界充分討論後再出臺。

5 月,香港 Tom.Com 集團並購臺灣出版媒體集團。臺灣的 PC Home 電腦家庭出版集團、城邦出版集團與香港跨媒體集團 Tom.Com 跨界結盟,攜手打造全球最大中文媒體平臺。根據所簽訂的協定,電腦家庭、城邦集團將進行重組,成立新公司家庭傳媒集團(Home Media Group),以整合、持有和經營電腦家庭和城邦的書刊出版、發行業務。Tom.Com 集團以現金增資與購買原始股方式取得新公司 49%的股份。11 月 22 日,Tom.Com 集團以 8000 萬元收購臺灣尖端出版社。年底,Tom.Com 集團與商周媒體集團宣佈合併,Tom.Com 集團以 16.5 億購買下商周媒體集團股份。

8 月 29 日,澳門首份中醫藥學術專業期刊《澳門中醫藥雜誌》在澳門特區政府的大力支持下創刊發行。

9 月 5 日,在澳門特區政府新聞局註冊登記並獲准創刊的葡萄牙文報紙《今日澳門》正式出版發行。該報是綜合性葡文日報,週六出刊,星期日休刊,分新聞(政治、社會、特寫分析)、評論(社論及專欄)、體育消息與藝術文化、國際及經濟新聞等欄目。

9 月 19 日,亞洲地區首個收藏兒童性侵犯書籍的圖書閣在香港沙田公共圖書館正式啟用。接近 700 套藏書及視聽資料全部由"護苗基金"捐獻,他們希望圖書閣的設立有助於喚起市民對保護兒童的關注,提高大眾對兒童性侵犯的認識。

11 月 30 日,"香港出版學會會士"制度正式實施。為了表彰對香港出版學會及出版行業貢獻良多的資深會員,香港出版學會在 2000 年會員大會上動議並同意設立"香港出版學會會士"制度,2001 年頒佈並通過"會士制度"章程。2002 年香港資深出版人陳萬雄和羅志雄當選首批"香港出版學會會士"。

本年,外文期刊紛紛在臺灣推出中文版。法國著名報業《費加洛報》集團下屬的《費加洛》時尚女性刊物國際中文版由中國時報系時報週刊股份有限公司於 1 月 5 日正式發行;經典傳訊第三度與美國時代集團合作,1 月推出《Popular-Science》國際中文版《科技時代》,首印 10 萬本;6 月,《中國國家地理雜誌》印行繁體國際中文版。

2002 年

1 月 9 日,"吉港出版論壇"首屆年會召開。年會由香港聯合出版集團與吉林省新聞出版局聯合主辦,聯合出版集團屬下的三聯、中華、商務、萬裏、新雅、利文等出版機構,以及吉林省 9 個出版社共有 40 多名代表出席會議。年會圍繞"中國傳統文化出版資源的開掘與創新"、"文圖版圖書與中國傳統文化類圖書的市場空間與前景"、"南北合作的可行性與操作方式"三個主題進行了出版學術研討,並進行了雙方合作出版專案的洽談。

3 月 14 日,香港最受學生歡迎的十大圖書揭曉。香港教育署、康樂及文化事務署與保良局合作舉辦評選最受歡迎的十大好書活動,共分為初小、高小、初中和高中四個組別,共計 300 多個學校逾 5000 名學生參與。小學組選出的十本好書,以流行小説為主,如《麥兜》、《哈利·波特》;初中組的十大好書則以散文小品為主,如《小王子》、《海闊天空》;高中組更偏好實用圖書,如《富爸爸窮爸爸》。

6 月 17 日,為紀念清代著名思想家鄭觀應誕辰 160 週年,澳門歷史文物關注協會和澳門歷史學會聯合出版的《鄭觀應文選》發行儀式在澳門文化廣場舉行,同時舉行了《鄭觀應著作與手跡·鄭家大屋》圖片展覽,展出了鄭觀應著作的多種版本,並首次展示了鄭觀應的手跡。

9 月,《2002 澳門年鑑》出版發行。《澳門年鑑》由澳門特別行政區政府新聞局每年出版,分中、葡、英三種文字版本,旨在按年度全面、系統地記錄澳門特別行政區政治、經濟和社會文化等方面的基本情況、重大事件和主要發展變化,宣傳和推廣澳門,為研究和期望進一步瞭解澳門的人士提供翔實的資料。內容大體上分為澳門特別行政區政府施政理念、大事紀要、澳門特別行政區年度回顧、澳門特別行政區概況和附錄。2002 年是首部年鑑。

9 月,香港推出"電子書包計劃"。香港教育署從 9 月起開始在香港十所中小學正式實行"電子書包"計劃,以掌上電腦(PDA)和筆記本電腦代替傳統課本,學生可以查閱學校局域網上的資料以及互聯網上的相關內容進行學習。經過一年試驗,"電子書包計劃"效果良好,2003 年開始向全港 1000 多所中小學推廣,於新學年先投資 3400 萬元資助學校購買教材,鋪設無綫網路。

12 月 11 日,臺灣遠流出版公司與大英百科策略聯盟。計劃以臺灣為基地,陸續推出大英百科全書綫上資訊產品,並購與整合臺灣的資料庫,開發資料庫網路商業模式。

12 月 17 日,香港電子書閱讀器 Easy Read 問世。Easy Read 由香港文化傳信集團有限公司推出,外形輕巧,體積只有 18.8 釐米×14.8 釐米×2.1 釐米;配備編輯軟件,可自製及自行編輯電子書內容;內置 8MB 內存,可容 380 萬字(相當於 20 本書)。文化傳信與商務印書館簽署"共同發展電子出版"合作意向書,推動香港電子書的發展。

本年,魔幻奇幻風席捲臺灣出版市場。除了《哈利·波特》持續大賣外,《魔戒》配合電影的火爆而重新包裝、重新翻譯大賣;更有不少出版社推出許多西方奇幻文學舊書,比如《地海巫師》、《黑闇元素》三部曲等。

本年,臺灣新學友書局轉型為親子書店。從 2001 年爆發跳票危機迄今,臺灣新學友書局持續調整書店經營思路,確定轉型為親子書店,發揮自身優勢,鎖定不太受政治經濟影響的親子教育市場。

本年,臺灣第一屆漫畫金像獎設立。作為"2002 臺灣國際漫畫大賽"的重頭戲"第一屆漫畫金像獎"在經過評審委員評審討論後,共頒出 11 個獎項以及終身成就獎。漫畫金像獎由財團法人中華圖書出版事業發展基金會和臺北市漫畫從業人員職業工會聯合主辦。

2003 年

3 月 21 日,著名作家金庸在澳門金庸圖書館內為讀者簽名。同時,專門收藏各種版本全套金庸武俠小説的金庸圖書館在澳門揭幕開館。

5 月 10 日至 6 月 15 日,香港百家書店合辦"抗炎讀書月"。2003 年非典型肺炎肆虐香港,對市民身心造成很大影響。本著提倡閱讀、戰勝疫情的宗旨,香港出版總會聯同百多家出版社和書店業界舉辦"香港讀書月"。該活動以"健康生活,從閱讀開始"為主題,為期 5 周。期間,主辦者每週推介一個主題,如親子閱讀、健康生活、美麗香港、勵志人生、深度閱讀等。參與行動的書店除了提供折扣優惠外,還邀請作家舉辦講座、讀書會等。

5 月 26 日,香港教科書商組成反盜印聯盟。為防止不法之徒利用新學年盜印課本圖利,包括朗文、牛津、現代、精工、中大、文達、商務印書館等在內的香港 10 家主要教科書出版社決定組成"反盜印聯盟",並成立一個最少 10 萬港元的基金,用以追查盜印。

6 月 10 日,澳門海關成功截獲一批準備從澳門機場偷運往美國的盜版光碟,搜出一萬多張光碟。該批光碟若成功出售,估計價值數十萬元。

7 月 18 日,香港聯合出版集團旗下中華商務聯合印刷(香港)有限公司代表和上海印刷集團公司在《投資協議書》上簽字。中華商務聯合印刷(香港)有限公司將斥資逾 460 萬元人民幣,加盟商務印書館上海印刷股份有限公司,成為該公司的第二大股東,標誌著港滬印刷方面的合作取得了新的進展。

7 月 19 日,香港與清華大學合辦印刷碩士課程。香港星光印刷集團與北京清華大學合辦專門培訓印刷人才的印刷及數碼媒體專業碩士研究課程,面向全國公開招生,是香港和內地出版教育合作的一項創新、改革的嘗試。

8 月 1 日,臺灣華文電子雜誌"eMagazine"上綫。宏碁公司與 PC Home 電腦家庭出版集團和博客來數位科技合作,整合最新"數位版權管理技術",正式推出華文電子雜誌"eMagazine",讓讀者可以直接在網路上付費訂閱或零買整本雜誌。

8 月 2 日,香港書刊業商會主辦的"香港書刊業網站"(www.hkbmta.com)在香港書展上正式開通啟用。該網站是香港首個由書刊業組織、專門提供最新圖書刊物資訊的非牟利網站,其最重要的功能是搭建一個資訊交換平臺,讓本地出版社和發行商自行把最新的圖書刊物資料,特別是完備的華文出版書目,集中地提供給世界各地的讀者、采購人員和版權貿易者。

9 月 5 日,澳門中央圖書館於何東圖書館三樓多功能廳舉行《2000 至 2001 年澳門圖書出版目錄》簡介會。澳門出版機構、政府部門、大專院校、圖書館、書店及各大傳媒等介紹 2000 至 2001 年澳門圖書的出版情況,詳細講解兩種目錄的內容、出版目的和意義。

11 月 26 日,臺灣農學社物流中心啟用。臺灣最大的圖書發行商農學社斥資 4 億元新臺幣完成的 6000 餘坪物流中心於南崁正式啟用。農學社引進日本東販 know-how 技術合作,希望借"資訊共用、物流共同化"提升出版業整體競爭力,打造共榮共用的資訊平臺。

12 月 31 日,百年老店"臺灣書店"關門。在臺灣初中小學九年一貫新課程教科書都改為民編本各自發行以及多元競爭的環境下,臺灣書店營運規模相對萎縮,選擇"退場"。臺灣書店最早可以追溯到日據時代,常時叫做"臺灣總督府文教局'臺灣書籍株式會社'"。

12 月,臺灣"新聞局"完成"出版品及錄影帶節目分級處理辦法"及"因特網分級管理辦法"草案。首度將因特網的閱讀分為"限制級"、"輔導級"、"保護級"、"普遍級"等四級管理;出版品中,報紙確定不分級,由媒體經營者採用自律原則處理;光碟納入錄影帶節目的分級;但對於兒童福利法的規定,有關"錄影帶節目都應分級",則不得不規定,未來擬授權由專業團體自行審查並核發合格證明。

2004 年

1 月 7 日,澳門首部研究"一國兩制"和澳門特區的英文專著"*One country,two systems*"*and the Macao SAR* 舉行首發儀式。本書是澳門大學澳門研究中心楊允中博士等老中青三代學者的專項研究成果。

3 月 24 日,香港立法會通過《2003 年版權(修訂)條例草案》及批準《<2001 年版權(暫停實施修訂)條例>2004 年(修訂)公告》。香港立法會通過決議案,把暫停實施《2001 年版權(暫停實施修訂)條例》的期限,延長兩年至 2006 年 7 月底,讓政府與業界有更多時間討論版權使用者的刑責問題,再實施法例。

5 月 4 日,臺灣聯經出版公司成立 30 週年。聯經出版公司是華文出版世界少數的大規模綜合出版公司之一,在繼續開拓傳統出版的同時著手發展網路世界中的影音出版、數位出版以及遠距教學。30 週年慶當日官方網站(www.linkingbooks.com.tw)正式改版為"聯經出版網"。

6 月 15 日,"臺灣著作權保護協會"成立。九個關心著作權保護團體及多家從事影音與出版發行業者,宣佈成立"臺灣著作權保護協會",致力於引介國際著作權保護政策與觀念,提升民眾對著作權內涵的瞭解,並為政府提供相關的政策意見。

6 月,香港聯合出版集團屬下三聯書店、中華書局、商務印書館、萬裏機構、新雅文化事業公司五間營業部組成香港聯合書刊物流有限公司。該公司除了總代理聯合出版集團全部出版物外,還代理中國內地、香港、臺灣地區和歐洲、美國、日本等地的優秀圖書雜誌。

8 月 12 日,臺灣"數位出版小組"成立。為推動臺灣數位出版產業的發展,臺灣"行政院新聞局"與"經濟部工業局"共同成立了"數位出版小組",主要是在數位內容產業下針對數位出版的產業輔導計劃,包括提供 500 萬元新臺幣的輔導獎金,獎勵出版業發行數位出版品、設立綫上數位出版媒合機制等。

8 月 24 日,"臺灣著作權法"十三項條文修正案通過。"立法院"臨時會三讀通過著作權法十三項條文修正案,增列防盜拷保護措施、將盜版行為一律改為公訴罪及強化"邊境"管制措施等。這標誌著臺灣的智慧財產保護工作更加與國際接軌。

9 月 2 日,澳門首次作為正式成員加入華文出版聯誼會議,擴大了聯誼會議的參與範圍。此屆會議的主要議題是華文圖書的出版整合與銷售通路,旨在探討華文出版如何走向世界。

9 月 6 日,臺灣版本的 CC 授權條文正式發表。臺灣"中央研究院"正式發表臺灣版本的 CC 授權條文,未來臺灣的創作人只要上網站選取最適合的授權方式,就能夠安心地與其他人分享自己的智慧結晶。鼓勵創作者將作品與公眾分享的 Creative Commons 計劃,由美國斯坦福大學法學院 Lessig 教授於 2001 年創辦,其概念是提倡著作權人保留部分權利的同時,大眾也可以在特定條件下自由使用創作人的著作。

9 月,香港聯合出版首次以 1：1 的兌換率發售內地圖書。聯合出版集團屬下三聯書店、中華書局和商務印書館等數十家門市,推出"特選內地圖書"優惠,以人民幣定價 1 元折合港幣定價 1 元(即兌換率 1：1)發售。

12 月 9 日至 10 日,首屆"泛珠三角出版論壇"在廣州舉辦,泛珠三角九省區出版行政部門、出版產業部門和港澳出版業的代表,以"合作發展,共創未來"為主題,探討了泛珠三角出版合作與發展的意義、宗旨和原則,並簽署了《泛珠三角出版合作框架協議》,同意在內容生產、印刷復製、出版物市場、人才交流、資訊共用、行政執法、信用體系建設、合作融資、宣傳推廣等 9 個方面全面合作。

12 月 10 日,占地 3 萬平方英尺的新華書城在香港正式開業。書城由香港"聰明影音地帶控股有限公司"及"廣東新華發行集團股份有限公司"聯營,總投資額逾千萬港元,是香港最大的書店,也是供應內地簡體字書最多的書店,提供圖書多達 5 萬種。

2005 年

1 月 17 日,經過 WTO、CEPA 及泛珠三角區域合作(9+2)等重大歷史進程,香港與內地的聯繫日益密切,廣東聯合圖書有限公司獲內地正式批准成立,該公司是香港聯合出版集團全資擁有的附屬機構,標誌著香港書業進軍內地的重大突破。業務以圖書策劃、發行為主,經營範圍包括:經銷內地版圖書、報紙、期刊、電子出版物的批發、零售(含網上)業務。這是中國加入世貿組織 3 年後開放圖書批發市場,第一家獲得批准進入內地的圖書發行企業。

3 月 2 日,臺灣 PC home 網路書店正式上線。"PC home 書店"是臺灣最大的網路購物業者"網路家庭"旗下產品,首創"購書免運費"和暢銷書"網路最低價"服務。PC home 書店迥異於一般網路書店的銷售模式,不僅將倉儲和物流轉嫁出版社負擔,運費也由出版社自行承受,等於只是幫出版社"接訂單"。PC home 書店擁有一萬種書籍可供挑選,分為企管、工作、理財、計算機、人文、休閒、藝術等 15 項。

3 月 7 日,臺灣"誠品書店暢銷榜"出爐。16 年來只做選書而不做暢銷排行榜的誠品書店,正式推出"誠品書店暢銷榜",細分出藝術、人文科學、華文創作、翻譯文學、財經商業和心理勵志類 8 大類排行榜,全方位呈現閱讀焦點。

3 月 23 日,澳門科技大學舉辦由蕭蔚雲教授主編的《論澳門特別行政區行政長官制》新書發行儀式。該書論述了澳門特區行政長官制的特點、內容和成功實踐,具有重要的理論價值和實踐意義。

4 月 29 日,由澳門特別行政區政府文化局出版的《2005 澳門視覺藝術年展作品集》正式出版。本集收錄了以"澳門文化遺產——穿越歷史"為主題的"2005 澳門視覺藝術年展"活動中獲選的 125 件入選作品和 10 件 2005 年度"最佳視覺藝術作品"。

7 月 1 日,臺灣《出版品及錄像節目帶分級辦法》正式實施。臺灣"新聞局"考慮民間自律團體組成需要時間,提出施法但不開罰的做法,給予業者三個月勸導期作為緩衝,10 月 1 日起正式開罰。

9 月 30 日,臺灣成立"中華出版倫理自律協會"。協會的主要宗旨為:協助認定分級的出版品,核發辨識標誌供業者參考使用。

10 月 3 日,香港漫畫出版集團玉皇朝,與內地著名遊戲生產商盛大網路,達成點擊書(Digibook)的收費平臺合作,推出網上收費漫畫,使其 4500 萬名付費會員可透過此網上平臺,以每本人民幣 5 角的價錢線上瀏覽。

11 月,香港 GameOne 生產的電腦遊戲《夢幻古龍》,在 91 款申報遊戲中脫穎而出,被選入國家新聞出版總署中國民族網遊工程第二批作品,成為首個被推薦進入內地市場的港產電腦遊戲。

12 月 3 日,臺灣聯合線上正式上綫。聯合線上(udn.com)提出"數位閱讀生活"的概念,以"UDN 數位版權網"、"UDN 數位閱讀網"正式進軍數位出版產業。"UDN 數位閱讀網"為出版社提供"製作、銷售、客服"的電子出版解決方案,讓出版業者無後顧之憂地跨入數位出版領域。"UDN 數位版權網"則是版權品資訊媒合平臺,可供出版業者、內容加值利用者或創作人進行版權品媒合,提供智慧財產權交易更便捷的新管道。

2006 年

1 月 18 至 19 日,由河南省新聞出版局、河南出版集團、香港聯合出版集團聯合主辦,香港商務印書館協辦的"中原文化港澳行——河南圖書音像精品展",在尖沙咀商務印書館星光圖書中心展覽廳舉行。通過書展,香港讀者不僅可以瞭解河南文化,更可以透過河南文化深刻理解中華民族的厚重文化。書展期間,河南省新聞出版局與香港出版團體和機構聯合舉辦"豫港出版座談會",兩地出版社負責人分別就團體或機構概況和管理等方面作交流。

2 月 23 日,臺灣中盤商農學社控告金石堂書店積欠賬款一案在臺北高等法院即將宣判前雙方達成和解,金石堂同意支付農學社一筆相當金額,雙方恢復交易往來。雙方矛盾的焦點在於金石堂推行"銷售結款"後,金石堂以銷轉結、保留款結算農學社應付賬款,與農學社認定有落差,雙方對賬,差價達上百萬元。農學社因而停止供貨給金石堂,並提起告訴。金石堂一審敗訴,被法院判賠給農學社 400 多萬元賬款。

4 月 5 日,澳門特區政府民政總署與中國科學院華南植物園共同合作編輯的澳門有史以來的首部植物志正式出版發行。澳門首部植物志共分 3 卷,本次出版發行的是第 1 卷。植物志收錄澳門野生與習見栽培的維管束植物 1500 多種。3 卷將於 2008 年 3 月出齊,是澳門目前最具權威的植物分類學專著。

5 月 10 日,臺灣圖文閱讀網正式上綫。這是遠流出版公司旗下的智慧藏學習科技公司開發的一個以數位出版為核心、以綫上授權交易為服務的新網站,為創作者提供圖文作品授權和經銷服務,建構創作者和使用者之間聯結的平臺。

5 月 23 日,《澳門回歸歷程紀事》(第一輯)和《澳門回歸之路》正式出版。該書撰稿者都是澳門回歸的參與者和見証者。

6 月 16 日,香港聯合出版集團率領麾下的 6 家出版社趕赴新疆烏魯木齊參加第十六屆全國書市,這是聯合出版集團首次在全國書市參展。以"國際視野全球網路"為參展主題,共租用了 5 個展臺,展示 700 餘種圖書,參展出版社包括香港三聯書店、香港中華書局、香港商務印書館、萬裏機構、新雅文化事業以及知出版。

9 月 13 日,臺灣聯合綫上與遠見雜誌等宣佈合作推出"遠見雜誌知識庫",收錄 20 年來 11200 萬篇深度報導,提供網友付費查詢。

9 月 21 日至 24 日,由國際兒童讀物聯盟(IBBY)主辦,國際兒童讀物聯盟中國分會(CBBY)、澳門新青年協會、澳門學生聯合會、澳門出版協會共同承辦的 2006IBBY 第 30 屆大會在澳門舉行。來自全世界 54 個國家的 500 多名兒童文學作家、插圖畫家、翻譯工作者、出版商、圖書館員、評論家、學者、教師、故事媽媽、閱讀推廣組織成員以及家長歡聚澳門漁人碼頭國際會議中心,共同研討和交流兒童文學創作和閱讀領域的全球性問題。

9 月 22 日,臺灣出版業反擊"非塗佈道林紙課征反傾銷稅"申請案。出版界召開記者說明會反擊 8 月 22 日以永豐餘紙業為首的臺灣區造紙工業同業公會向"財政部"提出的"對自日本、大陸及印度尼西亞進口之非塗佈道林紙課征反傾銷稅暨課征臨時反傾銷稅"。記者會上,出版業代表認為此案若成立,對近年呈現頹勢的臺灣出版業將會造成更大的影響。

9 月 29 日,《澳門平臺發展戰略——澳門作為中國與葡語國家的經貿合作服務平臺研究》舉行出版首發式。該書由澳門特區貿易投資促進局主席李炳康博士和中國社會科學院拉丁美洲研究所副所長江時學研究員合作完成。該書從理論的高度,全面系統地闡述了澳門回歸祖國以後特別行政區政府根據實際情況和未來發展需要確立的社會經濟發展戰略。

10 月 22 日,臺灣城邦集團推出"書號管理制度"應對出版頹勢。在 2006 年臺灣出版整體出現衰退、競爭壓力陡然提升的大背景下,城邦出版集團針對旗下的 37 個出版社,宣佈將採取"書號管理制度",即按各出版社營業額給一定額度的書號,限制新書發行數量,由現有近 1200 種新書量銳減為 850 種。

11 月 30 日,臺灣創刊 28 年的《民生報》停刊,走下全球中文報業的舞臺。

12 月 4 日,澳門出入口商會出版發行《澳門出入口貿易史略》。該書從澳門的自然環境與區位特徵、澳門開埠與葡商入據、明朝澳門出入口貿易、澳門"海上絲綢之路"、清代前期澳門進出口貿易、賣鴉片、賣豬仔與特殊出入口貿易、民國時期澳門出入口、現代澳門出入口、21 世紀初的澳門出入口等方面,介紹澳門出入口 400 多年來的變遷。

12 月 13 日,第十八屆香港印製大獎揭曉。大會以"為社會·添色彩"為主題,展示香港印刷、設計、出版界的成就,以及為社會帶來的色彩。本屆香港印製大獎共設有 24 個印製專案,2 個出版專案(優秀出版大獎和傑出成就大獎)及一個企業管理專案(企業社會責任大獎),印製大獎得獎的作品於 2006 年 12 月 15 日至 2007 年 1 月 30 日在香港巡迴展出。香港印製大獎是香港最具規模的獎賽,1989 年創辦。

2007 年

1 月 19 日,Google 公司宣佈與臺灣城邦出版集團策略結盟,城邦將成為 Google 繁體中文圖書搜尋應用的合作夥伴。與城邦出版集團的結盟計劃將是 Google 為臺灣的圖書數位化奠定穩固基礎的起跑點,也是華文書籍推向國際市場的里程碑。

2 月 26 日,Dymocks 首次進駐香港。澳洲連鎖書店品牌 Dymocks 在香港開設了首家集 Cafe、畫廊與書店三合為一的主題書店。書店位於大嶼山愉景灣的住宅區,有著便利的地理位置與優雅的閱讀氣氛。

2 月,臺北書展刮起電子書風潮。在臺北國際書展上曝光了可閱讀書籍的手機和可卷式電子書閱讀器"Readius",引起業界的轟動。"Readius"是遠流出版公司從歐洲引進的電子書閱讀器,螢幕寬為五吋,比手掌還要小;長度就像紙一樣可以伸縮自如,一旦與手機結合,便可解決螢幕太小的問題。同時中華電信推出"口袋書店",提供 Vogue、GQ、商周、空中英語教室等 40 餘本雜誌的電子版;格林出版社推出新產品"手機繪本"。

4 月,香港"光波 24 書網"推出免費試閱計劃,借書網站由光波文化有限公司、Vresion2 Limited、方正環球科技有限公司合辦,初期提供 5 萬本圖書,2007 年底增至 10 萬本,被稱為全球最大的中英文電子書借書網站。

5 月 14 日,臺灣商務印書館成立 60 週年。商務印書館 1897 年在上海成立,1947 年臺灣分館成立,2007 年是臺灣商務印書館成立 60 週年暨商務印書館創立 110 週年。臺灣商務印書館推出《勇往向前——商務印書館百年經營史》,詳細梳理紀錄跨越三個世紀、兩岸三地的商務印書館百年大事記,並推出《鹿橋全集》以饗讀者。

5 月 19 日,香港商務印書館"星光圖書中心"搬遷並易名後繼續營業。位處九龍樞紐地段的新店"尖沙咀圖書中心",店堂面積近 22000 平方英尺,為全港罕有的寬闊閱讀空間。店內設專題及焦點閱讀圖書區、中英文圖書部、文具精品部、兒童圖書閣及多媒體影音區,圖書品種達 15 萬種。

5 月 30 日,四川新華文軒連鎖股份有限公司在香港聯交所主板市場正式掛牌上市。這是中國書業第一家香港上市公司,也是國內首家進入國際資本市場的圖書發行業零售企業。

6 月 27 日,臺灣博客來網路書店推出數位閱讀服務,為上千本新書及熱銷書籍提供電子書試閱服務,讀者可試閱、下載或列印書籍內容的 1%—10% 不等。在綫試閱可拉近網路書店和實體書店的差距,對讀者選擇書籍有幫助。

7 月 19 日至 24 日,第十七屆香港書展在香港灣仔會議展覽中心舉辦,各項指標再創新高。本屆書展參加機構共 434 家,展出出版物超過 1 萬種,總入場人數達 68 萬人次,同上屆相比無論是參展單位、展出品種、入場人數,還是參展商營業額,各項指標均創歷屆香港書展新高。本屆香港書展恰逢香港回歸祖國 10 週年,新聞出版總署組織內地多家重要出版集團和出版社參展,內地參展規模超歷屆。內地參展團由中國出版集團、人民出版社等多家重點出版發行集團和出版社組成強大陣容,參展面積超過 1000 平方米,共有 476 家內地出版商的 3.13 萬種圖書參展。

7 月 23 日至 24 日,第十二屆華文出版聯誼會議在澳門召開。會議由澳門出版協會陳雨潤理事長主持。臺灣、內地、香港、澳門代表及同業 50 餘人參加會議。本屆會議的主題是:華文出版的新挑戰與新機遇。

本年,臺灣書店通路風波不斷。2007 年誠品、金石堂、博客來三大通路均發生了規模不等的地震。7 月,16 家經銷商借"凌域爆發退票倒閉事件"聯手抗議金石堂的"銷售結賬制"並停止供貨,城邦集團從金石堂撤架;7 月 4 日,博客來創辦人張天立召開記者會,抗議統一超商公司無預警解除他在博客來總經理的職位;接下來是經銷商與通路的不斷角力,15 家出版社組成"臺灣出版業者通路秩序聯盟"與通路協商和談判。

2008 年

1 月 10 日,臺灣誠品書店改變交易條件,將原來的"月結制"改為現在的"寄售制",出版物經銷商必須付費加入"誠品供應鏈平臺",寄售出版物的損壞和失竊出版社需分擔部分成本,此舉引起出版業的強烈反彈。

3 月 18 日,香港商務印書館澳門分館正式開業。店堂面積 360 多平方米,圖書類別涵蓋小說、歷史、飲食、生活時尚、傳記及兒童圖書等,其中英文書近 3000 種,是當地英文書種和書量最豐富的書店之一。店內還辟有活動專區,定期舉辦多元化文化及教育活動。澳門分館將服務擴至校園,兼營中學和大專圖書銷售及訂購。

4 月 2 日至 3 日,第八屆亞太地區出版會議暨"2008 年亞洲出版會議"在澳門舉行。研討會採用會議結合展覽的雙重形式,由世界頂級行業專家講授最新的出版策略及成功企業範例。全世界各國知名媒體也受邀參加了此次盛會。

4 月 28 日至 5 月 1 日,"2008 香港國際印刷及包裝展覽會"在香港亞洲國際博覽館隆重舉行。本屆展會是香港國際印刷及包裝展覽會成功舉辦的第三屆,是中國唯一的以促進印刷貿易為主旨的專業展會。香港作為全球四大印刷中心之一,在國際印刷出口貿易中佔有重要地位。

7 月 7 日,"臺灣數位出版聯盟"成立。由臺灣 52 家出版業者與電信業者、通訊服務業者、圖書館共同籌組的"臺灣數位出版聯盟"正式成立,城邦集團首席執行長何飛鵬擔任第一屆理事長。這是臺灣出版業者首度與科技及通訊業者大規模的結盟,表明傳統出版產業跨界創價、打開市場的企圖心。

7月13日,澳門《濠江日報》正式創刊。《濠江日報》的宗旨是,堅持愛國愛澳、服務社會,支持社會福利公益及進步事業,支持特區政府依法施政。《濠江日報》開設有澳門新聞、國際新聞、兩岸新聞、會展經濟、娛樂、足球、體育、科學健康、資訊、地產、飲食、旅遊、新天地等18個版面。

7月24日,香港聯合出版(集團)有限公司舉行20週年志慶酒會。聯合出版(集團)有限公司於1988年在幾家歷史悠久的出版機構的基礎上組建而成,業務包括圖書出版、書刊發行與零售,書刊、商業與安全印刷,是香港最大的綜合出版集團。

7月,《故宮博物院藏文物珍品全集》亮相香港書展。標誌著歷時14年,由北京故宮博物院與香港商務印書館合作的跨世紀文化工程——60卷的《故宮博物院藏文物珍品全集》終於出齊。

10月30日,香港三聯書店舉行60週年店慶酒會暨回顧展,並聯合北京三聯書店,出版了多本回顧三聯書店歷史、紀念其發展歷程的書籍。

11月14日,香港最具代表性的週刊之一《明報週刊》創刊40週年。

12月1日,臺灣聯合發行股份有限公司成立。出版流通業的知名品牌聯經出版公司和農學社宣佈結盟成立"聯合發行股份有限公司",專營出版品發行業務,這是臺灣圖書發行業首次大規模整合。聯合發行股份有限公司登記資金額一億新臺幣,12月正式掛牌運作,擁有客戶近2000家,預計占臺灣圖書零售市場份額的15%至20%。月發新書品種達到500種,約占臺灣月新書產量2000種的25%,節約成本至少15%。

12月1日,澳門特區政府主持的《澳門地方誌》編纂工程正式啟動。《澳門地方誌》預計2018年底基本完成,2019年各分卷可全部出版,全過程花10年時間;全書分設43卷,約4000多萬字。

本年,"海角七號"各類出版品大賣。臺灣電影"海角七號"在全臺上映後,引起巨大社會影響,不斷刷新臺灣影史的票房紀錄,媒體競相報導,形成一波波的"海角"熱潮。各類型的出版品也紛紛推出:電影小說、典藏套書、影音商品、電影原聲帶、電影配樂等,形成臺灣 2008 年出版市場的最大亮點。

本年,隨著閱讀習慣的改變和雜志行業的不景氣,臺灣多部雜誌宣佈停刊。如發行 24 年的《推理》雜誌在刊行 282 期後畫下句點;《新臺灣新聞週刊》宣佈停刊;《誠品好讀》也宣佈暫時停刊,調整內容和商品定位;《出版情報》、《ELLE girl》停止出版紙本,只保留電子本。

2009 年

2 月,臺灣聯合發行公司建置 CPFR 系統。由聯經出版公司發行部與農學社合併成立"聯合發行公司",推出"CPFR 協同規劃、預測與補貨"系統,促成其體系內的上游出版社和下游書店通力合作,共同建立可預測需求的出版機制與資訊平臺,減少資訊流不對稱造成的問題,以降低庫存及減少銷售損失。

3 月 11 日,臺灣研製成功最新"電子紙"。臺灣"經濟部"和"工研院"發佈最新研發的"電子紙",長達 1000 米,不但是世界上最長的電子紙,且具有顯示彩色的特性,並具備音效晶片,使得閱讀時有觀看影片的效果。

3 月 12 日,臺灣誠品書店成立 20 週年。誠品 20 週年慶以"關懷與分享"為主軸,展開了一系列深度推廣閱讀的活動。誠品書店成立於 1989 年 3 月 12 日,成立 20 年來已經在臺灣各地開設 45 家分店,每年客流量超過 8 千萬人次。除了售書,誠品積極向不同領域拓展,將誠品書店打造成為集書籍、音樂、展覽、演講活動、美食於一體的複合型多元文化場所。

4 月 1 日,《澳門知識叢書》在澳門出版並舉行發行儀式。該書由澳門基金會與澳門歷史教育學會聯合策劃和出版,共分 4 個系列主題:綜合論述、歷史文化、文學藝術、鄉土風物。此次出版的首批 5 種圖書包括《澳門土生葡人》、《澳門水彩畫》、《澳門地理》、《澳門半島石景》及《澳門步行徑》。

4 月 21 日,臺灣"立法院"通過《著作權法修正案》。新通過的《著作權法修正案》規定網民只要三度被網路服務提供者抓到"侵權行為",將遭終止服務的處罰;網路業者若認真履行了告知、管理網路侵權行為的責任,可免除法律及連帶賠償責任。

5 月 11 日,澳門特區政府與商務部簽署《<內地與澳門關於建立更緊密經貿關系的安排>補充協議六》。該協議就內地與澳門特區在印刷、出版服務等方面的合作進行了規定。

9 月 1 日,香港開始實行新學制,教科書市場機遇與挑戰並存。新學制"三三四"即以初中三年、高中三年、大學四年的新制取代現行中學五年、預科兩年、大學三年的制度,各出版社配合課程改革和教育改革,開發一系列新產品,這對香港教科書和教輔書市場來説是一次洗牌,機遇和挑戰並存。同時因為紙張等原料上漲以及投資風險增大等因素,教科書又一次漲價,在香港社會引起較大爭議。

10 月 26 日,在美國金融海嘯席捲全球對香港影響放大,出版業面臨著成本增加消費減少的壓力背景下,憑藉合資雙方在德國和香港印刷出版行業多年的經驗和領先地位,德國興碼股份公司和香港永固紙品業有限公司合資成立的香港永固興碼有限公司北京代表處和北京永固興碼文化傳媒有限公司在北京CBD 正式成立。新成立的公司搭建了中歐版貿橋樑,不僅向中國內地引進德國和歐盟國家的圖書版權,同時也致力於推動中國圖書的輸出。

12 月 1 日,澳門基金會在澳門理工學院禮堂舉行《澳門研究叢書》首髮式。首批出版的《澳門研究叢書》系列書籍包括有一套 12 卷、收錄了 500 多篇近 30 年澳門研究文章的《澳門人文社會科學研究文選》,是學術界對澳門回歸 10 週年的最佳獻禮。

12 月 15 日,《澳門道教科儀音樂》一書首發式在澳門博物館演講廳舉行。這是繼 2009 年 4 月"澳門道教科儀音樂"被列入澳門非物質文化遺產名錄後,又一搶救、承傳這一本土傳統音樂文化品種的得力舉措。

12 月 21 日,澳門特區政府新聞局以中、葡、英 3 種語言出版了《我們的10 年》特刊,記錄澳門特區發展歷程。全書 125 頁,彩色圖片 208 幀,內容包括"行政長官獻辭"、"我們的喜悦"、"家國情懷"、"共建家園"、"我們的一天"、"承載·傳承"。

本年,香港商務印書館先後推出兩個電子語文學習平臺,分別是"階梯閱讀空間"和"i-reading 電子書——商務互動學習平臺"。"階梯閱讀空間"是一個專為小學生而設的中文網上閱讀平臺,提供 2000 多篇不同程度的文章;"i-reading 電子書"則與優質教育基金合作,是首套配合新高中中文課程的網上閱讀系統,培養學生對中國文化的認識。此前博文教育(亞洲)有限公司推出的 eClass 是一套功能完善的網上教學平臺。香港現代教育網路亦針對網上教學提供內容和技術支援。這説明電子書潮流浩浩盪盪,香港出版社紛紛大力拓展網上學習平臺。

本年,臺灣電子書發展如火如荼。7 月,城邦集團與方正阿帕比公司在北京簽署協議,雙方將在電子書、期刊、電子書閱讀器等方面進行合作;7 月,遠傳、誠品書店與三立電視臺宣佈合作計劃,進軍電子書市場;8 月,UDN 聯合綫上與博客來網路書店簽訂策略聯盟,擴大電子書發行量並聯合推出電子書閱讀器;9月,"電子書產學研 POC"合作聯盟正式啟動。

2010 年

3 月 25 日,香港出版學會首辦出版專業文憑課程。開辦"出版專業文憑課程"旨在使編輯和製作兩方面的工作人員,在出版物的編印過程中,能更好地溝通瞭解和增強配合,從而獲得更佳的出版印製效果。此前香港出版學會曾舉辦"出版專業證書課程"以及其他類型的出版培訓。

4 月 20 日,澳門傳媒工作者協會出版《陳煒恒文存》叢書。該書旨在紀念已故澳門歷史學者及知名專欄作家陳煒恒(陳截、陳渡)對澳門歷史文化研究的貢獻,全套共 13 冊,內容涉及澳門歷史、文化、民俗、環境保護等。

5 月 6 日,由澳門出版協會、澳門大學、東亞出版人會議合辦的"第十次東亞出版人會議澳門會議"在澳門開幕。來自日、韓及海峽兩岸暨香港、澳門 30 多名出版業界人士與會。本次會議旨在促進各地區出版業界的溝通交流,鼓勵澳門出版活動繼續與東南亞接軌,由非商業活動過渡至文化創意產業,配合政府發展經濟適度多元化的施政理念。

5 月 28 日,澳門特區與商務部簽署《<內地與澳門關於建立更緊密經貿關系的安排>補充協定七》。協定規定,從 2011 年起,澳門的服務提供者可以在內地設立的分銷企業分銷澳門出版的圖書,其銷售的澳門版圖書須由國家批準的出版物進口經營單位元代理進口。

6 月 29 日,海峽兩岸關系協會會長陳雲林與海峽交流基金會董事長江丙坤簽署《海峽兩岸智慧財產權保護合作協定》。作為 ECFA 框架下的一項單行協定,該協定的簽訂對於切實維護兩岸同胞智慧財產權權益,促進兩岸智慧財產權保護領域的交流與合作,乃至豐富和推動兩岸經濟文化交流,有著積極的保障作用。

7 月 9 日,2010 亞洲出版大獎(Asian Publishing Awards,APA)在越南胡志明市舉行頒獎典禮,《空中英語教室》創辦人彭蒙惠榮獲最高榮譽"終生成就獎",這是臺灣獲此殊榮的第一人。亞洲出版大獎是亞洲第一個專為亞洲最優秀出版者設立的獎,主要是鼓勵亞洲出版業的傑出表現,包含亞洲雜誌經營獎、亞洲圖書出版獎及亞洲企業溝通獎等三大類獎項。

7 月 17 日,由澳門津漫出版有限公司主辦、原力出版社和創作漫畫文化協會協辦的《澳漫雙周》發佈會暨首屆創作漫畫文化協會理監事就職典禮在澳門舉行。《澳漫雙周》是目前澳門唯一包含本地原創漫畫及青少年雜誌的雙週刊。

9 月 7 日,臺灣財團法人資訊工業策進會與中國電子資訊產業發展研究院共同舉辦"兩岸數位內容產業合作及交流會議",兩岸業界分別就"加強兩岸電子書交易平臺商務合作"、"推動兩岸數位出版共同標準"、"加強兩岸遊戲授權及動畫共同合作開發"、"鼓勵數位內容跨業合作"等議題進行深入探討。會議還簽署了《海峽兩岸數位內容產業合作及交流會議紀要》、《兩岸電子書合作協定》、《開源合作協定》、《兩岸動畫製作及培訓合作協定書》等 4 份兩岸合作協定書並結成產業聯盟。

10 月 22 日,《賴和小説集》英文版在臺灣出版。賴和被譽為"臺灣新文學之父",他是影響臺灣文學發展的重要先驅之一。《賴和小説集》由客委會補助、"中央社"出版,"中央社"董事長洪健昭主譯,收錄賴和《一杆稱仔》、《豐作》、《惹事》等 21 篇短篇代表作,這也是賴和作品的首部英譯本。

10 月 22 日,由澳門印刷業商會主辦的"第八屆兩岸四地印刷業交流聯誼會"及"2010 兩岸四地印刷發展論壇"、澳門印刷業商會成立 40 週年慶祝晚宴在澳門舉行。本次論壇吸引了海峽兩岸及港澳幾十家企業參展,有效提升了澳門印刷業界的形象。

11 月 8 日,臺灣博客來推出"OKAPI"。臺灣最大網路書店博客來新推出"OKAPI"網站,從售書平臺轉型成匯集專訪與專欄內容的分享平臺。

11 月 14 日,《澳門食譜》一書在澳門舉辦新書首發會。本書由《澳門日報》出版,40 餘位最有代表的澳門名廚以自己的代表菜譜結集出版,是澳門飲食界、出版界的盛事。

11 月,香港聯合出版集團與香港商務印書館榮獲"香港驕傲企業品牌"獎。由香港《明報》與香港中文大學聯合舉辦的"香港驕傲企業品牌選舉"已進入第四屆,本年度參評結果於 11 月公佈。其中,香港聯合出版(集團)有限公司和屬下的商務印書館(香港)有限公司贏得專業評審和廣大民眾的一致肯定,分別獲得"文化事業類別"的兩大獎項——"評選團大獎"和"消費者大獎"。據介紹,商務印書館連續三年蟬聯該獎項,成為市民心目中最喜愛的品牌,足以證明該集團在品牌建立和管理上的卓越成就,對維持香港的競爭力和可持續發展做出了貢獻。

本年,香港中文大學陸續推出張愛玲的英文自傳體小說《易經》和《雷峰塔》,以此紀念這位女作家誕辰 90 週年及逝世 15 週年。張愛玲曾在香港大學讀書,和香港友人有千絲萬縷的關系。張愛玲的自傳式小說《小團圓》是 2009 年香港商務印書館文學暢銷書榜冠軍。自此,其自傳體小說"人生三部曲"率先在港"團圓"。

2011 年

1 月 10 日,澳門文獻資訊學會、北京師範大學珠海分校藝術與傳播學院合作出版國際性學術刊物《南國藝傳》。該刊的宗旨和使命是聚焦文化變革、推動藝術發展、促進傳播探索、引領學術研究。

1 月 14 日,澳門中央圖書館推出新的閱讀服務計劃——"全民網上閱讀平臺"。該平臺能夠實現鄰近地區首項免費、免註冊的全民網上閱讀服務。"全民網上閱讀平臺"推出的網上書刊資料庫包括:龍源電子期刊、華藝電子圖書、萬方資料庫、中華數位書苑—電子圖書資源庫、EBSCO 電子報刊及健康資訊等。

2 月 16 日,由澳門基金會與中國社會科學文獻出版社合作出版的《澳門研究叢書》之一——《澳門法律新論》(內地版)全國首發。該書在 2005 年出版的《澳門法律新論》的基礎上加以修訂,能夠全面體現回歸十年澳門法制建設的成就,讓讀者全面和深入地去認識澳門的法律制度。

3 月 20 日,澳門數碼印刷協會於新口岸科學館會議中心舉行成立及理監事就職典禮。澳門數碼印刷 2011 峰會同時舉行,展示最新數碼印刷作品。該協會旨在帶動行業向環保、科技、創新等目標邁進,使澳門的傳統印刷通過網路及數碼化改造,使市場拓大,產品多樣,提升競爭力,使事業可持續發展。

4 月 1 日,澳門大學研究中心策劃編撰的《澳門經濟社會發展報告(2010—2011)》(俗稱"2011 澳門藍皮書")在澳門大學舉行發行儀式。本書以兼顧效率與公平的民生與發展為主綫,分別從政治法制、經濟貿易、社會事業、文康事業等方面出發,詳細而又系統地介紹了 2010 年澳門經濟、社會、政治、文化、法制、民生等各個方面的發展情況。

4 月 2 日,《圍的再生——澳門歷史街區城市肌理研究》於何東圖書館多功能廳舉行新書發行儀式。該書由香港大學建築系副教授王維仁及文化局,文化財產廳廳長張鵲橋共同主編,主要內容是反映澳門傳統城市居住面貌的街區空間,記錄澳門華人社會的生活積澱。

5 月 13 至 16 日,澳門文創產業委員會邀請本地動漫業界共同設立澳門動漫館展覽,這是首次集合多個澳門動漫社團和企業舉辦的展覽,使業界有機會相互交流及瞭解,並可更深入瞭解各社團單位元之活動情況。

6 月 24 日,由澳門電子商務協會、澳門高新科技產業商會及澳門電腦商會聯合主辦的"第一屆兩岸四地電子媒體業高峰論壇"在澳門漁人碼頭會議展覽中心開幕,本次會展的主題是"綠色科技",吸引了來自海峽兩岸及港澳特區約 70 家參展商,同時還邀請了來自新加坡、馬來西亞、泰國、印度和海峽兩岸及港澳特區的約 100 名專業買家。

6 月 29 日,澳門出版業第一個商業團體——"澳門出版產業商會"籌組工作完成,舉行商會成立暨第一屆理監事就職典禮,並邀請澳門特區政府社會文化司張裕司長為理監事監誓。

8 月 14 日,"華文出版趨勢研究學術研討會"在臺灣舉行。由臺灣南華大學出版與文化事業管理研究所、北京大學現代出版研究所及河北大學新聞傳播學院共同舉辦的"華文出版趨勢研究學術研討會"首度在臺灣舉行。與會專家學者以及業內人士圍繞著"華文出版與數位化"這一主題,探討數位化給出版產業發展帶來的機遇與挑戰,促進兩岸出版學術的交流。此項研討會迄今已邁入第七屆,致力於探察產業發展趨勢,協助業界掌握先機,同時也重視人才的培養,成效顯著。

8 月 31 日,香港出版界、印刷界首次以"香港館"的方式參展第十八屆北京國際圖書博覽會。此次香港館以"騰飛創意"為主題,精選了 600 項展品,包括 386 本書籍、171 項印刷品及 42 本電子書籍,多角度展現香港出版及印刷業的獨特創意。香港館分為出版區和印刷區,占地面積 180 平方米。"騰飛創意——香港出版及印刷業參與大型國際展覽"還亮相於 10 月的第 63 屆德國法蘭克福國際書展、2012 年 2 月的臺北書展和 2012 年 4 月的倫敦國際書展,首次以獨立設館的方式集中展示了香港創意、香港文化和香港出版。

9 月 16 日,"臺灣電子書協會"成立。經由 2767 位電子出版實務工作者在雲端力量的結合下,臺灣電子書協會(Taiwan Ebook Association)在臺北正式成立。協會將完整結合電子內容出版上中下游投入者,首開國際先例以《電子書整合實體》進行全程議程。協會的宗旨為全力協助電子書產業的投入者,一起合力開創一條由電子內容產出端,到電子內容消費端的平臺道路。電子書協會成立後還獲得綠林資訊 100 臺自有品牌新款電子閱讀器"EZRead 易讀機"的贊助。

9 月 16 日,臺灣《聯合報》創立 60 週年。聯合報系在臺北隆重慶祝《聯合報》創立 60 週年,臺灣當局領導人馬英九、著名詩人餘光中、宏碁集團創始人施振榮等到會祝賀。1951 年 9 月 16 日,《民族報》、《全民日報》、《經濟時報》三報聯合成立《聯合版》,成為《聯合報》前身。60 年來,《聯合報》由初始發行的 1.2 萬份,發展到 20 世紀 80 年代發行量一度突破 150 萬份,成為臺灣最具影響力的報紙之一。目前,聯合報系是臺灣三大報系之一。

10 月 21 日,"兩岸四地出版產業高峰論壇"在澳門威尼斯人度假村酒店會展中心舉行。本次論壇由澳門出版產業商會主辦,深圳報業集團、澳門印刷商會、澳門電子業媒體協會協辦,澳門貿易投資促進局、工商業發展基金為支持單位,並獲澳門航空贊助。本次論壇從多方面、多角度探討了媒體的發展趨勢及市場動向。

10 月 21 日,《澳門地圖集 2011》正式出版。該書呈現了澳門地區最新的自然環境、城市現狀、地理分佈及旅遊資源等要素。同時,首次加入了澳門歷史城區的三維影像圖,讀者可俯瞰世界文化遺產的著名景點。亦新增了 20 世紀澳門地區的歷史航空照片,讓讀者可以瞭解澳門近代的地貌演變概況。

10 月 24 日,由澳門會議展覽業協會出版的《澳門會展指南 2011/2012》正式出版。這是澳門會展領域一部綜合性的資料匯編,為澳門業界、組展商及與會者提供全面、準確的會展資訊,首版於澳門各會展相關政府部門及企業免費派發。

10 月 27 日,澳門出版產業商會舉辦"兩岸四地出版產業高峰論壇"。來自兩岸四地的出版、媒體業界相聚,以傳統出版與電子出版之間的關系、矛盾及如何取得和諧共存共贏為主題展開交流探討。

11 月 28 日,香港印刷業商會在香港中區大會堂美心皇宮舉行慶祝晚宴,慶賀香港印刷業商會楊金溪會長及馮廣源副監事長獲頒中國印刷界的最高獎勵"第十一屆畢昇印刷傑出成就獎",同時慶祝楊金溪會長獲頒授香港特區政府"銅紫荊星章"及中國新聞出版行業最高獎項"第二屆中國出版政府獎·優秀出版人物獎"。

11 月,《臺灣新文學史》正式出版。這是專研臺灣文學與歷史的著名學者陳芳明經過 12 年書寫,累積了近 50 萬字的巨作;是繼 1987 年葉石濤《臺灣文學史綱》、1998 年彭瑞金《臺灣新文學運動四十年》後,最受人矚目的臺灣文學史作。

12 月 2 至 4 日,第四屆兩岸四地學術名刊高層論壇在香港舉辦,這也是香港首次承辦此論壇。論壇主題為"華文學術期刊的國際化及其超越",與會代表圍繞著"提高期刊學術質量"、"推進辦刊機制國際化"、"推動華文學術超越式發展"等議題開展了熱烈討論,並共同簽署以"推動學術名刊國際化轉型,引領中華學術超越式發展"為題的《香港願景》。

12 月 11 日,由兩岸四地華文出版界合辦、澳門出版協會承辦的 2011 兩岸四地華文出版年會在澳門舉辦。中國出版協會、臺灣圖書出版事業協會、香港出版總會及澳門出版協會等近 30 位代表出席會議,與會者圍繞傳統實體書店未來的發展方向展開探討。

12 月 14 日,澳門電子媒體業協會舉行澳門電子媒體業協會進京交流(考察)報告發佈會。該會會長吳偉恩、理事長王俊光以及數十名該會會員出席活動。吳偉恩、王俊光在會上總結該協會上月赴京探訪的情況,並就澳門電子媒體的發展提出多項建議。

本年,受香港旺角一帶租金飆升等因素的影響,引發了香港新一輪的書店停業及搬遷潮。香港旺角集中了香港多家老牌書店,歷來都是書店紮根之地,涵蓋了各種類型的書店,2011 年出現搬遷和停業潮。

本年,紀念"中華民國"百年系列圖書在臺灣出版。10 月,《百年風華》出版,集合了 112 位元學術界、藝文界及媒體界等不同領域的專業人士,從民眾的角度詮釋歷史,記錄百年來感人的人、事、物,內容包羅萬象;11 月,耗時兩年,多達 149 位學者共同編撰的《"中華民國"發展史》正式出版發行。

2012 年

1 月 4 日,由澳門基金會和澳門文化局聯合出版的《2010 年度澳門文學作品選》正式發行。本書一共收錄了 93 位澳門文學作者在 2010 年發表在本地和外地報刊上的 235 篇中文作品。本次出版是為了推動澳門文學的發展,保存澳門文學資料,總結年度文學創作成果。

2 月 3 日,澳門基金會、澳門文化局,聯同澳門大學、澳門民政總署等,首次參展臺北國際書展。澳門展攤設在國際館展區,由八個攤位組成,展示了逾千冊澳門近年出版的精品圖書,充分反映澳門中西文化交融的特色文化。

2 月 23 日,澳門特區政府新聞局舉行第二場座談會,繼續聽取新聞從業員對修訂《出版法》和《視聽廣播法》的意見和建議。新聞局局長陳致平表示,新聞局一直通過各種管道與傳媒界保持溝通,收集業界對兩法修訂的看法。除座談會外,歡迎業界代表以各種方式積極發表對修法的意見。

3 月 9 日,澳門動漫聯盟成立。該聯盟由漫畫從業員協會、漫畫天地工作室、紅葉動漫同人會、澳門動畫漫畫家協會、望德堂區創意產業促進會,以及新加入的澳門業餘漫畫社聯合成立。以六會會長為聯盟核心成員,並選出黃奕輝為聯盟秘書長。

3 月 19 日,《"一國兩制"研究》(英文專集和葡文專集)第一期新書在澳門理工學院"一國兩制"研究中心舉行發行儀式。該書是 2009 年 7 月"一國兩制"研究中心創辦的全國首份專研"一國兩制"理論與實踐的刊物。

3 月 29 日,由澳門大學澳門研究中心、澳門基金會聯合主辦,中國社科院社科文獻出版社出版的《澳門學引論》暨《澳門經濟社會發展報告(2011—2012)》的發行儀式在澳門大學圖書館舉行。這兩本書均從文化的角度對澳門的歷史地位和人文底蘊進行了深入的分析和闡述。

3 月 30 日,臺灣加入"國際期刊聯盟"。臺北市雜誌商業同業公會以"中華臺北"(Chinese Taipei)的名義加入"國際期刊聯盟"(International Federation of the Periodical Press,簡稱 FIPP)。

4 月 2 日,澳門傳媒集團 De Ficção Multimedia Projects 推出首份聚焦澳門商業的英文日報 *Business Daily*。該報的目標讀者為商旅人士以及在澳工作的外籍人士,旨在為讀者提供有關當日最重要商業話題的最新思路。

4 月 25 日,《澳門 500 年:一個特殊中國城市的興起與發展》新書發佈會在澳門大學圖書館舉行。該書綜合了澳門 500 年城市發展歷程,有中、英、葡文三個版本,由澳門大學與三聯書店(香港)有限公司聯合出版,英文和葡文版由澳門大學、天窗專業出版社及香港浸會大學聯合出版。

7 月 1 日至 6 日,"第十屆世界書展主席會議"(Conference of International Book Fairs)在臺北舉行。來自倫敦、首爾、美國、法蘭克福等的全球 11 位國際書展主席齊聚臺北共同探討各國書展現狀、重大議題以及全球出版和文化發展趨勢。

7 月 19 日,國家出版基金座談會暨贈書活動在香港會議展覽中心舉行。國家出版基金規劃管理辦公室分別向香港公共圖書館、香港大學圖書館贈送了此次選送參加香港書展的部分出版基金資助出版的優秀成果 87 項、約 2000 多冊精品圖書。

8 月 11 日,臺灣誠品書店正式進駐香港。臺灣誠品集團海外第一家分店——誠品香港銅鑼灣店在香港的黃金地段希慎廣場開業。三層約 3700 平方米的規模,讓它榮升為全港最大書店。在香港本土實體書店哀鴻遍野之際,誠品的進駐在香港刮起一陣閱讀風潮,將臺式"打書釘"閱讀生活引入香港,為香港圖書零售業帶來良性競爭。誠品進軍香港的重點並非僅僅賣書,還在於帶動文學、建築、音樂、戲劇等文化產業的發展。

10 月 17 日,臺灣"獨立書店地圖"出版。連鎖書店與網路書店的崛起,讓充滿人文特色的臺灣獨立書店面臨生存危機。為了讓更多民眾走進獨立書店,臺灣文化部與獨立書店業者合作,委託社團法人臺灣小小生活文化創意推廣協會出版《2012 臺灣獨立書店推薦地圖》,收錄了全臺灣 60 間特色書店資訊,包括華人第一家標榜女性主義專業的"女書店"、推廣臺灣本土文化的"臺灣 e 店"、推動社區藝文活動的"小小書房"等,並於 18 日舉辦的臺灣國際文化創意產業博覽會上發放。

11 月 20 日,《澳門年鑒》推出 iPhone、iPad 與 App 版本,方便澳門讀者瀏覽與查閱。讀者可以通過 App Store 搜尋"澳門年鑒"、"Macau-Livro do Ano"和"Macao Yearbook",也可在新聞局網頁(www.gcs.gov.mo)免費下載。

12 月 7 日至 14 日,"京港出版交流活動暨北京出版集團精品圖書展"順利舉辦,以增進京港文化界、出版界和廣大讀者交流,拓展兩地文化合作空間。這次活動由北京出版集團聯手香港天地圖書公司舉辦。這是內地出版集團首次獨家在港舉辦精品圖書集中展銷活動。

12 月 17 日,香港"港青青少年'自發作'創意 DIY 書展"正式開幕。在電子書市場愈來愈蓬勃發展的今天,仍然有人堅持寫寫畫畫,讓獨立作品自家出版。已舉辦至第七屆的"港青青少年'自發作'創意 DIY 書展",就一直深受盼望能圓出書夢的年輕人的歡迎。

主要參考文獻

一、著作

- 新聞出版署政策法規司編:《中華人民共和國現行新聞出版法規彙編》(1949—1990),人民出版社 1991 年版。

- 李明德:《"特別 301 條款"與中美知識產權爭端》,社會科學文獻出版社 2000 年版。

- 肖東發:《中國圖書出版印刷史論》,北京大學出版社 2001 年版。

- 新聞出版總署計劃財務司編:《中國新聞出版統計資料彙編 2001》,中國勞動社會保障出版社 2001 年版。

- 石廣生主編:《中國加入世界貿易組織知識讀本》(三),人民出版社 2002 年版。

- 新聞出版總署計劃財務司編:《中國新聞出版統計資料匯編 2002》,中國勞動社會保障出版社 2002 年版。

- 餘敏主編:《出版學》,中國書籍出版社 2002 年版。

- 周連芳:《印刷基礎及管理(修訂本)》,遼海出版社 2002 年版。

- 黃鎮偉:《中國編輯出版史》,蘇州大學出版社 2003 年版。

- 劉擁軍:《現代圖書營銷學》,蘇州大學出版社 2003 年版。

- 新聞出版總署計劃財務司編:《中國新聞出版統計資料彙編 2003》,中國勞動社會保障出版社 2003 年版。

- 張積玉:《編輯學新論》,中國社會科學出版社 2003 年版。

- 張志強:《現代出版學》,蘇州大學出版社 2003 年版。

- 朱靜雯:《現代書業企業管理》,蘇州大學出版社 2003 年版。

- 方卿:《圖書營銷管理》,復旦大學出版社 2004 年版。

- 姬建敏:《編輯心理論》,河南大學出版社 2004 年版。

- 祁述裕主編:《中國文化產業國際競爭力報告》,社會科學文獻出版社 2004 年版。

- 新聞出版總署計劃財務司編:《中國新聞出版統計資料彙編 2004》,中國勞動社會保障出版社 2004 年版。

- 餘敏:《國外出版業宏觀管理體系研究》,中國書籍出版社 2004 年版。

- 張志強:《20 世紀中國的出版研究》,廣西教育出版社 2004 年版。

- 黃先蓉:《出版法規及其應用》,蘇州大學出版社 2005 年版。

- 黃先蓉:《出版物市場管理概論》,武漢大學出版社 2005 年版。

- 羅紫初、吳贇、王秋林:《出版學基礎》,山西人民出版社 2005 版。

- 肖東發:《中國編輯出版史(第二版)》,遼海出版社 2005 年版。

- 新聞出版總署計劃財務司編:《中國新聞出版統計資料彙編 2005》,中國勞動社會保障出版社 2005 年版。

- 周蔚華:《出版產業研究》,中國人民大學出版社 2005 年版。

- 郝振省主編:《2005—2006 年中國數位出版產業年度報告》,中國書籍出版社 2006 年版。

- 匡文波:《手機媒體概論》,中國人民大學出版社 2006 年版。

- 厲無畏:《創意產業導論》,學林出版社 2006 年版。

- 師曾志:《現代出版學》,北京大學出版社 2006 年版。

- 新聞出版總署計劃財務司編:《中國新聞出版統計資料彙編 2006》,中國 ISBN 中心 2006 年版。

- [英]約翰·霍金斯:《創意經濟——如何點石成金》,洪慶福、孫薇薇、劉茂玲譯,上海三聯出版社 2006 年版。

- 張天定:《圖書出版學》,河南大學出版社 2006 年版。

- 倉理新:《書籍傳播與社會發展——出版產業的文化社會學研究》,首都師範大學出版社 2007 年版。

- 程祥徽:《首屆澳門人文社會科學大會論文集》,澳門基金會 2007 年版。

- 宮承波、要力石:《出版策劃》,中國廣播電視出版社 2007 年版。

- 郝振省主編:《2005—2006 中國數位出版產業年度報告》,中國書籍出版社 2007 年版。

- 李新祥:《出版傳播學》,浙江大學出版社 2007 年版。

- 彭蘭:《網路新聞編輯教程》,武漢大學出版社 2007 年版。

- 新聞出版總署計劃財務司編:《中國新聞出版統計資料彙編 2007》,中國 ISBN 中心 2007 年版。

- 修香成:《印刷基礎理論與操作實務:印前篇》,印刷工業出版社 2007 年版。

- 方卿、姚永春:《圖書營銷學教程》,湖南大學出版社 2008 年版。

- 郝振省主編:《2007 中國民營書業發展研究報告》,中國書籍出版社 2008 年版。

- 郝振省主編:《2007—2008 年中國數位出版產業年度報告》,中國書籍出版社 2008 年版。

- 匡文波:《電子與網絡出版教程》,中國人民大學出版社 2008 年版。

- 羅紫初:《編輯出版學導論》,湖南大學出版社 2008 年版。

- 汪啟明:《出版通論》,四川大學出版社 2008 年版。

- 王棟:《對話美國頂尖雜誌總編》,作家出版社 2008 年版。

- 吳永貴、李明傑:《中國出版史》,湖南大學出版社 2008 版。

- 新聞出版總署計劃財務司編:《中國新聞出版統計資料彙編 2008》,中國統計出版社 2008 年版。

- 易圖強:《出版學概論》,湖南師範大學出版社 2008 年版。

- [美]羅森塔爾:《按需印刷:國際圖書印刷與營銷新途徑》,陶曉鵬譯,清華大學出版社 2009 年版。

- 王凡、劉東平:《城變——澳門現場閱讀》,人民出版社 2009 年版。

- 吳贇:《文化與經濟的博弈——出版經濟學理論研究》,中國社會科學出版社 2009 年版。

- 肖東發:《從甲骨文到 E-Publications:跨越三千年的中國出版》,外文出版社 2009 年版。

- 新聞出版總署計劃財務司編:《中國新聞出版統計資料彙編 2009》,中國統計出版社 2009 年版。

- 張元元:《澳門法治化治理中的角色分析》,澳門理工學院一國兩制研究中心 2009 年版。

- 郝雨凡、吳志良主編:《澳門經濟社會發展報告 2009—2010》,社會科技文獻出版社 2010 年版。

- 郝振省主編:《2009 中國民營書業發展研究報告》,中國書籍出版社 2010 年版。

- 郝振省主編:《2009—2010 年中國數位出版產業年度報告》,中國書籍出版社 2010 年版。

- 柳斌傑主編:《中國版權相關產業的經濟貢獻》,中國書籍出版社 2010 年版。

- 新聞出版總署出版產業發展司編:《中國新聞出版統計資料彙編 2010》,中國統計出版社 2010 年版。

- 趙東曉:《出版營銷學》,中國人民大學出版社 2010 年版。

- 崔保國主編:《2011 年中國傳媒產業發展報告》,社會科學文獻出版社 2011 年版。

- 郝振省主編:《2011—2012 中國數位出版產業年度報告》,中國書籍出版社 2011 年版。

- 黃孝章、張志林、陳丹:《數字出版產業發展研究》,知識產權出版社 2011 年版。

- 劉全香:《數字印刷技術與應用》,印刷工作出版社 2011 年版。

- 邵益文、周蔚華:《普通編輯學》,中國人民大學出版社 2011 年版。

- 新聞出版總署出版產業發展司編:《中國新聞出版統計資料彙編 2011》,中國書籍出版社 2011 年版。

- 周蔚華:《數位傳播與出版轉型》,北京大學出版社 2011 年版。

- 新聞出版總署出版產業發展司編:《中國新聞出版統計資料彙編 2012》,中國書籍出版社 2012 年版。

- 楊允中:《澳門特別行政區常用法律全書》,澳門理工學院一國兩制研究中心 2012 年版。

二、連續出版物

《澳門圖書館暨資訊管理協會學刊》

《澳門研究》

《北京印刷學院學報》

《編輯學刊》

《編輯之友》

《出版參考》

《出版發行研究》

《出版廣角》

《出版科學》

《出版人》

《出版與印刷》

《傳媒》

《大學出版》

《國際新聞界》

《淮陰師範學院學報》

《教育資料與圖書館學》

《科技與出版》

《今傳媒》

《全國新書目》

《圖書情報知識》

《新華書目報》

《新聞與傳播研究》

《印刷世界》

《印刷雜誌》

《中國版權》

《中國編輯》

《中國出版》

《中國出版年鑑》

《中國電子出版》

《中國圖書商報》

《中國新聞出版報》

《中華讀書報》

三、網站

澳門中央圖書館:www.library.gov.mo

百道網:www.bookdao.com

全國新聞出版統計網:http://www.ppsc.gov.cn

臺灣"國家"圖書館:www.ncl.edu.tw

臺灣"文化部":www.cca.gov.tw

香港中央圖書館:www.hkcl.gov.hk

中國出版協會:www.pac.org.cn

中國國家圖書館:www.nlc.gov.cn

中國掃黃打非網:www.shdf.gov.cn

中國圖書出版網:www.bkpcn.com

中國圖書對外推廣計劃網:www.cbi.gov.cn

中國新聞出版網:www.chinaxwcb.com

中華人民共和國國家版權局:www.ncac.gov.cn

中華人民共和國新聞出版總署:www.gapp.gov.cn

後　　記

　　作爲《中國出版業發展報告》的首輯,爲了便於社會對近年來的中國出版業有一個完整、全面的瞭解,我們對 2000 年來,也就是人類進入千禧年來的中國出版業發展情況做了全面的描述。這一方面是有助於加深社會對中國出版業這十多年來的變化的瞭解,另一方面也有助於爲今後該系列報告的編寫提供背景和資料,爲將來打下良好的專業基礎。本報告力圖全面、客觀地反映中國出版業進入千禧年以來所發生的新變化,對中國出版業在產業格局、管理方式、產值變化等方面的情況進行深入分析,爲政府管理部門、出版機構和其他相關部門的思考和實踐提供參考。

　　本報告將出版產業分爲圖書出版、期刊出版、電子音像出版、數位出版等類別分別進行考察(報紙出版因新聞產業探討較多,本報告未列專題,但在出版物印製等部分有所涉及),同時在出版業國際化方面重點討論版權貿易的現狀和動向,在出版管理方面則分析"掃黃打非"活動的新進展以及數位技術條件下的盜版問題及其治理。此外,報告還從人才供求關系平衡的角度探討了中國出版教育的現狀和趨勢。在地域上,報告兼顧大陸、港澳臺地區出版業的發展情況,便於讀者瞭解大陸地區出版業與港澳臺地區出版業的異同。

　　本報告由張志強、左健主編。各部分撰寫人員如下:

　　《成就、問題與展望:千禧年來的中國出版業》由張志強撰寫;

　　《千禧年來的中國出版政策與出版環境變化》由蔡健撰寫;

　　《千禧年來的中國圖書出版》由張可欣、張志強、左健撰寫;

　　《千禧年來的中國期刊出版》由吳燕撰寫;

　　《千禧年來的中國音像與電子出版》由陳生明、穆暉撰寫;

《千禧年來的中國數位出版》由張立、李廣宇、湯雪梅撰寫;

《千禧年來的中國版權貿易與出版"走出去"》由潘文年、李蘇彬、張岑岑撰寫;

《千禧年來的中國出版物市場監管("掃黃打非")》由高俊寬、張志強撰寫;

《千禧年來的中國出版物印製》由李治堂、黎明、吳婕好撰寫;

《千禧年來的中國民營出版》由魏玉山撰寫;

《千禧年來的中國出版教育》由肖超、張志強、潘文年撰寫;

《千禧年來的中國出版學研究》由王鵬濤撰寫。

附錄中的《千禧年來的香港地區出版》由李鏡鏡撰寫,《千禧年來的澳門地區出版》由王國強、陳穎、陳可君撰寫,《千禧年來的臺灣地區出版》由邱炯友、林瑞慧撰寫。《千禧年來中國出版業大事記》由李鏡鏡、姚小菲、郭奕冰、張志強編寫。

各部分內容完成後,由張志強、左健進行了統稿。

在本報告提綱擬定、內容撰寫過程中,教育部社政司、原新聞出版總署、南京大學等有關單位的領導對本報告的撰寫給予了指導。由於本報告是我們第一次編撰,且撰寫者眾多,雖經數次修訂、數遍校讀,或仍有差訛,懇請讀者批評指正。南京大學出版社學術圖書出版中心楊金榮主任、責任編輯沈衛娟女士爲本報告的出版花費了大量心血,在此一並致謝。

張志強　左　健

作者簡介

張志強

南京大學資訊管理學院出版科學系系主任、南京大學出版研究院常務副院長，教授、博士生導師，美國哈佛大學博士後。兼任全國出版專業學位研究生教育指導委員會副主任委員、臺灣淡江大學《教育資料與圖書館學》大陸地區主編、美國 Humanities Conference and Journal 國際顧問等已出版《面壁齋研書錄》、《現代出版學》、《20世紀中國的出版研究》、《圖書宣傳》等著作（含合著、譯著）10餘部，並獲"第12屆中國圖書獎"、"第九屆江蘇省哲學社會科學優秀成果一等獎"、"第四屆中國高校人文社科優秀成果二等獎"等獎勵10餘項。曾獲江蘇省優秀哲學社會科學工作者、教育部新世紀優秀人才、江蘇省中青年科技領軍人才、新聞出版總署新聞出版領軍人才、南京大學優秀中青年學科帶頭人等稱號。

左健

南京大學出版社董事長,原南京大學出版社社長，南京大學資訊管理學院教授，博士生導師，兼任全國出版專業學位研究生教育指導委員會秘書長、江蘇省版權協會副會長、江蘇文化產業學會副會長。已出版《中國古代文學鑒賞自得論》、《編輯的主體性》等著作（含合著、譯著）8部，論文獲第三屆、第四屆"中華優秀出版物獎•全國出版科研論文獎"、"第七屆江蘇出版科研優秀論文一等獎"、"第三屆江蘇出版科研優秀論文特別獎"。個人獲首屆中國大學出版社高校出版人物獎、首屆江蘇新聞出版政府獎優秀新聞出版人物獎。

國家圖書館出版品預行編目(CIP) 資料

千禧年後兩岸四地出版業發展報告/ 張志強，左健主
編. -- 初版. -- 新北市：崧博，2014.12
　　面；　公分
ISBN 978-986-5989-09-5(平裝)

1.出版業 2.中國

487.792　　　　　　　　103025686

千禧年後兩岸四地出版業發展報告　　張志強、左健主編

發行人 黃振庭

出版者：崧博出版事業有限公司　　發行者：崧燁文化事業有限公司

E-mail：sonbookservice@gmail.com

部落格：　　粉絲頁：

地址：台北市中正區重慶南路一段六十一號八樓815室

8F.-815, No.61, Sec. 1, Chongqing S. Rd., Zhongzheng Dist., Taipei City 100, Taiwan (R.O.C.)

電　話：(02)2370-3310　　傳　真：(02) 2370-3210

總經銷：紅螞蟻圖書有限公司

地址：台北市內湖區舊宗路二段121巷19號

電話：02-2795-3656　　傳真：02-2795-4100　　網址：

印　刷：京峯彩色印刷有限公司（京峰數位）

定價：　780元

發行日期: 2018年 1月 印刷 第一版

本書經南京大學出版社授權出版。